高职高专系列教材

化工机械基础

杨林　孙铁　李卫清　编

中国石化出版社
HTTP://WWW.SINOPEC-PRESS.COM

图书在版编目(CIP)数据

化工机械基础 / 杨林,孙铁,李卫清编.
—北京:中国石化出版社,2011.11
ISBN 978-7-5114-1244-7

Ⅰ.①化… Ⅱ.①杨… ②孙… ③李… Ⅲ.①化工机械-高等职业教育-教材 Ⅳ.①TQ05

中国版本图书馆 CIP 数据核字(2011)第 213388 号

中国石化出版社出版发行
地址:北京市东城区安定门外大街 58 号
邮编:100011 电话:(010)84271850
读者服务部电话:(010)84289974
http://www.sinopec-press.com
E-mail:press@sinopec.com.cn
北京科信印刷有限公司印刷
全国各地新华书店经销
*
787×1092 毫米 16 开本 16.5 印张 395 千字
2012 年 1 月第 1 版 2012 年 1 月第 1 次印刷
定价:35.00 元

前　言

职业技术教育作为高等教育体系的重要组成部分，近几年发展迅速。培养既懂理论又具有实践能力的学生一直是职业技术教育的目标。我们在编写这本教材的过程中，就是本着这种指导思想，以“加强基础，拓宽专业知识，联系实际，提高能力”为原则，摒弃了理论性过强、习题过难或过易等缺陷，在理论上力求以应用为目的，需要和够用为尺度，达到可操作程度；在语言叙述上力求做到精炼，通俗易懂。

本教材主要阐述了压力容器常用材料，最新标准规范及应用，压力容器基本理论及工程应用，典型化工设备及其主要零部件的结构、特点、选型、使用等实用性内容，适合职业技术教育过程装备和控制专业师生使用，也可供石油化工行业中职、职工大学和工程技术人员使用和参考。

参加本教材编写的有辽宁石油化工大学的杨林(第2、3、5、6章)，孙铁(绪论、第9章)，韩杰(第1、4章)，王强(第7、8章)，北京石油化工学院的李卫清负责全书审校工作。

由于时间仓促，编者水平有限，不足和错误之处在所难免，欢迎读者提出宝贵意见和建议。

编　者

目　　录

绪论 …………………………………………………………………………（1）
0.1　压力容器的组成 ……………………………………………………（1）
0.2　压力容器的分类 ……………………………………………………（2）
0.3　压力容器设计的基本要求 …………………………………………（4）
0.4　压力容器常用规范 …………………………………………………（5）
0.4.1　美国 ASME 规范 ………………………………………………（5）
0.4.2　国内主要规范标准简介 ………………………………………（6）
思考题 ………………………………………………………………………（7）
第 1 章　化工设备常用材料 ……………………………………………（8）
1.1　金属材料的基本性能 ………………………………………………（8）
1.2　压力容器用钢的基本要求 …………………………………………（9）
1.3　压力容器的常用钢材 ………………………………………………（10）
1.3.1　碳素结构钢 ……………………………………………………（10）
1.3.2　压力容器用碳素钢和低合金结构钢 …………………………（11）
1.3.3　低温压力容器用低合金钢钢板 ………………………………（12）
1.3.4　不锈钢 …………………………………………………………（13）
1.3.5　管材用钢 ………………………………………………………（14）
1.4　有色金属及合金 ……………………………………………………（14）
1.4.1　铝及铝合金 ……………………………………………………（15）
1.4.2　铜及铜合金 ……………………………………………………（15）
1.4.3　钛及其合金 ……………………………………………………（15）
1.4.4　铅及其合金 ……………………………………………………（15）
1.5　常用非金属材料 ……………………………………………………（16）
1.5.1　无机非金属材料 ………………………………………………（16）
1.5.2　有机非金属材料 ………………………………………………（17）
1.5.3　非金属复合材料 ………………………………………………（18）
思考题 ………………………………………………………………………（19）
第 2 章　压力容器设计基础 ……………………………………………（20）
2.1　概述 …………………………………………………………………（20）
2.1.1　压力容器设计要求 ……………………………………………（20）

2.1.2 压力容器设计方法 …… (20)
2.1.3 压力容器设计条件 …… (21)
2.1.4 设计的基本步骤 …… (21)
2.1.5 设计文件 …… (21)
2.2 压力容器设计准则 …… (21)
2.2.1 压力容器失效 …… (22)
2.2.2 压力容器设计准则 …… (23)
2.3 回转薄壳和无力矩理论 …… (25)
2.3.1 回转薄壳的几何概念 …… (25)
2.3.2 回转薄壳的无力矩理论 …… (26)
2.4 无力矩理论的应用 …… (27)
2.4.1 承受气压作用的圆筒形壳体 …… (27)
2.4.2 承受气压作用的球壳 …… (28)
2.4.3 锥形壳 …… (28)
2.4.4 承受气压作用的椭圆形壳体 …… (29)
2.4.5 承受液体内压作用的回转薄壳 …… (30)
2.5 边缘应力 …… (31)
2.5.1 边缘应力的产生 …… (31)
2.5.2 边缘应力的性质 …… (32)
思考题 …… (33)
第3章 内压薄壁容器 …… (34)
3.1 设计参数的确定 …… (34)
3.1.1 压力 …… (34)
3.1.2 设计温度 …… (35)
3.1.3 许用应力 …… (35)
3.1.4 钢板厚度附加量 …… (35)
3.1.5 公称直径和公称压力 …… (36)
3.1.6 焊接接头系数 …… (37)
3.2 内压薄壁容器筒体与封头厚度的设计 …… (37)
3.2.1 内压薄壁圆筒的厚度设计 …… (37)
3.2.2 内压球壳的厚度设计 …… (39)
3.2.3 内压封头的厚度设计 …… (40)
3.3 压力试验 …… (53)
3.3.1 压力试验目的 …… (53)
3.3.2 耐压试验 …… (53)
3.3.3 气密性试验 …… (56)
思考题 …… (57)

第4章　外压容器 …………………………………………………………………………… (59)
4.1　外压容器稳定性 ……………………………………………………………………… (59)
4.1.1　外压容器的失效形式 ……………………………………………………………… (59)
4.1.2　临界压力 …………………………………………………………………………… (59)
4.2　外压容器的稳定性计算 ……………………………………………………………… (60)
4.2.1　长圆筒、短圆筒、刚性圆筒和临界长度 ………………………………………… (60)
4.2.2　设计参数的确定 …………………………………………………………………… (61)
4.3　外压圆筒的设计 ……………………………………………………………………… (62)
4.3.1　图算法的原理 ……………………………………………………………………… (62)
4.3.2　外压圆筒的图算法 ………………………………………………………………… (65)
4.3.3　外压球壳的图算法 ………………………………………………………………… (69)
4.4　外压封头的设计 ……………………………………………………………………… (70)
4.4.1　外压凸形封头 ……………………………………………………………………… (70)
4.4.2　外压锥形封头 ……………………………………………………………………… (71)
4.5　加强圈的设计计算 …………………………………………………………………… (72)
4.5.1　加强圈的结构和设置 ……………………………………………………………… (72)
4.5.2　加强圈的图算法 …………………………………………………………………… (75)
4.6　圆筒的轴向稳定性校核 ……………………………………………………………… (78)
思考题 …………………………………………………………………………………… (78)
第5章　化工设备主要零部件 ……………………………………………………………… (80)
5.1　法兰连接 ……………………………………………………………………………… (80)
5.1.1　法兰的类型 ………………………………………………………………………… (80)
5.1.2　法兰的密封 ………………………………………………………………………… (81)
5.1.3　法兰标准 …………………………………………………………………………… (85)
5.1.4　压力容器法兰 ……………………………………………………………………… (85)
5.1.5　管法兰连接 ………………………………………………………………………… (96)
5.2　容器的开孔与补强 …………………………………………………………………… (99)
5.2.1　开孔附近的应力集中 ……………………………………………………………… (100)
5.2.2　压力容器的开孔限制 ……………………………………………………………… (101)
5.2.3　补强结构 …………………………………………………………………………… (101)
5.2.4　等面积补强计算 …………………………………………………………………… (103)
5.2.5　补强圈的结构尺寸 ………………………………………………………………… (104)
5.2.6　检查孔 ……………………………………………………………………………… (107)
5.2.7　视镜 ………………………………………………………………………………… (109)
5.2.8　接管 ………………………………………………………………………………… (112)
5.3　容器支座 ……………………………………………………………………………… (114)
5.3.1　卧式设备支座 ……………………………………………………………………… (115)
5.3.2　立式设备支座 ……………………………………………………………………… (120)
5.3.3　球罐支座 …………………………………………………………………………… (129)

5.4 安全泄放装置 …………………………………………………………………………… (130)
5.4.1 安全阀 …………………………………………………………………………… (131)
5.4.2 爆破片 …………………………………………………………………………… (132)
思考题 …………………………………………………………………………………… (133)
第6章 高压容器 …………………………………………………………………… (136)
6.1 厚壁圆筒应力分析 ………………………………………………………………… (136)
6.1.1 弹性应力分析 ……………………………………………………………… (136)
6.1.2 温度变化引起的温差应力 ………………………………………………… (139)
6.2 高压容器的结构 …………………………………………………………………… (141)
6.2.1 高压容器的结构特点 ……………………………………………………… (141)
6.2.2 高压容器的结构 …………………………………………………………… (142)
6.3 高压筒体的失效及强度计算 ……………………………………………………… (145)
6.3.1 高压容器的失效及强度设计准则 ………………………………………… (145)
6.3.2 高压圆筒的强度计算 ……………………………………………………… (147)
6.4 高压筒体的自增强 ………………………………………………………………… (148)
6.4.1 厚壁圆筒自增强方法 ……………………………………………………… (149)
6.4.2 自增强圆筒的特点 ………………………………………………………… (150)
6.5 高压容器的密封结构 ……………………………………………………………… (150)
6.6 高压容器的开孔 …………………………………………………………………… (154)
6.6.1 高压容器补强结构 ………………………………………………………… (154)
6.6.2 高压容器结构补强的强度设计准则 ……………………………………… (154)
6.7 高压容器的主要零部件设计 ……………………………………………………… (155)
6.7.1 高压容器连接螺栓的设计 ………………………………………………… (155)
6.7.2 高压容器的封头设计 ……………………………………………………… (156)
6.7.3 高压容器筒体端部的设计 ………………………………………………… (157)
思考题 …………………………………………………………………………………… (160)
第7章 换热器 ……………………………………………………………………… (161)
7.1 换热器的类型及特点 ……………………………………………………………… (161)
7.1.1 按作用原理或传热方式分类 ……………………………………………… (161)
7.1.2 间壁式换热器分类 ………………………………………………………… (162)
7.2 管壳式换热器的基本类型 ………………………………………………………… (167)
7.2.1 固定管板式换热器 ………………………………………………………… (168)
7.2.2 浮头式换热器 ……………………………………………………………… (168)
7.2.3 U形管换热器 ……………………………………………………………… (169)
7.2.4 填料函式换热器 …………………………………………………………… (170)
7.2.5 釜式换热器 ………………………………………………………………… (170)
7.3 管壳式换热器的主要结构 ………………………………………………………… (171)
7.3.1 壳体 ………………………………………………………………………… (171)
7.3.2 换热管 ……………………………………………………………………… (171)
7.3.3 管板 ………………………………………………………………………… (173)

7.3.4 折流板与挡板 …………………………………………………… (176)
7.3.5 管箱 ……………………………………………………………… (179)
7.3.6 膨胀节 …………………………………………………………… (180)
7.4 列管式换热器设计或选用中应注意的问题 …………………………… (180)
7.4.1 流体流经管程或壳程的选择原则 ……………………………… (180)
7.4.2 流体流速的选择 ………………………………………………… (181)
7.4.3 流体进出口温度的确定 ………………………………………… (181)
7.4.4 提高管内膜系数的方法——多管程 …………………………… (182)
7.4.5 提高管外膜系数的方法——装置挡板 ………………………… (182)
7.4.6 管子的规格 ……………………………………………………… (182)
思考题 ……………………………………………………………………… (182)
第8章 塔设备 …………………………………………………………… (184)
8.1 概述 ………………………………………………………………… (184)
8.2 板式塔 ……………………………………………………………… (186)
8.2.1 板式塔分类 ……………………………………………………… (186)
8.2.2 板式塔种类 ……………………………………………………… (186)
8.2.3 板式塔的结构 …………………………………………………… (190)
8.3 填料塔 ……………………………………………………………… (202)
8.3.1 填料 ……………………………………………………………… (202)
8.3.2 液体喷淋装置 …………………………………………………… (207)
8.3.3 液体收集再分布器 ……………………………………………… (210)
8.3.4 填料支承结构 …………………………………………………… (210)
8.3.5 填料床层限位圈和填料压板 …………………………………… (211)
思考题 ……………………………………………………………………… (211)
第9章 反应设备 ………………………………………………………… (213)
9.1 概述 ………………………………………………………………… (213)
9.1.1 反应设备的应用 ………………………………………………… (213)
9.1.2 反应设备的种类和特点 ………………………………………… (213)
9.2 搅拌反应器 ………………………………………………………… (215)
9.2.1 总体结构 ………………………………………………………… (215)
9.2.2 搅拌釜体和传热装置 …………………………………………… (216)
9.2.3 搅拌装置 ………………………………………………………… (221)
9.2.4 传动装置 ………………………………………………………… (225)
思考题 ……………………………………………………………………… (232)
附录一 压力容器常用钢板许用应力 …………………………………… (234)
附录二 压力容器常用钢管许用应力 …………………………………… (237)
附录三 常用锻件许用应力 ……………………………………………… (239)
附录四 椭圆形封头尺寸和质量(JB/T 4746—2002) …………………… (241)
附录五 热轧型钢 ………………………………………………………… (243)
参考文献 ………………………………………………………………… (251)

绪　论

在化学工业生产过程中，从原料到产品，要经过一系列物理和化学处理过程，这一系列的处理过程称为化工生产过程。进行物理和化学过程的设备称为化工设备，如通常用来储存物料的存储设备；用于化工生产中换热过程的换热设备，用于传质过程的塔设备及用于生物化学反应的反应设备等。这些设备虽然作用不同，大小形状各异，内部构件的形式也千差万别，但它们都有一个外壳，称之为容器。容器是化工生产所用各种设备外部壳体的总称。所以容器也是化工设备的基本组成部分。容器和设备都是化工生产中的重要技术装备，它不仅在石油、化工行业，而且在轻工、制药、食品、环境、生物工程、冶金、核能以及农副产品的加工等领域中也有广泛应用。

承受一定介质压力且与外界隔离的密闭容器叫压力容器。这类容器应用广泛，形式繁多。按照国家《固定式压力容器安全技术监察规程》的有关规定，若密闭容器具备以下条件即可视为压力容器：

① 最高工作压力大于或等于0.1MPa(不含液柱压力)；

② 内直径(非圆形截面指断面最大尺寸)大于或等于0.15m，且容积大于或等于0.025m^3；

③ 介质为气体、液化气或最高工作温度等于标准沸点的液体。

0.1　压力容器的组成

压力容器主要有圆筒形，球形和矩形三种。其中，矩形容器由平板焊接而成，承压能力差，多用于常压储槽；球形容器由于制造的原因，通常也用作有一定承压能力的大中型储罐；而圆筒形容器，由于具有制造容易，安装内件方便，承压能力较强等优点，在工业生产中应用最广。

压力容器的结构如图0-1所示，一般是由筒体(壳体)、封头(端盖)、法兰、支座、接管及人孔(手孔)、安全附件等组成，统称为压力容器通用零部件。

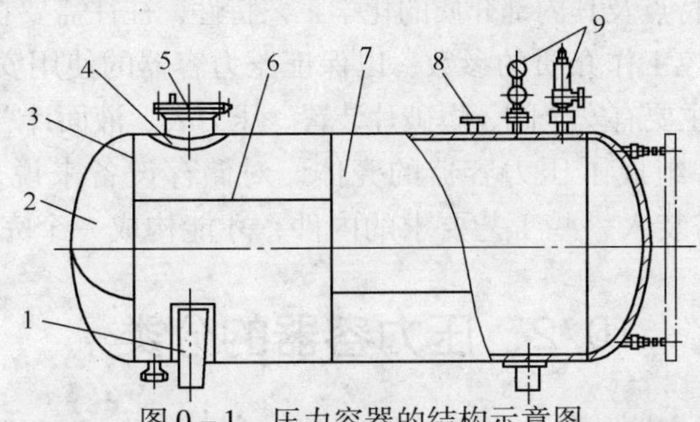

图0-1　压力容器的结构示意图

1—鞍式支座；2—封头；3—封头与筒体间焊缝；4—补强圈；5—人孔；6—筒体纵焊缝；7—筒体；8—接管法兰；9—压力表、安全阀

(1) 筒体

筒体的作用是提供工艺过程所需的承压空间，是压力容器最主要的受压元件之一，其内径和容积往往需要工艺计算确定。圆筒形筒体和球形筒体是工程中最常用的筒体结构。按其结构形式来分，筒体可分为单层式筒体和组合式筒体。单层筒体可用钢板卷焊成筒节，再根据设计的筒体长度将若干个筒节组焊而成；组合式筒体在筒壁的厚度方向由两层或两层以上互不连续的材料构成。按其结构和制造方式又可分为多层式和缠绕式两大类。

(2) 封头

封头与筒体一起组成一个封闭的承压空间。封头与筒体的连接方式有焊接和可拆式连接两种。对于因检修或更换内件需经常开启的容器，通常采用可拆式连接，对这种连接方式应注意其密封性能。

根据几何形状的不同，封头可分为球形、椭圆形、碟形、锥壳和平盖等几种，其中椭圆形封头是最常用的一种封头形式。

(3) 密封装置

压力容器上需要很多密封装置，如采用可拆式连接的封头与筒体之间、接管与外管道之间，人孔、手孔盖的连接等。常用的密封装置是螺栓法兰连接，即在一对法兰间放置密封元件，通过拧紧螺栓使密封元件压紧而保证密封。

(4) 开孔和接管

由于工艺过程的要求和检修需要，在压力容器的筒体和封头上开设有不同尺寸的安装孔和工艺接管，如图 0-1 所示的人孔、物料进出口结构以及安装压力表、液面计、安全阀和各类检测仪表的接管等。

在压力容器壳体上开孔后，器壁会因去除一部分承载的材料而强度被削弱，并使容器结构出现局部的不连续。因而，开在筒体和封头上的孔，当尺寸超出某一规定值时，还需要进行补强设计，并通过补强结构确保压力容器所需的强度。

(5) 支座

支座是支承并固定压力容器的一个基础部件，通常由板材或型材组焊而成。根据压力容器结构和形式的不同，支座也有不同的形式。常见的圆筒形容器支座有立式容器支座和卧式容器支座；球形容器多采用柱式和裙式支座。

(6) 安全附件

由于压力容器的使用特点及其内部介质的化学工艺特性，往往需要在容器上设置一些安全装置和测量、控制仪表来监控工作介质的参数，以保证压力容器的使用安全和工艺过程的正常进行。压力容器的安全附件主要有安全阀、爆破片装置、压力表、液面计、测温仪表等。

如上所述的几大部件组成了压力容器的壳体，对储存设备来说，壳体即是设备，对传热、传质设备来说，还需装入一些工艺要求的内件，才能构成一个完整的设备。

0.2 压力容器的分类

压力容器的使用范围广、数量多、工作条件复杂，发生事故的危害性程度各不相同。因此压力容器的分类有很多种，一般是按照压力、壁厚、形状或者在生产中的作用等进行分类。本节主要介绍以下几种：

(1) 按照在生产工艺中的作用

反应容器(R)：主要用来完成介质的物理、化学反应，例如制药厂的搅拌反应器，化肥厂中氨合成塔等。

换热容器(E)：用于完成介质的热量交换的压力容器，例如冷却器、蒸发器和加热器等。

分离压力容器(S)：完成介质流体压力平衡缓冲和气体净化分离的压力容器，例如分离器、干燥塔、过滤器等。

储存压力容器(C，球罐代号为B)：用于储存和盛装气体、液体或者液化气等介质，如液氨储罐、液化石油气储罐等。

(2) 按照压力分

外压容器：容器内的压力小于外界压力的容器。当容器的内压力小于一个绝对大气压时，称之为真空容器。

内压容器：容器内的压力大于外界压力的容器。

低压容器(L)：$0.1\text{MPa} \leqslant p < 1.6\text{MPa}$；

中压容器(M)：$1.6\ \text{MPa} \leqslant p < 10.0\text{MPa}$；

高压容器(H)：$10.0\ \text{MPa} \leqslant p < 100.0\text{MPa}$；

超高压容器(U)：$p \geqslant 100.0\text{MPa}$。

(3) 按安全技术管理分类

从安全技术管理方面考虑，影响压力容器安全性的主要原因有两方面，一方面是压力容器充装介质的危险程度；另一方面与压力容器的设计压力 p 和全容积 V 的乘积有关，pV 值越大，容器破裂时爆炸能量越大，对容器的设计、制造、检验、使用和管理的要求越高。因此，《固定式压力容器安全技术监察规程》将压力容器分为三类。

第三类容器：有下列情况之一的，为第三类压力容器：

① 高压容器；

② 介质毒性程度为极度和高度危害的中压容器；

③ 介质为易燃或毒性程度中度危害，且 pV 乘积大于等于 $10\text{MPa}\cdot\text{m}^3$ 的中压储存容器；

④ 介质为易燃或毒性程度中度危害，且 pV 乘积大于等于 $0.5\text{MPa}\cdot\text{m}^3$ 的中压反应容器；

⑤ 介质毒性程度为极度和高度危害介质，且 pV 乘积大于等于 $0.2\text{MPa}\cdot\text{m}^3$ 的低压容器；

⑥ 高压、中压管壳式余热锅炉；

⑦ 中压搪玻璃压力容器；

⑧ 相应标准中抗拉强度规定值下限大于等于 540 MPa 的材料制造的压力容器；

⑨ 移动式压力容器，包括铁路罐车(介质为液化气体，低温液体)、罐式汽车和罐式集装箱(介质为液化气体，低温液体)等；

⑩ 容积大于 50m^3 的球形储罐及容积大于 5m^3 的低温液体储存容器。

第二类容器，有下列情况之一的，为第二类容器：

① 中压容器；

② 介质毒性程度为极度和高度危害的低压容器；

③ 介质易燃或毒性程度为中度危害的低压反应容器和低压储存容器；

④ 低压管壳式余热锅炉；

⑤ 低压搪玻璃压力容器。

第一类容器，除上述规定以外的低压容器为第一类压力容器。

0.3 压力容器设计的基本要求

压力容器设计应首先满足设备的工艺性能，能在指定的操作条件下，如压力、温度等完成指定的生产任务，并保证产品的质量。在工艺尺寸确定后，进行结构和零部件设计，需要满足以下的要求。

(1) 强度

材料强度是指载荷作用下材料抵抗永久变形和断裂破坏的能力。为了保证生产安全和正常工作，设备必须满足所有零部件的强度需要。例如设备在使用寿命期限内，在正常的工艺条件下操作，不能出现过度变形和断裂。在相同的设计条件下，提高材料的强度，可以增大许用应力，减薄设备的壁厚，减轻重量，简化制造、安装和运输，从而降低成本，提高综合经济性。但在设计中，为了保证强度而盲目的加大结构尺寸是不合理的，因为会造成材料的极大浪费，增加运输及安装费用。壳体与各零部件的强度并不相同，而整体强度往往取决于强度最弱的零部件，因此，壳体与部件的等强度设计是合理发挥材料潜力的好方法(如精馏塔的变径设计)。在容器上设计强度脆弱部件，当设备承受的载荷超载时，使其首先破坏以保护设备主体不受损害是生产过程中的安全措施。

(2) 刚度

刚度即设备在外载荷作用下保持原有形状的能力。对于薄壁容器来说，规定它的最小壁厚值是为了保证在运输及安装施工时不致发生过大的扭曲变形；规定塔盘的厚度不小于3mm，是防止塔盘的挠度过大以致产生液层厚度较大偏差，也是为了通过液层的气液不致分布不均匀，影响塔盘分离效率。设备或管道连接的法兰发生翘曲变形，主要是由于螺拴和法兰的刚度不相匹配而引起的。

(3) 稳定性

稳定性指的是设备在载荷作用下维持其原有平衡的能力。当化工容器承受外压力作用时，如真空装置，必须满足稳定要求，不致在操作过程中被压瘪，失去工作能力。

(4) 耐久性

耐久性是根据要求的使用年限来确定。一般要求使用年限为15～20年。与其他机器类产品相比，机器的寿命取决于主要机件的磨损，而容器及设备则取决于操作介质与周围环境对其腐蚀情况，在某些情况下，如果受交变载荷或高温作用时，应考虑设备的疲劳破坏及蠕变。根据所要求的使用年限和腐蚀情况，正确选用结构材料是保证设备耐久性的重要措施。

(5) 密封性

容器及设备的密封性能是指其防止介质或空气泄漏的能力，密封性是容器及设备安全、可靠操作的重要保证。在石油、化工产品的生产过程中，所处理的物料具有易燃、易爆、有毒的特征。若密封性能得不到保证，使物料泄漏出来，不仅在生产中造成损失，而且会造成燃烧、爆炸、操作人员中毒等恶性事故。

(6) 制造工艺

应在结构上保证最小的材料消耗，尤其是贵重材料的消耗。在结构设计时应使其便于加工、保证制造质量。应尽量避免复杂的加工工序，尽可能的减少加工量。设计时应采用标准设计和标准零件、部件。零部件的标准化是适应容器及设备生产特点、提高零部件互换能力、降低设备成本的一个重要途径。

(7) 运输、安装与维修

设备及容器的自动化控制虽能简化操作过程，但将增加投资，需要细致的核算经济效益方能进行确定。结构设计的合理还应考虑安装维修方便，例如，人孔的尺寸不能太小。设备尺寸和形状还要考虑整体运输的可能性，应满足铁路、公路、水路上的桥梁和涵洞可能允许的最大尺寸，例如高度、宽度、长度、质量等。

0.4 压力容器常用规范

为了保证压力容器在设计寿命内安全可靠地运行，世界各工业国家都制定了一系列压力容器规范标准，给出材料、设计、制造、检验、合格评估等方面的基本要求。

0.4.1 美国 ASME 规范

美国机械工程师学会(American Society of Mechanical Engineers，ASME)于1911年成立了锅炉与压力容器委员会(BPVC)，编制锅炉压力容器的建造安全规则(所谓建造是一个概括性的术语，它包括设备在制造和安装中要求的材料、设计、制造、安装、检验、试验、检查和鉴定)，规定了强制性的最低要求，以及维护和运行的建议。1914年出版了动力锅炉规范，1925年增加了压力容器规范，1965年又增加核动力装置规范。同时，每年都有修改和增补，并纳入第二年的新版。这套ASME规范自1977年成为美国国家标准，不仅在美国和加拿大各州在法律上承认它、采用它，在西方许多国家都作为参照标准来执行。其核动力装置卷册，在世界上有较高的权威，往往直接采用。

目前ASME规范共有十二卷包括锅炉、压力容器、核动力装置、焊接、材料、无损检测等内容。ASME规范每三年出版一个新的版本，每年有两次增补。在形式上，ASME规范分为4个层次：规范、规范案例、条款解释、规范增补。

ASME规范中与压力容器设计有关的内容主要是第Ⅷ篇《压力容器》、第Ⅶ篇《移动式容器建造和连续使用规则》和第Ⅹ篇《玻璃纤维增强塑料压力容器》。第Ⅷ篇分为3册：第1册《压力容器》，第2册《压力容器另一规则》，第3册《高压容器另一规则》，简称ASME Ⅷ-1、ASME Ⅷ-2和ASME Ⅷ-3。

ASMEⅧ-1为常规设计标准，适用压力小于等于20MPa的压力容器。它以弹性失效设计准则为依据，根据经验确定材料的许用应力，并对零部件尺寸作出一些具体规定。由于它具有较强的经验性，故许用应力较低。ASME Ⅷ-1不包括疲劳设计，但包括静载下进入高温蠕变范围的容器设计。

ASMEⅧ-2为分析设计标准，它要求对压力容器各区域的应力进行详细的分析，并根据应力对容器失效的危害程度进行应力分类，再按不同的安全准则分别予以限制。跟ASME Ⅷ-1相比，ASME Ⅷ-2对结构的规定更细，对材料、设计、制造、检验和验收的要求更高，允许采用较高的许用应力，所设计出的容器壁厚较薄。ASME Ⅷ－2 包括了疲劳设计，但设计温度限制在蠕变温度以下。

ASMEⅧ－3 主要适用于设计压力不小于 70MPa 的高压容器。它不仅要求对压力容器各区域的应力进行详细的分析和分类评定，而且要做疲劳分析或断裂力学评定，是目前为止要求最高的压力容器规范。

0.4.2 国内主要规范标准简介

我国的第一部压力容器规范是 1959 年颁布的《多层高压容器设计与检验规程》，它是四个工业部的联合标准。1960 年化工部等颁布了适用于中低压容器的《石油化工设备零部件标准》。这两个文件相互配套，暂时满足了生产需要。20 世纪 60 年代初开始，我国工程界着手进行较为完善的设计规范的制订工作，从 1967 年完成了第一版《钢制化工压力容器设计规定》试用本，到 1998 年颁布并实施的 GB 150—1998《钢制压力容器》，我国已先后制定了一系列配套的国家标准、基础标准和零部件标准，如 JB/T 4736《补强圈》、JB/T 4746《钢制压力容器用封头》及 GB 151《管壳式换热器》、GB 12337《钢制球形储罐》、JB 4732《钢制压力容器—分析设计标准》、JB 4710《钢制塔式容器》等。与此同时，对 20 世纪 80 年代颁布的《压力容器安全监察规程》进行了多次修订，1990 年改名为《压力容器安全技术监察规程》。2009 年由国家质量监督检验检疫总局进行修订。至此，标志着我国以强制性标准 GB 150—1998 为核心的压力容器标准规范体系的基本框架已经形成，并日趋完善。

(1) GB150《钢制压力容器》

这是中国的第一部压力容器国家标准，其基本思路与 ASMEⅧ－1 相同，属常规设计标准。该标准适用于设计压力不大于 35MPa 的钢制压力容器的设计、制造、检验及验收。适用的设计温度范围根据钢材允许的使用温度确定，从 －196℃ 到钢材的蠕变限用温度。GB150 只适用于固定的承受恒定载荷的压力容器。不适用于以下 8 种压力容器：

① 直接用火焰加热的容器；
② 核能装置中的容器；
③ 旋转或往复运动的机械设备中自成整体或作为部件的受压器室；
④ 经常搬运的容器；
⑤ 设计压力低于 0.1MPa 的容器；
⑥ 真空度低于 0.02MPa 的容器；
⑦ 内直径小于 150mm 的容器；
⑧ 要求作疲劳分析的容器等。

GB150 管辖的范围除壳体本体外，还包括：

① 容器与外部管道焊接连接的第一道环向接头坡口端面、螺纹连接的第一个螺纹接头端面、法兰连接的第一个法兰密封面，以及专用连接件或管件连接的第一个密封面。

② 其他如接管、人孔、手孔和承压封头、平盖及其紧固件，以及非受压元件与受压元件的焊接接头，直接连在容器上的超压泄放装置均应符合 GB150 的有关规定。

GB150 的内容包括圆柱形筒体和球壳的设计计算、零部件结构和尺寸的具体规定、密封设计、超压泄放装置的设置、容器的制造、检验与验收要求等。由正文、附录和提示性附录三部分组成。正文包括范围、引用标准、总论、材料、内压圆筒和内压球壳、外压圆筒和外压球壳、封头、开孔与开孔补强、法兰、制造、检验与验收等内容；附录包括材料的补充规定、超压泄放装置、低温压力容器、非圆形截面容器、产品焊接试板的力学性能检验、钢材高温性能、密封结构、材料的指导性规定和焊接结构等。GB 150—1998 在我国具有法律效用、强制性的压力容器国家标准。

（2）JB 4732《钢制压力容器—分析设计标准》

这是中国的第一部压力容器分析设计的行业标准，其基本思路与 ASME Ⅷ－2 相同。该标准与 GB 150 同时实施，在满足各自要求的前提下，可选择其中之一使用，但不能混用。该标准与 GB 150 相比，允许采用较高的设计应力强度，相同设计条件下，容器的厚度可以减薄、重量可以减轻；但由于设计计算工作量大，选材、制造、检验及验收等要求较严，有时综合经济效益不一定高。

所以，该标准一般用于重量大、结构复杂、操作参数较大的压力容器。需做疲劳分析的压力容器，必须采用分析设计。

（3）GB 151—1999《管壳式换热器》

此标准依据 GB 151—1999 实施以来所取得的经验和国内管壳式换热器发展的需要，并参照近期国际同类标准进行了变动修订而成。GB 151—1999《管壳式换热器》包括两个部分：正文和附录。正文包括范围、引用标准、总论、材料、设计、制造、检验与验收、安装、试车和维护十大部分组成。附录包括四个标准的附录和六个提示的附录。内容包括低温管壳式换热器、换热管与管板接头的焊接工艺评定、换热管用奥氏体不锈钢焊接钢管、有色金属设计数据、管束振动、壁温计算、管板与圆筒和管箱的连接、垫片、换热管特性、壳体与管束间的入口或出口面积的计算等。

（4）安全技术规范

安全技术规范是政府对特种设备安全性能和相应的设计、制造、安装、修理、改造、使用和检验检测等环节所提出的一系列安全基本要求、许可、考核条件、程序等一系列具有行政强制力的规范性文件。其作用是把法规和行政规章的原则规定具体化。与压力容器设计有关的基本安全技术规范为《固定式压力容器安全技术监察规程》、《移动式压力容器安全技术监察规程》和《超高压容器安全技术监察规程》。

（5）其他规范标准

压力容器的设计、制造等过程除了要依据国家标准以外，对于一些特定的容器或元件，还有一些相关行业标准。如 HG/T 20592～20635—2009《钢制管法兰、垫片和紧固件》、JB4700～4707—2000《压力容器法兰》、JB/T 4710—2005《钢制塔式容器》、JB/T 4712—2007《容器支座》、GB 16749—1997《压力容器波形膨胀节》等。

思考题

1. 什么是压力容器？压力容器有何特点？
2. 压力容器是如何分类的？
3. 对化工设备有哪些基本要求？怎样才能使其安全可靠地运行？
4. 压力容器主要有哪几部分组成？各部分的作用是什么？
5. 制定压力容器规范有何意义？
6. GB 150—1998《钢制压力容器》包括哪些内容？其管辖范围是什么？

第1章　化工设备常用材料

化工设备用材料种类很多，主要有金属材料、非金属材料和复合材料。最常用的是金属材料。如碳钢、普通低合金钢、不锈钢及各种有色金属等。化工生产条件十分复杂，温度从低温到高温，压力从真空到超高压，介质具有易燃、易爆、有毒及强腐蚀性等，不同的生产条件对材料有不同的要求。因此，为了保证化工设备的安全运行及经济性要求，必须根据设备的具体操作条件及制造等方面的要求，合理地选择材料。

1.1　金属材料的基本性能

金属材料的基本性能主要有机械性能、耐腐蚀性能、物理性能和加工工艺性能等。

(1) 机械性能

机械性能是指金属材料在外力作用下表现出来的特性，主要包括材料强度、塑性及韧性等。

① 强度　强度是指材料抵抗外力作用不致破坏的性能指标，是设计中决定许用应力的依据。常用的强度指标有屈服极限 σ_s 和强度极限 σ_b。这两个指标是确定材料许用应力的主要依据。设计时，选用强度较高的材料，可减少构件的尺寸及重量。另外，屈服极限 σ_s 和强度极限 σ_b 的比值称为屈强比，它反映材料屈服后强化能力的高低，低强钢的屈强比数值较小，屈服后的强度裕量较大；高强钢的屈强比数值较大，屈服后的强度裕量较小。

② 塑性　材料的塑性是指材料在破坏前产生永久变形的能力。常用的塑性指标有延伸率 δ 和断面收缩率 ψ。凡是采用冷加工成型工艺制造的化工设备，必须要求材料具有良好的塑性。用塑性好的材料制造的设备，在破坏前会发生明显的塑性变形，而塑性差的材料制造的设备，往往没有产生明显的变形就突然遭到破坏。因此，从设备的加工制造和安全运行角度考虑，要求材料的塑性要好。化工设备中的主要用材，一般要求 δ_5 在 15% ~20% 以上。

③ 韧性　韧性是材料抵抗冲击力的性能指标，代表了材料在破断前单位体积材料所吸收的能量大小。材料韧性好坏可用冲击韧性 α_K 来衡量，韧性好的材料，即使存在缺口或裂纹引起应力集中，也有较好的防止发生脆断和裂纹快速扩展的能力。化工容器用钢要求在常温下 $\alpha_K \geqslant 40 \sim 60 \text{J/cm}^2$。

某些材料在低温下，韧性明显下降，材料由塑性转变为脆性，这种现象称为材料的冷脆。材料韧性值发生突然明显降低的温度，称为材料的无塑性转变温度(NDT)。由于材料的冷脆性，设备在低温下容易发生脆性断裂，破坏时应力较低，又无可见的变形现象发生，危险性较大。

④ 硬度　硬度是指材料对局部塑性变形的抵抗能力。常用硬度指标有布氏硬度(HB)、洛氏硬度(HR)等。硬度大小反映材料的耐磨性能和切削加工的可能性。一般来说，硬度越高，耐磨性能好，但切削加工性能较差。化工设备中的某些相互连接的配合结构，其零部件的硬度有不同的要求。例如，列管式换热器中的管子与管板的连接，当采用胀接时，要求管

板的硬度比管子的硬度高，这是由于管子通过胀接固定在管板上时，要求硬度小的管子发生扩张变形来实现管子与管板的连接，当管子损坏需要更换时，不致影响管板孔的尺寸和粗糙度。

⑤ 高温下材料的机械性能　金属材料机械性能随温度升高而发生变化。铜、铝等材料温度升高时，其强度降低而塑性提高。但对于低碳钢，温度升高时材料的强度也升高，当温度超过 350℃ 以后，强度下降，塑性提高，温度变化对碳钢机械性能的影响曲线如图 1－1 所示。

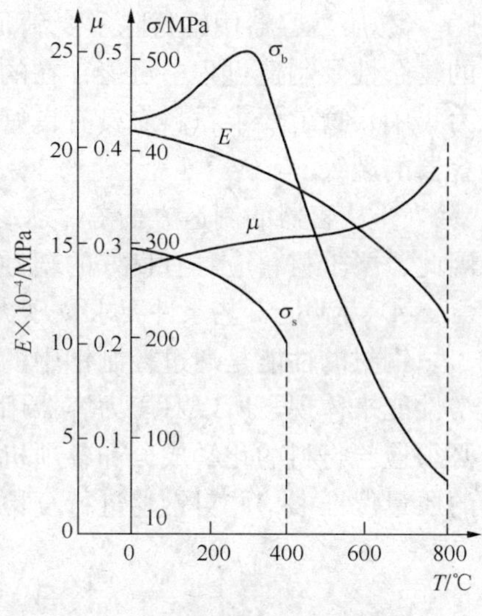

图 1－1　温度变化对碳钢机械性能的影响

金属材料在高温和应力共同作用下会产生不可恢复的变形，其应变量随时间的延长而增加，这种现象称为材料的蠕变。材料在高温条件下抵抗发生蠕变的能力，用材料的蠕变极限 σ_n^t 或持久极限 σ_D^t 表示。σ_n^t 是材料在恒定高温下经历 10 万小时发生蠕变率 1% 时的应力值；σ_D^t 是材料在恒定高温下经历 10 万小时发生蠕变断裂时的应力。高温时，σ_n^t 或 σ_D^t 是确定材料许用应力的依据之一。

（2）耐蚀性能

化工生产中所处理的物料，大多是有腐蚀性的。介质的腐蚀性能通常是选材的主要依据。根据介质的腐蚀特点，合理选择材料，关系到设备是否能安全运行、使用寿命、产品质量和环境保护等问题。

（3）物理性能

金属材料的物理性能包括导热系数、比热容、线膨胀系数、密度、熔点及导电性等。不同的使用场合对材料的物理性能要求不同。例如，作为传热表面的材料，必须考虑其导热性能；对衬里或复合钢板所制设备，应尽量使用线膨胀系数相等或接近的材料。

（4）加工工艺性能

材料的加工工艺性能有焊接性能、锻造性能、铸造性能、机械加工性能及热处理性能等。对化工设备用材的加工工艺性能要求取决于设备的结构和加工方法。例如，用板材制造设备的壳体时，要求材料具有良好的塑性、机械加工性能及焊接性能等。

1.2　压力容器用钢的基本要求

压力容器作为一种焊接结构，运行条件苛刻，制造工艺复杂，因此必须保证其运行的安全可靠性。要确保压力容器的安全可靠运行就必须对所选用的钢材有较为全面的、综合性认识。根据压力容器的工作环境和操作条件，对钢材的选用应满足以下条件：

① 压力容器需要承受压力或其他载荷，因此要求钢材应具有足够的强度。材料的强度是确定压力容器壁厚的依据。材料强度过低，势必使容器过厚而显得笨重，提高金属消耗量的同时也也给制造、安装带来不便；若材料强度过高，则会使材料及其制造成本增加，同时材料的抗脆断能力也随之降低。

② 压力容器用钢材除了要满足强度要求外，也应具有良好的韧性。由于压力容器结构的复杂性及制造过程中可能存在的制造缺陷，势必使压力容器承载的过程中局部位置形成应力集中，这就要求材料应具有良好的韧性，防止因载荷的波动、冲击、过载或低温造成压力容器的裂纹。

③ 从容器的制造方面看，大多数压力容器是用冷卷、热冲压成形工艺和焊接连接的，因此，要求材料应具有良好的塑性、冷热加工性能和焊接性能。

④ 为满足工艺条件要求，压力容器用钢一般应具有较好的耐腐蚀性能。

钢材的性能是通过控制钢中的化学成分及实施不同的热处理方法获得的，通过钢材的力学性能来体现，所以对压力容器用刚的出厂、交接货都有非常严格的要求。钢厂出厂钢材时必须检验材料的化学成分和各项机械性能指标。压力容器制造方在接收钢材时必须检查钢厂的质量保证书，并对钢材进行复检。

1.3 压力容器的常用钢材

过程工业工艺过程的复杂性和多样性决定了压力容器用材的广泛性。但在实际生产中使用最广的还是钢材。GB150《钢制压力容器》中规定：压力容器可以根据不同的工艺条件，选用碳素结构钢、压力容器用碳素钢、低合金钢和不锈钢等钢种。

1.3.1 碳素结构钢

碳素钢是指钢中不特意添加其他金属元素，除铁和碳以外，只含有少量的硅、锰、硫、磷等杂质元素的铁碳合金。碳素钢包括普通碳素钢、优质碳素钢、压力容器用碳素钢和锅炉用碳素钢等多种类型。

金属材料性能的差异，化学成分的影响是最直接的。碳是碳素钢的中的主要元素，它对钢的性能起决定性作用。另外钢中的硅、锰、硫、磷等常见杂质元素对钢的性能影响也很大。

(1) 碳对碳素钢力学性能的影响

碳的含量是影响钢的力学性能的主要因素，其含量变化对碳素钢正火态钢力学性能的影响的变化规律如图 1-2 所示。

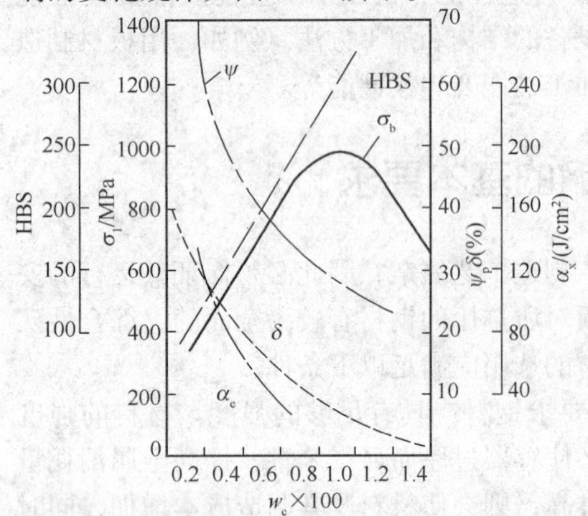

图 1-2 碳含量对正火态钢力学性能的影响

当碳含量 $w_c<0.9\%$ 时，钢的强度、硬度随着含碳量的增加而增加，而韧性、塑性则呈下降趋势，这正是因为随着含碳量的增加越来越多脆而硬的渗碳体作为强化相分布在铁素体基体上阻止位错运动。$w_c>0.9\%$ 时，硬度进一步上升，但强度明显降低，韧性、塑性继续降低。这正是脆性的二次渗碳体相应增加割裂珠光体所致。

(2) 其他元素对钢的力学性能的影响

① 硅 硅存在于生铁中以及钢在冶炼过程中作为脱氧剂被加入的。它有较强的脱氧能力并能溶于铁素体中，使铁素体强化，提高钢的强度，硅作为一种有益元素其质量分数通常不超过 0.37%。

② 锰　锰来自生铁中以及在炼钢时用锰铁作脱氧剂而残留在钢中。锰也具有较好的脱氧能力，能清除钢中的 FeO，降低钢的脆性；还可以与硫生成 MnS，减少硫对钢的有害影响，改善钢的热加工性能。锰在常温时部分溶于铁素体中形成置换固溶体，使铁素体固溶强化，提高钢的强度和硬度。锰也是一种有益元素，其质量分数小于 0.8% 时，对钢的影响不大。

③ 硫　硫是由生铁和燃料带入钢中的杂质，炼钢时难以除尽。硫在铁中不能溶解，以 FeS 的形式存在钢中，与 Fe 形成低熔点(985℃)的共晶体，分布在奥氏体的晶界处。当钢在 1000℃ ~1200℃ 的始锻温度下进行压力加工时，易造成钢材在压力加工过程中开裂，这种现象称为热脆性。硫也是一种有害元素，含硫量越高，热脆性越严重，因此其含量一般严格控制在 0.03% ~0.05% 以下。

④ 磷　磷是在冶炼过程中由生铁带入钢中的杂质，磷能全部溶于铁素体中，提高钢的强度、硬度，但在低温时，磷能使钢材的塑性和韧性下降，这种现象称为冷脆性。温度越低，冷脆性越严重。磷也是有害元素，其含量一般限制在 0.04% 以下。

由于碳素钢钢材的轧制技术成熟，质量稳定，价格较低，所以在规定的条件下可用于压力容器壳体、管件、法兰和紧固件。这类常用的钢材主要牌号有 Q235AF、Q235A、Q235B、Q235C。其具体使用条件见表 1-1。

表 1-1　碳素结构钢钢板使用条件

钢号	执行标准	使用状态	厚度/mm	适用范围			
				容器设计压力/MPa	钢板使用温度/℃	用作壳体时厚度/mm	介质
Q235AF	GB912 GB3274	热轧	3~4	≤0.6	0~250	≤12	不得用于易燃介质及毒性为中度以上的介质
			4.5~16				
Q235A			3~4	≤1.0	0~350	≤16	不得用于液化石油气介质及毒性为高度以上的介质
			4.5~40				
Q235B			3~4	≤1.6	0~350	≤20	不得用于毒性程度为高度以上的介质
			4.5~40				
Q235C			3~4	≤2.5	0~450	≤32	
			4.5~40				

1.3.2　压力容器用碳素钢和低合金结构钢

(1) 压力容器用碳素结构钢

这类材料属于一般压力容器专用钢材，是按照 GB 713—2008《锅炉及压力容器用钢板》生产的。为了保证压力容器安全可靠，一般容器用碳素钢要求使用杂质少，塑性、韧性好，抗冷脆性能好和时效倾向小的镇静钢。使用沸腾钢时需从冶炼方法、盛装介质、设计压力和温度以及钢板等方面进行具体限制。对锅炉与压力容器用钢的化学成分有严格的控制，力学性能也必须保证。特别是对冲击韧性有较严格的要求，并要求其时效敏感性小。

(2) 低合金结构钢

低合金结构钢又称作低合金高强度钢，它含碳量较低，一般 C≤0.2%，合金元素总量较少(总量一般不超过 3%)，其中常用的合金元素有 Mn、Ti、V、Nb、Cu、P、Re 等。低合金结构钢的强度、硬度明显高于具有相同碳量的普通低碳钢，并且具有良好的塑性和韧性以及较好的焊接性能及耐大气腐蚀性能。因此常取代碳素结构钢制造各种强度较高的工程结构件。例如16Mn钢替代Q235-A碳素结构钢，其强度可以提高20%~30%，耐大气腐蚀能力可以提高20%~30%，重量可以减轻20%~30%。低合金结构钢主要用于制造建筑工程，大型工程机械，高压容器等。其中常用的低合金结构钢有：16Mn、12Mn、16MnR，15MnV，15MnTi等。16Mn钢广泛用于制造16Mn级的压力容器和用于多层式高压容器的板层，使用温度-40~450℃。常用的低合金结构钢，除16Mn最为常用外，还有15MnV和15MnTi，它的强度略高于16Mn，其他性能相似，用来制造高压锅炉、水洗塔和液氧储罐等（见表1-2）。

表1-2 压力容器用碳素钢和低合金钢钢板

钢号	执行标准	使用状态	厚度/mm	使用温度/℃	其他条件
16MnR	GB 713—2008	热轧或正火	6~120	-20~475	下列情况应在正火状态下使用： ① 用于壳体厚度大于30mm的20R和16MnR ② 用于其他受压元件（法兰、管板、平盖等）的厚度大于50mm的20R和16MnR ③ 厚度大于16mm的15MnVR 下列情况应逐张进行拉伸和夏比（V形缺口）冲击（常温或低温）试验： ① 调质状态供货的钢板 ② 多层包扎压力容器的内筒钢板 ③ 用于壳体厚度大于60mm的钢板
15MnVR		热轧或正火	6~60	-20~400	
15MnVNbR		正火	6~60	-20~400	
18MnMoNbR		正火加回火	30~100	-20~475	
13MnMoNbR		正火加回火	30~120	-20~400	
15CrMoR		正火加回火	6~100	-20~550	
07MnCrMoVR		正火加回火	16~50	-20~350	
14Cr1MnR		正火加回火	16~120	-20~550	

1.3.3 低温压力容器用低合金钢钢板

按我国压力容器标准规定，设计温度小于或等于-20℃的压力容器为低温压力容器，其壳体应选用耐低温的钢板。

随着工业技术的发展，各种液化石油气、液氨、液氧、液氢、液氮等的生产、储存、输送及海洋工程、寒冷地区的开发，都对低温用钢提出了越来越高的要求。低温钢性能的主要指标是低温韧性，包括低温冲击韧性和韧脆转变温度。材料的低温冲击韧性越高，韧脆转变温度越低，其低温韧性越好。

低温压力容器专用钢板按GB 3531—2008生产，包括16MnDR、15MnNiDR、09Mn2VDR、09MnNiDR及未列入GB3531而被纳入GB 150—1998中的07MnNiCrMoVDR。具体条件见表1-3。

表1-3 低温压力容器用低合金钢钢板

钢号	执行标准	使用状态	厚度/mm	使用温度/℃	最低冲击试验温度/℃
16MnDR	GB 3531—2008	正火	6~36	-40~350	-40
			36~100	-30~350	-30
15MnNiDR		正火、正火加回火	6~60	-45~100	-45
09Mn2VDR		正火、正火加回火	6~36	-50~100	-50
09MnNiDR		正火、正火加回火	6~60	-70~350	-70
07MnNiCrMoVDR	—	调质	16~50	-40~350	-40

1.3.4　不锈钢

在大气和弱腐蚀介质中具有抗腐蚀能力的钢，称为不锈钢；在强腐蚀介质(酸、碱等)中具有抗腐蚀能力的钢，称为耐酸钢。习惯上将它们统称不锈钢。不锈钢的耐蚀性能与钢中的铬的含量有直接的关系，随着铬含量的提高，耐蚀性增强。当铬的含量达到12.5%以上时其耐蚀性发生从不耐蚀到耐蚀的突变，而且随着铬含量的继续提高，其耐蚀性也不断改善，但铬含量大于30%时，钢的韧性将会降低。由于不锈钢优越的耐蚀性能，因此广泛应用于石油、化工、原子能、航天、航海、医疗等行业，用于制造要求耐腐蚀的零构件。常用不锈钢主要有铬不锈钢和铬镍不锈钢两大类。

(1) 铬不锈钢

常用铬不锈钢的牌号有12Cr13、20Cr13、30Cr13、10Cr17等，其中12Cr13和20Cr13钢在30℃以下的弱腐蚀介质有良好的耐蚀性，在淡水、蒸汽和潮湿的大气中具有足够的耐蚀性，同时具有良好的塑性和韧性。适用于制作在腐蚀条件下工作，受冲击载荷的零件。如一般使用温度在450℃以下，制造法兰、汽轮机叶片、螺栓、螺母等零件。含碳量较高的30Cr13钢经淬火后低温回火，其硬度可达50HRC左右，用于制作要求有较高硬度和耐磨性的刃具、喷嘴、阀门、阀座、轴承及在弱腐蚀条件下工作的而要求高强度的耐蚀零件。12Cr13对氧化性酸(如一定温度及浓度的硝酸)具有良好的耐腐蚀性。可用作制造硝酸工厂设备，如酸槽、热交换器、管道等。

(2) 铬镍不锈钢

常用铬镍不锈钢的牌号有06Cr19Ni10、06Cr18Ni10Ti、06Cr19Ni10、12Cr18Ni9、06Cr18Ni11Ti。这类钢含碳量低，有利于提高耐蚀性，含镍量高，提高了钢的强度和韧性、铬含量高，提高了钢的电极电位，而且在钢的表面形成致密的氧化膜，铬镍不锈钢表现出很好的耐蚀性，塑性和低温韧性，以及高的加工硬化能力，同时具有良好的焊接性能，因此在化工设备中广泛使用，主要用于制造处理强腐蚀介质(硝酸、磷酸、有机酸及碱水溶液等)的设备，如吸收塔、储槽、化工管道及容器等。

针对工业生产中腐蚀介质的多样性，GB/T 4237《不锈钢热轧钢板和钢带》标准为压力容器壳体制造提供了多种不锈钢钢板，具体钢号和使用条件见表1-4。

表1-4　不锈钢钢板

<table>
<tr><th>钢号</th><th>执行标准</th><th>使用状态</th><th>厚度/mm</th><th>使用温度/℃</th><th>其他要求</th></tr>
<tr><td>06Cr13</td><td rowspan="7">GB/T 4237—2007</td><td>退火</td><td rowspan="7">260</td><td>-20~600</td><td rowspan="7">按GB/T 4237—2007规定</td></tr>
<tr><td>06Cr19Ni10</td><td>固溶</td><td rowspan="3">-196~700</td></tr>
<tr><td>06Cr18Ni11Ti</td><td>固溶、稳定化</td></tr>
<tr><td>06Cr17Ni12Mo2</td><td>固溶</td></tr>
<tr><td>06Cr18Ni12Mo2</td><td>固溶</td><td>-196~500</td></tr>
<tr><td>06Cr19Ni13Mo3</td><td>固溶</td><td>-196~700</td></tr>
<tr><td>02Cr19Ni10</td><td>固溶</td><td>-196~425</td></tr>
</table>

1.3.5 管材用钢

钢管在化工设备中应用很多，如容器壳体上各种接管，管壳式换热器上的换热管、加热炉的炉管等。这些都要求使用无缝钢管，另外大直径的无缝钢管还可直接用做容器的壳体。常用的无缝钢管材料一般分为四类：碳素钢、低合金钢、低合金耐热钢和高合金钢。常用钢管使用情况见表1-5。

表1-5 常用钢管使用情况

钢管材质	执行标准	钢号	厚度/mm	使用说明
碳素钢和低合金钢	GB8163	10、20	≤10	适用于流体输送，可以与壳体为Q235/20R、16MnR等材料配合使用，是压力容器中使用最广泛的一类无缝管
	GB9948	10、20	≤16	主要用于石油加工中管式加热炉辐射室炉管以及高温条件下换热管和热油管等
	GB6479	10、20G 16Mn、15MnV	≤40	化肥设备用高压无缝管。适用温度-40~400℃，适用压力10~32MPa，可以与多种压力容器壳体材料配合使用，还可以作低温用钢管
低温钢	—	09Mn2VD 09MnD		无缝管
中温抗氧化钢	GB9948	12CrMo 15CrMo	≤16	用于石油加工中管式加热炉辐射室炉管以及高温条件下换热管和热油管等
	GB6479	12CrMo、15CrMo、10MoWVNb、12Cr2Mo、1Cr5Mo	≤40	化肥设备用高压无缝管
高合金钢	GB/T14796	0Cr13、0Cr18Ni9 0Cr18Ni10Ti 0Cr17Ni12Mo2	≤16	热轧和冷拔无缝管，适用于腐蚀介质、高温或低温设备
高合金钢	GB/T14796	0Cr18Ni12Mo2Ti 0Cr19Ni13Mo3 00Cr19Ni10 00Cr17Ni14Mo2	≤16	热轧和冷拔无缝管，适用于腐蚀介质、高温或低温设备
	GB13296	0Cr18Ni9 1Cr18Ni9Ti 0Cr18Ni10Ti 00Cr19Ni10 0Cr18Ni12Mo2Ti 00Cr17Ni14Mo2 00Cr19Ni13Mo3	≤13	锅炉、换热器用无缝管，适用于腐蚀介质、高温或低温的设备

1.4 有色金属及合金

工业生产中，通常把以铁为基础的金属材料称为黑色金属，如钢与铸铁，除黑色金属以外的金属称为有色金属，如铅、镍、锌、钛、铜等金属及合金。

有色金属及合金与钢铁材料相比，具有许多特殊性能，是现代工业生活中不可缺少的金属材料。本节重点介绍铝及铝合金、铜及铜合金、钛及钛合金、铅及铅合金。

1.4.1　铝及铝合金

纯铝是银白色的金属，具有面心立方晶体结构，无同素异晶转变。纯铝的密度 2.72g/cm^3，仅为铁的 1/3，是一种轻金属，熔点为 660.4℃，导电性仅次于 Cu、Au、Ag。纯铝的强度较低，经冷却变形强化后可提高到 150～250MPa。铝具有良好的抗大气腐蚀性能、良好的工艺性，易铸造、切削和压力加工，并有良好的低温性能。在石油化工生产中用于制造储槽、泵、管道、阀门、冷凝器、蒸发塔、加热器等。为了提高纯铝的力学性能，在其中加入合金元素配制成铝合金。主要添加元素有硅、铜、镁、锌、锰。根据合金的成分和生产工艺不同将铝合金分为两类：变形铝合金和铸造铝合金。

变形铝合金包括防锈铝合金、硬铝合金、超硬铝合金、锻铝合金。防锈铝合金主要含锰镁等合金元素，主要有 Al－Mn、Al－Mg 系两类。Al－Mn 系合金由于锰的作用比纯铝具有更高的耐腐蚀性能和强度，并具有良好的可焊性和塑性。

1.4.2　铜及铜合金

纯铜呈玫瑰红色，当表面氧化生成氧化膜后呈紫色，故又称紫铜。其密度 8.98g/cm^3，熔点 1083℃，具有良好的导电性、导热性、抗磁性和耐腐蚀性，抗大气和水的腐蚀能力强，强度和硬度不高，塑性好，适于进行冷、热压力加工。铜合金还有较好的铸造性能。工业纯铜用于制造电线、电缆、导电螺钉，化工用蒸发器、换热管、储藏器和各种管道以及一般用的铜材，如电器开关、垫圈、垫片、喷嘴等。

以铜为主要元素，加入少量其他元素形成的合金，称为铜合金。铜合金比纯铜强度高，并且具有许多优良的物理化学性质，常用作工程结构材料。

黄铜是以锌为主要添加元素的铜合金，即铜锌合金。其特点是铸造性能好，易加工成型，抗蚀性较好，价格较低。黄铜可分为简单黄铜及复杂黄铜两类。简单黄铜的牌号由“H”表示，后面数字表示铜含量的百分数，如 H80，即表示含铜 80%。复杂黄铜指除锌以外还有一定数量的其他合金元素的黄铜，其表示是：H＋主加元素符号＋铜含量＋主加元素含量，如 HSn62－1 锡黄铜含 Cu62% 左右，Sn1.0% 左右。石油化工设备中常用的有 H80、H68、H62、ZHSi80－3－3 等，可用于做化工机械零件，如轴承、衬套、阀体等，以及在海水、淡水、水蒸气中工作的零件，如泵活塞、填料箱、冷凝器管接头和阀门等。

1.4.3　钛及其合金

纯钛是纯白色轻金属，密度为 4.507g/cm^3，熔点 1668℃，热膨胀系数小，热导性差。纯钛塑性、韧性好，易于压力加工成型，但是强度不高。钛的力学性能与其纯度有关，少量的杂质可使其强度、硬度增加，塑性、韧性降低。

以钛为主要元素，加入少量其他元素形成的合金称为钛合金。钛及其合金是 20 世纪 50 年代开始生产和使用的一种新型结构材料，由于具有许多优良的性能，加上资源丰富，因此钛及钛合金的应用日益广泛，如航天、航空、机械、医疗、化工和国防等工业。

1.4.4　铅及其合金

铅是一种银灰色的金属．它强度小、硬度低，不易单独做设备材料，只适于做设备的衬里。导热性能和铸造性能差。但可塑性好，线胀系数大，还具有良好的润滑性。铅不耐磨、非常软，但在许多介质中，特别是在浓度低于80%的热硫酸(85度以上)和96%以下的冷硫酸以及硫酸盐溶液中有很高的耐蚀能力。

铅和锑的合金称为硬铅，硬铅强度和硬度比纯铅高，耐蚀性与纯铅类似，常用来制造输送硫酸的管道、泵、阀门等。由于铅有毒，不能用于食品和医药工业。铅及硬铅的代号都以化学符号表示。如Pb4表示4号铅，号越大纯度越低。硬铅的主要牌号有PbSb4、PbSb6、PbSb8、PbSb10。

1.5 常用非金属材料

非金属材料是指除了金属材料以外的所有材料，按照成分不同分为无机非金属材料(主要包括化工陶瓷、化工搪瓷、辉绿岩铸石、玻璃等)及有机非金属材料(主要包括塑料、橡胶等)及近二三十年来发展的非金属复合材料(玻璃钢、不透性石墨等)。在化工生产中，由于非金属材料具有优良的耐腐蚀性，足够的强度，渗透性、孔隙及吸水性小，成本低，易加工制造等优点而被广泛使用 。

1.5.1 无机非金属材料

用于化工生产中的无机非金属材料主要包括化工陶瓷、化工搪瓷、玻璃和辉绿岩铸石等，其主要化学成分是硅酸盐。

(1) 化工陶瓷

化工陶瓷是以天然的硅酸盐(如黏土、长石、石英等)或人工合成的化合物(氧化物、氮化物、碳化物、硅化物、硼化物、氟化物)为原料，经粉碎配制、成型和高温焙烧而制成的。与金属相比，陶瓷的机械性能有高硬度、高弹性模量、高脆性、低抗拉强度和较高的抗压强度、优良的高温强度和低的抗热震性等特点。陶瓷的熔点高于金属，具有优于金属的高温强度。大多数金属在1000℃以上就会丧失强度，而陶瓷在高温下不仅保持高硬度，而且基本保持其室温下的强度，具有高的蠕变抗力，同时抗氧化的性能好，广泛用作高温材料，但陶瓷导热性差，热膨胀系数较大，受碰击或温差急变易破裂。目前，化工陶瓷在生产设备和腐蚀介质输送设备中应用越来越多。常见化工陶瓷产品有塔、储槽、容器、泵、阀门、旋塞、反应器、搅拌器和管道、管件等。另外，化工陶瓷是化工生产中常用的耐蚀材料，许多设备都用它制作耐酸衬里。

(2) 化工搪瓷

化工搪瓷是将硅含量高的耐酸瓷釉涂敷在钢或铸铁制设备的表面，经过900℃的煅烧，使其与金属形成致密的、耐腐蚀的玻璃质薄层，它是金属和瓷釉的复合材料。其特点是对一般酸、碱、盐等化学介质具有高度的耐蚀性，表面光洁度好而且容易洗涤，并有防止金属离子干扰化学反应和沾污产品的作用。因此广泛应用于石油化工生产中，化工搪瓷可用于代替昂贵的合金材料。主要用于化工管道、泵、阀、反应罐、高压釜、搅拌器、分馏塔、过滤器、贮罐等。

(3) 玻璃

玻璃在化工生产中主要作为耐蚀材料，其耐蚀性与SiO_2含量相关。玻璃能耐除氢氟酸、热磷脂和浓碱以外的一切酸和有机溶剂的腐蚀。玻璃通常用来制造管道或管件、反应器、泵、热交换器、隔膜阀及换热器衬里层或填料塔中的拉西环填料等。化工用玻璃一般为热稳定好、耐腐蚀性强的硼玻璃或高铝玻璃，但抗冲击和抗震动性较弱，在实际工程应用中需谨慎选择。

（4）辉绿岩铸石

辉绿岩铸石由辉绿岩熔融后制成，可制成板、砖等材料作为设备衬里，也可做管材。除氟酸和融碱外，铸石几乎对各种酸、碱、盐都具有良好的耐腐蚀性能。

1.5.2　有机非金属材料

在化工生产中广泛使用的有机非金属材料主要有塑料、橡胶等。

（1）塑料

塑料是以有机合成树脂为主要原料的高分子材料，在加热、加压条件下塑造或固化成型得到所需的固体制品，故称塑料。塑料按使用范围可分为工程塑料、通用塑料、特种塑料三种。工程塑料是指具有类似金属的性能，可以代替某些金属用来制造工程构件或机械零件的一类塑料，如 ABS、尼龙、聚甲醛等。这类材料一般具有优良的化学稳定性、较高的力学性能，较好的热性能、电性能和尺寸稳定性。有效解决了化工生产中的腐蚀问题，并能节约大量金属，目前在国内化工设备中广泛使用。按照树脂在加热和冷却时所表现的性质，工程塑料可分为热塑性塑料和热固性塑料。通用塑料主要指用于日常生活用品的塑料。具有产量大，用途广，价格低等特点，占塑料总产量的 75% 以上，是一般工农业和日常生活不可缺少的低成本材料。特种塑料是具有某些特殊的物理化学性能的塑料，如耐高温、耐蚀、光学等性能的塑料。

工程塑料品种很多，一般具有优良的化学稳定性、较高的力学性能，较好的热性能、电性能和尺寸稳定性。有效解决了化工生产中的腐蚀问题，并能节约大量金属，目前国内在化工设备中广泛使用。按照树脂在加热和冷却时所表现的性质工程塑料可分为热塑性塑料和热固性塑料两大类。

化工生产中的常用塑料有硬聚氯乙烯、聚乙烯、聚丙烯、聚四氟乙烯、耐酸酚醛、环氧塑料。

硬聚氯乙烯是氯乙烯的聚合物。它不但价格低廉，而且具有较高的力学强度和刚度，可以通过力学加工、热成型及焊接等方法制备各种化工设备。同时具良好的耐蚀性，能耐稀硝酸、稀硫酸、盐酸、碱、盐等腐蚀，因而被广泛的用做耐腐蚀工程材料，其缺点是热导率小，冲击韧性较低，耐热性较差。使用温度为 $-15\sim55$℃，因此限制了它的应用。硬聚氯乙烯可用于制造塔、储槽、容器、离心泵、通风机管道、管件、阀门等各种化工设备中。

聚乙烯是由单体乙烯聚合而成的高聚物。是塑料中产量最大的一种通用 热塑性塑料，属于典型的结晶型高聚物，它的种类多，低压聚乙烯的熔点、刚性、硬度和强度较高，吸水性小，有良好的电绝缘性能和耐辐射性；高压聚乙烯的柔软性、伸长率、冲击强度和透明性较好；超高分子量聚乙烯冲击强度高、耐疲劳、耐磨等特点。聚乙烯可用来制作管道、管件、阀门、泵等。也可制作设备衬里，还可涂于金属表面作为防腐涂层。

聚丙烯是丙烯单体聚合制备的饱和聚合物。其刚性大，其强度、硬度和弹性等力学性能均高于聚乙烯，同时具有优良的耐腐蚀性能和电绝缘性能，除氧化性介质外，聚丙烯能耐几乎所有的无机介质的腐蚀。聚丙烯的密度是常用塑料中最轻的，而它的强度、刚度、表面硬度都比 聚乙烯塑料大。聚丙烯的使用温度高于硬聚氯乙烯和聚乙烯，是常用塑料中唯一能在水中煮沸、经受消毒温度(130℃)的品种。但聚丙烯耐低温性较差，温度低于0℃，接近-10℃时，材料变脆，抗冲击能力明显降低。聚丙烯可用于制作某些零部件，如法兰、齿轮、风扇叶轮、泵叶轮、把手及壳体等，聚丙烯可用于化工管道、储槽、衬里等。增强聚丙烯，可制造化工设备。若添加石墨改性，可制聚丙烯换热器。

聚四氟乙烯使用较早，是重要的氟塑料，由于耐化学腐蚀性能超过其他塑料，故被称为“塑料王”。能耐强腐蚀性介质如“王水”、氢氟酸、浓盐酸、硝酸、过氧化氢等腐蚀作用，聚四氟乙烯耐高温、耐低温性能优于其他塑料，使用温度范围是-195～250℃。常用来做耐腐蚀、耐高温的密封元件及高温管道，还可用于设备的衬里和涂层。由于聚四氟乙烯有良好的自润滑性，还可以用作无润滑的活塞环。聚四氟乙烯的缺点是加工成型比较困难、强度低、冷流性强。这使它的应用受到一定的限制 。

由酚类和醛类在酸或碱催化剂作用下缩聚合成酚醛树脂，再加入添加剂而制得的高聚物。酚醛塑料具有一定的机械强度和硬度，耐磨性好，绝缘性良好，耐热性较高，能耐多种酸、盐和有机溶剂的腐蚀。使用温度为-30～130℃。耐酸酚醛塑料可制作管道、阀门、泵、塔节、容器、储槽、搅拌器，也可制作设备衬里。在氯碱、染料、农药等化工行业应用较多。缺点是冲击韧性较低、不耐碱。在使用过程中设备出现裂缝或孔洞，可用酚醛胶泥修补。

环氧塑料是环氧树脂加入固化剂后形成的热固性塑料。其强度高，韧性较好，电绝缘性优良，化学稳定性及耐有机溶剂性好，以及易加工成型，并对很多材料有较好的胶接性能，主要用于制作塑料模具，精密量具、电气、电子元件和线圈的灌封和固定等领域，还可用于修复机件。

(2) 橡胶

橡胶可分为天然橡胶和合成橡胶两大类。天然橡胶由橡胶树分泌的胶乳提炼而得。合成橡胶是以石油、煤为原料制备单体，通过加聚反应或缩聚反应合成具有高弹性的高分子化合物。橡胶由于具有良好的耐蚀性和防渗漏性，且具有一些特有的加工性质，如可塑性、可黏结性、硫化性等使其在化工生产中常用做设备的防腐蚀衬里。天然橡胶和人工橡胶均可做设备衬里。衬里层一般为1～2层。每层厚度2～3mm。特殊情况下可衬贴3层，但总厚度不宜超过8 mm。

1.5.3 非金属复合材料

(1) 不透性石墨

石墨分天然石墨和人工石墨两种。天然石墨存在于自然界中，但不能直接用来制备化工设备。化工设备衬里或结构材料通常使用的是人工石墨中的不透性石墨。不透性石墨是指用树脂等将石墨微孔填充，使石墨具有不透性。可分为浸渍类不透性石墨、压型不透性石墨和浇注型不透性石墨。不透性石墨具有较高的化学稳定性和良好的导热性，且热膨胀系数小，耐温度急变性好；不污染介质等优点广泛用于制作传热、传质设备和流体输送设备的零部件。既可作非压力容器也可做压力容器。还可以在制作石墨管件、石墨旋塞和石墨泵以及用作机械密封中的密封环和压力容器用的安全爆破片等。但不透性石墨属于非均质脆性材料也存在一些缺点，不能承受冲击、震动等外力作用。

(2) 玻璃钢

玻璃钢是由合成树脂与玻璃纤维复合而成的新型非金属材料，由于所使用的树脂品种不同，因此有聚酯玻璃钢、环氧玻璃钢、酚醛玻璃钢之称。玻璃钢以其轻质、高强、耐蚀的特点用于制造化工生产中使用的容器、储槽、塔、鼓风机、槽车、搅拌器、泵、管道、阀门等多种机械设备。

思 考 题

1. 金属材料的基本性能有哪些?
2. 压力容器用钢有哪些基本要求?
3. 碳钢中硅、锰、硫、磷元素对其力学性能有何影响?
4. 碳钢按用途分为哪几类? 主要用途是什么?
5. 什么是低合金结构钢、渗碳钢、调质钢，分别适宜应用何场合?
6. 常用的不锈钢主要有哪两类，试述其应用范围?
7. 试述铝合金的分类? 常用的防锈铝合金有哪几种?
8. 化工生产中常用的非金属材料有哪些?
9. 塑料的分类? 化工生产中常用的塑料有哪些?

第 2 章　压力容器设计基础

2.1　概述

2.1.1　压力容器设计要求

压力容器设计的基本要求主要是压力容器的安全性和经济性。安全是前提和核心，经济是设计的目标，在充分保证压力容器安全的前提下应尽可能做到经济。安全性主要指结构完整性和密封性。结构完整性主要是指容器在满足功能要求的基础上，满足强度、稳定性、刚度、耐久性等要求；密封性是指容器的泄漏率应控制在允许的范围内。经济性包括高的效率、原材料的节省、经济的制造方法、低的操作和维修费用等。

安全性和经济性并不矛盾，保证压力容器的安全，不能只依靠提高容器的壁厚，因为这样不仅浪费材料，而且原材料和焊接质量难以保证。因此，提高容器的安全性需从多方面考虑，如合理设计容器的结构，避免局部应力集中，采用不同的设计方法，等等。

2.1.2　压力容器设计方法

常用的压力容器的设计方法有以下几种：

① 常规设计　常规设计只考虑单一的最大载荷工况，按一次施加的静力载荷处理，不考虑交变载荷，也不区分短期载荷和永久载荷，因而不涉及容器的疲劳寿命问题。

② 分析设计　分析设计是通过解析法或数值法，将各种外载荷或变形约束产生的应力分别计算出来，然后进行应力分类，再按不同的设计准则来限制，保证容器在使用期内不发生任何形式的失效。

分析设计通常采用弹性应力分析和塑性理论相结合的方法，克服了常规设计的不足，可应用于承受各种载荷、任何结构形式的压力容器设计。

③ 疲劳分析　结构在交变载荷作用下会发生疲劳破坏。由于压力容器的疲劳破坏特别容易发生在如接管根部等处塑性应变的高应变区，并且破坏的循环周次很低，因此被称为“低循环疲劳”。疲劳分析就是防低循环破坏的设计方法。由于疲劳设计需进行详细的应力分析，并必须采用应力分类的方法进行设计，因此容器的疲劳设计是分析设计法的一个重要组成部分。

④ 防脆断设计　防脆断设计首先假设容器中存在一个深为 1/4 壁厚、长为 1.5 倍壁厚的表面裂纹，其纵向与最大主应力垂直，然后作评定部位截面的应力分析和应力强度因子计算，再将计算出来的应力强度因子给予一定的安全系数后与该温度下材料的断裂韧性相比较，前者必须小于后者。

采用防脆断设计方法并不意味着实际结构在设计与制造时允许有裂纹存在，而是意味着对于重要结构必须考虑到万一有裂纹时要保证不发生脆断事故。这实质上意味着材料必须保证有足够的断裂韧性。

本教材将介绍压力容器的常规设计方法。

2.1.3　压力容器设计条件

压力容器应根据设计任务提供的原始数据和工艺要求进行设计，即首先应满足工艺设计条件。

设计条件常用设计条件图表示，主要包括简图、用户要求、接管表等内容。简图示意性地画出容器本体、主要内件形状、部分结构尺寸、接管位置、支座形式及其他需要表达的内容。用户要求主要包括以下内容：

① 工作介质　介质学名或分子式、主要组分、相对密度及危害性等；

② 压力和温度　工作压力、工作温度、环境温度等；

③ 操作方式与要求　注明连续操作或间歇操作，以及压力，温度是否稳定。压力和温度有波动时，应注明变动频率及变化范围。对开、停车频繁的容器应注明每年的开、停车次数；

④ 其他　容器的容积、材料、腐蚀速度、设计寿命、是否带安全附件、是否保温等。

2.1.4　设计的基本步骤

压力容器的设计一般遵循以下步骤：

① 根据用户提出技术要求，分析容器的工作条件，确定设计参数；

② 对容器进行结构分析、初步选择容器用材料；

③ 选择合适的规范和标准；

④ 对容器的应力分析和强度计算；

⑤ 确定构件尺寸和材料；

⑥ 绘制图纸，提供设计计算书和其他技术文件。

2.1.5　设计文件

压力容器的设计文件包括设计图样、技术条件、设计计算书，必要时还应包括设计或安装、使用说明书。

设计计算书的内容主要包括设计条件、所用规范和标准、材料、腐蚀裕量、计算厚度、名义厚度、计算结果等。设计图样包括总图和零部件图。压力容器总图上至少应注明下列内容：压力容器名称、类别；设计条件；必要时应注明压力容器使用年限；使用受压元件材料牌号及材料要求；主要特性参数(如容积、换热器换热面积与程数等)；制造要求；热处理要求；防腐蚀要求；无损检测要求；耐压试验要求和气密性试验要求；安全附件的规格；压力容器铭牌的位置；包装、运输、现场组焊和安装要求及其他特殊要求。

2.2　压力容器设计准则

压力容器的设计需根据失效形式选择失效判据，然后选择相应的设计准则，判别设计是否合理。

2.2.1 压力容器失效

压力容器在规定的使用环境和时间内，因尺寸、形状或材料性能发生改变而危及安全或完全失去或不能达到原设计要求（包括功能和寿命等）的现象称为压力容器的失效。压力容器失效原因多种多样，失效最终表现形式均为泄漏、过度变形、断裂。

(1) 压力容器失效形式

压力容器基本失效形式大致可分为强度失效、刚度失效、失稳失效、泄漏失效和交互失效。

① 强度失效　因材料屈服或断裂引起的压力容器失效，称为强度失效，包括：韧性断裂、脆性断裂、疲劳断裂、蠕变断裂、腐蚀断裂等。

a. 韧性断裂　韧性断裂是压力容器在载荷作用下，产生的应力达到或接近所用材料的强度极限而发生的断裂。其特征是断后有肉眼可见的宏观变形，如整体鼓胀，周长伸长率可达10%～20%，断口处厚度显著减薄；没有碎片或偶尔有碎片；按实测厚度计算的爆破压力与实际爆破压力相当接近。

壁厚过薄和内压过高是引起压力容器韧性断裂的主要原因。壁厚过薄大致有两种情况：壁厚未经设计计算和壁厚因腐蚀、冲蚀等原因而减薄；而内压过高的原因则是操作失误、液体受热膨胀、化学反应失控等。

严格按照规范设计、选材，配备相应的安全附件，且运输、安装、使用、检修遵循有关的规定，韧性断裂是可以避免的。

b. 脆性断裂　脆性断裂是指变形量很小、且在壳壁中的应力值远低于材料的强度极限时发生的断裂。这种断裂是在较低应力状态下发生，故又称为低应力脆断。其特征是断裂时容器没有膨胀，即无明显的塑性变形；其断口平齐，并与最大应力方向垂直；断裂的速度极快，常使容器断裂成碎片。由于脆性断裂时容器的实际应力值往往很低，爆破片、安全阀等安全附件尚未动作，其后果要比韧性断裂严重得多。

脆性断裂的原因有两种：材料脆性和缺陷。材料选用不当、焊接与热处理不当，使材料脆化；低温、长期在高温下运行、应变时效等也会使材料脆化。压力容器用钢一般韧性较好，但若存在严重的原始缺陷（如原材料的夹渣、分层、折叠等）、制造缺陷（如焊接引起的未熔透、裂纹等）或使用中产生的缺陷，也会导致脆性断裂发生。

c. 疲劳断裂　疲劳断裂是指在交变载荷作用下，经一定循环次数后产生裂纹或突然发生断裂失效的过程。交变载荷是指大小或方向都随时间周期性（或无规则）变化的载荷。它包括压力波动、开车和停车、加热或冷却时温度变化引起的热应力变化、振动或容器接管引起的附加载荷的交变而形成的交变载荷。

需要指出的是原材料或制造过程中产生的裂纹，也会在交变载荷的反复作用下扩展而导致压力容器疲劳。

压力容器疲劳破坏一般包括裂纹萌生、扩展和最后断裂三个阶段，因而其疲劳断口一般由裂纹源、裂纹扩展区和瞬时断裂区组成。裂纹源往往位于接管根部、焊接接头等高应力区或有缺陷的部位。裂纹扩展区是疲劳断口最重要的特征区域。常呈现贝纹状，是疲劳裂纹扩展过程中留下的痕迹。瞬时断裂区是裂纹扩展到一定程度时的快速断裂区，它是由于剩余截面不能再承受施加的载荷造成的，它的大小和形状取决于裂纹处的应力状态、应力变化幅度和结构形状等因素。

由于疲劳失效过程有三个阶段，因此破坏需要有一定时间。疲劳断裂时容器的总体应力值较低，断裂往往在容器正常工作条件下发生，没有明显征兆，是突发性破坏，接近脆断，危险性很大。

d. 蠕变断裂　压力容器在高温下长期受载，随时间的增加材料不断发生蠕变变形，造成壁厚明显减薄与鼓胀变形，最终导致压力容器断裂的现象，称为蠕变断裂。按断裂前的变形来划分，蠕变断裂具有韧性断裂特征；按断裂时的应力划分，具有脆性断裂特征。

e. 腐蚀断裂　因均匀腐蚀导致的厚度减薄或局部腐蚀造成的凹坑，所引起的断裂称为腐蚀断裂。腐蚀断裂一般有明显的塑性变形，具有韧性断裂特征。因晶间腐蚀、应力腐蚀等引起的断裂没有明显的塑性变形，具有脆性断裂特征。

② 刚度失效　刚度失效指的是由于压力容器的变形大到足以影响其正常工作而引起的失效。

③失稳失效　在压应力作用下，压力容器突然失去其原有的规则几何形状引起的失效称为失稳失效。

④ 泄漏失效　因泄漏而引起的失效称为泄漏失效。泄漏不仅可能引起中毒、燃烧和爆炸等事故，而且还会造成环境污染等。

⑤ 交互失效　交互失效是指多种因素作用下压力容器可能同时发生多种形式的失效。

例如：腐蚀介质和交变应力同时作用引发的腐蚀疲劳；高温和交变应力引发的蠕变疲劳等。

2.2.2　压力容器设计准则

压力容器设计时应首先确定其最有可能发生的失效形式，选择合适的失效叛据和设计准则，确定适用的设计标准，再按照标准要求进行设计、校核。按照失效形式的不同，失效设计准则可以分为强度失效设计准则、刚度失效设计准则、失稳失效设计准则和泄漏失效设计准则。

（1）强度失效设计准则

在常温、静载作用下，屈服、断裂是压力容器强度失效的两种主要形式。现介绍以下几种的常用压力容器强度失效设计准则：

① 弹性失效设计准则　弹性失效设计准则是将容器总体部位的初始屈服视为失效。如对于内压容器，其内壁金属所受到的应力达到或超过材料的屈服强度，丧失弹性而进入塑性时，即认为容器失效。

其数学表达式为：

$$\sigma \leqslant [\sigma]^t \tag{2-1}$$

式中　σ ——构件所承受的应力，MPa；

$[\sigma]^t$——设计温度下构件材料的许用应力，MPa。

② 塑性失效设计准则　当筒体内壁开始屈服时，除内表面以外的其他部分均处于弹性状态，筒体仍可具有较高的承载能力。只有当载荷增大到筒壁的塑性层扩展至外壁，达到整体屈服时才认为达到失效状态，这就是塑性失效。筒体整体发生塑性失效时的载荷即为筒体的极限载荷，按塑性失效的极限载荷作为高压筒体设计的基准，再给予适当的安全系数便可确定筒体的壁厚，这就是塑性失效设计准则。

塑性失效设计准则是以整个危险面屈服作为失效状态的设计准则，如对于内压厚壁圆筒，由于材料韧性较好，当内壁发生屈服时，其余各点仍处于弹性状态，不会导致整个截面的屈服，因而圆筒仍能继续承载。只有当筒体塑性区不断扩大，使整个筒体全部达到屈服时，容器才会失效。

$$p \leqslant \frac{p_{so}}{n_{so}} \tag{2-2}$$

式中　p——设计压力，MPa；

p_{so}——全屈服压力，MPa；

n_{so}——全屈服安全系数。

③ 爆破失效设计准则　非理想塑性材料在筒体屈服后仍有继续承载的能力。随着压力的增加筒体的屈服变形增大，因此筒体材料不断发生屈服强化。当筒体出现塑性大变形时，如果筒体因材料强化而使承载能力继续上升的因素与因塑性大变形造成壁厚减薄而使承载能力下降的因素相抵消，此时筒体便无法增加承载能力，即将爆破，此时的压力即为最大承载压力，称为爆破压力。若以容器爆破作为失效状态，以爆破压力作为设计的基准，再适当考虑安全系数便可以确定能安全使用的压力或确定筒体的设计壁厚，这称为爆破失效设计准则。

爆破失效设计准则是以容器爆破作为失效判据，压力容器韧性材料一般具有应变硬化现象，爆破压力大于全屈服压力。

$$p \leqslant \frac{p_b}{n_b} \tag{2-3}$$

式中　p_b——爆破压力，MPa；

n_b——爆破安全系数。

应当指出，除弹性失效设计准则外，采用塑性失效设计准则时，并非容许筒体可以整体进入塑性状态；同样采用爆破失效设计准则时也并不意味着容许筒体可以发生塑性的变形，这均取决于所采用的安全系数。各国采用的各种设计准则虽有不同，但当考虑各自的安全系数后，各种准则设计出的圆筒筒体实际上连内壁圆筒都不会屈服，整个筒体全部处于弹性状态。这说明设计准则的出发点虽然反映了设计思想的不同，但由于种种因素的复杂性，规范仍不容许内壁出现屈服，控制安全系数后反映在筒体设计壁厚上只有不大的差别。

(2) 刚度失效设计准则

在载荷作用下，要求构件的弹性位移和(或)转角不超过规定的数值。即

$$\sigma \leqslant [\omega] \text{ 或 } \theta \leqslant [\theta] \tag{2-4}$$

式中　ω——载荷作用下产生的位移；

$[\omega]$——许用位移；

θ——载荷作用下产生的转角；

$[\theta]$——许用转角。

(3) 失稳失效设计准则

压力容器设计中，应防止失稳发生。如仅受均布外压的圆筒，外压应小于环向临界压力；由弯矩或弯矩和压力共同引起的轴向压缩，压应力应小于轴向临界应力。

$$p \leqslant \frac{p_{cr}}{m} \text{或} \sigma \leqslant [\sigma]_{cr} \tag{2-5}$$

式中　p——设计外压力，MPa；

p_{cr}——临界压力，MPa；

m——稳定系数，我国钢制压力容器标准规定 $m=3$；

σ——圆筒的轴向压缩应力，MPa；

$[\sigma]_{cr}$——材料最大轴向许用临界压应力，MPa。

（4）泄漏失效设计准则

泄漏失效设计准则是指容器发生的介质泄漏率不得超过允许泄漏率。允许泄漏率一般取决于容器内介质的价值、对人员和设备的危害性及环境保护的要求。

由于泄漏是一个受众多因素，包括安装、设计、制造和检验、运行和维护等影响的复杂问题，现有的设计规范中有关密封装置或连接部件的设计多数没有与泄漏发生定量的关系，而是用强度或刚度失效设计准则替代泄漏失效设计准则，并结合使用经验，以满足设备接头的密封要求。

目前，包括我国现行标准在内的各国压力容器规范，为防止可能产生的各种失效，除在材料选用、结构要求、制造条件和允差、检测检验等相应都作了详细的规定外，还花了很大篇幅规定了强(刚)度的计算公式。对某些难以直接求解其应力的元件，必要时可借助实践经验所积累的资料，并引入各项修正系数。对于因强度不足，可能导致失效的元件，大部分场合采用最大主应力理论并用弹性失效准则，将受压元件的最大主应力限制在材料的许用应力以内，以确定受压元件的厚度；对于因刚度不足可能导致失稳的元件，则根据计算出的临界载荷并引入必要的稳定性安全系数，以作为其许用载荷。

2.3　回转薄壳和无力矩理论

2.3.1　回转薄壳的几何概念

常见的压力容器或化工设备的外壳多为轴对称的回转壳体，如圆柱壳、球壳、椭球壳、圆锥壳等。当壳体的厚度远小于壳体的最小曲率半径时，这种壳体称为薄壳。工程上根据容器的外径 D_o 和内径 D_i 的比值 K 进行划分：当 $K>1.2$ 称为厚壳；当 $K\leqslant1.2$ 称为薄壳。

回转薄壳是几何形状对称于某一个轴的薄壁壳体。它是以任意直线或平面曲线作母线，绕其同平面内的轴线旋转一周而成的旋转曲面。平面曲线不同，得到的回转壳体的形状也不同。例如：与轴线平行的直线绕轴旋转形成圆柱壳；与轴线相交的直线绕轴旋转形成圆锥壳；半圆形曲线绕轴旋转形成球壳。以这些回转曲面作为中面的壳体统称为回转壳体。

回转壳体的纵截面、横截面和锥截面如图 2－1 所示，一个回转壳体，当壳体内有介质压力作用时，在壳体内将产生应力，为了研究壳体内的应力，需要关注几个截面。

（1）纵截面与第一曲率半径

如图 2－1 所示，过 B 点和 OO' 轴作平面，该平面与回转曲面的相交线称为经线，经线所在的平面称之为纵截面，其位置由它与母线平面的夹角确定。

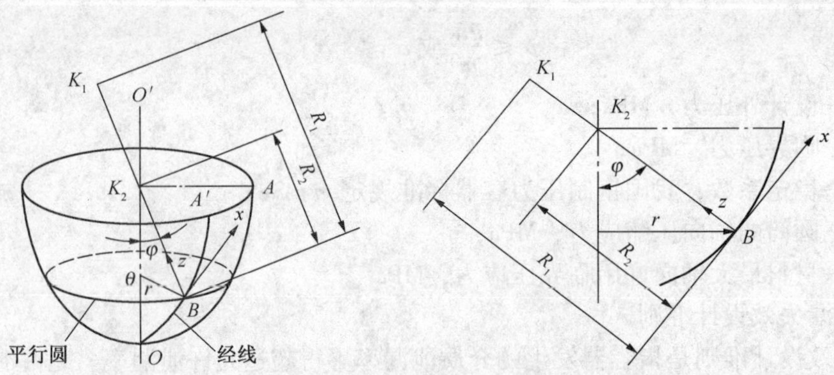

图 2－1 回转壳体的几何参数

经线上的 B 点的曲率中心 K_1 必在过 B 点的法线上，BK_1 即为 B 点的第一曲率半径，记作 R_1。

（2）横截面

过 B 点作与 OO' 轴相垂直的平面，该平面与回转曲面的交线是一个圆，称之为平行圆，平行圆所在的截面为横截面。同一点的纬线和平行圆相互重合。

（3）锥截面和第二曲率半径

过 B 点作与经线 OB 在 B 点的切线相垂直的平面，该平面和回转曲面相交又得到平面曲线，这条曲线上 B 点的曲率中心 K_2 必在过 B 点的法线上，K_2 又必在 OO' 轴上，则 BK_2 即为 B 点的第二曲率半径，记作 R_2。锥截面截出的是壳体的真实壁厚。

2.3.2 回转薄壳的无力矩理论

薄壁壳体受内压作用时将产生膨胀变形，壳体沿圆周方向和轴线方向均存在拉应力，即环向应力 σ_θ 和经向应力 σ_x，由于壳体壁厚较薄，且不考虑壳体与其他零部件连接处的局部应力，可以认为环向应力和经向应力沿壁厚均匀分布，此时应力状态和承受内压的薄膜相似。又称薄膜应力，如图 2－2(a)所示。此外，在壳体受力直径增大的同时，壳体的曲率也发生变化，如图 2－2(b)所示。因此，壳体中还存在弯曲应力。在壳体理论中，如果考虑上述全部应力，这种理论称“有力矩理论”或“弯曲理论”。但对部分容器，在某些特定的壳体形状、载荷和支承条件下，其弯曲应力与薄膜应力相比很小，如果略去不计，将使壳体计算大大简化，此时壳体的应力状态称为“无矩应力状态”。基于这种近似假设求解薄膜应力的

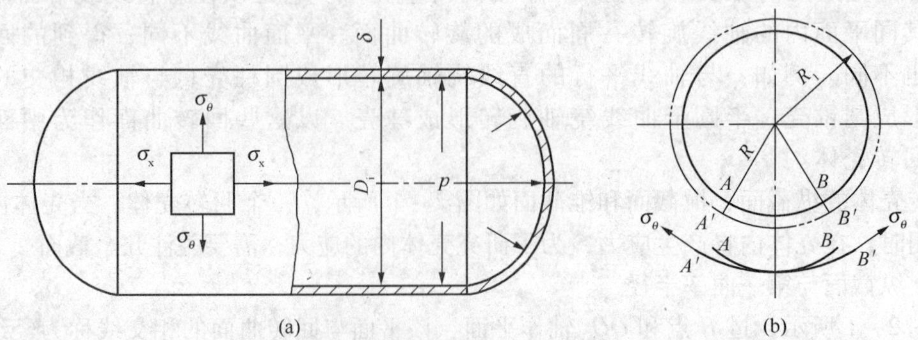

图 2－2 薄壁壳体受内压作用时的应力状态

理论称为“无力矩理论”或“薄膜理论”。薄壁容器壳体的应力分析和强度计算都是以薄膜理论为基础的。

① 无力矩理论的基本假设：

除了假定壳体材料有连续性、均匀性和各向同性，即壳体是完全弹性的以外，还包括：

a. 小位移假设　各点位移都远小于厚度。可用变形前尺寸代替变形后尺寸。变形分析中高阶微量可忽略；

b. 直线法假设　变形前垂直于中面直线段，变形后仍是直线并垂直于变形后的中面。变形前后法向线段长度不变。沿厚度各点法向位移相同，厚度不变；

c. 不挤压假设　各层纤维变形前后互不挤压。

② 无力矩理论的基本方程：

a. 微体平衡方程（拉普拉斯方程）

$$\frac{\sigma_x}{R_1}+\frac{\sigma_\theta}{R_2}=\frac{P}{\delta} \tag{2-6}$$

b. 区域平衡方程

$$\sigma_x=\frac{2\pi\int_0^{r_K} pr\mathrm{d}r}{2\pi r_K\delta\cos\alpha}=\frac{\int_0^{r_K} pr\mathrm{d}r}{r_K\delta\cos\alpha} \tag{2-7}$$

当壳体承受的压力恒定时，即 p =常数，则上式简化为：

$$\sigma_x=\frac{pr_K}{2\delta\cos\alpha} \tag{2-8}$$

式中　σ_x——回转壳体上某点的经向应力，N/m^2 或 Pa；

σ_θ——回转壳体上某点的环向应力，N/m^2 或 Pa；

p——回转壳体上某点所承受的内压，N/m^2 或 Pa；

R_1——回转壳体上 σ_x、σ_θ 所在点的第一曲率半径，mm；

R_2——回转壳体上 σ_x、σ_θ 所在点的第二曲率半径，mm；

r_K——回转壳体任一点处的平行圆半径，mm；

δ——回转壳体的壁厚，mm；

α——经向应力 σ_x 与回转轴的夹角，(°)。

2.4　无力矩理论的应用

2.4.1　承受气压作用的圆筒形壳体

如图 2-3 所示，圆筒仅承受内压 p 时的应力状态。此时，圆筒的第一曲率半径 $R_1=\infty$，第二曲率半径 $R_2=D/2$，$\alpha=0°$ 代入式(2-6)与式(2-8)得：

$$\sigma_x=\frac{pD}{4\delta} \tag{2-9}$$

$$\sigma_\theta=\frac{pD}{2\delta} \tag{2-10}$$

式中　D——圆筒的中径，mm。

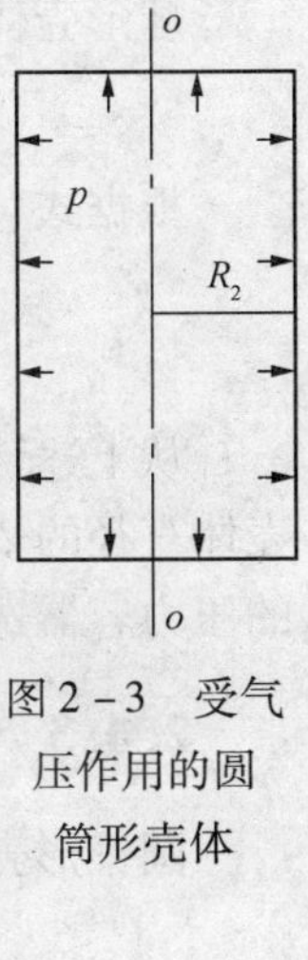

图 2-3　受气压作用的圆筒形壳体

由式(2－9)、式(2－10)可以看出，圆筒形壳体的应力 σ_x 和 σ_θ 与壳体的中径 D、壁厚 δ、内压 p 有关。各点应力的大小不随位置的变化而变化，壳体的最大应力为环向应力 σ_θ，壳体各点 $\sigma_\theta = 2\sigma_x$。因此，在圆筒体上开设椭圆形人孔或手孔时，应当将短轴设计在纵向，长轴在环向，以减小对壳体强度的影响。另外，在制造圆筒形压力容器时，纵向焊缝的质量应比环向焊缝要求高，以保证容器使用的安全可靠性。

2.4.2 承受气压作用的球壳

对于球壳，$R_1 = R_2 = D/2$，代入式(2－6)与式(2－8)得：

$$\sigma_x = \sigma_\theta = \frac{pD}{4\delta} \qquad (2-11)$$

由上式可知，球壳承受均匀气压时，壳体上任何一点的经向应力和环向应力均相等。若与圆筒形壳体相比，在直径与内压相同的情况下，球壳内应力仅是圆筒形壳体环向应力的一半，即球形壳体的厚度仅需圆筒容器厚度的一半。这表明球壳的承载能力比圆筒形筒体更大。此外，当容器容积相同时，球表面积最小，既节省制造用钢，又减少保温材料的消耗，故大型储罐制成球形较为经济。

【例 2－1】圆筒形和球形容器内气体压力均为 1.5MPa，圆筒形壳体内径 D_i 为 1000mm，球形壳体内径为 2000mm，壳体壁厚均为 20mm，求圆筒形壳体和球形壳体所受应力。

解：(1) 圆筒形壳体所受应力

圆筒形壳体的中径为：

$$D = D_i + \delta = 1000 + 20 = 1020\text{mm}$$

根据式(2－9)圆筒形壳体的经向应力为

$$\sigma_x = \frac{pD}{4\delta} = \frac{1.5 \times 1020}{4 \times 20} = 19.13\text{MPa}$$

根据式(2－10)圆筒形壳体的环向应力为

$$\sigma_\theta = \frac{pD}{2\delta} = \frac{1.5 \times 1020}{2 \times 20} = 38.26\text{MPa}$$

(2) 球形壳体所受应力

球形壳体的中径为：

$$D = D_i + \delta = 2000 + 20 = 2020\text{mm}$$

根据式(2－11)得球形壳体的环向应力和经向应力相等。

$$\sigma_x = \sigma_\theta = \frac{pD}{4\delta} = \frac{1.5 \times 2020}{4 \times 20} = 37.88\text{MPa}$$

从上述计算结果可以看出，在压力和壁厚相同的条件下，尽管球形壳体的直径是圆筒形壳体直径的 2 倍，但壳体所承受的应力是相当的，因此，从受力的角度来看，对于内压较大的压力容器选择球形结构较为合适。

2.4.3 锥形壳

圆锥形壳体的应力如图 2－4 所示。锥壳承受的内压为 p，中间面直径为 D，圆锥形壳半

锥角为 α，A 点处半径为 r，厚度为 δ，则在 A 点处：$R_1=\infty, R_2=\dfrac{r}{\cos\alpha}$，代入式(2－6)与式(2－8)得：

$$\sigma_x=\frac{pr}{2\delta\cos\alpha}=\frac{pD_A}{4\delta\cos\alpha} \tag{2－12}$$

$$\sigma_\theta=\frac{pr}{\delta\cos\alpha}=\frac{pD_A}{2\delta\cos\alpha} \tag{2－13}$$

从以上式(2－12)、式(2－13)可以看出，锥形壳体在某点处的应力是圆筒形壳体的 $1/\cos\alpha$ 倍。锥形壳体环向应力是经向应力的两倍，随半锥角 α 的增大而增大，因此半锥角要选择合适，不宜太大。此外，当压力 p、厚度 δ 及半锥顶角 α 确定后，经向应力和环向应力将随 r 发生改变，在锥形壳体大端 $r=D/2$ 时，应力最大，在锥顶处 $r=0$ 时，应力为零。因此，圆锥形容器一般在锥顶开孔。

2.4.4　承受气压作用的椭圆形壳体

承受内压 p 的椭球壳的几何尺寸见图 2－5，已知椭圆曲线方程为：

$$\frac{x^2}{a^2}+\frac{y^2}{b^2}=1$$

式中 a、b——椭圆的长半轴、短半轴。

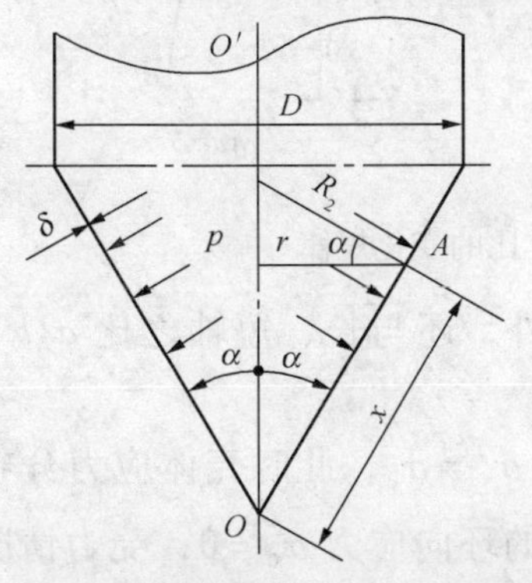

图 2－4　锥形壳体锥截面上的应力

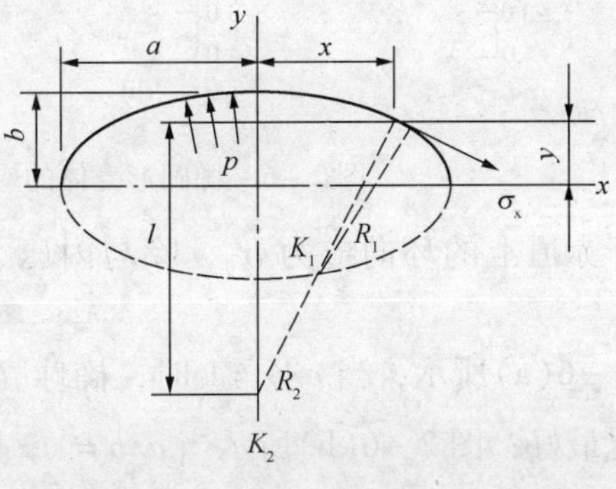

图 2－5　椭圆形壳体的薄膜应力

又
$$R_1=\frac{[a^4-x^2(a^2-b^2)]^{3/2}}{a^4b}$$

$$R_2=\frac{[a^4-x^2(a^2-b^2)]^{1/2}}{b}$$

将 R_1、R_2 代入式(2－6)与式(2－8)得：

$$\sigma_x=\frac{pR_2}{2\delta}=\frac{p}{2\delta}\frac{[a^4-x^2(a^2-b^2)]^{1/2}}{b} \tag{2－14}$$

$$\sigma_\theta=\frac{p}{2\delta}\frac{[a^4-x^2(a^2-b^2)]^{1/2}}{b}\left[2-\frac{a^4}{a^4-x^2(a^2-b^2)}\right] \tag{2－15}$$

从式(2－14)、式(2－15)可以看出，在椭圆形壳体的内压 p 和壁厚 δ 一定的情况下，壳体上各点的应力是不等的，它与各点的坐标位置及长轴、短轴的比值有关。

在壳体顶点处(即 $x=0$，$y=b$)处有

$$R_1 = R_2 = \frac{a^2}{b}, \sigma_x = \sigma_\theta = \frac{pa}{2\delta}\left(\frac{a}{b}\right)$$

上式表明椭球壳环向应力与经向应力相等，其值的大小与长轴与短轴之比 a/b 有关，且恒为拉应力。

在椭圆形壳体的赤道(即 $x=a$，$y=0$)处有

$$R_1 = \frac{b^2}{a}, R_2 = a$$

$$\sigma_x = \frac{pa}{2\delta}, \sigma_\theta = \frac{pa}{2\delta}\left(2 - \frac{a^2}{b^2}\right)$$

上式表明赤道处的经向应力为拉应力，在 $a>b$ 的情况下，经向应力小于顶点上的应力，且达到经向应力的最小值，其应力分布如图 2－6 所示。

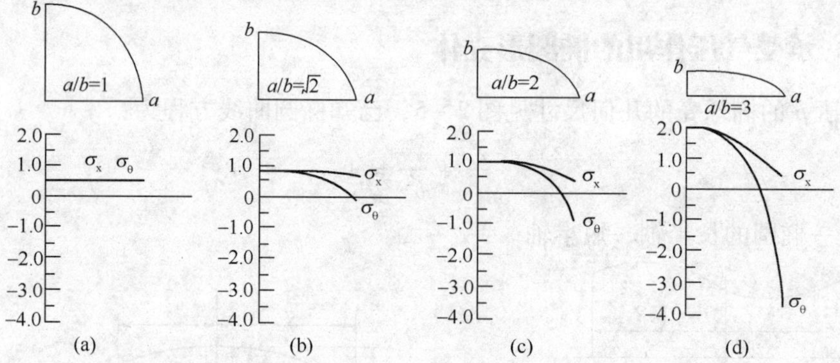

图 2－6 椭圆形壳体的应力与长短轴之比的变化规律

对于赤道上的环向应力 σ_θ，除与内压、壁厚有关外，还与长、短轴之比 a/b 有很大关系。

图 2－6(a)所示，当 $a/b=1$ 时，椭球壳变成球壳，$\sigma_x=\sigma_\theta$，此时壳体应力分布均匀，受力情况最好；图 2－6(b)所示当 $a/b=\sqrt{2}$ 时，赤道上的环向应力 $\sigma_\theta=0$，受力情况较好；图 2－6(c)、图 2－6(d)所示当 $a/b>\sqrt{2}$ 时，如当 $a/b=2$ 时，环向应力 σ_θ将从拉应力变为压应力；当 $a/b=3$ 时，环向应力将急剧增大，随着环向压应力增大，大直径薄壁椭圆形封头出现环向失稳。为避免失稳，可以采取整体或局部增加厚度，或局部采用环状加强构件的方法对结构进行调整。

根据上述应力分析及考虑制造等因素，工程上常用标准椭圆形封头，其 $a/b=2$。这类封头顶点的经向应力比赤道处的经向应力大 1 倍，而且顶点和赤道处环向应力绝对值相等，方向相反，前者为拉应力，后者为压应力，但压应力不大，因此，标准椭圆形封头得到较为广泛的应用。

2.4.5 承受液体内压作用的回转薄壳

如图 2－7 所示的储液罐，假设罐底部是自由的，顶部密闭。液体压力垂直于壳壁，对于圆筒形壳体上任一点 a，压力值 p_z除了取决于液面上方的气体压力 p_0外，还随液体的深度而

变，与液体密度ρ，重力加速度g和离液面的深度$(H-h)$的乘积有关，即$p_z = p_0 + \rho g(H-h)$。

圆筒形壳体$R_1=\infty$，$R_2=R$，代入式(2-6)，得

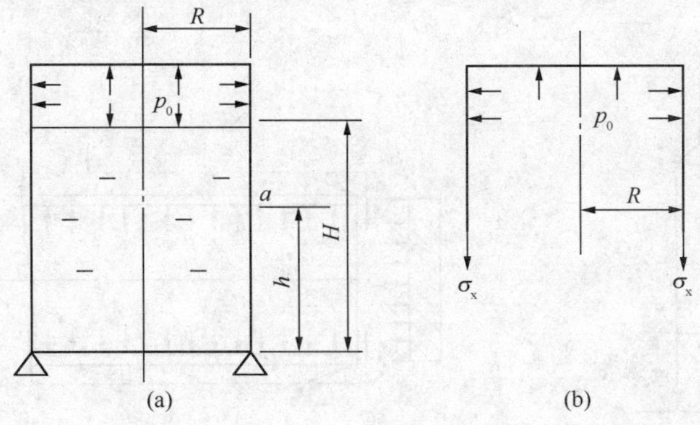

图 2-7　圆筒形储液罐

$$\sigma_\theta = \frac{pR_2}{\delta} = \frac{[p_0 + \rho g(H-h)]D}{2\delta} \tag{2-16}$$

作垂直与回转轴的任一横截面，壳体壁厚用δ表示。由上部壳体的轴向力平衡可得

$$2\pi R\delta\sigma_x = \pi R^2 p_0$$

即

$$\sigma_x = \frac{p_0 R}{2\delta} \tag{2-17}$$

对于敞口的储液罐，则$p_0=0$，故$\sigma_x=0$，而

$$\sigma_\theta = \frac{pR_2}{\delta} = \frac{\rho g(H-h)D}{2\delta}$$

2.5　边缘应力

2.5.1　边缘应力的产生

工程中压力容器的壳体一般由圆筒形、球形、椭球形、圆锥形等几种简单的壳体组合而成。如图 2-8 所示，容器由半球形封头—圆筒—圆锥—圆筒—椭圆形封头—圆筒形裙座等不同几何形状的壳体组成。不仅如此，沿壳体轴线方向的壁厚、载荷、温度和材料的物理性能也可能出现突变，这些因素均可表现为容器在总体结构上的不连续性。

结构上的不连续，在制造和装配时又要连接在一起，使得压力容器在承压变形时，各组成部分之间产生相互的制约，从而在连接部位附近就不可避免地引起了附加应力。为了简化分析，假设平板封头与圆筒形壳体的连接，如图 2-9 所示。图 2-10(a)是常压下容器封头与筒体的相对位置。容器承压时，由于平板封头很厚，变形很小，可以忽略不计，而筒体会产生一定的变形，若无封头的约束，筒体将胀大到图 2-10(b)中虚线所示的位置。但由于筒体与封头是连接在一起的，筒体在封头连接处的直径受封头的制约并没有增大，而是在封

头的牵制下筒体端部横截面内产生轴向弯曲应力[如图 2－10(c)所示]和环向的压应力，这些应力都称为边缘应力。

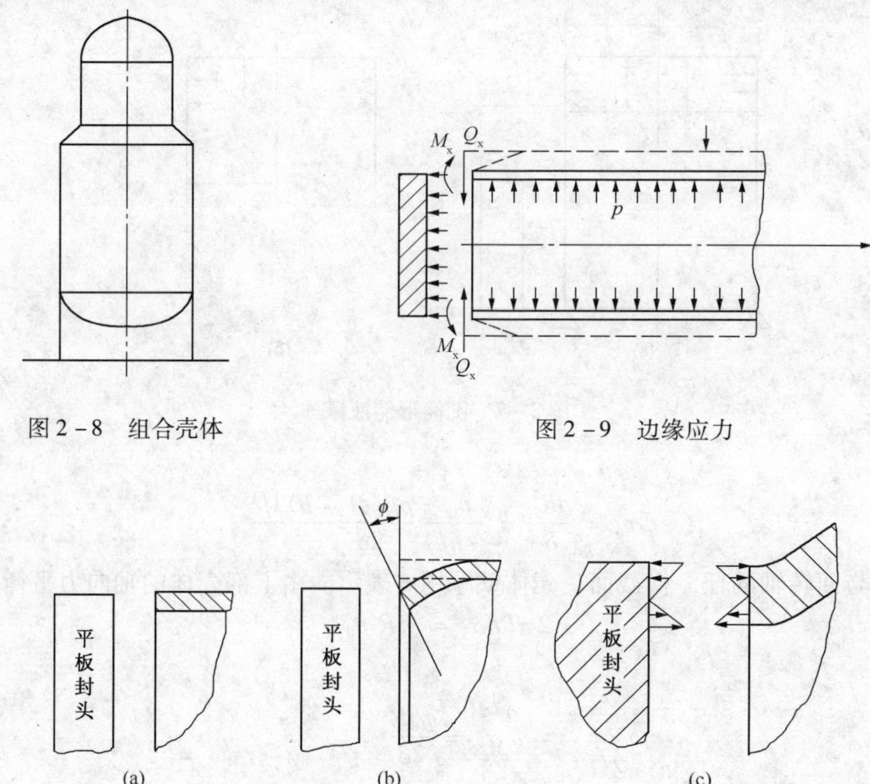

图 2－8　组合壳体

图 2－9　边缘应力

图 2－10　边缘应力的形成

2.5.2　边缘应力的性质

(1) 局部性

不同形式的连接边缘产生大小不同的边缘应力，但边缘应力作用的范围很小，这些应力只存在于连接处附近的局部区域。只要离开连接边缘，边缘应力就迅速衰减。对于钢制圆筒形壳体，边缘应力的作用范围只限于距连接处 $2.5\sqrt{R\delta}$，此处其边缘应力已衰减掉 95.7%；若离开边缘的距离大于 $2.5\sqrt{R\delta}$，则可以忽略边缘应力的作用。如图 2－11 所示。

(2) 自限性

边缘应力的存在是因为变形受到限制，限制越强，应力越大。当限制增大到使应力达到材料的屈服极限时，就会使相互限制的器壁金属发生局部的塑性变形，从而使相互限制出现缓解，相互限制所引起的应力也会自动停止增长。这种性质称为边缘应力的自限性。

应当注意的是：边缘应力的自限性是以材料具有良好的塑性为前提的，如果是脆性材料，自限性将无法显示出来。

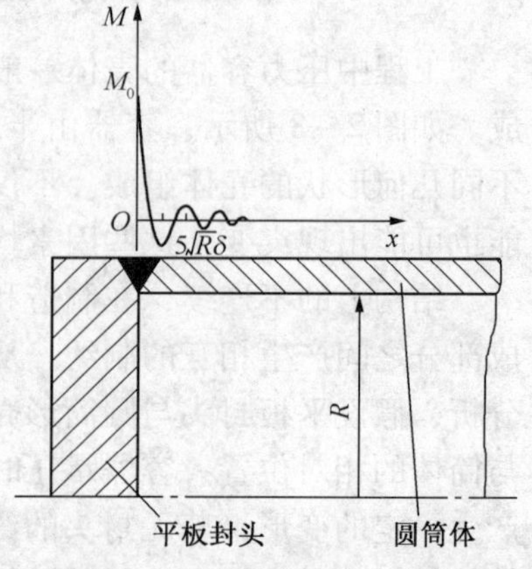

图 2－11　边缘应力的局部性

思　考　题

1. 压力容器的设计方法有几种?

2. 压力容器的失效方式有几种? 有哪些表现形式? 相对应的设计准则是什么?

3. 什么是无力矩理论?

4. 边缘应力是如何产生的? 有何特点?

习　题

1. 一个承受内压的圆筒形壳体，其内压 $p = 1.6$MPa，圆筒壳体中间面直径 $D = 1000$mm，筒体壁厚 $\delta = 12$mm，试求圆筒形壳体中的应力，若改变壳体材料，其所受应力有无变化? 为什么?

2. 一圆筒形平顶储罐，竖直置于混凝土基础上，圆筒的内径为 $D_i = 3000$mm，高度 $H = 4000$mm，圆筒壁厚 $\delta = 30$mm，罐内装有乙酸，密度为 1049kg/m^3，液面高度为 3000mm，现测得液面上方的压力为 0.1MPa，试求距顶盖 $2/3H$ 处 A，圆筒壁上的环向应力和经向应力。

3. 有一圆筒形壳体，筒体中径 $D = 1200$mm，两端为标准椭圆形封头，现对其封头进行应力测定，该封头厚度 $\delta = 10$mm，测得封头顶点处的环向应力为 50MPa。试确定圆筒内的压力。

第3章　内压薄壁容器

由于压力容器的特殊性，在我国内压容器的设计必须严格遵照相关标准。这些标准主要有 GB 150—1998《钢制压力容器》国家标准和 JB 4732—1995(2005 确认)《钢制压力容器—分析设计标准》。

我国现执行 GB150—1998《钢制压力容器》国家标准。该标准为常规设计，采用弹性失效准则和稳定失效准则，应用解析法进行应力计算，比较简便。

JB 4732—1995(2005 确认)《钢制压力容器—分析设计标准》，其允许采用高的设计强度，在相同的设计条件下，厚度可以相应地减少，重量减轻。其采用塑性失效准则、失稳失效准则和疲劳失效准则，计算比较复杂，和美国的 ASME 标准思路相似。

本章主要介绍内压容器的常规设计，执行 GB150—1998《钢制压力容器》国家标准。

3.1　设计参数的确定

3.1.1　压力

在压力容器设计计算过程中，除了特殊注明的，压力均指表压力。

(1) 工作压力 p_w

工作压力是指在正常的工作情况下，容器顶部可能达到的最高压力。工作压力的确定应注意以下几点：

① 由于最大工作压力是容器顶部的压力，所以对于塔类直立容器，直立进行水压试验的压力和卧置时不同；

② 工作压力是根据工艺条件决定的，容器顶部的压力和底部可能不同，许多塔器顶部的压力并不是其实际最高工作压力；

③ 标准中的最大工作压力，最高工作压力和工作压力概念相同。

(2) 设计压力 p

设计压力是指设定的容器顶部的最高压力，与相应的设计温度一起作为设计载荷条件，其值不低于工作压力。设计压力的确定可依据以下几点：

① 压力容器的设计压力不得低于最高工作压力；

② 装有安全泄放装置的压力容器，其设计压力不得低于安全泄放装置的动作压力。装有安全阀时，容器的设计压力 $p=(1.05\sim1.1)p_f$(安全阀的开启压力)；装设爆破片装置的容器，根据所选用爆破片形式的不同，可选其设计压力 $p=(1.15\sim1.75)p_p$(爆破片的爆破压力)。

③ 对于盛装液化气体的装置，在规定的充满系数范围内，设计压力仅取决于温度的变化，一般由工作条件下可能达到的最高金属温度确定。

(3) 计算压力 p_c

计算压力是指在相应设计温度下，用以确定元件最危险截面厚度的压力，其中包括液柱静压力，当静压力值小于 5% 的设计压力时，可略去静压力。

3.1.2　设计温度

设计温度是指容器在正常工作情况下，在相应的设计压力下，设定的受压元件的金属温度。主要用于确定受压元件的材料选用、强度计算中材料的力学性能和许用应力，以及热应力计算时涉及到的材料物理性能参数。

确定设计温度时，应考虑以下几点：

① 设计温度不得低于元件金属在工作状态可能达到的最高温度；

② 当设计温度在 0℃ 以下时，不得高于元件金属可能达到的最低温度；

③ 当容器在各部分工作状态下有不同温度时，可分别设定每一部分的设计温度。

3.1.3　许用应力

许用应力是容器壳体、封头等受压元件的材料许用强度，以材料的强度极限除以适当的安全系数。在设计温度下的许用应力的大小，直接决定容器的强度，GB150—1998 对钢板、锻件、紧固件均规定了材料的许用应力。见附录一、附录二、附录三。

GB150 给出了钢板、钢管、锻件以及螺栓材料在设计温度下的许用应力值，同时也列出了确定材料许用应力的依据，表 3－1 所示为钢材许用应力的确定依据。设计计算时许用应力可直接从许用应力表中查得，也可以按表 3－1 规定求出。

表 3－1　钢制压力容器中使用的钢材安全系数

材　料	许用应力(取下列各值中的最小值/MPa)
碳素钢、低合金钢、铁素体高合金钢	$\frac{\sigma_b}{3.0}$ $\frac{\sigma_s}{1.6}$ $\frac{\sigma_s^t}{1.6}$ $\frac{\sigma_D^t}{1.5}$ $\frac{\sigma_n^t}{1.0}$
奥氏体高合金钢	$\frac{\sigma_b}{3.0}$ $\frac{\sigma_s(\sigma_{0.2})}{1.5}$ $\frac{\sigma_s^t(\sigma_{0.2}^t)}{1.5}$① $\frac{\sigma_D^t}{1.5}$ $\frac{\sigma_n^t}{1.0}$

① 对奥氏体高合金钢制受压元件，当设计温度低于蠕变范围，且允许有微量的永久变形时，可适当提高许用应力至 $0.9\sigma_s^t(\sigma_{0.2}^t)$，但不超过 $\frac{\sigma_s(\sigma_{0.2})}{1.5}$。此规定不适用于法兰或其他有微量永久变形就产生泄漏或故障的场合。

附录一中选取的一些常用的压力容器用钢的许用应力，应当注意的是当设计温度低于 20℃时，取 20℃时的许用应力。

3.1.4　钢板厚度附加量

厚度附加量按式(3－1)确定：

$$C = C_1 + C_2 \tag{3-1}$$

式中　C——厚度附加量，mm；

C_1——钢材厚度负偏差，mm；

C_2——腐蚀裕量，mm。

(1) 钢材厚度负偏差 C_1

钢板或钢管的厚度负偏差是按钢材标准规定的。当钢材的厚度负偏差不大于0.25mm，且不超过名义厚度的6%时，负偏差可忽略不计。具体如表3-2和表3-3所示。

表3-2 钢板的厚度负偏差 mm

钢板厚度	2.0~2.5	2.8~4.0	4.5~5.5	5.5~7.5	7.5~25	25~30
负偏差 C_1	0.2	0.3	0.5	0.6	0.8	0.9
钢板厚度	30~34	34~40	40~50	50~60	60~80	
负偏差 C_1	1.0	1.1	1.2	1.3	1.8	

表3-3 钢管的厚度负偏差

钢管种类	壁厚/mm	负偏差 C_1/%	钢管种类	壁厚/mm	负偏差 C_1/%
碳素钢、	≤20	15	不锈钢	≤10	15
低合金钢	>20	12.5		>10	20

(2) 腐蚀裕量

为防止容器元件由于腐蚀、机械磨损而导致厚度削弱减薄，应考虑腐蚀裕量，具体规定如下：

① 对有腐蚀或磨损的元件，应根据预期的容器寿命和介质对金属材料的腐蚀速率确定腐蚀裕量；

②容器各元件受到的腐蚀程度不同时，可采用不同的腐蚀裕量；

③ 介质为压缩空气、水蒸气或水的碳素钢或低合金钢制容器，腐蚀裕量 $C_1 \geqslant 1$mm；对于不锈钢，当介质的腐蚀性极微时，可取 $C_2 = 0$。

3.1.5 公称直径和公称压力

考虑到设计和制造过程中压制封头胎具的规格及标准件配套选用的需要，目前，化工设备及容器的某些零部件已制定了系列标准。如容器筒体、封头、法兰、支座、人孔、手孔、视镜等都有相应的标准，设计时可直接选用标准件。选用标准件的基本参数就是公称直径和公称压力。

公称直径的符号用DN表示，对于用钢板卷制的筒体和封头，均以内径作为其公称直径。设计时应使容器的内径符合表3-4规定的标准值，便于选取其他各种标准零部件。

表3-4 压力容器的公称直径 mm

300	(350)	400	450	500	550	600	(650)	700	800
900	1000	(1100)	1200	(1300)	1400	(1500)	1600	(1700)	1800
(1900)	2000	(2100)	2200	(2300)	2400	2600	2800	3000	3200
3400	3600	3800	4000	4200	4400	4500	4600	4800	5000
5200	5400	5500	5600	5800	6000				

注：带括号的公称直径尽量不采用。

如果筒体是使用无缝钢管直接截取的，规定使用钢管的外径作为筒体的公称直径(见表3-5)。

表 3-5　无缝钢管制作筒体时容器的公称直径　mm

159	219	273	325	377	426

3.1.6　焊接接头系数

压力容器的筒体是经卷制成型后焊接而成的，筒体与封头之间也要通过焊接连在一起。因此焊接接头处强度的高低直接影响到容器的强度。焊接接头是容器上比较薄弱的环节，较多事故的发生是由于焊接接头金属部分焊接影响区的破裂。一般情况下，焊接接头金属的强度和基本金属强度相等，甚至超过基本金属强度。但由于焊接接头热影响区有热应力存在，焊接接头金属晶粒粗大，以及焊接接头中可能出现气孔、夹渣、裂纹和未焊透等焊接缺陷，都会影响焊接接头强度，因而必须引入焊接接头系数，以补偿焊接时可能产生的强度消弱。焊接接头系数反映了焊缝区材料强度的削弱程度，它的大小取决于焊接接头型式、焊接工艺以及焊接接头探伤检验的严格程度等。

影响焊接接头系数的因素很多，它的选取应根据受压元件的焊接接头形式及无损检测的长度比例确定。

（1）双面焊的对接接头和相当于双面焊的全焊透对接接头

100%无损探伤，$\varphi=1.00$；　局部无损探伤，$\varphi=0.85$

（2）单面焊的对接接头，沿焊接接头根部全长具有紧贴基本金属的垫板

100%无损探伤，$\varphi=0.9$；局部无损探伤，$\varphi=0.8$

（3）无法进行探伤的单面焊环向对接焊缝，无垫板

$$\varphi=0.6$$

3.2　内压薄壁容器筒体与封头厚度的设计

3.2.1　内压薄壁圆筒的厚度设计

第 2 章介绍了压力容器的失效形式和设计准则。对于内压薄壁容器的筒体来说，主要的失效形式应为强度失效，因此，应采用弹性失效设计准则来设计。

（1）计算厚度 δ

内压圆筒壁内的基本应力是薄膜应力，由第 2 章中薄壁圆筒的应力分析和第一强度理论（最大主应力理论）可知，薄壁圆筒截面应力有环向应力 σ_θ 和经向应力 σ_x，且 $\sigma_\theta=2\sigma_x$，因此可知其最大主应力为环向应力 σ_θ，故内压圆筒的强度条件为：

$$\sigma_\theta=\frac{pD}{2\delta}\leqslant[\sigma]^t \tag{3-2}$$

式中　$[\sigma]^t$——制造筒体的材料在设计温度下的许用应力，MPa；

p——设计压力，MPa；

δ——筒体的计算厚度，mm；

D——筒体的中径，$D=(D_o+D_i)/2$，mm；

D_o——筒体外径，mm；

D_i——筒体内径，mm。

考虑到焊接接头的影响，公式(3－2)中的许用应力应使用强度可能较低的焊接接头金属的许用应力，即把钢板的许用应力乘以焊接接头系数 φ，则有

$$\sigma_\theta = \frac{PD}{2\delta} \leqslant [\sigma]^t\varphi$$

式中 D 为中径，当圆筒壁厚没有确定时，则中径也是待定值，考虑到设计和制造及测量的方便，利用内径代替中径，即 $D_o = D_i + \delta$；且 GB150 中规定，确定筒体厚度的压力为计算压力 p_c，故推导出内压薄壁圆筒的计算厚度 δ 为：

$$\delta = \frac{p_c D_i}{2[\sigma]^t\varphi - p_c} \tag{3-3}$$

此公式适用范围为 $p_c \leqslant 0.4[\sigma]^t\varphi$。

(2) 设计壁厚 δ_d

计算壁厚 δ 与腐蚀裕量 C_2 之和称为设计壁厚。可以将其理解为同时满足强度、刚度和使用寿命的最小厚度。

$$\delta_d = \delta + C_2 = \frac{p_c D_i}{2[\sigma]^t\varphi - p_c} + C_2 \tag{3-4}$$

腐蚀裕量 C_2，可根据介质对选用材料腐蚀速度和设计使用寿命共同考虑。取值按上节所述。

(3) 名义厚度 δ_n

设计厚度 δ_d 加上钢板负偏差 C_1 后向上圆整至钢材标准规格的厚度，即标注在设计图样上的壳体厚度。

$$\delta_n = \delta_d + C_1 + \Delta \tag{3-5}$$

式中 δ_n——筒体的名义厚度，按钢板的标准厚度系列取值，mm；

C_1——钢板负偏差，取值可参考表 3－2，mm；

Δ——除去负偏差以后的圆整值，mm。

需要指出的是，上述公式的推导仅是在考虑内压作用下得出的圆筒壁厚，当筒体承受内压以外的其他载荷时，如风载荷、地震载荷、偏心载荷等，就不能仅以上述公式为依据，而需要同时校核由于壳体外载荷作用引起的筒壁应力。钢板的常用厚度见表 3－6。

表 3－6 钢板的常用厚度表 mm

2、3、4、(5)、6、8、10、12、14、16、18、20、22、25、28、30、32、34、36、38、40、42、46、50、55
60、65、70、75、80、85、90、95、100、105、110、115、120

(4) 有效厚度 δ_e

有效厚度其值应为名义厚度 δ_n 减去腐蚀裕量和钢材厚度负偏差，从性质上可以理解为真正可以承受介质压力的厚度，称为有效厚度。数值上可以看作是计算厚度加上钢材厚度向上圆整量。

$$\delta_e = \delta_n - C_1 - C_2 = \delta + \Delta \tag{3-6}$$

(5) 最小厚度 δ_{min}

在容器承受压力不大的情况下，通过设计计算求得的筒体壁厚可能很小，按照上述强度

公式计算出来的厚度往往很薄，为满足制造、运输及安装时刚度要求，根据工程经验规定的不包括腐蚀裕量的最小壁厚，用 δ_{min} 表示，其值应按以下规定选取：

① 对于碳素钢和低合金钢制造的容器，最小壁厚不小于 3mm；

② 对于高合金钢制容器，如不锈钢制造的容器，最小壁厚不小于 2mm。

当筒体计算出的不包括腐蚀裕量的厚度小于最小厚度时，应取最小厚度作为计算结果。几种厚度之间的关系见图 3－1。

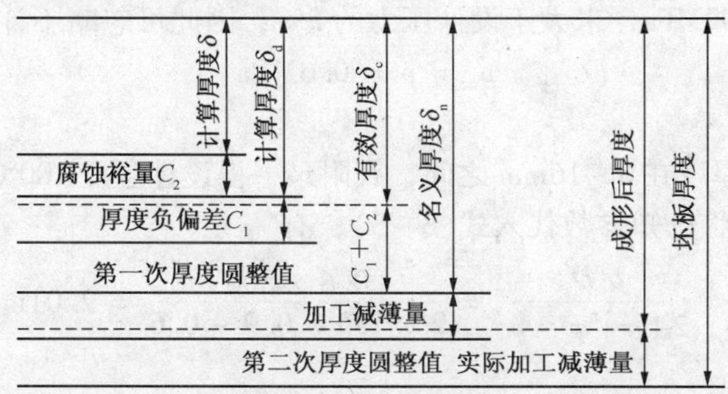

图 3－1　几种厚度之间的相互关系

筒体的强度计算公式，除了用于承压筒体的壁厚设计外，还可用于在用容器的校核，其中包括确定设计温度下筒体的最大允许工作压力以及判定在指定压力下筒体的安全可靠性。

设计温度下筒体的最大允许工作压力为：

$$[p_w] = \frac{2\delta_e [\sigma]^t \varphi}{D_i + \delta_e} \tag{3-7}$$

设计温度下筒体的计算应力为

$$\sigma^t = \frac{p_c(D_i + \delta_e)}{2\delta_e} \leqslant [\sigma]^t \varphi \tag{3-8}$$

3.2.2　内压球壳的厚度设计

由第 2 章对球壳的应力分析可知，球壳的任意点处的环向应力和经向应力均相同，即 $\sigma_\theta = \sigma_x$，故球壳的强度条件为：

$$\sigma_\theta = \sigma_x = \frac{pD}{4\delta} \leqslant [\sigma]^t \varphi$$

采用计算压力 p_c、内径 D_i，并考虑焊接接头系数 φ 的影响，上式可写成表示：

$$\delta = \frac{p_c D_i}{4[\sigma]^t \varphi - p_c} \tag{3-9}$$

此公式的适用范围为 $p_c \leqslant 0.6[\sigma]^t \varphi$。

其他的厚度计算与筒体相同。

式(3－9)也可以用来确定球壳的最大允许工作压力 $[p_w]$，并对球壳进行强度校核。

设计温度下球壳的最大允许工作压力为

$$[p_w] = \frac{4\delta_e [\sigma]^t \varphi}{D_i + \delta_e} \tag{3-10}$$

设计温度下球壳的计算应力为：

$$\sigma^t = \frac{p_c(D_i+\delta_e)}{4\delta_e} \leqslant [\sigma]^t\varphi \qquad (3-11)$$

【例3-1】 设计一个内压容器的筒体：设计压力 $p=0.6\text{MPa}$，设计温度100℃，圆筒内径800mm，盛装液体介质，液柱静压力为 $p_y=0.02\text{MPa}$，圆筒材料为20R钢，腐蚀裕量取1.5mm，焊接接头系数为0.9，试求容器的筒体厚度。

解：(1) 根据设计压力 p 和液柱静压力 p_y 确定计算压力 p_c

液柱静压力为0.02MPa，未大于设计压力的5%，因此可忽略不计，故

$$p_c = p = 0.6\text{MPa}$$

(2) 求计算厚度

首先假设筒体的厚度在6~16mm之间，查附录一得设计温度100℃时，20R钢的许用应力为 $[\sigma]^t=133\text{MPa}$，将已知参数代入式(3-3)，有

$$\delta = \frac{p_c D_i}{2[\sigma]^t\varphi - p_c} = \frac{0.6\times800}{2\times133\times0.9-0.6} = 2.01\text{mm}$$

(3) 求设计厚度 δ_d

$$\delta_d = \delta + C_2 = 2.01 + 1.5 = 3.51\text{mm}$$

(4) 求名义厚度 δ_n

查表3-2得钢板的厚度负偏差 $C_1 = 0.3\text{mm}$，因而取名义厚度 $\delta_n=4\text{mm}$。$\delta_n-C_2=4-1.5=2.5\text{mm}<3\text{mm}$(碳素钢、低合金钢允许的最小厚度)，故 $\delta_n\geqslant3+1.5=4.5\text{mm}$，查表3-6，取 $\delta_n=6\text{mm}$。

(5) 检验

$\delta_n=6\text{mm}$，$[\sigma]^t$ 没有变化，故取名义厚度为6mm是合理的。

【例3-2】 现有一台内径1000mm、长2400mm的圆筒形容器，实测筒体的壁厚为12mm，两端为标准椭圆形封头，焊缝采用双面对焊，材料为16MnR。试判断此容器能否用作计算压力为2MPa，操作温度为250℃、介质无腐蚀的分离器?

解：(1) 确定参数

$\delta_e=12\text{mm}$；查附录一，250℃时16MnR的 $[\sigma]^t=156\text{MPa}$；$\varphi=0.7$；$C_2=0\text{mm}$。

(2) 强度校核

由式(3-8)有

$$\sigma^t = \frac{p_c(D_i+\delta_e)}{2\delta_e} \leqslant [\sigma]^t\varphi$$

$$[\sigma]^t\varphi = 156\times0.7 = 109.2\text{MPa}$$

$$\sigma^t = \frac{p_c(D_i+\delta_e)}{2\delta_e} = \frac{2\times(1000+12)}{2\times12} = 84.33\text{MPa} < [\sigma]^t\varphi$$

以上计算结果表明，该容器满足强度校核条件，故可以在题中提到的条件下使用。

3.2.3 内压封头的厚度设计

内压容器最常见的封头包括半球形、椭圆形、碟形等凸形封头以及圆锥形封头、平板形封头等。封头的结构形式是应工艺过程、承载能力、制造技术方面的要求而形成的。

(1) 半球形封头

半球形封头结构如图 3 – 2 所示，是半个球壳，按照第 2 章对球壳的应力分析，所需壁厚是同样直径的圆筒的二分之一。若厚度和直径与圆筒相同，则半球形封头的承压能力是同样设计条件下圆筒承压能力的两倍，故从受力来看，球形封头是最理想的结构形式，但其深度大，制造有一定难度。直径小时整体冲压困难，大直径采用分瓣冲压其拼焊工作量较大。

半球形封头的厚度采用球壳的壁厚设计公式，按式(3 – 9)进行计算。

(2) 椭圆形封头

如图 3 – 3 所示，椭圆形封头由半个椭球和一段高为 h_0 的圆筒形筒节（称为直边）构成，椭圆形封头的直边高度与封头的公称直径有关，具体取值可参考表 3 – 7。

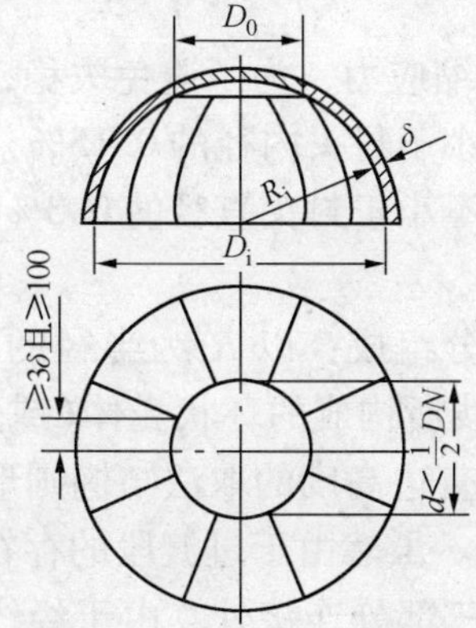

图 3 – 2　半球形封头示意图

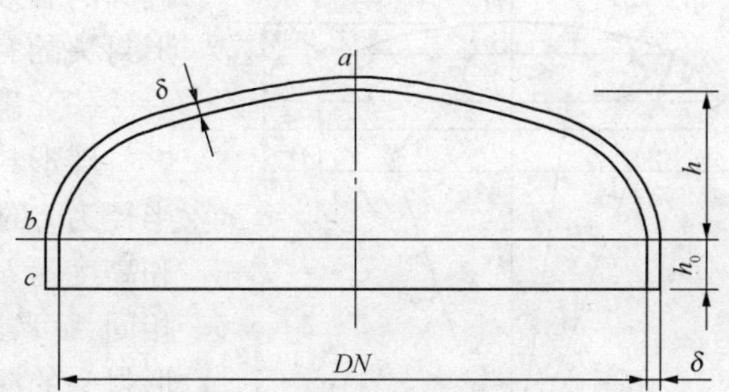

图 3 – 3　椭圆形封头示意图

表 3 – 7　封头的直边高度　mm

封头的公称直径 DN	≤2000	>2000
封头的直边高度 h_0	25	40

由于椭圆部分经线曲率平滑连续，故封头中的应力分布比较均匀，对于 $a/b=2$ 的标准椭圆形封头，封头与直边连接处的边缘应力较小，可不予考虑，而且封头的深度较小，方便了成型加工。因此，中、低压容器中椭圆形封头应用较为广泛。

对于椭圆封头，受内压时其最大的薄膜应力与椭圆形封头的长短轴之比 a/b 有关，$a/b \approx \frac{D_i}{2h_i}$，因此引入形状系数 K。

$$K=\frac{1}{6}\left[2+\left(\frac{D_i}{2h_i}\right)^2\right] \tag{3-12}$$

K 值可以由式(3 – 12)求得，也可按表 3 – 8 查取。

表 3 – 8　椭圆形封头形状系数 *K* 值

$D_i/2h_i$	2.6	2.5	2.4	2.3	2.2	2.1	2.0	1.9	1.8
K	1.46	1.37	1.29	1.21	1.14	1.07	1.00	0.93	0.87
$D_i/2h_i$	1.7	1.6	1.5	1.4	1.3	1.2	1.1	1.0	
K	0.81	0.76	0.71	0.66	0.61	0.57	0.53	0.50	

椭圆形封头的计算厚度为与其连接的圆筒的计算厚度的 K 倍，即

$$\delta=\frac{Kp_cD_i}{2[\sigma]^t\varphi-p_c}$$

我国容器标准中的计算公式稍有不同：

$$\delta=\frac{Kp_cD_i}{2[\sigma]^t\varphi-0.5p_c} \tag{3-13}$$

式(3-13)分母中 p_c 的系数0.5考虑对理论计算精度的修正。对于标准椭圆封头（$a/b=2$），$K=1.0$，则有：

$$\delta=\frac{p_cD_i}{2[\sigma]^t\varphi-0.5p_c} \tag{3-14}$$

应当注意，承受内压时椭圆形封头的赤道处为环向压缩应力，为了避免失稳，规定标准椭圆的有效厚度不得小于封头内径的0.15%。其他椭圆形封头的有效厚度应不小于封头直径的0.3%。

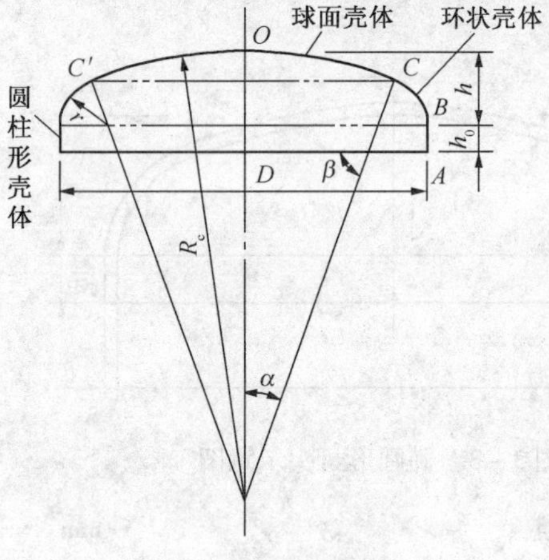

（3）碟形封头

碟形封头由三部分组成：以 R_c 为半径的球面壳体、半径为 r 的圆弧为母线所构成的环状壳体(或过渡圆弧)和高度为 h_0 的直边，直边高度的取法与椭圆形封头直边相同，可参照表3-7。虽然由于过渡段的存在降低了碟形封头的深度，但在三部分连接处，由于经线曲率发生突变，在过渡区边界上边缘应力比内压薄膜应力大很多，故受力状况不佳(见图3-4)。

图3-4 碟形封头

碟形封头球面半径 R_c 一般不大于筒体直径 D_i；封头过渡段壳体半径 r 在任何情况下不得小于球面半径的10%，且应大于三倍的封头厚度。碟形封头的形状与椭圆形封头较为近似，因此，在建立其厚度计算公式时，采用了类似的方法，引入了形状系数 M，得到碟形封头厚度计算公式

$$\delta=\frac{Mp_cR_c}{2[\sigma]^t\varphi-0.5p_c} \tag{3-15}$$

$$M=\frac{1}{4}\left(3+\sqrt{\frac{R_c}{r}}\right) \tag{3-16}$$

式中 M——碟形封头形状系数，可由式(3-16)求得，也可依表3-9查取；

R_c——碟形封头球面部分内半径，mm；

r——过渡段环壳部分的半径，mm。

表3-9 碟形封头形状系数 M 值

R_c/r	1.0	1.25	1.5	1.75	2.0	2.25	2.5	2.75	3.0	3.25	3.5	4.0
M	1.00	1.03	1.06	1.08	1.10	1.13	1.15	1.17	1.18	1.20	1.22	1.25
R_c/r	4.5	5.0	5.5	6.0	6.5	7.0	7.5	8.0	8.5	9.0	9.5	10.0
M	1.28	1.31	1.34	1.36	1.39	1.41	1.44	1.46	1.48	1.5	1.52	1.54

碟形封头的强度与过渡段半径 r 有关，不宜把 r 做得太小：$r \geqslant 0.01D_i$，$r \geqslant 3\delta$，且 $R_c \leqslant D_i$。对于标准碟形封头：$R_c = 0.9D_i$，$r = 0.17D_i$，$M = 1.33$。

对于大直径薄壁碟形或椭圆形封头，厚度如果太薄，则会出现内压下的弹性失稳，所以规定：标准碟形和椭圆形封头，其有效厚度 $\delta_e \geqslant 0.15\% D_i$；其他封头的有效厚度 $\delta_e \geqslant 0.3\% D_i$。

【例 3-3】有一圆筒形卧式储罐，内装浓度为 99% 的液氨，筒体内径 $D_i = 1200$mm，筒长 3200mm，操作温度不超过 50℃。罐顶装有安全阀，安全阀的开启压力 $p_f = 2.2$MPa，罐体材料选用 16MnR，腐蚀裕量 $C_2 = 2.0$mm，不计液体静压力，试计算筒体的壁厚，并选择封头的类型。

解：（1）确定参数

① 根据设计压力 p 确定计算压力 p_c：

由于圆筒装设了安全阀，有 $p = 1.05p_f = 1.05 \times 2.2 = 2.31\text{MPa} = p_c$

② 确定设计温度下材料的许用应力 $[\sigma]^t$

假设筒体的厚度为 6 ~ 16mm，查附录一，得设计温度 50℃ 时的许用应力 $[\sigma]^t = 170$MPa。

③ 焊接接头系数 φ 由于筒体盛装的为有毒介质，筒体拼版与筒节焊接采用双面对接焊，100% 损探伤，取焊缝系数 $\varphi = 1$。

（2）求筒体的计算厚度

$$\delta = \frac{p_c D_i}{2[\sigma]^t \varphi - p_c} = \frac{2.31 \times 1200}{2 \times 170 \times 1 - 2.31} = 8.21\text{mm}$$

考虑腐蚀裕量 C_2　$\delta_d = \delta + C_2 = 8.21 + 2.0 = 10.21$mm

查表 3-2，得钢板负偏差 $C_1 = 0.8$mm，则　$\delta_n \geqslant 10.21 + 0.8 = 11.01$mm

参照表 3-6，将求得的 δ_n 向上圆整，取 $\delta_n = 12$mm

检查 $[\sigma]^t$ 的取值范围没有变化，故取圆筒的名义厚度为 12mm。

（3）封头的选择

选择封头必须对各种封头的强度和经济性进行比较，因此需分别计算三种封头的厚度。

① 半球形封头

根据式(3-9)，有

$$\delta = \frac{p_c D_i}{4[\sigma]^t \varphi - p_c} = \frac{2.31 \times 1200}{4 \times 170 \times 1 - 2.31} = 4.09\text{mm}$$

考虑腐蚀裕量 C_2 则　$\delta_d = \delta + C_2 = 4.09 + 2.0 = 6.09$mm

查表 3-2，得钢板负偏差 $C_1 = 0.6$mm，则 $\delta_n \geqslant 6.09 + 0.6 = 6.69$mm

参照表 3-6，将求得的 δ_n 向上圆整，取 $\delta_n = 8$mm

检查 $[\sigma]^t$ 的取值范围没有变化，故取圆筒的名义厚度为 8mm。

② 标准椭圆形封头

根据式(3-14)有

$$\delta = \frac{p_c D_i}{2[\sigma]^t \varphi - 0.5p_c} = \frac{2.31 \times 1200}{2 \times 170 \times 1 - 0.5 \times 2.31} = 8.18\text{mm}$$

考虑腐蚀裕量 C_2 则　$\delta_d = \delta + C_2 = 8.18 + 2.0 = 10.18$mm

查表3－2，得钢板负偏差 $C_1=0.8\text{mm}$，则 $\delta_n \geqslant 10.18+0.8=10.98\text{mm}$

参照表3－6，将求得的 δ_n 向上圆整，取 $\delta_n=12\text{mm}$

检查 $[\sigma]^t$ 的取值范围没有变化，故取圆筒的名义厚度为12mm。

③ 标准碟形封头

标准碟形封头 $R_c=0.96D_i=0.9\times1200=1080\text{mm}$；

$r=0.17D_i=0.17\times1200=204\text{mm}$；　　M = 1.33

根据式(3－15)有

$$\delta=\frac{Mp_cR_c}{2[\sigma]^t\varphi-0.5p_c}=\frac{1.33\times2.31\times1080}{2\times170\times1-0.5\times2.31}=9.79\text{mm}$$

考虑腐蚀裕量 C_2 则　$\delta_d=\delta+C_2=9.79+2.0=11.79\text{mm}$

查表3－2，得钢板负偏差 $C_1=0.8\text{mm}$，则 $\delta_n \geqslant 1.79+0.8=12.59\text{mm}$

参照表3－6，将求得的 δ_n 向上圆整，取 $\delta_n=14\text{mm}$

检查 $[\sigma]^t$ 的取值范围没有变化，故取圆筒的名义厚度为14mm。

根据以上计算结果可知：在相同的设计条件下，半球形封头的承压能力最好，因而厚度最小，最节省材料，但其深度大，制造比较困难；标准碟形封头的深度小，制造方便，但厚度最大，浪费材料；相比之下，标准椭圆形封头厚度介于前两者之间，且深度小，易于加工，同时，其壁厚与筒体壁厚相同，在与筒体焊接时降低了产生边缘应力的可能性，因此，采用标准椭圆形封头最理想。

(4) 球冠形封头

为了进一步降低凸形封头的高度，将碟形封头的过渡圆弧和直边部分去掉，将球面部分直接焊接到圆柱壳体上，构成了球冠形封头，如图3－5所示。球冠形封头可用作容器的端封头，如图3－5(a)，也可用作容器中两个相邻承压空间的中间封头，如图3－5(b)。

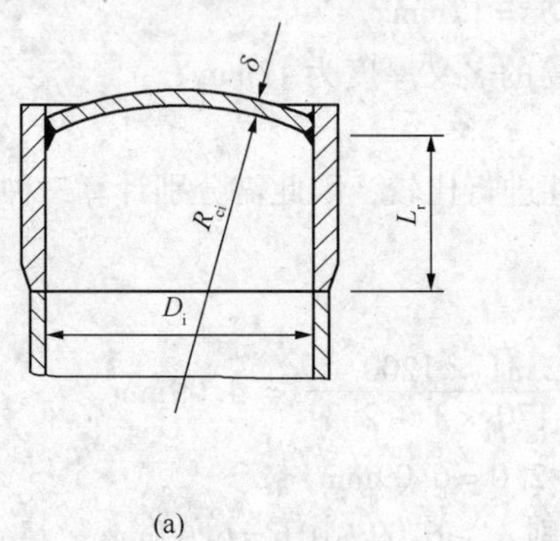

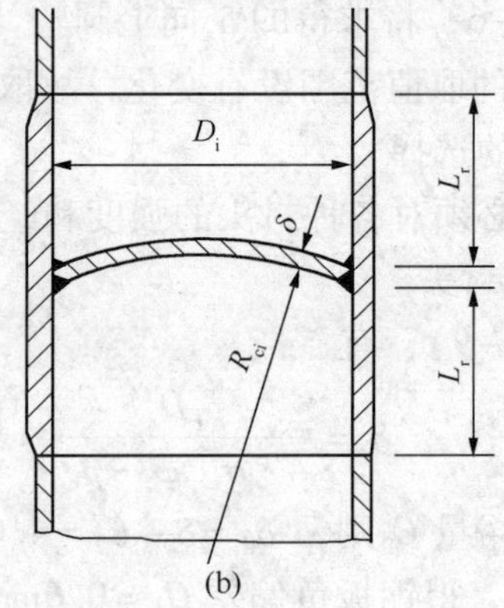

图3－5　球冠形封头

球冠形封头在封头与筒体连接处存在较大的边缘应力，考虑边缘应力的影响，在计算封头的厚度时需引入系数 Q。

$$\delta=\frac{Qp_cD_i}{2[\sigma]^t\varphi-p_c} \tag{3-17}$$

Q 为系数，主要与封头的位置、封头的受压情况、球形半径和筒体内径之比、压力和许用应力及焊接接头系数有关，可以由相关手册中图表查得。

在任何情况下，与球冠形封头连接的圆筒厚度应不小于封头厚度。否则，应在封头与圆筒间设置加强段过渡连接 L_r，如图 3 - 5 所示。圆筒加强段的厚度应与封头等厚；端封头一侧或中间封头两侧的加强段长度 L_r 均应不小于 $2\sqrt{0.5D_i\delta}$ 。

（5）锥形封头

锥形封头也称锥壳。与椭圆形、半球形封头相比强度较差。但当操作介质含有固体颗粒或当介质黏度很大时，采用锥形封头有利于出料，也有利于气体的均匀分布。此外，顶角较小的锥壳还可用来改变流体的流速；锥形壳体还可用来连接两个直径不等的圆筒，作变径段。而且制造也较方便。因此，锥形封头仍得到广泛应用。一般锥形封头有两种形式：无折边锥形封头［如图 3 - 6(a)所示］和有折边锥形封头［如图 3 - 6(b)、(c)所示］。如果结构需要的话，锥壳可以由同一半顶角的几个不同厚度的锥壳段组成。

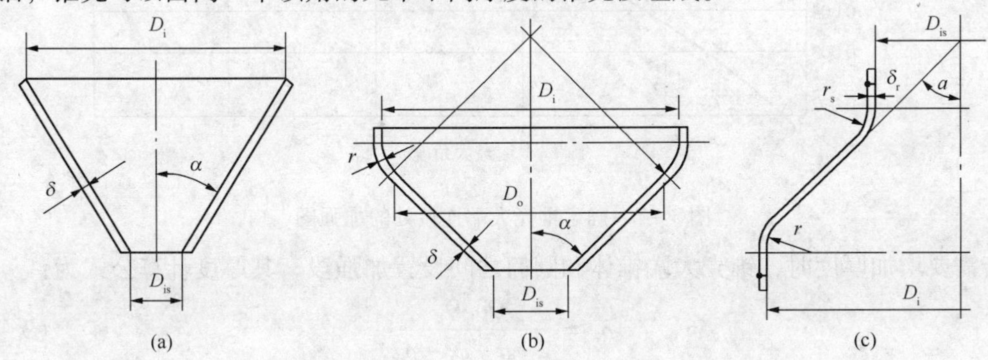

图 3 - 6　锥形封头示意图

锥壳折边的选择及结构可以依据以下几条判断：

a. 对于锥壳大端，当锥壳半顶角 $\alpha \leqslant 30°$ 时，可以采用无折边结构；当 $\alpha > 30°$ 时，应采用带过渡段的折边结构，否则应按应力分析的方法进行设计。大端折边锥壳的过渡段转角半径 r 应不小于封头大端内直径 D_i 的 10 %，且不小于该过渡段厚度的 3 倍。

b. 对于锥壳小端，当锥壳半顶角 $\alpha \leqslant 45°$ 时，可以来用无折边结构；当 $\alpha > 45°$ 时，应采用带过渡段的折边结构。小端折边锥壳的过渡段转角半径 r_s，应不小于封头小端内直径 D_{is} 的 5%，且不小于该过渡段厚度的 3 倍。

c. 当锥壳的半顶角 $\alpha > 60°$ 时，其厚度可按平盖计算，也可以用应力分析方法确定。

① 无折边锥壳　无折边锥壳的强度由锥体部分内压引起的薄膜应力和锥体与圆筒连接处的边缘应力决定。按第 2 章中的应力分析，锥体的主体部分在内压 p 的作用下，最大薄膜应力发生在大端：

$$\sigma_\varphi = \frac{pD}{4\delta\cos\alpha}, \sigma_\theta = \frac{pD}{2\delta\cos\alpha} \tag{3-18}$$

根据第一强度理论，以内径代替中径，即 $D = D_c + \delta\cos\alpha$，计算压力代替设计压力，并考虑焊接接头系数，可得：

$$\delta = \frac{p_c D_c}{2[\sigma]^t\varphi - p_c} \cdot \frac{1}{\cos\alpha} \tag{3-19}$$

式中 D_c 为计算内径。当锥壳由同一半顶角的几个不同厚度的锥壳段组成时，D_c 分别为各锥壳段大端内直径。

由于无折边锥壳与筒体的连接处曲率半径突变，所以存在着较大的边缘应力，如果利用式(3－19)计算的壁厚满足边缘应力不得超过$3[\sigma]^t\varphi$，则可以直接使用，否则需要增加锥壳与筒体连接处的壁厚。

锥壳的大端是否需要增加壁厚可根据图3－7判断。

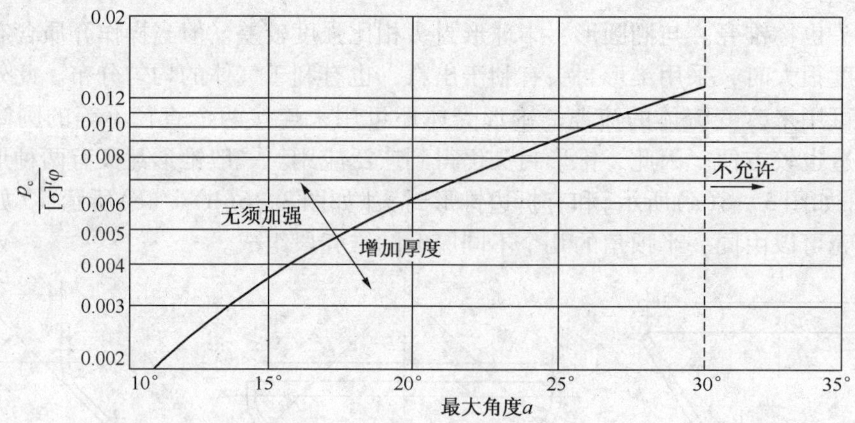

图3－7　确定锥壳大端连接处的加强图

若需要增加厚度时，锥壳大端锥体和圆筒之间设置加强段，其厚度计算公式为：

$$\delta_r = \frac{Qp_cD_i}{2[\sigma]^t\varphi - p_c} \tag{3-20}$$

式中　δ_r——无折边锥壳锥体和圆筒之间设置加强段厚度，mm；

D_i——锥壳大端内径，mm；

Q——应力增强系数，由图3－8选取。

在任何情况下，加强段的厚度不得小于相连接的锥壳厚度。锥壳加强段的长度L_1应不小于$2\sqrt{\frac{0.5D_i\delta_r}{\cos\alpha}}$；圆筒加强段的长度$L$应不小于$2\sqrt{0.5D_i\delta_r}$。

锥壳的小端是否需要增加壁厚可根据图3－9判断。

如果判断锥壳小端无须增强，其小端壁厚可按式(3－19)求得；若需增加厚度予以增强时，锥壳小端锥体和圆筒之间设置加强段，其厚度计算公式为：

$$\delta_{rs} = \frac{Qp_cD_{is}}{2[\sigma]^t\varphi - p_c} \tag{3-21}$$

式中　δ_{rs}——锥壳小端加强段厚度，mm；

D_{is}——锥壳小端内径，mm；

Q——应力增强系数，由图3－10选取。

在任何情况下，加强段的厚度不得小于相连接的锥壳厚度。锥壳加强段的长度L_1应不小于$\sqrt{\frac{D_{is}\delta_{rs}}{\cos\alpha}}$；圆筒加强段的长度$L$应不小于$\sqrt{D_{is}\delta_{rs}}$。

应当指出：当无折边锥壳的大端或小端，或大端、小端同时需要加强时，则应按上述步骤分别确定锥壳各部分厚度。若考虑只由一种厚度组成时，则应取上述各部分厚度中的最大值作为无折边锥壳的厚度。

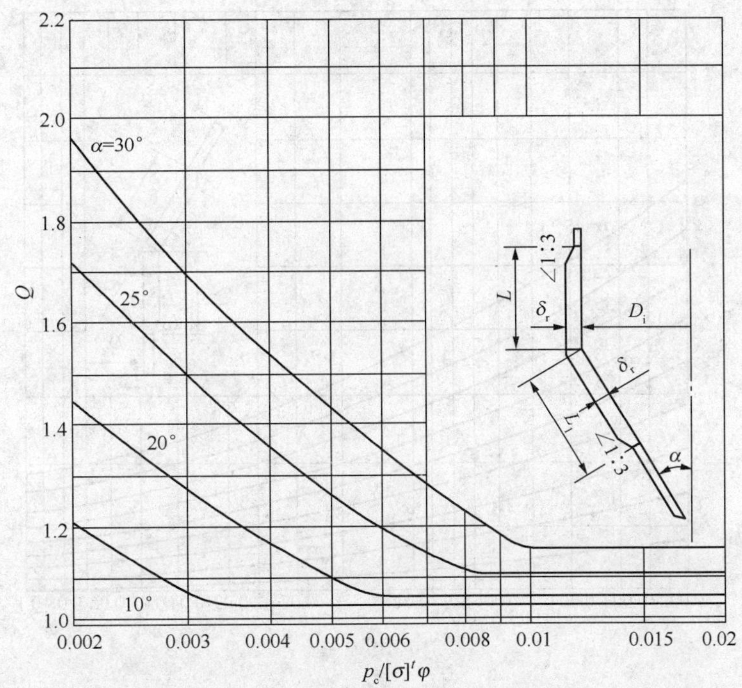

图 3-8　锥壳大端与圆筒连接处 Q 值图

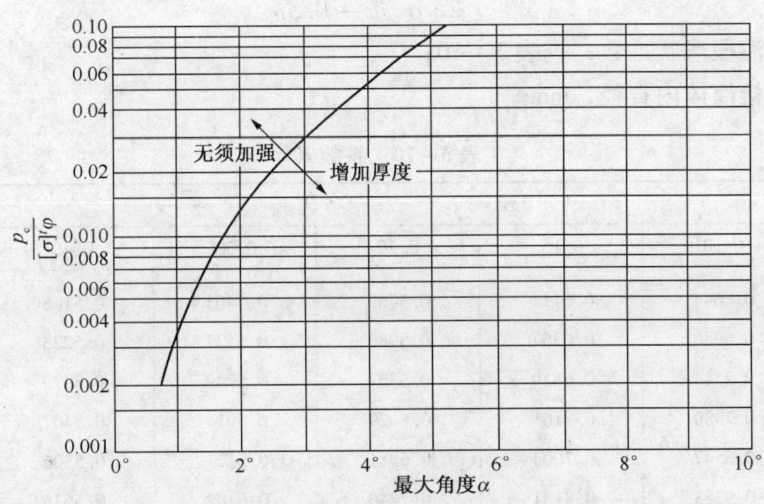

图 3-9　确定锥壳小端连接处的加强图

② 折边锥壳　有折边的锥壳由锥壳、过渡段和直边组成。过渡段的作用是为了降低边缘应力，直边的作用是使封头与筒体的连接焊缝不出现在边缘应力区。折边锥壳分为锥壳大端有折边[如图 3-6(b)所示]，以及锥壳大端、小端均有折边[如图 3-6(c)所示]两种。

折边锥壳大端的壁厚按式(3-22)和式(3-23)分别计算，取二者中的大值。

a. 过渡段的厚度：

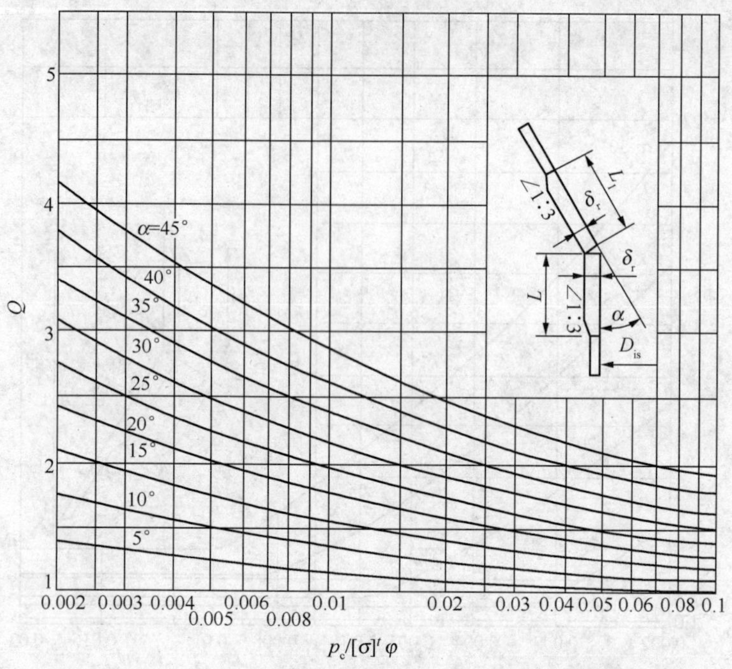

图3－10　确定锥壳小端连接处的 Q 值图

$$\delta = \frac{Kp_c D_i}{2[\sigma]^t\varphi - 0.5p_c} \tag{3-22}$$

式中　K——过渡段形状系数，查表3－10；

　　D_i——连接筒体内直径，mm。

表3－10　系数 K

α	r/D_i					
	0.10	0.15	0.20	0.30	0.40	0.50
10°	0.6644	0.6111	0.5789	0.5403	0.5168	0.500
20°	0.6956	0.6357	0.5986	0.5522	0.5223	0.500
30°	0.7544	0.6819	0.6357	0.5749	0.5329	0.500
35°	0.7980	0.7161	0.6629	0.5914	0.5407	0.500
40°	0.8547	0.7604	0.6981	0.6127	0.5506	0.500
45°	0.9253	0.8181	0.7440	0.6402	0.5635	0.500
50°	1.0270	0.8944	0.8045	0.6765	0.5804	0.500
55°	1.1608	0.9980	0.8859	0.7249	0.6028	0.500
60°	1.3500	1.1433	1.0000	0.7923	0.6337	0.500

注：中间值用内插法求得。

b. 与过渡段相连接处的锥壳厚度

$$\delta_r = \frac{fp_c D_i}{[\sigma]^t\varphi - 0.5p_c} \tag{3-23}$$

式中　f——锥壳形状系数，$f = \frac{1-2r}{D_i}(1-\cos\alpha)/(2\cos\alpha)$，其值列于表 3－11。

表 3－11　系数 f 值

α	r/D_i					
	0.10	0.15	0.20	0.30	0.40	0.50
10°	0.5062	0.5055	0.5047	0.5032	0.5017	0.5000
20°	0.5257	0.5225	0.5193	0.5123	0.5264	0.5000
30°	0.5619	0.5542	0.5465	0.5310	0.5155	0.5000
35°	0.5883	0.5773	0.5663	0.5442	0.5221	0.5000
40°	0.6222	0.6069	0.5916	0.5611	0.5305	0.5000
45°	0.6657	0.6450	0.6243	0.5828	0.5414	0.5000
50°	0.7223	0.6945	0.6668	0.6112	0.5556	0.5000
55°	0.7973	0.7602	0.7230	0.6486	0.5743	0.5000
60°	0.9000	0.8500	0.8000	0.7000	0.6000	0.5000

注：中间值用内插法求得。

锥壳小端，当锥壳半顶角 $\alpha \leq 45°$ 时，若采用小端无折边，其小端厚度按无折边锥壳小端厚度计算；如需采用小端有折边，其小端过渡段厚度按式（3－21）计算，式中 Q 值由图 3－10查取。

当锥壳半顶角 $\alpha > 45°$ 时，小端过渡段厚度仍按式（3－21）计算，但式中 Q 值由图 3－11查取。

与过渡段相接的锥壳和圆筒的加强段厚度应与过渡段厚度相同，锥壳加强段的长度 L_1 应不小于 $\sqrt{\frac{D_{is}\delta_r}{\cos\alpha}}$；圆筒加强段的长度 L 应不小于 $\sqrt{D_{is}\delta_r}$。

在任何情况下，加强段的厚度不得小于与其连接处的锥壳厚度。当锥壳大端或大端、小端同时具有过渡段时，应按上述方法分别确定锥壳各部分厚度。若考虑只由一种厚度组成时，则应取上述各部分厚度中的最大值作为折边锥壳的厚度。

【例 3－4】有一台反应器，其材料为 0Cr18Ni9，反应器设有爆破片装置。筒体内径 1400mm，壁厚 14mm，操作温度 350℃，操作压力 1.2MPa。壳体采用双面对接焊，全部无损检测。试为反应器在下面两种锥形封头选择一个，$\alpha = 30°$ 的无折边锥形封头和 $\alpha = 45°$ 的有折边锥形封头。

解：（1）确定参数

计算压力 p_c = 设计压力 $p = (1.15 \sim 1.75)p_p$，取 $1.45\,p_p$，则

$$P_c = 1.45 \times 1.2 = 1.74\text{MPa}$$

假设封头的厚度在 6～16mm，查附录一，得设计温度 350℃时 0Cr18Ni9 的许用应力得 $[\sigma]^t = 111\text{MPa}$；双面对接焊，全部无损检测 $\varphi = 1$；考虑材料为不锈钢，取 $C_2 = 0\text{mm}$。

（2）采用 $\alpha = 30°$ 的无折边锥形封头

① 判断锥壳是否需要加强

$$\frac{p_c}{[\sigma]^t\varphi} = \frac{1.74}{111 \times 1} = 0.016$$

锥壳大端查图 3－7，无须加强；锥壳小端 $\alpha \leq 45°$ 时，也无须加强。

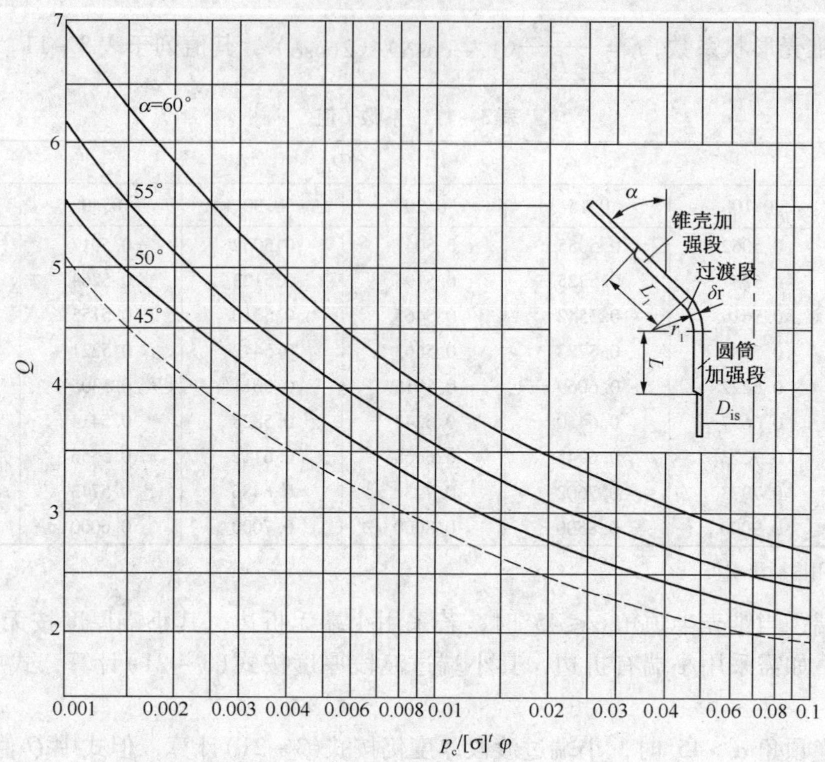

图 3-11 锥壳小端带过渡段连接的 Q 值图

② 根据式(3-19)有

$$\delta_c = \frac{p_c D_c}{2[\sigma]^t\varphi - p_c}\cdot\frac{1}{\cos\alpha} = \frac{1.74\times1400}{2\times111\times1-1.74}\cdot\frac{1}{\cos30^\circ} = 12.77\text{mm}$$

考虑腐蚀裕量 C_2 和钢板负偏差 $C_1=0.8$mm，则

$$\delta_n \geqslant 12.77+0.8=13.57\text{mm}$$

参照表 3-6，将求得的 δ_n 向上圆整，取 $\delta_n=14$mm

检查$[\sigma]^t$的取值范围没有变化，故取圆筒的名义厚度为 14mm。

(3) 采用 $\alpha=45°$ 的有折边锥形封头，取 $r=0.15D_i$(标准折边锥形封头)

① 大端过渡段厚度，查表 3-10 得 $K=0.8181$

② 根据式(3-22)有

$$\delta = \frac{Kp_cD_i}{2[\sigma]^t\varphi-0.5p_c} = \frac{0.8181\times1.74\times1400}{2\times111\times1-0.5\times1.74} = 9.01\text{mm}$$

考虑腐蚀裕量 C_2 和钢板负偏差 $C_1=0.8$mm，则：

$$\delta_n \geqslant 9.01+0.8=9.81\text{mm}$$

参照表 3-6，将求得的 δ_n 向上圆整，取 $\delta_n=10$mm

③ 与过渡段相接触的锥壳部分厚度，查表 3-11 得 $f=0.6450$。

根据式(3-23)有

$$\delta = \frac{fp_cD_i}{[\sigma]^t\varphi-0.5p_c} = \frac{0.6450\times1.74\times1400}{111\times1-0.5\times1.74} = 14.27\text{mm}$$

考虑腐蚀裕量 C_2 和钢板负偏差 $C_1 = 0.8\text{mm}$，则：

$$\delta_n \geqslant 14.27 + 0.8 = 15.07\text{mm}$$

参照表 3－6，将求得的 δ_n 向上圆整，取 $\delta_n = 16\text{mm}$

总结①②步计算结果，取两者之中大者，即 $\delta_n = 16\text{mm}$

检查 $[\sigma]^t$ 的取值范围没有变化，考虑到折边锥壳只由一种厚度组成，故取折边锥壳的名义厚度为 16mm。

综合两种封头的计算结果，选用 $\alpha = 30°$ 的无折边锥形封头，既节省金属材料，同时其壁厚与筒体壁厚相同，其焊接结构有利于边缘应力的降低。

（6）平板封头

圆形平板又称平盖。作为封头承受压力时，处于受弯的不利状态，而且造成筒体在边界处产生较大的边缘应力，因此，在设计条件相同的条件下，平板封头的厚度要比凸形封头和锥形封头的厚度大很多。所以，一般不使用平板封头。但在一些常压或小直径的承压容器上，尤其是在压力容器的人孔、手孔等部件的盖板中平盖应用较多。

在实际工程中，可把圆形平盖简化为受均匀分布横向载荷的圆平板，其最大弯曲应力公式为：

$$\sigma_{max} = Kp\left(\frac{D}{\delta}\right)^2 \tag{3-24}$$

应用第一强度理论，结合实际工程经验，可得平盖厚度的设计公式为：

$$\delta_p = D_c\sqrt{\frac{Kp_c}{[\sigma]^t\varphi}} \tag{3-25}$$

式中　K——结构特征系数，从表 3－12 中查取；

D_c——计算直径，从表 3－12 中查取，mm；

δ_p——平盖的计算厚度，mm。

表 3－12　平盖结构特征系数选择表

固定方法	序号	简图	系数 K	备注
与圆筒成一体或与圆筒对接	1	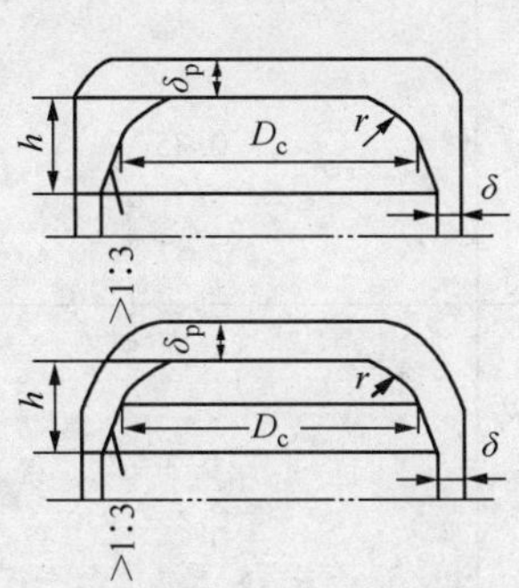 δ_p, h, D_c, r, δ, $\geqslant 1:3$	$K = \frac{1}{4}\left[1 - \frac{r}{D_c}\left(1 + \frac{2r}{D_c}\right)\right]^2$ 且 $K \geqslant 0.16$	只适用于圆形平盖 $r \geqslant \delta$ $h \geqslant \delta_p$
与圆筒成一体或与圆筒对接	2	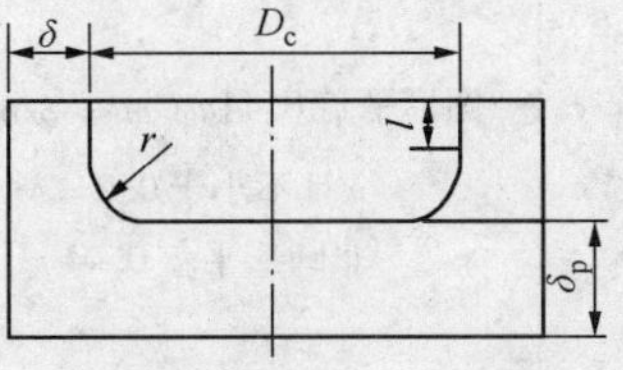 δ, D_c, r, l, δ_p	0.27	只适用于圆形平盖 $r \geqslant 0.5\delta_r$

续表

固定方法	序号	简图	系数 K	备注
与圆筒角焊接或其他焊接	3	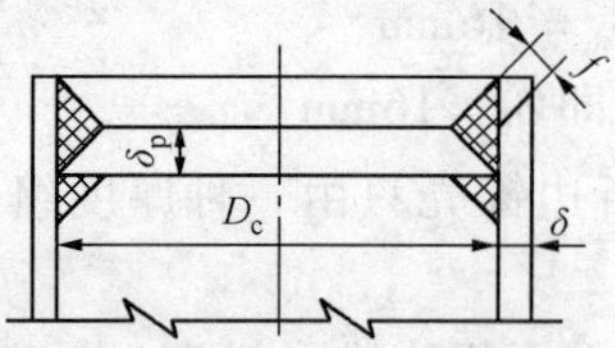	圆形平盖 $0.44m$（$m=\delta/\delta_e$） 且不小于 0.2 非圆形平盖 0.44	$f \geqslant 1.25\delta$
	4	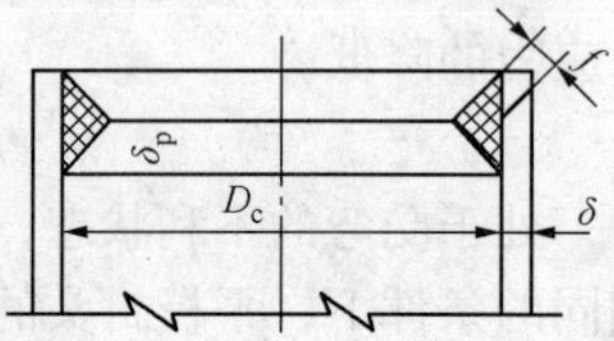		
与圆筒角焊接或其他焊接	5	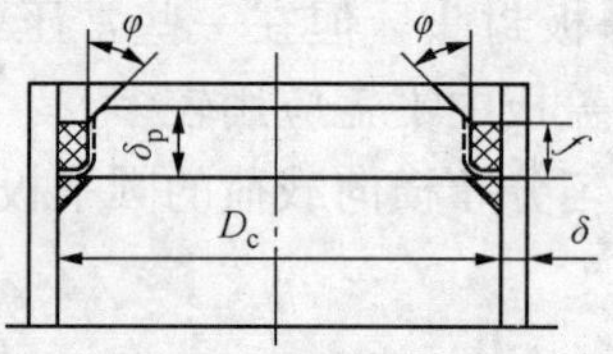	圆形平盖 $0.44m$（$m=\delta/\delta_e$） 且不小于 0.2 非圆形平盖 0.44	需采用全熔透焊缝 $f \geqslant 2\delta$ 或 $f \geqslant 1.25\delta_e$ 取两者之中大者
	6	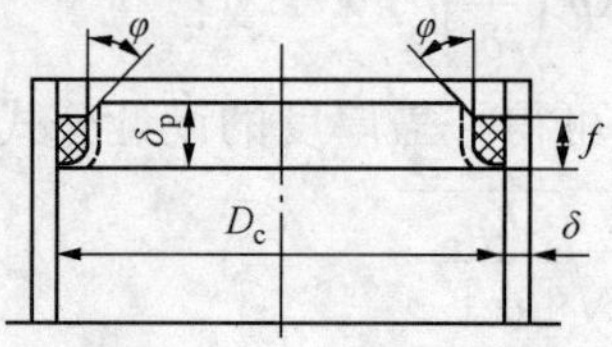		
与圆筒角焊接或其他焊接	7	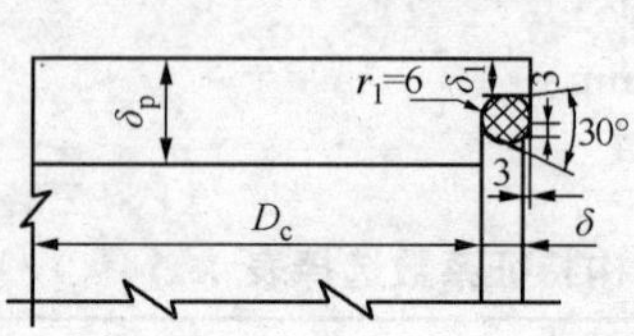	0.35	$\delta_1 \geqslant \delta_e + 3$mm 只适用于圆形平盖
	8	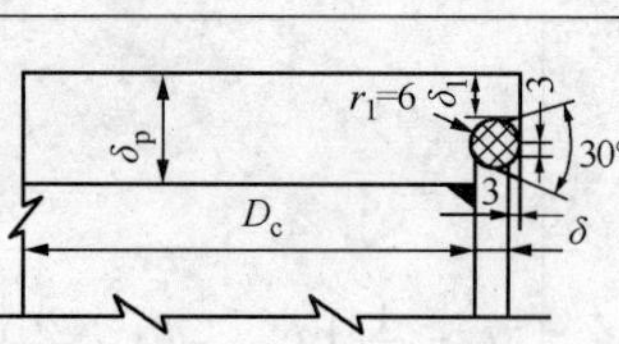	0.35	$\delta_1 \geqslant \delta_e + 3$mm 只适用于圆形平盖
与圆筒角焊接或其他焊接	9	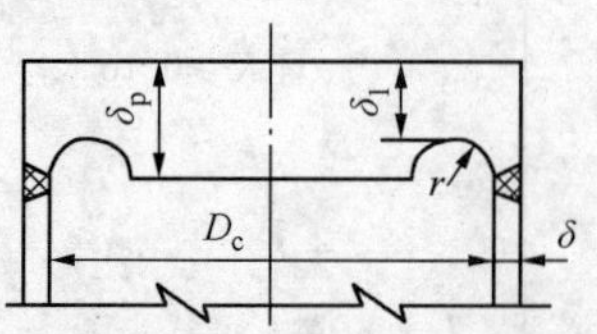	0.3	$r \geqslant 1.5\delta$ $\delta_1 \geqslant \frac{2}{3}\delta_p$ 且不小于 5mm 只适用于圆形平盖
	10	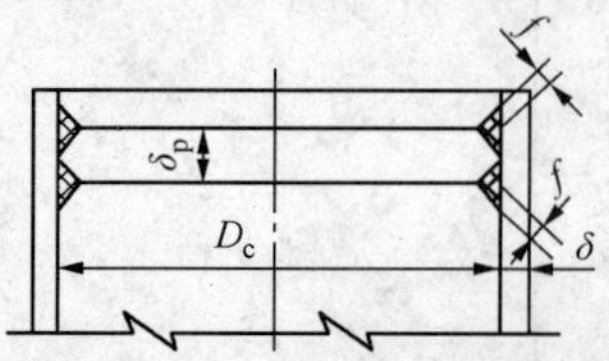	圆形平盖 $0.44m$（$m=\delta/\delta_e$） 且不小于 0.2 非圆形平盖 0.44	$f \geqslant 0.7\delta$

续表

固定方法	序号	简图	系数 K	备注
与圆筒角焊接或其他焊接	11	f δ_p D_c δ	圆形平盖 $0.44m(m=\delta/\delta_e)$ 且不小于 0.2 非圆形平盖 0.44	$f \geqslant 0.7\delta$
螺栓连接	12	D_c δ_p	圆形平盖或非圆形平盖 0.25	
螺栓连接	13	D_c L_G δ_p	圆形平盖 操作时　$0.3+\frac{1.78WL_G}{p_c D_c^3}$ 预紧时　$\frac{1.78WL_G}{p_c D_c^3}$ 非圆形平盖 操作时　$0.3Z+\frac{6WL_G}{p_c L_a^2}$ 预紧时　$\frac{6WL_G}{p_c L_a^2}$	
	14	D_c D_c L_G δ_p		

3.3　压力试验

3.3.1　压力试验目的

除材料本身的缺陷外，容器在制造时，钢板经过了弯卷、焊接、拼装等工序，以及在使用过程中，都会存在一些问题。为了考核缺陷对压力容器安全性的影响，压力容器制造完毕或定期检验时，都要进行压力试验。压力试验包括耐压试验和气密性试验。

耐压试验是指在超设计压力下进行的液压或气压试验；气密性试验是指在等于或低于设计压力下进行的气压试验。对于内压容器，耐压试验的目的是：检查容器在超设计压力下的宏观强度，包括检查材料的缺陷、容器各部分的变形、焊接接头的强度和容器法兰连接的泄漏检查等。气密性试验是针对密封性要求高的重要容器在强度合格后进行的泄漏检查。

3.3.2　耐压试验

耐压试验可以选用液压试验和气压试验，是容器在使用之前的第一次承压，且试验压力要比容器最高工作压力高。因此，容器发生爆破的可能性比使用时大。由于气压试验的危害性大，故一般都采用液压试验，只有因结构或支承等原因不能向容器内充水或其他液体，以及运行条件不允许残留液体时，才采用气压试验。

(1) 液压试验

① 试验介质　由于常温时水的压缩系数小，且来源丰富，因此液压试验的常用介质是水。试验要求试验环境和水温必须高于材料的脆性转变温度。对碳素钢和16MnR和正火的15MnVR钢制容器，介质温度不得低于5℃，其他低合金钢容器，介质温度不得低于15℃，如果因某些因素造成材料脆性转变温度升高，则需相应提高试验介质的温度。氯离子对奥氏体不锈钢表面的钝化膜有破坏作用，能降低不锈钢的耐蚀性，且使其在拉应力的作用下发生应力腐蚀破坏。因此奥氏体不锈钢制压力容器进行水压试验时，还应将水中的氯离子含量控制在25mg/L范围内，并在试验后立即将水渍清除干净。

② 试验压力　试验压力p_T为

$$p_T = 1.25p\frac{[\sigma]}{[\sigma]^t} \tag{3-26}$$

式中　p_T——内压容器的试验压力，MPa；

p——设计内压，MPa；

$[\sigma]^t$——设计温度下材料的许用应力，MPa；

$[\sigma]$——试验温度下材料的许用应力，MPa。

确定试验压力时应当注意：

a. 立式容器卧置试压时，试验压力应为立置时试验压力加上液柱静压力。

b. 容器各元件(筒体、封头、接管、法兰及紧固件等)所用材料不同时，应取各元件材料的$[\sigma]/[\sigma]^t$比值最小者。

c. 容器铭牌上规定有最大允许工作压力时，公式中应以最大允许工作压力代替设计压力p。

③ 液压试验方法　液压试验采用如图3－12所示的装置。装置中需设有排气阀、排水阀、压力表、试压泵、水槽等。试压过程中的充水和升压由试压泵来实现，两块压力表应具有相同的量程，并经过校正。试验过程中应保持容器观察表面干燥。液压试验充水时，打开排气阀，充水的同时排出容器内的气体，排净气体后，将排气阀关闭；试验压力应缓慢上升，达到规定试验压力时，保压时间不少于30min，然后将压力降至规定试验压力的80%，并保持足够长的时间，以便对所有焊缝和连接部位进行检查。实验结果以无渗漏、无可见的异常变形及声响为合格。如有问题，应进行标记，卸压后修补，检修好后重新试验，直至合格为止。如发现法兰连接处泄漏，不得带压紧固螺栓。

④ 外压容器或真空容器的液压试验　由于是以内压代替外压进行试验，已将工作时趋于闭合状态的器壁和焊缝中的缺陷变成“张开”状态接受检验，因此无须考虑温度修正。其试验压力可按式(3－27)来确定。

$$p_T = 1.25p \tag{3-27}$$

⑤ 夹套容器的液压试验　夹套容器是由内筒和夹套组成的多腔压力容器，各腔的设计压力通常是不同的，应在图样上分别注明内筒和夹套的试验压力值。内筒的试验压力应根据其受压状况来确定，夹套按内压容器确定。内筒应首先进行液压试验，经试压合格后再焊接夹套。然后进行夹套的液压试验。

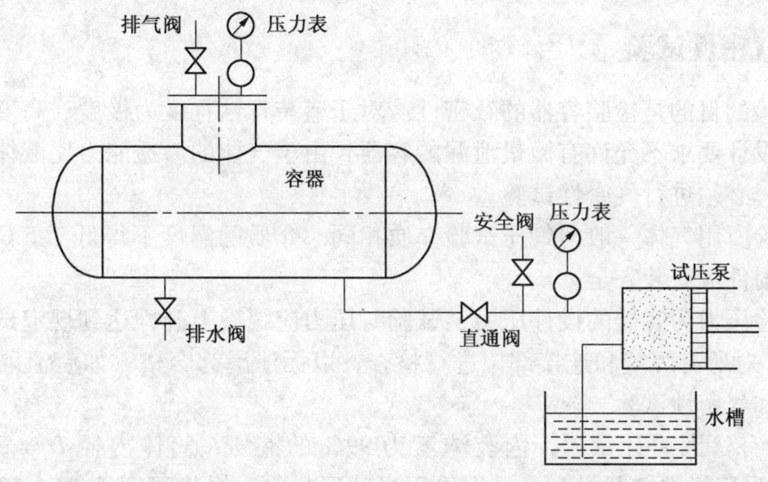

图 3－12　液压试验装置

⑥ 试验应力校核　水压试验时，容器内产生的最大薄膜应力不应超过所用材料在试验温度下屈服强度与焊接接头系数乘积的 90%。校核时所取试验压力应计入所校核点的液柱静压力。校核公式为：

$$\sigma_T = \frac{p_T(D_i + \delta_e)}{2\delta_e} \leqslant 0.9\varphi\sigma_s^t(\sigma_{0.2}^t) \tag{3-28}$$

式中　$\sigma_s^t(\sigma_{0.2}^t)$——液压试验温度下材料的屈服强度（或 0.2% 的屈服强度），MPa。

其他参数意义同前。

（2）气压实验

不适合做液压实验的容器，例如由于工艺要求，容器内不允许有微量残留液体，或由于结构原因，不能充满液体的容器，才允许用气压实验。凡采用气压实验的容器其焊缝需进行 100% 的无损探伤，且应增加实验场所的安全措施，并在有关安全部门的监督下进行。

气压试验介质可用干燥、洁净的空气或者氮气、惰性气体。

碳素钢和低合金钢容器，气压试验时介质温度不得低于 15℃；其他材质的容器气压试验温度应按图样规定。

气压试验的试验压力为：

$$p_T = 1.15p\frac{[\sigma]}{[\sigma]^t} \tag{3-29}$$

气压试验方法：试验时压力应缓慢上升，至规定试验压力 10%，且不超过 0.05MPa，保压 5min，对所有焊接接头和连接部位进行初次泄漏检查。若存在泄漏，修复后重新进行试验。初次泄漏检查合格后，再继续缓慢升压至规定试验压力的 50%，其后按每级为规定试验压力的 10% 的级差逐级增至规定的试验压力。保压 10min 后将压力降至规定试验压力的 87%，并保持足够长的时间后再次进行泄漏检查。如有泄漏，修补后再按上述规定重新试验。

气压试验前，应对其试验应力进行校核，试验应力 σ_T 应满足公式：

$$\sigma_T = \frac{p_T(D_i + \delta_e)}{2\delta_e} \leqslant 0.8\varphi\sigma_s^t(\sigma_{0.2}^t) \tag{3-30}$$

3.3.3 气密性试验

气密性试验的目的是检验容器的致密性。对于盛装毒性程度为极度、高度危害或易燃介质的容器以及设计要求不允许有微量泄漏的容器，由于气体的渗透能力比液体强，所以在液压试验合格后，必须进行气密性试验。

气密性试验所用气体一般与气压试验介质相同。介质的温度不得低于5℃。进行气密性试验时，安全附件应安装齐全。

气密性试验压力为容器的设计压力，试验时压力应缓慢上升，达到规定试验压力后保压不少于30min，对所有焊缝和连接部位进行检查，以无泄漏为合格。如有泄漏，修补后重新进行液压试验和气密性试验。

【例3-5】有一圆筒计量罐，内装浓度为99%的液氨，筒体内径 $D_i=2200$mm，筒高3200mm，一端采用标准椭圆封头，一端采用半球形封头，操作温度不超过50℃。罐顶装有安全阀，安全阀的开启压力 $p_f=2.1$MPa，材料选用16MnR，在 $t=50$℃时的机械性能 $\sigma_s=330$MPa，$\sigma_b=500$MPa。氨对材料的腐蚀速度 $K_\alpha<0.1$mm/年，若设计寿命为15年，不计液体静压力，试计算：

(1) 筒体的名义厚度 δ_n是多少？

(2) 采用椭圆封头，其壁厚 δ_{nt}是多少？

(3) 采用半球形封头，其壁厚 δ_{nq}是多少？

(4) 如需进行水压试验，水压实验压力 p_T应多大？

解：(1) 确定许用应力

根据表3-1有

$$[\sigma]_1^t=\frac{\sigma_b}{n_b}=\frac{500}{3}=166.6\text{MPa}$$

$$[\sigma]_2^t=\frac{\sigma_s}{n_s}=\frac{330}{1.6}=206.3\text{MPa}$$

取 $[\sigma]^t=166.6$MPa

筒体壁厚 δ_n

$p=1.05p_f=1.05\times2.1=2.2\text{MPa};D_i=2200\text{mm};[\sigma]^t=166.6\text{MPa}$；由于工作介质为99%的液氯，属于中毒性介质，$p\cdot V=2.2\times\frac{\pi}{4}\times2.2^2\times3.2=26.76\text{MPa}\cdot\text{m}^3>10\text{MPa}\cdot\text{m}^3$，该计量罐为3类容器。筒体拼板与筒节焊接应采用双面对接焊，100%无损探伤，取焊缝系数 $\varphi=1$，腐蚀裕度取：$C_2=0.1\times15=1.5$mm。将所有参数代入，得筒体计算厚度壁厚 δ：

$$\delta=\frac{p_cD_i}{2[\sigma]^t\varphi-p_c}=\frac{2.2\times2200}{2\times166.6\times1-2.2}=14.62\text{mm}$$

$$\delta_d=\delta+C_2=14.62+1.5=16.12\text{mm}$$

查表3-2，得钢板厚度负偏差 $C_1=0.8$mm，则 $\delta_n\geqslant\delta_d+C_1=16.12+0.8=16.92$mm。

查表3-8，取 $\delta_n=18$mm

(2) 确定椭圆封头名义厚度 δ_{ny}

椭圆形封头壁厚 δ_{ny}按下式计算：

$$\delta_{ny}=\frac{p_c D_i}{2[\sigma]^t\varphi-0.5p_c}+C$$

式中符号意义及数值同(2)，解得：

$$\delta_{ny}=\frac{2.2\times2200}{2\times166.6\times1-0.5\times2.2}+2.3=16.87\text{mm}$$

取 $\delta_{ny}=18\text{mm}$

(3) 确定半球形封头名义厚度 δ_{nq}

半球形封头壁厚 δ_{nq} 按下式计算：

$$\delta_{nq}=\frac{p_c D_i}{4[\sigma]^t\varphi-p_c}+C$$

式中符号意义及数值同(2)，解得：

$$\delta_{nq}=\frac{2.2\times2200}{4\times166.6\times1-2.2}+2.3=9.59\text{mm}$$

取 $\delta_{nq}=10\text{mm}$

(4) 水压实验压力 p_T

$$p_T=1.25p=1.25\times2.2=2.75\text{MPa}$$

思　考　题

1. 确定设计压力时应考虑哪些因素？
2. 材料的许用应力是如何确定的？
3. 容器壁厚的计算过程中为什么要引入焊接接头系数？确定焊接接头系数的依据是什么？
4. 设计容器壁厚为什么要考虑厚度附加量？厚度附加量包括哪些内容？
5. 计算厚度、设计厚度、名义厚度、有效厚度之间的关系如何？
6. 什么是容器的最小壁厚？最小厚度是如何规定的？
7. 按形状不同封头可分为哪几种？各自有何特点？
8. 椭圆形封头、碟形封头、折边锥形封头结构中直边的作用是什么？
9. 对容器进行压力试验的目的是什么？压力试验有几种方法？各在什么情况下采用？

习　　题

1. 设计一内压圆筒，已知设计压力 $p=1.6\text{MPa}$，设计温度 t = 150℃，圆筒的内径为 $D_i=1200\text{mm}$，制造圆筒所用材料为 20R，焊接接头系数为 0.9，工作介质有轻微的腐蚀性，试求筒体的厚度。

2. 某厂仓库存有一个内径为 1000mm，长 2000mm 的圆筒形容器，实测容器的壁厚为 12mm，圆筒两端的封头为标准椭圆形封头，容器采用双面对接焊缝制造，材料为 16MnR。试分析确定能否将此容器用作计算压力为 1.5MPa，温度为 200℃ 的反应器？（腐蚀裕量取 $C_2=1.5\text{mm}$）

3. 设计一液氨储罐，容积为 30m^3，最高工作压力为 1.2MPa，工作温度为常温，试比较圆柱形和球形容器材料的消耗量。

4. 设计一台内径 $D_i = 1000mm$ 的内压容器，其设计压力为 2.0MPa，设计温度 150℃，容器为圆柱形，两端为标准椭圆形封头，容器顶端装设安全阀。材料采用 0Cr18Ni9，介质无腐蚀。试确定筒体和封头的壁厚。

5. 某厂一容器的下封头采用无折边锥形封头，半锥顶角 $\alpha = 30°$，设计压力 $p = 2.0MPa$，设计温度 $t = 100℃$，容器内径 $D_i = 800mm$，材料采用 16MnR，腐蚀裕量取 $C_2 = 1.5mm$。试求无折边封头的厚度。

6. 现有一台闲置球形储罐，采用 20R 制造，双面焊焊缝，内径 $D_i = 3000mm$，实测壁厚为 28mm，若在常温下工作，腐蚀裕量 $C_2 = 1.5mm$，此罐允许的最大工作压力是多少？

第 4 章　外压容器

在过程工业中，除了使用内压容器和设备外，还常用承受外压的容器和设备。其中一类是壳体外表面承受的压力高于大气压，且大于内表面所受的压力，如带夹套的反应器、深海操作设备的壳体、管壳式换热器的换热管等；另一类是壳体外表面承受大气压，而内部在真空状态下操作，如减压精馏塔、真空蒸发器、真空冷凝器等。这些容器的共同特点是壳体外部压力高于壳体内部压力，这类容器统称为外压容器

4.1　外压容器稳定性

4.1.1　外压容器的失效形式

圆筒形容器承受外压时，在筒壁内将产生环向压缩应力，其值和内压圆筒一样，也是 $\frac{pD}{2\delta}$。这种压缩应力如果能够增大到材料的屈服极限，将引起筒体的屈服变形，即因强度不足发生压缩屈服失效。然而这种情况在薄壁圆筒中较少发生。是因为存在于外压圆筒筒壁内的压缩应力经常是当它的数值还远远低于材料屈服极限时，筒体会突然被压瘪，这时筒体的圆形截面在一瞬间变成曲波形。承受外压载荷的壳体，当外压载荷增大到某一值时，壳体会突然失去原来的形状，被压扁或出现波纹，载荷卸去后，壳体不能恢复原来的形状，这种现象称为外压壳体的失稳。失稳是外压容器的另一种失效方式，也是外压薄壁容器的主要失效方式，其主要原因是壳体的刚度不足。

外压容器失稳后，横截面形状由圆形变为波浪形，波数可能是两个、三个、四个……如图 4-1 所示。其应力状态由单纯的压缩应力变为以弯曲应力为主的复杂的附加应力。

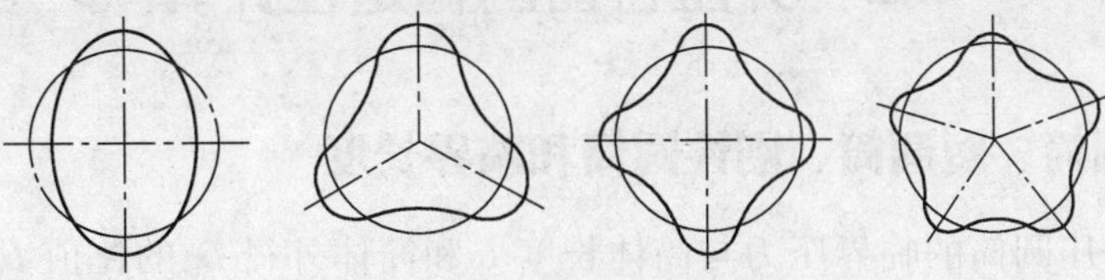

图 4-1　外压圆筒失稳后的横截面形状

薄壁壳体承受均匀外压时，不仅其环向均匀受压，同时在轴向也受到均匀的压缩载荷。因此，外压容器失稳的表现形式有环向压缩失稳[如图 4-2(a)所示]和轴向压缩失稳[如图 4-2(b)、(c)所示]。但理论分析表明，轴向外压对壳体失稳影响不大。因此，这里主要讨论受均匀外压的薄壁回转壳体的环向弹性失稳问题。

4.1.2　临界压力

外压容器发生失稳时的最低外压力，称为临界压力，用 p_{cr} 表示。临界压力的分析是按

照理想圆柱进行的，但失稳实验表明，失稳时的压力与上述理论推导的临界压力相差很大，这是因为受压壳体经历了成型、焊接或焊后热处理后不可能十分完善，存在各种初始缺陷，如几何形状和尺寸的偏差、材料性能的不均匀等，再加上受载也不可能完全对称，而临界压力值对初始缺陷又极为敏感，因此，经理论推导得出的临界压力，必须考虑引入一个安全系数，才能作为外压圆筒的设计压力，即：

$$[p] = \frac{p_{cr}}{m} \tag{4-1}$$

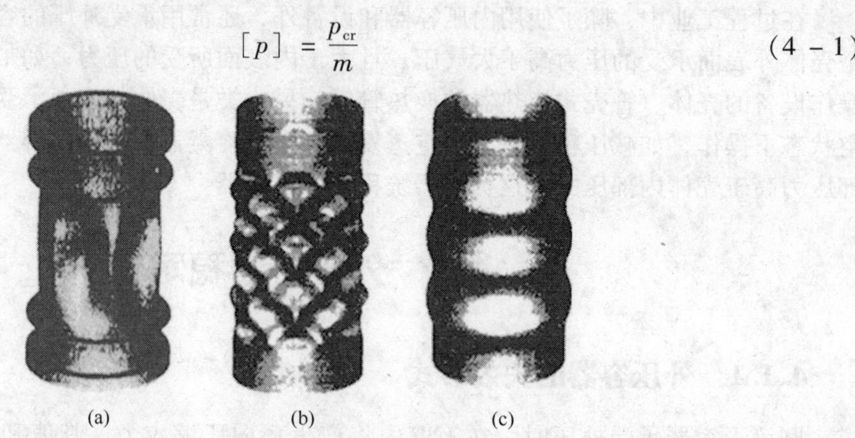

(a) (b) (c)

图 4－2 外压圆筒失稳的表现形式

设计外压力 p(操作时可能出现的最大外压力)不得超过$[p]$，即：

$$p \leqslant [p] \text{ 或 } p \leqslant \frac{p_{cr}}{m} \tag{4-2}$$

式中 p——设计外压力，MPa；

$[p]$——许用设计压力，MPa；

p_{cr}——临界压力，MPa；

m——稳定系数，GB 150—1998《钢制压力容器》规定 $m=3$。

4.2 外压容器的稳定性计算

4.2.1 长圆筒、短圆筒、刚性圆筒和临界长度

实践表明：外压圆筒的临界压力与筒体长度 L 和筒体外径 D_o 的比值 L/D_o 及筒体的有效厚度 δ_e 与外径 D_o 的比值 δ_e/D_o 有关。当 L/D_o 相同时，δ_e 大者临界压力高；当 δ_e/D_o 相同时，L/D_o 小者临界压力高。此外，临界压力还与筒体的材料及其结构因素有关。根据工程上圆筒失稳破坏的情况，将外压筒体分成长圆筒、短圆筒和刚性圆筒三种类型。

(1) 长圆筒

当筒体足够长，即 L/D_o 值较大，两端刚性较高的封头对筒体的中部变形不能起到有效支撑作用时，筒体最容易失稳压瘪，出现波数为 2 的扁圆形。失稳时其临界压力与 δ_e/D_o 及材料有关，与圆筒的相对长度 L/D_o 无关，这种圆筒称为长圆筒。其临界压力可按下式计算：

$$p_{cr} = 2.2E\left(\frac{\delta_e}{D_o}\right)^3 \tag{4-3}$$

(2) 短圆筒

若圆筒两端的封头对筒体能起到支撑作用，约束筒体的变形，则这种圆筒称为短圆筒。短圆筒的临界压力不仅与 δ_e/D_o 及材料有关，而且与 L/D_o 有关。筒体失稳时的波数大于 2。钢制短圆筒临界压力：

$$p_{cr} = 2.59E\frac{(\delta_e/D_o)^{2.5}}{L/D_o} \tag{4-4}$$

(3) 刚性圆筒

若容器筒体较短，筒壁较厚，即 L/D_o 较小且 δ_e/D_o 较大，容器刚性较好，则筒体不会因失稳而丧失其功能，它的失效是强度破坏，这种圆筒称为刚性圆筒。这是外压容器设计的一个特例。它的设计只需进行强度校核，能承受的最大外压按式(4-5)计算。

$$p_{max} = \frac{2\delta_e\sigma_s^t}{D_i} \tag{4-5}$$

式(4-3)、式(4-4)、式(4-5)中

E——设计温度下材料的弹性模量，MPa；

δ_e——筒体的有效厚度，mm；

D_o——筒体的外径，mm；

D_i——筒体的内径，mm；

L——筒体的计算长度，mm；

σ_s^t——材料在设计温度下的屈服极限，MPa。

(4) 临界长度

上述内容只是对长圆筒、短圆筒和刚性圆筒作了定性的定义，对实际的外压圆筒要判断圆筒的类型还需要借助临界长度，进一步确定封头或其他刚性构件对圆筒是否起到支撑作用。

相同直径和壁厚的情况下，短圆筒的临界压力高于长圆筒的临界压力。随着短圆筒长度的增加，封头对筒壁的支撑作用逐渐减弱，临界压力值也随之减小。当短圆筒的长度增加到某一数值时，封头的支撑作用开始完全丧失，此时短圆筒的临界压力下降到与长圆筒的临界压力值相等。即式(4-3)等于式(4-4)，有

$$p_{cr} = 2.2E\left(\frac{\delta_e}{D_o}\right)^3 = 2.59E\frac{(\delta_e/D_o)^{2.5}}{L_{cr}/D_o}$$

由此，可得区别长圆筒和短圆筒的临界长度为

$$L_{cr} = 1.17D_o\sqrt{D_o/\delta_e} \tag{4-6}$$

同理，当短圆筒与刚性圆筒的临界压力相等时，即式(4-4)等于式(4-5)，有

$$L'_{cr} = \frac{1.3E\delta_e}{\sigma_s^t\sqrt{D_o/\delta_e}} \tag{4-7}$$

综上所述，当圆筒的计算长度 $L \geq L_{cr}$ 时，为长圆筒；当 $L'_{cr} < L < L_{cr}$ 时，圆筒为短圆筒；当 $L \leq L'_{cr}$ 时，圆筒为刚性圆筒。判定圆筒类型后，可选择不同类型圆筒的计算公式对圆筒进行有关设计计算。

4.2.2　设计参数的确定

(1) 设计压力 p

① 对于一般的外压容器，其设计压力可取不小于正常工作过程中可能产生的最大内外压差；

② 对无夹套的真空容器，若设置了安全控制装置，设计压力取 1.25 倍最大内外压差或 0.1MPa 两者中的较小值；若无安全控制装置，设计压力取 0.1MPa；

③ 对带夹套的真空容器，若夹套内为内压时，设计压力取无夹套真空容器的设计压力，再加上夹套内设计压力；若夹套内为真空，则按无夹套真空容器规定选取。

（2）计算长度 L

筒体计算长度是指两个刚性构件之间的距离。封头、法兰、加强圈均可视为刚性构件。对于凸形封头，应计入直边高度和封头曲面深度的 1/3。计算长度的取值可参照图 4－3 所示。

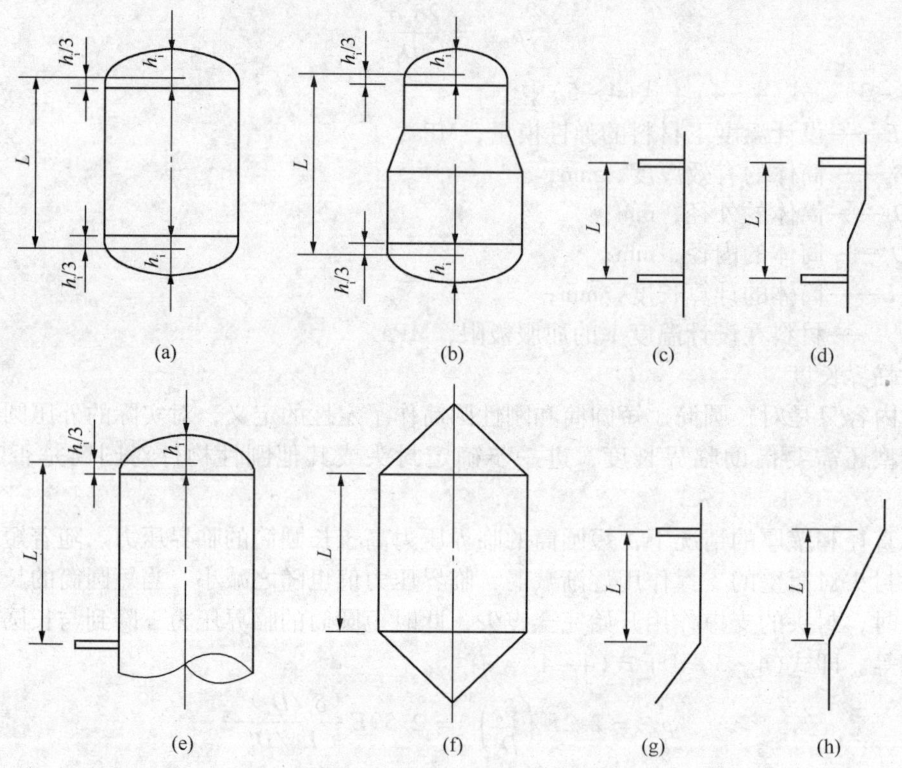

图 4－3　外压圆筒的计算长度

4.3　外压圆筒的设计

外压容器的设计方法有解析法和图算法两种。采用解析法设计时需要先假设圆筒的名义厚度，然后反复试算，过程比较烦琐。因而各国设计规范均推荐采用图算法。

4.3.1　图算法的原理

假设圆筒仅受经向均匀外压，而不受轴向外压，处于单向（环向）应力状态。圆筒在临界压力 p_{cr} 作用下，产生的环向应力为

$$\sigma_{cr} = \frac{p_{cr} D_o}{2\delta_e} \tag{4-8}$$

因为塑性状态下材料的弹性模量 E 为变量，为避开它，采用应变表征失稳时的特征。按单向应力时的虎克定律，失稳时的环向应变为

$$\varepsilon_{cr} = \frac{\sigma_{cr}}{E} = \frac{p_{cr} D_o}{2E\delta_e} \tag{4-9}$$

将长、短圆筒的 p_{cr} 计算公式式(4-3)和式(4-4)带入式(4-9)，得

长圆筒的应变

$$\varepsilon_{cr} = 1.1\left(\frac{\delta_e}{D_o}\right)^2 \tag{4-10}$$

短圆筒的应变

$$\varepsilon_{cr} = 1.3\,\frac{(\delta_e/D_o)^{1.5}}{L/D_o} \tag{4-11}$$

由此可见，失稳时环向应变仅与圆筒结构特征参数 L/D_o 和 δ_e/D_o 有关，因而可以用如下函数式表示

$$\varepsilon_{cr} = f(L/D_o, \delta_e/D_o)$$

对于径向受均匀外压及径向和轴向受相同外压的圆筒，令 $A=\varepsilon_{cr}$，并将式(4-10)和式(4-11)以 A 作为横坐标，L/D_o 作为纵坐标，D_o/δ_e 作为参量绘成曲线，如图 4-4 所示。在图 4-4 曲线中，与纵坐标平行的直线簇表示长圆筒，失稳时环向应变 A 与 L/D_o 无关；图下方的斜平行线簇表示短圆筒，失稳时 A 与 L/D_o、D_o/δ_e 都有关。因该图与材料的弹性模量 E 无关，所以对任何材料的圆筒都适用。

若已知 L/D_o 和 D_o/δ_e 值，即可通过图 4-4 查得失稳时的环向应变 A 。对于不同材料的外压圆筒，还需要找出 A 与 p_{cr} 的关系，才能判定圆筒在操作外压力下是否安全。

由式(4-1)、式(4-8)得，许用外压 $[p]$ 与临界应力 σ_{cr} 之间有如下关系

$$[p] = \frac{p_{cr}}{m} = \frac{2}{m}\sigma_{cr}\cdot\frac{\delta_e}{D_o}$$

将 $m=3$，则上式变为

$$[p] = \frac{2}{3}\sigma_{cr}\cdot\frac{\delta_e}{D_o}$$

若将材料的 $\sigma-\varepsilon$ 曲线改变成 $\frac{2}{3}\sigma-\varepsilon$ 曲线，便可直接查得或算出 $\frac{2}{3}\sigma_{cr}$ 。故令 $B=\frac{2}{3}E\varepsilon_{cr}=\frac{2}{3}\sigma_{cr}$，并把材料的 $\sigma-\varepsilon$ 曲线改变成 $\frac{2}{3}\sigma-\varepsilon$ 曲线 ，于是有

$$[p] = B\frac{\delta_e}{D_o}$$

图 4-5 ~ 图 4-12 为改造后的 $\frac{2}{3}\sigma-\varepsilon$ 曲线，即 B 和 A 的关系曲线，也就是计算图。图中的直线部分表示材料处于弹性，如果 A 值落在这一段内，则表明 E 值是常数，B 可由 $B=\frac{2}{3}EA$ 计算。当 B 增大到某一数值后，曲线开始变弯，这表明 A 值落在这一段内，由于 E 值不再是常数，对应的 B 值只能从曲线中查取。

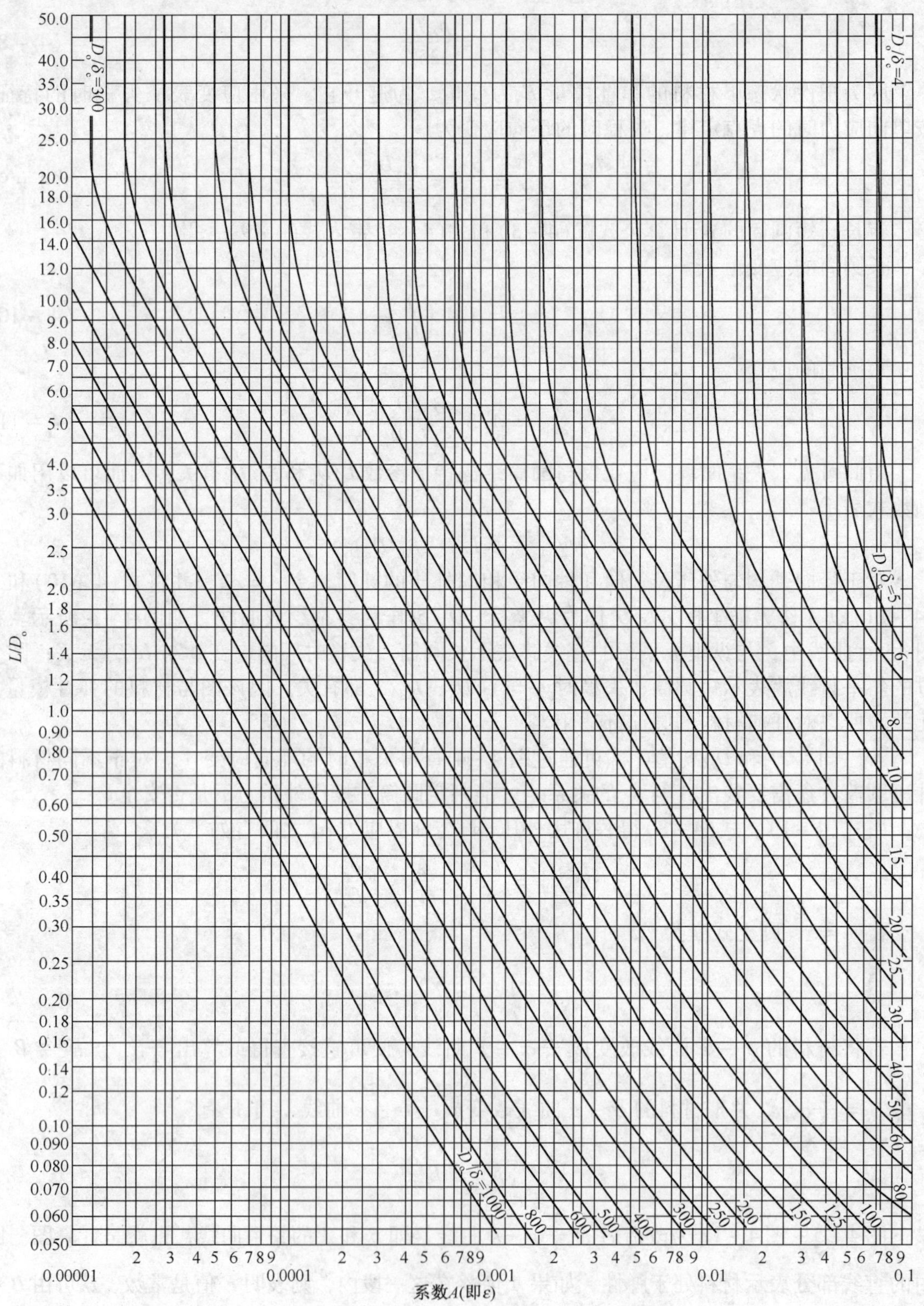

图4-4 外压或轴向受压圆筒和管子几何参数计算图

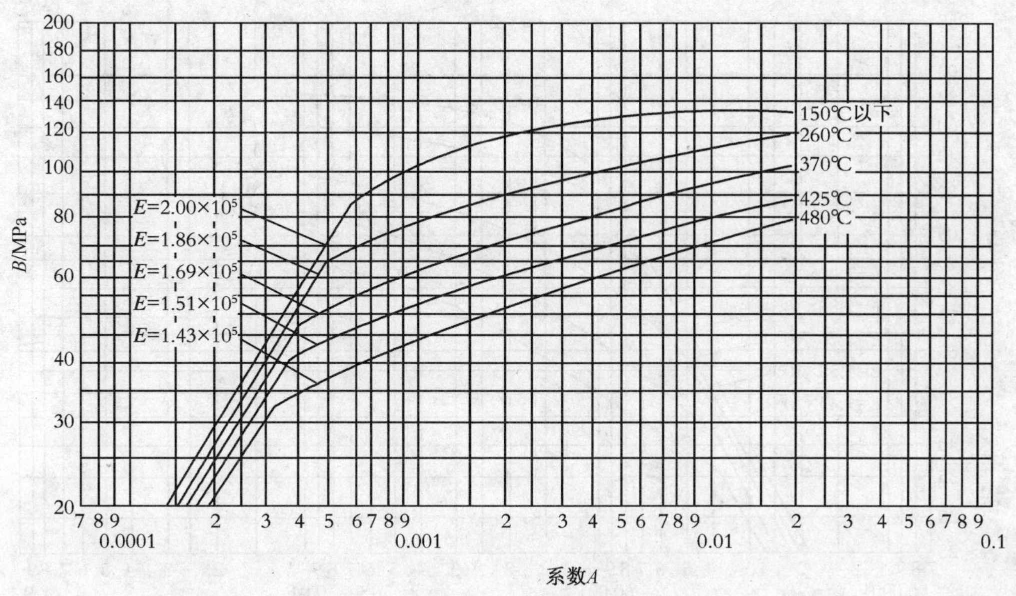

图 4－5　外压圆筒和球壳厚度计算图

（屈服点 $\sigma_s < 207$MPa 的碳素钢）

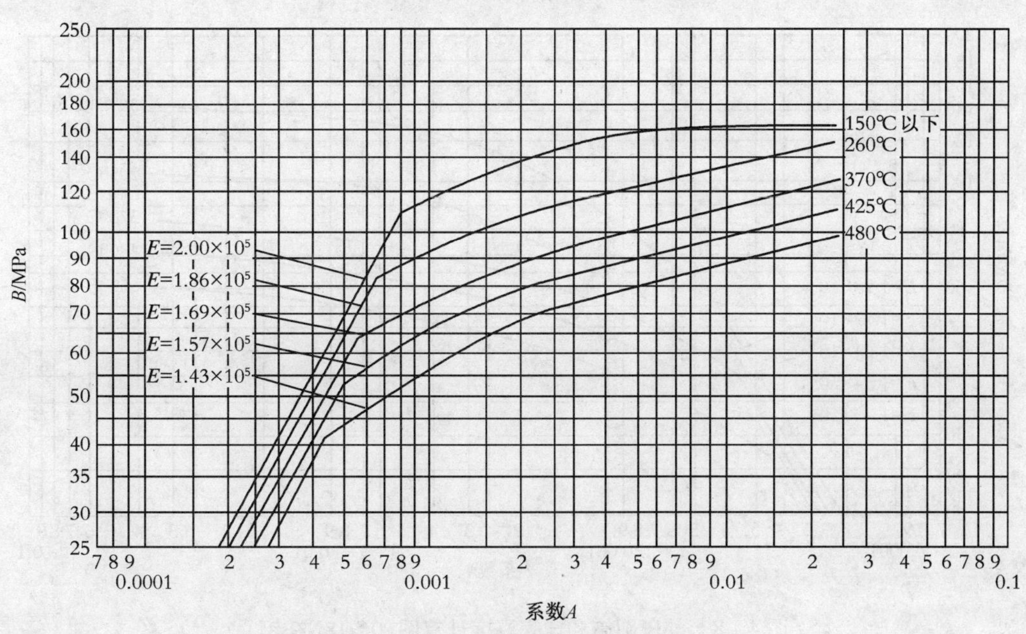

图 4－6　外压圆筒和球壳厚度计算图

（屈服点 $\sigma_s > 207$MPa 的碳素钢和 0Cr13、1Cr13 钢）

4.3.2　外压圆筒的图算法

（1）对 $D_o/\delta_e \geqslant 20$ 时圆筒和管子

这类圆筒或管子承受外压时只需进行稳定性校核。

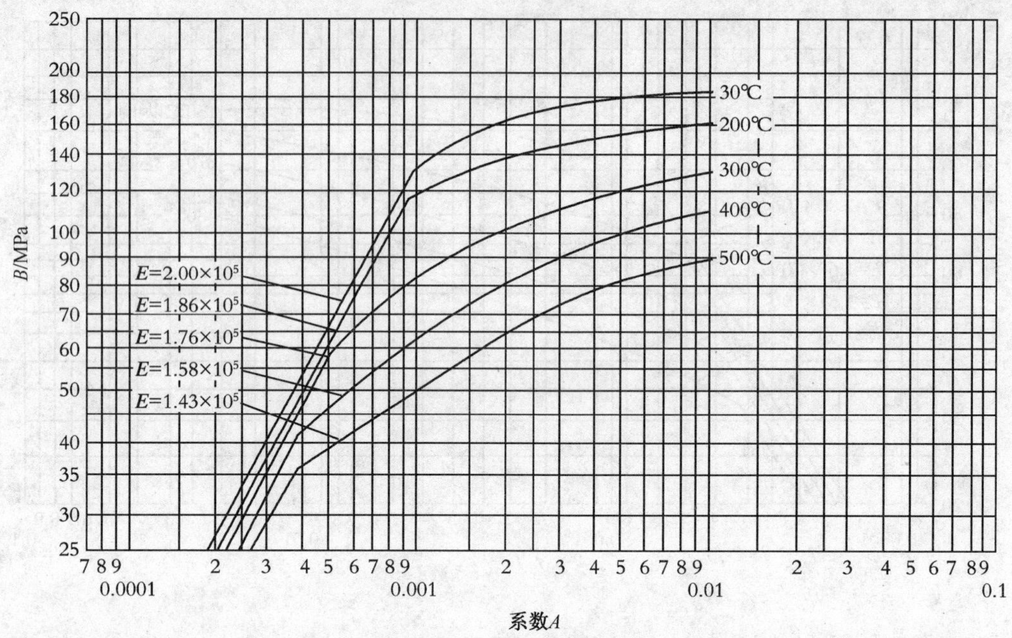

图 4-7 外压圆筒和球壳厚度计算图

（16MnR 钢、15CrMo 钢）

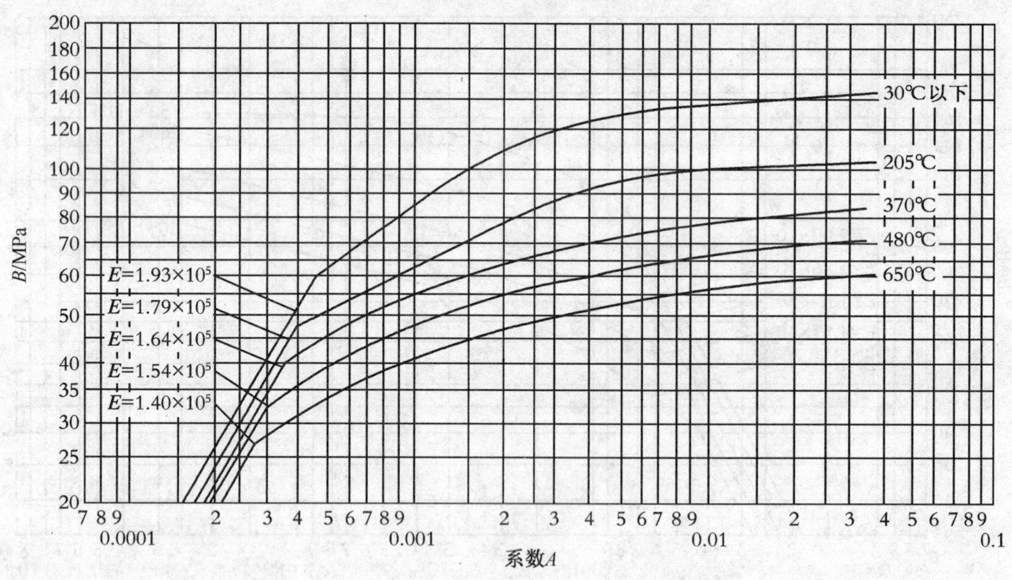

图 4-8 外压圆筒和球壳厚度计算图(0Cr18Ni9 钢)

① 假设圆筒或管子的名义厚度 δ_n，并计算出其有效厚度 $\delta_e=\delta_n-C$，确定 L/D_o 和 D_o/δ_e；

② 由图 4-4 的左方找到 L/D_o 值，过此点沿水平方向右移与 D_o/δ_e 相交（遇中间值用内插法），若 L/D_o 值大于 50，则按 $L/D_o=50$ 查图，若 L/D_o 值小于 0.05，则按 $L/D_o=0.05$ 查图；

③ 过此交点沿垂直方向下移，在图的下方得到系数 A；

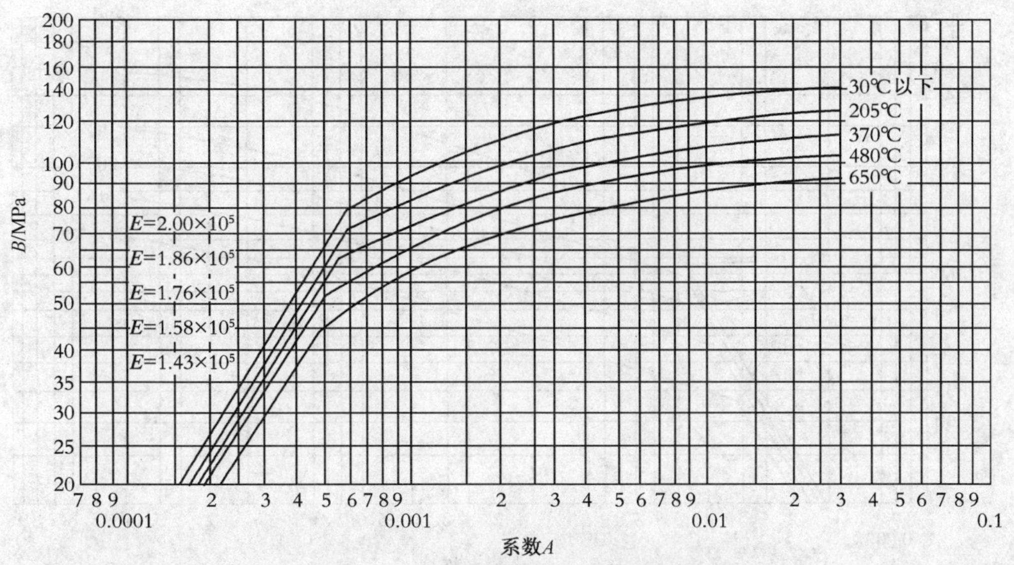

图 4－9　外压圆筒和球壳厚度计算图

（0Cr18Ni10Ti、0Cr17Ni12Mo2、0Cr19Ni13 Mo3 钢）

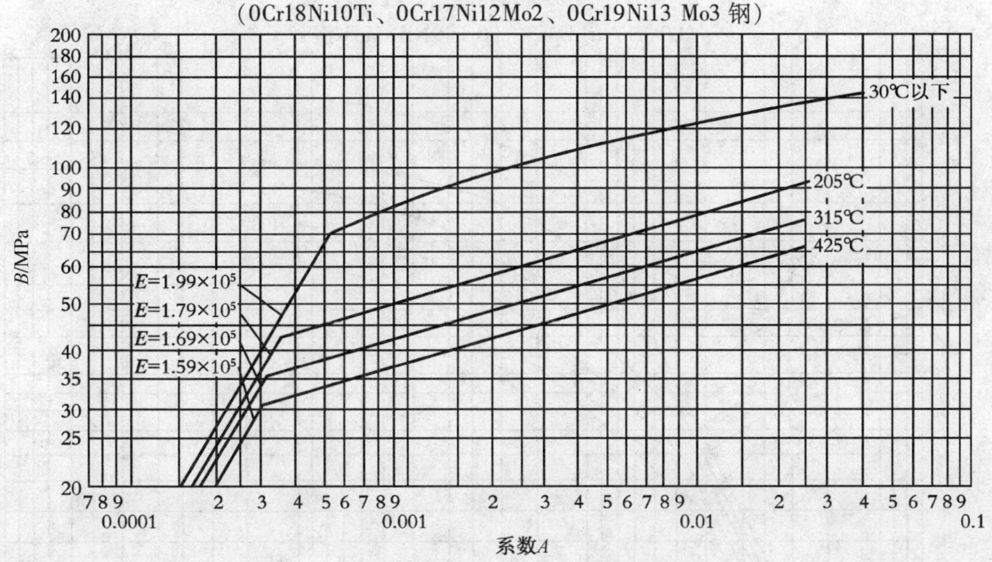

图 4－10　外压圆筒和球壳厚度计算图（00Cr19Ni10 钢）

④ 按所用材料选用图 4－5～图 4－12，在图的下方找到系数 A，若 A 值落在设计温度下材料线的右方，则过此点垂直上移，与设计温度下的材料线相交（遇中间温度值用内插法），再过此交点水平方向左移，在图的纵坐标上得到系数 B，并按式（4－12）计算许用外压力 $[p]$：

$$[p] = \frac{B}{D_o/\delta_e} \tag{4-12}$$

若所得 A 值落在设计温度下材料线的左方，则用式（4－13）计算许用外压力 $[p]$。

$$[p] = \frac{2AE}{3(D_o/\delta_e)} \tag{4-13}$$

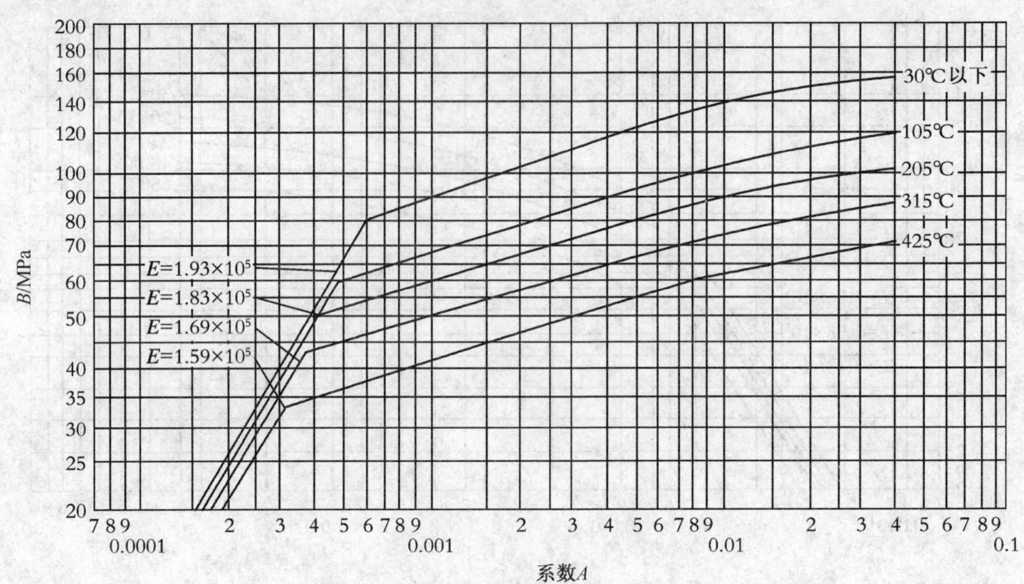

图 4 - 11　外压圆筒和球壳厚度计算图
(00Cr17Ni14Mo3、00Cr19Ni13Mo3 钢)

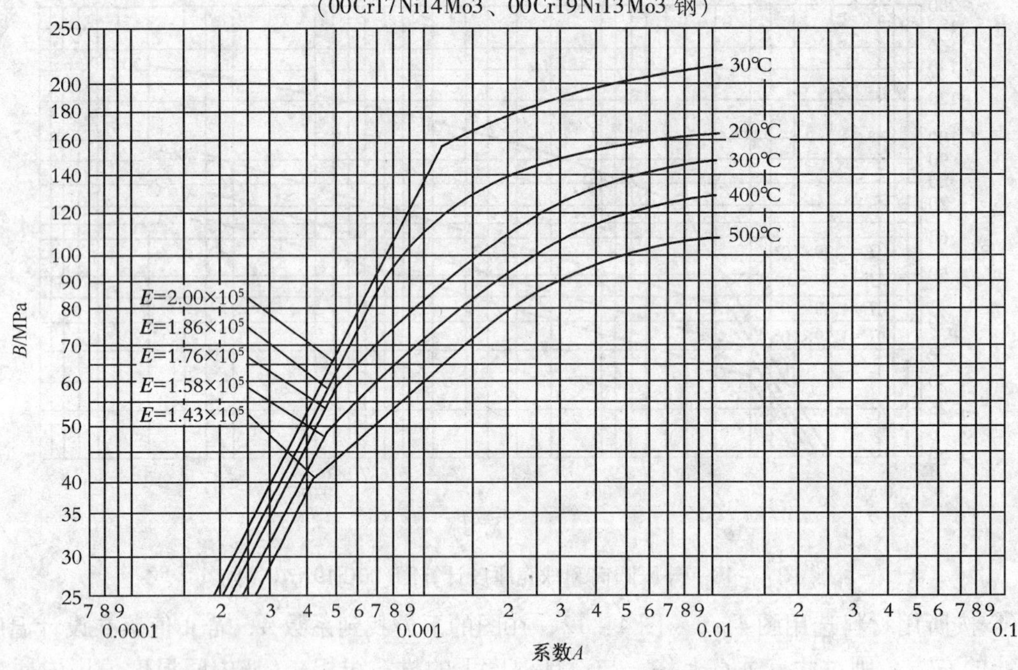

图 4 - 12　外压圆筒和球壳厚度计算图(15MnVR)

⑤ $[p]$应大于或等于 p，否则须再假设名义厚度 δ_n，重复上述计算，直到$[p]$大于且接近于 p 为止。

(2) 对 $D_o/\delta_e < 20$ 时圆筒和管子

这类圆筒或管子承受外压时应同时考虑强度和稳定性问题。

① 用与(1)相同的步骤得到系数 B 值；但对 $D_o/\delta_e < 4.0$ 的圆筒和管子应按式(4 - 14)计算系数 A 值：

$$A = \frac{1.1}{(D_o/\delta_e)^2} \tag{4-14}$$

当系数 $A>0.1$ 时，取 $A=0.1$。

② 按式(4－15)计算许用外压力 $[p]$：

$$[p] = \min\left\{\left[\frac{2.25}{D_o/\delta_e} - 0.0625\right]B, \frac{2\sigma_0}{D_o/\delta_e}\left[1 - \frac{1}{D_o/\delta_e}\right]\right\} \tag{4-15}$$

式中　σ_0——应力，取以下两值中的较小值：

$$\sigma_0 = 2[\sigma]^t$$

$$\sigma_0 = 0.9\sigma_s^t \text{ 或 } \sigma_0 = 0.9\sigma_{0.2}^t$$

③ $[p]$ 应大于或等于 p，否则须再假设名义厚度 δ_n，重复上述计算，直到 $[p]$ 大于且接近 p 为止。

【例4－1】 要制作一台真空分馏塔，塔的内径为2000mm，塔身圆筒部分长5950mm，两端为标准椭圆形封头，直边高25mm，封头曲面深500mm，分馏塔的操作温度为370℃，腐蚀裕量1mm，问制造筒体所需钢板的厚度。

解： (1) 确定参数

计算长度　$L = 5950 + 2 \times \left(25 + \frac{1}{3} \times 500\right) = 6333\text{mm}$

由于是真空操作，取 $p=0.1\text{MPa}$

(2) 选取钢板材质为Q2365A，假设所需钢板的名义厚度 $\delta_n=14\text{mm}$，钢板负偏差0.8mm，腐蚀裕量1mm，则 $\delta_e=14-0.8=12.2\text{mm}$。有

$$\frac{L}{D_o} = \frac{6333}{2000 + 14 \times 2} = 3.12$$

$$\frac{D_o}{\delta_e} = \frac{2000 + 14 \times 2}{12.2} = 166.2$$

查图4－4得 $A=0.0002$

查图4－6可知，A 值所对应的点与370℃曲线无交点，且在曲线的左侧，因此根据式(4－13)有

$$[p] = \frac{2AE}{3(D_o/\delta_e)} = \frac{2 \times 0.0002 \times 1.69 \times 10^5}{3 \times 166.2} = 0.13\text{MPa}$$

由于 $[p]>p$，所以可以选择14mm厚度的钢板制作分馏塔的筒体。

4.3.3　外压球壳的图算法

(1) 球壳的临界压力

对于钢制受均匀外压的球壳临界压力为

$$p_{cr} = 0.25E\left(\frac{\delta_e}{R_o}\right)^2 \tag{4-16}$$

式中　R_o——球壳外半径，mm；

δ_e——球壳的有效厚度，mm。

（2）许用压力$[p]$

取 $m=3$，则许用压力$[p]$为

$$[p]=\frac{p_{cr}}{m}=\frac{0.0833E}{(R_o/\delta_e)^2} \tag{4-17}$$

（3）外压球壳所需的有效厚度的确定

① 假设球壳的名义厚度 δ_n，并计算出其有效厚度 $\delta_e=\delta_n-C$，确定 R_o/δ_e；

② 用式(4－18)计算系数 A：

$$A=\frac{0.125}{R_o/\delta_e} \tag{4-18}$$

③ 按4.3.2同样的方法由 A 确定系数 B，并按式(4－19)计算许用外压力$[p]$：

$$[p]=\frac{B}{R_o/\delta_e} \tag{4-19}$$

若所得 A 值落在设计温度下材料线的左方，则用式(4－17)计算许用外压力$[p]$。

④ $[p]$应大于或等于 p，否则须再假设名义厚度 δ_n，重复上述计算，直到$[p]$大于且接近 p 为止。

4.4 外压封头的设计

封头在外压的作用下主要承受外压应力，因此与外压圆筒一样也存在稳定性问题，设计时应进行稳定性校核。

4.4.1 外压凸形封头

承受外压的凸形封头的稳定性计算是以外压球壳的稳定性计算为基础的。

（1）半球形封头

外压半球形封头的设计与外压球壳的设计方法完全相同，可参考4.3.3中的介绍。

（2）椭圆形封头

外压椭圆形封头厚度计算的步骤与外压半球形封头的设计相同，只是半径 R_o 为椭圆形封头的当量球壳外半径，即 $R_o=K_1D_o$。K_1 为系数，由椭圆形的长短轴之比决定，可根据表4－1查取。

表4－1 系数 K_1 值

$D_o/2h_0$	2.6	2.4	2.2	2.0	1.8	1.6	1.4	1.2	1.0
K_1	1.18	1.08	0.99	0.90	0.81	0.73	0.65	0.57	0.50

注：1. 中间值用内插法求得；2. 标准椭圆形封头 $K_1=0.9$；3. $h_0=h_i+\delta_n$。

（3）碟形封头

受外压的碟形封头，其失效方式也是失稳破坏。确定封头厚度的计算也可按球壳失稳的图算法，设计步骤与外压半球形封头相同，只是其中的 R_o 为碟形封头球面部分的外半径，即 $R_o=R_i+\delta_n$。

【例 4-2】已知条件如【例 4-1】，试确定标准椭圆形封头的厚度。

解：由【例 4-1】的计算结果可知，筒体的壁厚为 14mm，故假设封头的厚度也为 14mm，但由于封头在冲压成形过程中会出现减薄现象，设减薄量为 2mm，则封头的有效厚度 $\delta_e = 14 - 1 - 0.8 - 2 = 10.2\text{mm}$。

对于标准椭圆形封头查表 4-1，$K_1 = 0.9$，则

$$R_o = K_1 D_o = 0.9 \times 2028 = 1825.2\text{mm}$$

因此
$$A = \frac{0.125}{R_o/\delta_e} = \frac{0.125}{1825.2/10.2} = 0.0007$$

查图 4-6 得 $B = 68\text{MPa}$，由式(4-17)得

$$[p] = \frac{B}{R_o/\delta_e} = \frac{68}{1825.2/10.2} = 0.38\text{MPa}$$

由计算结果可知：有效厚度为 10.2mm 的标准椭圆形封头的承受外压能力为 0.38MPa，而有效厚度为 12.2mm 的圆柱形筒体的承受外压能力只有 0.12MPa。由此可得出：在直径相同，名义厚度相同的情况下，标准椭圆形封头的抗失稳能力远远大于圆柱形筒体的抗失稳能力。因此，本题中，即使在封头的加工过程中有一定的厚度减薄量，封头的刚度也足以满足设计要求，且封头对筒体还能起到支撑作用。

4.4.2　外压锥形封头

锥形封头受外压时，其失稳情况类似于一个当量圆筒的失稳，当半顶角 $\alpha \leqslant 60°$ 时，可用当量圆筒进行计算。当量圆筒的直径取锥壳大端外径 D_o，圆筒长度可取锥壳的当量长度 L_e。

(1) 锥壳的当量长度 L_e

无折边锥壳

$$L_e = \frac{L_x}{2}\left(1 + \frac{D_s}{D_L}\right) \tag{4-20}$$

大端带折边锥壳

$$L_e = r\sin\alpha + \frac{L_x}{2}\left(1 + \frac{D_s}{D_L}\right) \tag{4-21}$$

小端带折边锥壳

$$L_e = r_s \frac{D_s}{D_L}\sin\alpha + \frac{L_x}{2}\left(1 + \frac{D_s}{D_L}\right) \tag{4-22}$$

两端带折边锥壳

$$L_e = r\sin\alpha + r_s \frac{D_s}{D_L}\sin\alpha + \frac{L_x}{2}\left(1 + \frac{D_s}{D_L}\right) \tag{4-23}$$

式中　L_e——锥壳的当量长度，mm；

L_x——锥壳的轴向长度，mm；

D_s——所考虑锥壳段的小端外径，mm；

D_L——所考虑锥壳段的大端外径，mm；

r——折边锥壳大端过渡段转角半径，mm；

r_s——折边锥壳小端过渡段转角半径，mm；

α——锥壳半顶角，(°)。

(2) 外压锥形封头的计算步骤

① 假设锥壳的名义厚度 δ_{nc}，计算其有效厚度 $\delta_{ec}=(\delta_{nc}-C)\cos\alpha$；

② 按外压圆筒的规定进行外压校核计算，但应以 L_e/D_L 代替 L/D_o，以 D_L/δ_{ec} 代替 D_o/δ_e。

4.5 加强圈的设计计算

提高外压容器的稳定性，也就是提高容器的临界压力。由临界压力的计算公式 $p_{cr}=2.59E\dfrac{(\delta_e/D_o)^{2.5}}{L/D_o}$ 可知：在容器外径确定的情况下，提高临界压力的方法有三种：①使用弹性模量高的材料；②增加容器的壁厚；③降低筒体的计算长度。首先，由图 4-5 ~ 图 4-12 可知道，不同的材料其弹性模量 E 值相差并不很大，因此要通过改变材料提高临界压力并不适用；其次，通过增加壁厚的方法可以提高临界压力，但增加壁厚会增大金属的消耗量，从经济方面考虑，会加大成本，而且会使设备重量大大增加，增加制造，运输和安装的难度；而降低计算长度，实现起来就方便、容易得多，只需在较薄的筒体上，装置一些刚性构件来增加筒体的刚性，就能起到提高抗失稳能力的作用。实际工程中一般是在筒体上安装一定数量的加强圈。若筒体是不锈钢或其他价格较高的金属，在筒体外设置加强圈时，采用普通碳素钢即可，这样可以大大降低制造设备的成本。

4.5.1 加强圈的结构和设置

(1) 加强圈的结构

加强圈应具有足够的刚度，通常采用扁钢、角钢、工字钢或其他型钢制成。加强圈结构如图 4-13 所示。它不仅有较好的加强效果，而且自身的成型也比较方便，材料多采用碳钢。

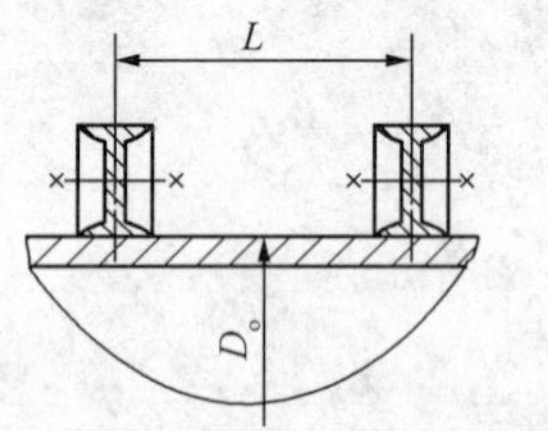

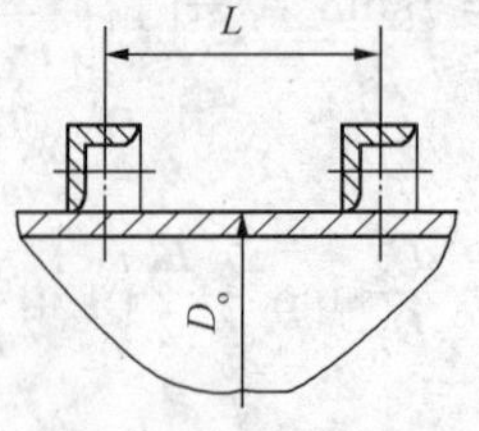

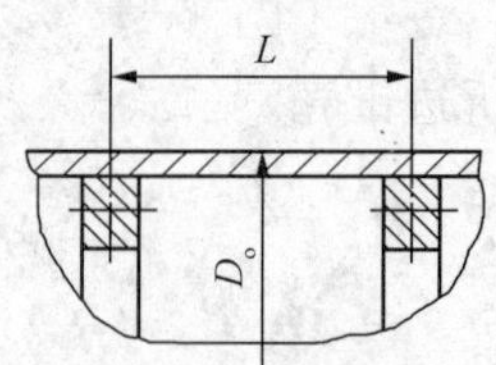

图 4-13 加强圈结构

(2) 加强圈的设置

① 加强圈可设置在容器的内部或外部，应整圈围绕在圆筒的圆周上。加强圈两端的接合形式应按图 4-14 所示。

② 容器内部的加强圈，若布置成图 4-14 中 E 或 F 所示之结构时，则应使图中所示的截面具有该圈所需的惯性矩。该截面的惯性矩应以它本身的中性轴来计算。

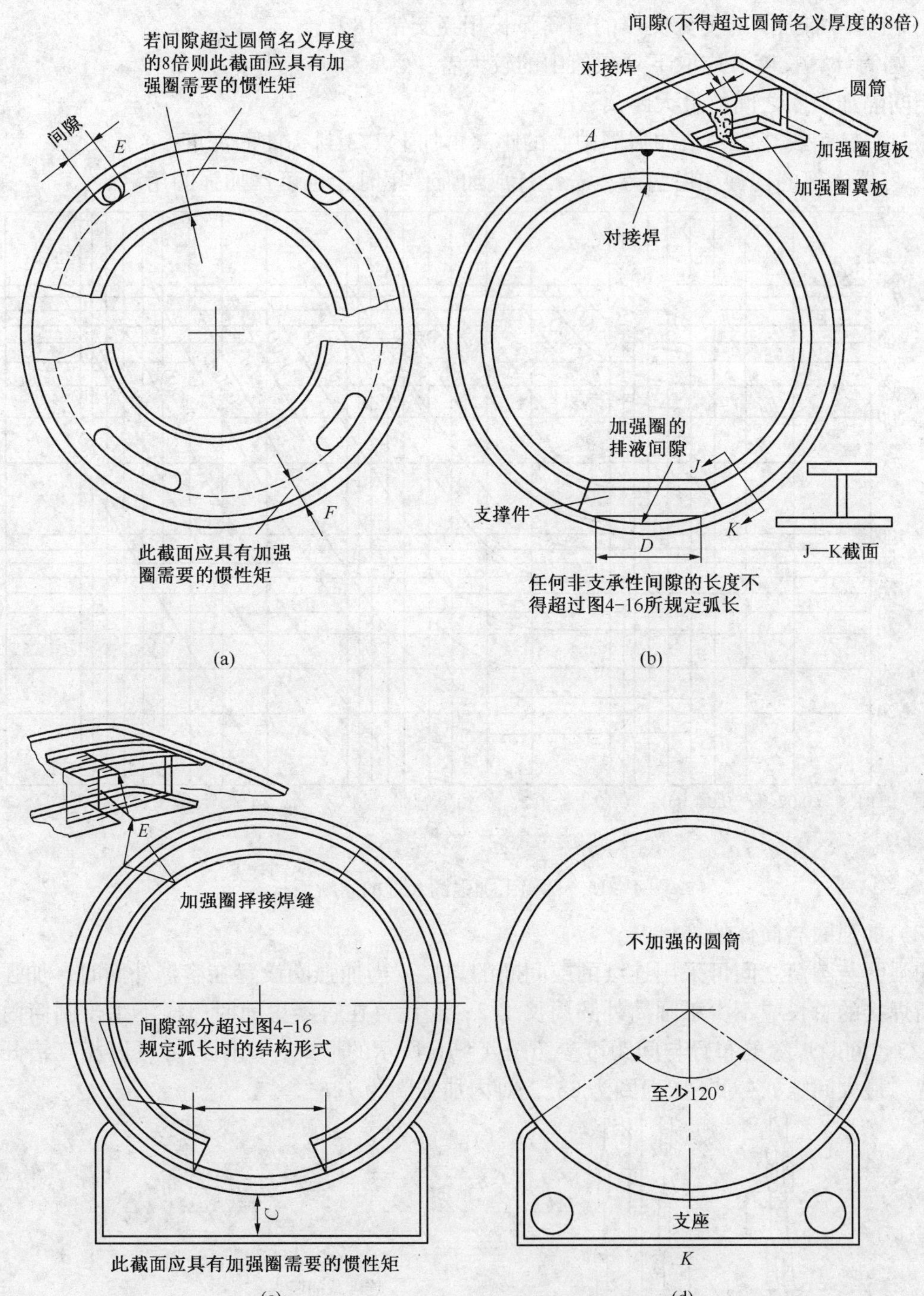

图 4 – 14　外压容器加强圈的设置

③ 在加强圈上需要留出如图 4 – 14 中 D 及 E 所示的间隙时，则不应超过图 4 – 15 规定的弧长，否则须将容器内部和外部的加强圈相邻两部分之间接合起来，采用如图 4 – 14 中 C 所示的结构。但若能同时满足以下三个条件者可以除外：

a. 圆筒上不受加强圈支撑的弧长不超过 90°；

b. 相邻两加强圈的不受支撑的圆筒弧长相互交错 180°；

c. 圆筒计算长度 L 应取下列数值中的较大者：

相间隔加强圈之间的最大距离；

从封头转角线至第二个加强圈中心的距离再加上 1/3 封头曲面深度。

④ 容器内部的构件如塔盘等，若设计成加强作用时，也可作加强圈用。

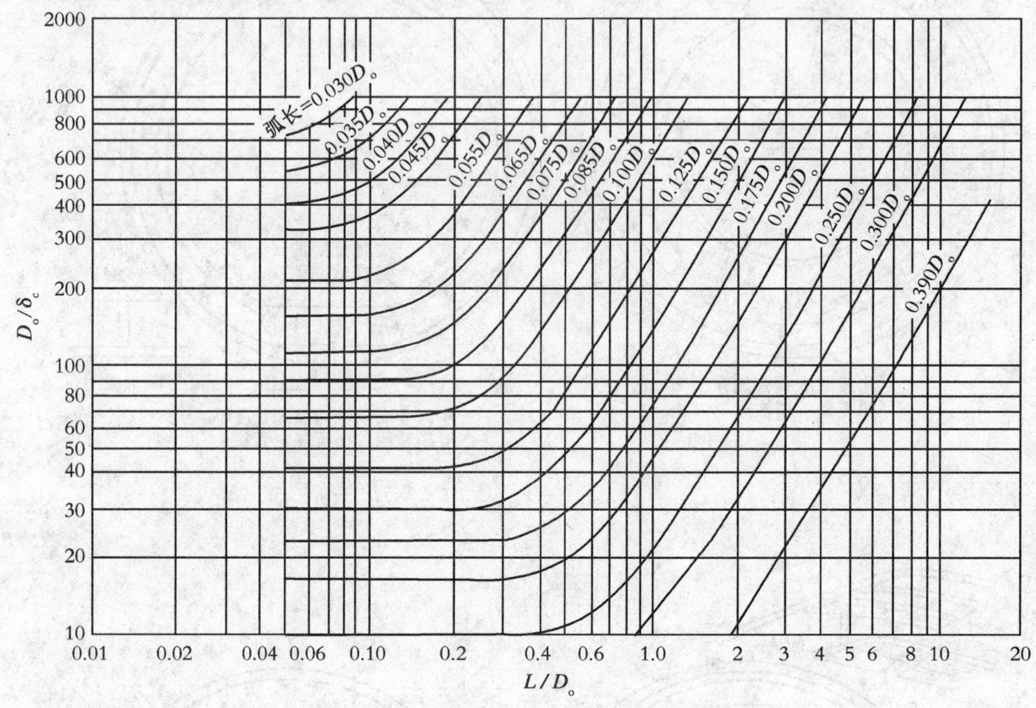

图 4－15　圆筒上加强圈允许的间断弧长

（3）加强圈与筒体的连接

加强圈与圆筒之间可采用连续的或间断的焊接，当加强圈设置在容器外面时，加强圈每侧间断焊接的总长应不少于圆筒外圆周长 1/2；当设置在容器里面时，应不少于圆筒内圆周长的 1/3。间断焊缝的布置与间距可参照图 4－16 所示的形式，间断焊缝可以相互错开或并排布置。最大间隙 t，对外加强圈为 $8\delta_n$，对内加强圈为 $12\delta_n$。

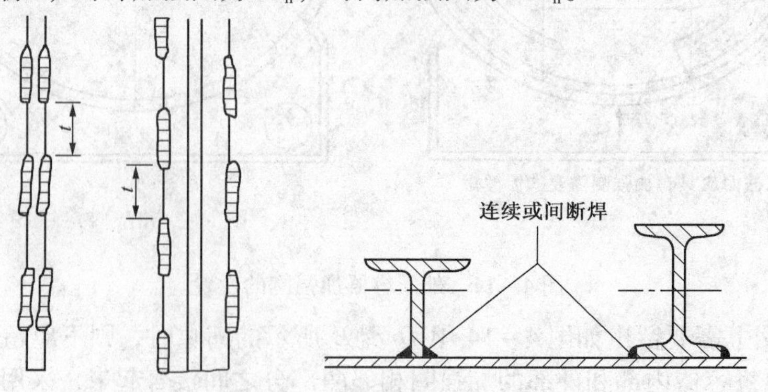

图 4－16　加强圈与筒体的连接

4.5.2　加强圈的图算法

设置加强圈的筒体，受外压作用时，作用于加强圈两侧各 $L_s/2$ 范围内筒体上的外压力是由一个刚性环来承担的，如图 4－17 所示。这个刚性环的截面是由筒体有效段和加强圈截面组成的组合截面，如图 4－18 所示，$2b$ 范围为筒体的有效段。GB150 规定，在加强圈中心线两侧有效宽度 $b=0.55\sqrt{D_o\delta_e}$，若加强圈中心线两侧壳体有效宽度与相邻加强圈壳体的有效宽度相重合，则该壳体的有效宽度中相重合部分每侧按 1/2 计算。

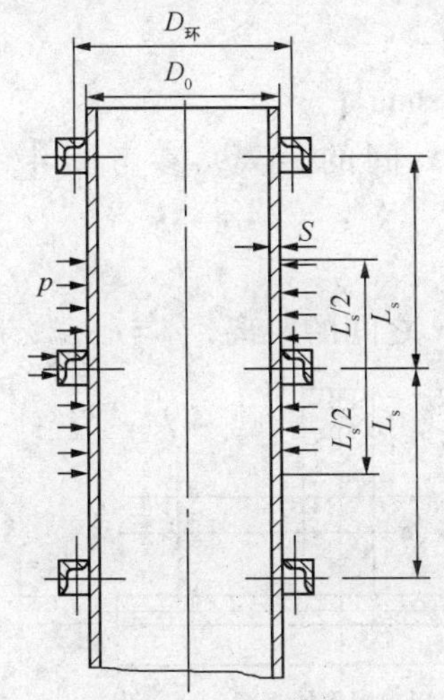

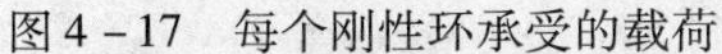

图 4－17　每个刚性环承受的载荷

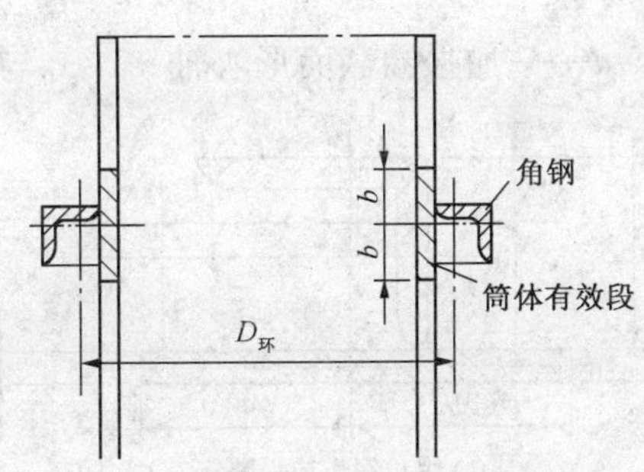

图 4－18　角钢与筒体有效段组成的刚性环

(1) 加强圈的间距计算

筒体设置加强圈后，为了使加强圈起到支撑作用，相邻两个加强圈之间的距离必须使筒体为短圆筒。因此，根据式(4－4)

$$p_{cr}=2.59E\frac{(\delta_e/D_o)^{2.5}}{L/D_o}$$

可确定加强圈的最大间距 L_{max}

$$L_{max}=\frac{2.59ED_o(\delta_e/D_o)^{2.5}}{mp_{cr}} \tag{4-24}$$

若加强圈的实际间距 $L_s \leqslant L_{max}$，表示加强圈的间距合适，该圆筒能够安全承受设计外压 p。

(2) 加强圈计算

加强圈也需进行稳定性校核，其步骤如下：

① 确定加强圈的数量 n 和间距 L_s，使实际间距 $L_s \leqslant L_{max}$

加强圈数量

$$n=\frac{L}{L_{max}}-1 \tag{4-25}$$

并将计算结果 n 向上取整。

加强圈的间距

$$L_s=\frac{L}{n+1} \tag{4-26}$$

② 选择加强圈材料，查附录五型钢规格表，确定加强圈的横截面积 A_s 和加强圈截面的惯性矩 I_1 及其他参数，如 z_0。计算出加强圈与圆筒有效段组合截面的惯性矩 I_s。

$$I_s = I_1 + A_s d^2 + I_2 + A_2 a^2 \qquad (4-27)$$

式中 I_s——加强圈与筒体有效段的组合截面对通过与壳体轴线平行的该截面形心轴的实际惯性矩，mm^4；

I_1——加强圈截面对其形心轴的惯性矩，mm^4，可从附录五中查取；

I_2——筒体有效段截面对其形心轴的惯性矩，$I_2 = 2b\delta_e^3/12$，mm^4；

A_s——加强圈的横截面积，mm^2，可从附录五中查取；

A_2——筒体有效段截面面积，$A_2 = 2b\delta_e = 1.1\delta_e\sqrt{D_o\delta_e}$ mm^2；

a——组合截面形心轴 $x-x$ 与筒体厚度中面 x_1-x_1 间的距离，参考图 4-19，$a = \dfrac{A_s c}{A_s + A_2}$，mm；

d——加强圈截面形心轴 x_0-x_0 与组合截面形心轴 $x-x$ 之间的距离，$d = c - a$，mm。

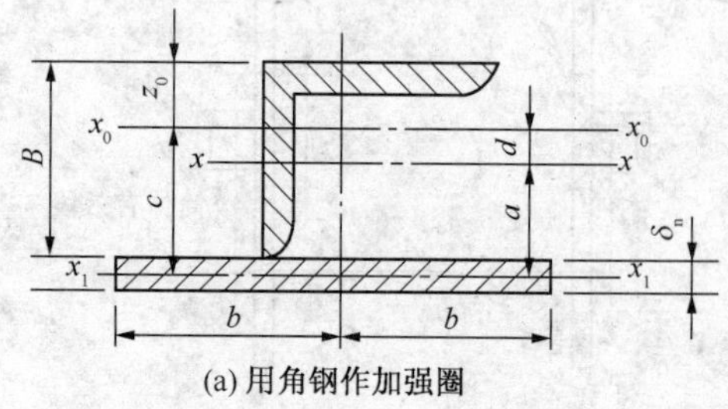

(a) 用角钢作加强圈

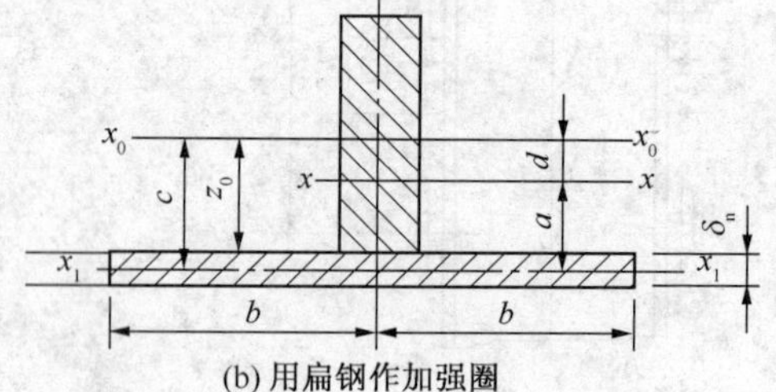

(b) 用扁钢作加强圈

图 4-19 加强圈截面尺寸的确定参考图

③ 按式(4-28)计算 B 值

$$B = \frac{p_{cr} D_o}{\delta_e + A_s/L_s} \qquad (4-28)$$

④ 应用图 4-5～图 4-12，在图的纵坐标上找到系数 B，过此点沿水平方向移动与设计温度下的材料线相交（遇中间温度值用内插法），再过此交点垂直移动至图的底部，在图的下方得到系数 A 值。若图中无交点，则按下式计算 A 值

$$A = \frac{1.5B}{E} \qquad (4-29)$$

⑤ 用下式计算加强圈与圆筒组合段所需的惯性矩

$$I = \frac{D_o^2 L_s(\delta_e + A_s/L_s)}{10.9} A \qquad (4-30)$$

式中 A——系数；

B——系数，MPa；

L_s——加强圈间距，mm；

m——稳定系数，$m = 3$；

I——加强圈与筒体组合段所需惯性矩，mm^4；

⑥ 比较 I_s 与 I，若 $I_s \geq I$，并应尽量接近 I，表明加强圈通过了稳定性校核；否则须另选一具有较大惯性矩的加强圈。重复上述步骤，直到 $I_s \geq I$ 为止。

【例 4－3】根据【例 4－1】和【例 4－2】的已知条件，重新选择筒体的壁厚，若采用名义厚度为 9mm 的钢板制造筒体，材料为 Q235A，则必须设置加强圈，试设计加强圈的数量及结构、尺寸。

解：（1）计算加强圈数目

$$D_o = D_i + 2\delta_n = 2000 + 2 \times 9 = 2018\text{mm}$$

$$\delta_e = \delta_n - C = 9 - (0.8 + 1) = 7.2\text{mm}$$

稳定系数 $m=3$，钢材在设计温度下的弹性模量 $E=1.69\times10^5$MPa

根据式(4－24)计算加强圈的最大间距：

$$L_{max} = \frac{2.59ED_o(\delta_e/D_o)^{2.5}}{mp_c} = \frac{2.59 \times 1.69 \times 10^5 \times 2018 \times (7.2/2018)^{2.5}}{3 \times 0.1} = 2238\text{mm}$$

根据式(4－25)，求得加强圈数目 n

$$n = \frac{L}{L_{max}} - 1 = \frac{5950 + 2 \times 25 + \dfrac{2 \times 500}{3}}{2238} - 1 = 1.83$$

取 $n=2$，即两个加强圈将筒体分成 3 段。

根据式(4－26)，求加强圈的间距为

$$L_s = \frac{L}{n+1} = \frac{6333}{3} = 2111\text{mm}$$

（2）计算加强圈尺寸

选∟63×63×8 的等腰角钢，查附录五，得 $A_s = 951.5\text{mm}^2$，$I_1 = 34.46\text{cm}^4$，$z_0 = 18.5$mm。根据式(4－28)求得 B 值，

$$B = \frac{p_c D_o}{\delta_e + A_s/L_s} = \frac{0.1 \times 2018}{7.2 + 951.5/2111} = 26.4$$

由图 4－6，查取 $A=0.00022$

根据式(4－30)计算加强圈与圆筒组合段所需的惯性矩 I

$$I = \frac{D_o^2 L_s(\delta_e + A_s/L_s)}{10.9}A = \frac{2018^2 \times 2111 \times (7.2 + 951.5/2111)}{10.9} \times 0.00022 = 1327486\text{mm}^4$$

（3）计算组合截面实际惯性矩 I_s

圆筒有效段的截面积 A_2

$$A_2 = 2b\delta_e = 1.1\delta_e\sqrt{D_o\delta_e} = 1.1 \times 7.2 \times \sqrt{2018 \times 7.2} = 954.7\text{mm}^2$$

圆筒有效段的惯性矩 I_2 为

$$I_2 = 2b\delta_e^3/12 = 0.55 \times \sqrt{2018 \times 7.2} \times 7.2^3 \div 6 = 4124.2\text{mm}^4$$

$$c = B - z_0 + \frac{\delta_e}{2} = 63 - 18.5 + 3.6 = 48.1\text{mm}$$

$$a = \frac{A_s c}{A_s + A_2} = \frac{951.5 \times 48.1}{951.5 + 954.7} = 24\text{mm}$$

$$d = c - a = 48.1 - 24 = 24.1\text{mm}$$

由式(4－27)计算组合截面实际惯性矩 I_s，

$$I_s = I_1 + A_s d^2 + I_2 + A_2 a^2$$

$$= 34.46 \times 10^4 + 951.5 \times 24.1^2 + 4124.2 + 954.7 \times 24^2$$

$$= 1451272.1 \text{mm}^4$$

因 $I_s > I$，故所选 63×63×8 的等腰角钢可用。

4.6 圆筒的轴向稳定性校核

绝大多数的外压容器如果出现失稳破坏，一般也是如前所述的环向失稳破坏，但有些化工设备的壳体却有可能在其他载荷作用下使器壁的局部区域出现较大的轴向压缩应力，如果这些压缩应力超过某一许可值，这时的器壁就会出现皱褶，如图 4-2(b)、4-2(c)所示。因此，对某些设备的设计也必须考虑防止圆筒的轴向失稳。

如前面讨论的圆筒的环向稳定性问题时，其稳定性条件是 $p \leqslant [p]$。对于受到轴向压缩应力的圆筒，除需满足稳定性条件外，还要满足强度条件，即

$$\sigma \leqslant [\sigma]_{cr} \tag{4-31}$$

要同时考虑强度及稳定性，因此

$$[\sigma]_{cr} = \min\{B, [\sigma]^t\} \tag{4-32}$$

式中 σ——圆筒的轴向压缩应力，MPa；

$[\sigma]_{cr}$——最大轴向许用临界压力，MPa，

$[\sigma]^t$——所用材料在设计温度下的许用应力，MPa；

B——系数，计算方法如下：

① 按式(4-33)计算系数 A

$$A = 0.094\frac{\delta_e}{R_i} \tag{4-33}$$

式中 R_i——圆筒内半径，mm；

② 按所用材料选用图 4-5 ~ 图 4-12，在图的下方找到系数 A，若 A 值落在设计温度下材料线的右方，则过此点垂直上移，与设计温度下的材料线相交(遇中间温度值用内插法)，再过此交点水平方向左移，在图的右方得到系数 B，若所得 A 值落在设计温度下材料线的左方，则用式(4-34)计算 B

$$B = \frac{2}{3}EA \tag{4-34}$$

计算结果如果圆筒的轴向压应力 $\sigma \leqslant [\sigma]_{cr}$，则所求圆筒的壁厚合适，否则重新设定壁厚进行计算，直至合适为止。

思考题

1. 外压容器的失效形式有哪些？发生失效的原因是什么？
2. 什么是临界压力？哪些因素对临界压力有影响？
3. 外压容器的设计准则是什么？
4. 什么是临界长度？
5. 提高外压容器稳定性的方法有哪些？各有何特点？

6. 加强圈的设置有哪些要求?

7. 要保证外压圆筒轴向的稳定应满足什么条件?

习　题

1. 设计一台真空操作的容器，其内径 $D_i=2000$mm，圆筒的长度为8000mm，两端为标准椭圆形封头，设计温度370℃，材料选用0Cr18Ni9Ti，试确定筒体和封头的壁厚。

2. 有一台圆筒形容器，内径 $D_i=1400$mm，包括直边在内的筒体长度为8000mm，两端为标准椭圆形封头，试问：若在常温在工作，此容器可承受多大的外压?

3. 设计一台夹套式换热器，换热器内径 $D_i=600$mm，夹套内径 $D_{it}=700$mm，夹套内通 $p=0.5$MPa 的蒸汽用于物料的加热，蒸汽的温度为 $t=180$℃，换热器筒体由四节组成，用法兰连接，每节长度为 $L=1200$mm，筒体和夹套的材料均为20R，物料腐蚀性不大，试确定换热器和夹套的壁厚。

4. 现有一台容器，其内径为 $D_i=800$mm，实测壁厚6mm，筒体长 $L=5000$mm，材料为16Mn，问：此容器能否用于温度为 $t=200$℃，外压为 $p=0.1$MPa 的工作条件? 如果不能，问可否采用增设加强圈的方法来提高容器的稳定性? 若设置加强圈，加强圈的尺寸需多大?

第 5 章　化工设备主要零部件

5.1　法兰连接

为了设备制造、安装和检修的方便，同时由于生产操作和测量的需要，大多数化工设备是做成几个部件，然后由可拆卸连接构件连接在一起而成。另外化工设备与管道之间也是通过这样的方式连接在一起的。化工设备的可拆卸连接形式有螺纹连接、承插式连接和法兰连接等。其中法兰连接不但具有良好的刚度、强度、密封性，而且拆装方便，因此在化工设备和管道中应用得最广泛。

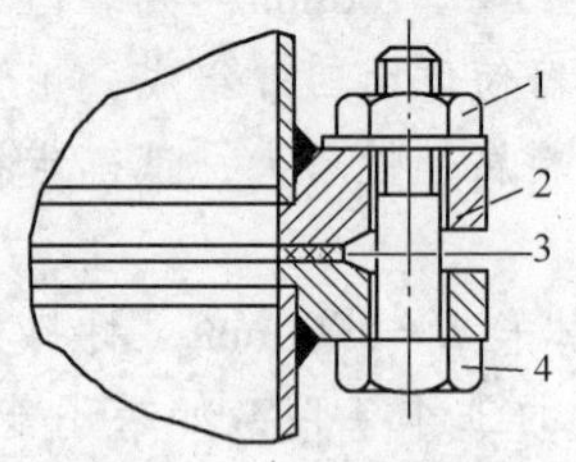

图 5－1　法兰连接
1—螺母；2—法兰；
3—垫片；4—螺栓

法兰连接由法兰对、垫片和螺栓组成，结构如图 5－1 所示，借助螺栓紧固力把两部分设备连在一起，同时压紧垫片使连接处达到密封。

5.1.1　法兰的类型

法兰连接的基本结构如上所述，按其与设备或管道的连接方法可分为三类：

（1）整体法兰

① 铸造法兰：如图 5－2(a)，法兰与设备和管道一起铸造而成。

② 对焊法兰：如图 5－2(b)，法兰带有锥颈，故又称长颈法兰或带颈对焊法兰。法兰可锻造成型或用法兰角钢热煨。由于锥颈的作用，这种法兰的强度和刚度都较高，可用于压力、温度较高及有毒、易燃易爆的重要场合。但这种法兰受力后会使设备产生附加弯曲应力。

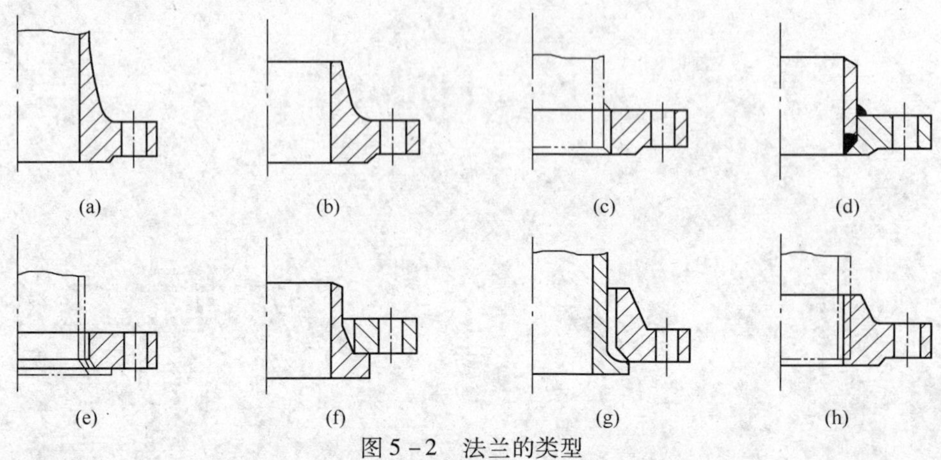

图 5－2　法兰的类型

③ 平焊法兰：如图5-2(c)、(d)，它具有结构简单、加工方便的特点，是低压容器或管道常用的法兰形式。由于这类法兰是通过角焊缝与设备或管道直接焊接，故施工时必须注意焊接变形，以防止法兰翘曲，同时还应注意保护压紧面。对未焊透的平焊法兰，其受力分析按活套法兰考虑。

(2) 活套法兰

这类法兰的特点是和设备或管道无固定连接，而是松套在凸缘或翻边上，列入标准的活套法兰有翻边活套法兰如图5-2(e)、带颈活套法兰如图5-2(g)、对焊肩环法兰如图5-2(f)。此外，带环活套法兰和焊环活套法兰也有应用。

活套法兰适用于某些有色金属(如铜、铝等)、不锈钢制设备或不便于焊接的高压设备与管道上。其优点是：法兰不与介质接触，可以采用普通碳钢制造，从而节省贵重金属；容易制造；对设备不产生附加弯曲应力；容易对中，便于装配。但法兰厚度较整体法兰厚。

(3) 半可拆连接

主要是螺纹法兰，如图5-2(h)，用于低压小口径的水或煤气管道，便于安装、拆卸。

法兰若按形状分有圆形、方形及椭圆形。圆形法兰刚性好，容易制造，用得最多。方形法兰用于紧密排列管子的地方(如水冷排管)，以减小管间距。椭圆形法兰用于小口径、低温管道，这种法兰易使螺栓受力均匀。

5.1.2 法兰的密封

(1) 密封机理

法兰通过紧固螺栓压紧垫片实现密封。一般来说，流体在垫片处的泄漏有两种形式：渗透泄漏和界面泄漏，如图5-3所示。渗透泄漏是流体通过垫片材料本体毛细管的泄漏。因此，除了介质压力、温度、黏度、分子结构等流体状态性质外，还与垫片的结构与材质有关；而界面泄漏是流体从垫片与法兰接触界面间泄漏，泄漏大小主要与界面间隙尺寸有关，界面泄漏是法兰连接的主要泄漏方式。

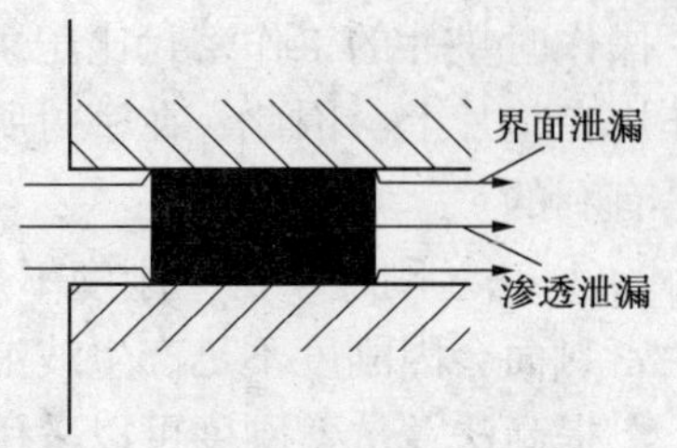

图5-3 界面泄漏与渗透泄漏

预紧螺栓时，预紧力通过法兰的密封面作用在垫片上，使垫片发生弹性或塑性变形，填满法兰的密封面上不平的间隙，从而阻止介质泄漏，形成初始密封条件，此时作用在垫片单位面积上所必需的最小压紧力称为预紧密封比压，单位MPa。初始预紧力的大小受垫片材料和结构形式以及密封面加工粗糙度的影响。预紧力过小，垫片压不紧，不能阻漏；预紧力过大，往往使垫片压出或损坏。当设备操作时，由于内压的作用，容器或管道端部产生轴向力，使螺栓被拉长，法兰密封面趋向分开，垫片产生部分回弹，这时密封面上压紧力下降，当压紧力下降到某一临界值时，将发生介质泄漏，此时在垫片单位面积上的压紧力称为垫片的工作密封比压。

(2) 影响密封的主要因素

在实际工作中，影响法兰密封的因素是多方面的，有正常因素也有非正常因素(如不正确的安装方法，压紧面和垫片的损伤等)。从设计方面来看，应考虑的主要影响因素有以下几方面：

① 垫片的性能　垫片是构成密封的重要元件，适宜的垫片变形和回弹能力是形成密封

的必要条件。垫片的变形包括弹性变形和塑性变形，仅弹性变形具有回弹能力。

回弹能力是指在施加介质压力时，垫片能否适应法兰面的分离，它可用来衡量垫片密封性能的好坏。回弹能力大，便能适应操作压力和温度的波动，密封性能就好。

垫片的变形和回弹性能与垫片的材料、形状、结构、初始预紧力、压紧面提供的表面约束、操作条件(压力、温度、介质)等有关。

② 密封面的作用　法兰密封面又称压紧面，直接与垫片接触，是传递螺栓力使垫片变形的表面约束。为了达到预期的密封效果，密封面的型式和表面粗糙度应与选用的垫片相适应。使用金属垫片的密封面，法兰尺寸精度要求高，密封面表面粗糙度通常要求达到 1.6 ~ 0.4μm。对于软质垫片，密封面过于光滑反而不利，一般表面粗糙度达到 12.5 ~ 3.2μm 即可，粗糙度过小，界面上阻力变小，对阻止介质泄漏不利。有时为了防止泄漏，在平面法兰密封面上车削出 2 ~ 3 圈密封线。密封面上不允许有径向刀痕或划痕。

为使垫片产生弹性变形或塑性变形，垫片材料的硬度应低于法兰材料的硬度，一般低于 HB40 以上为宜。否则将会在压紧时损伤法兰密封面。

实践证明，密封面的平直度及密封面与法兰中心轴线垂直同心是保证垫片均匀压紧的前提。减小密封面与垫片的接触面积，可以有效地降低预紧力，但若接触面积过小，则易压坏垫片。显然，如果密封面的型式、尺寸和表面质量与垫片相配不当，则将导致密封失效。

③ 螺栓预紧力　螺栓预紧力是影响密封的一个重要因素。预紧力必须使连接处实现初始密封条件，并保证垫片不被压坏或挤出。提高螺栓预紧力，可以增加垫片的密封能力，其原因是减小了密封面间的间隙，促使垫片变形，使渗透性垫片材料的毛细管缩小，并且提高了操作时垫片的工作密封比压。为了使密封面保持良好的密封状态，螺栓预紧力必须均匀地作用在垫片上。因此，在密封所需的预紧力一定时，减小螺栓直径，增加螺栓数量，对密封是有利的。

④ 法兰刚度　法兰刚度不足会引起翘曲变形，特别是当螺栓数量较少时，螺栓间的法兰密封面会因刚度不足产生波浪变形，使密封失效。

提高法兰抗弯刚度可以采用增加法兰盘厚度、减小螺栓力作用的力臂(即减小螺栓中心圆直径)和增大带颈法兰的长颈部分尺寸等措施。但是过分提高法兰的刚度，将使法兰笨重，法兰造价提高。

⑤ 操作条件的影响　操作条件是指连接系统的压力、温度及介质的物理、化学性质。单纯的压力或介质因素对密封的影响并不是很苛刻，只有在与温度联合作用时，尤其是在波动的高温作用下，将会严重影响密封性能。

温度对密封性能的影响是多方面的。高温介质黏度小，渗透性大，易促成渗漏。介质在高温下对垫片和法兰的溶解与腐蚀作用加剧，增加了产生泄漏的可能性；在高温下，法兰、螺栓、垫片可能产生蠕变和应力松弛，使密封比压下降；一些非金属垫片，在高温下还会加速老化或变质，甚至被烧毁。此外，在温度的作用下，由于密封组合件各部分自膨胀量不一致，对密封也是不利的。如果温度和压力联合作用，又有波动时，垫片将会疲劳，使密封失效。在低温下工作的密封连接，由于组合件收缩变形不一致，垫片在低温下弹性降低，管道的冷却收缩，都会加速泄漏的产生。

(3) 密封元件——垫片

垫片是法兰连接的核心，密封效果的好坏主要取决于垫片的密封性能(见图 5 - 4)。因为工作介质、压力和温度不同，影响选择垫片的因素很多，主要根据介质的腐蚀性、温度和压力来选择垫片的结构形式、材料和尺寸，垫片断面形式如图 5 - 5，同时考虑价格、制造和更换等条件。垫片按材质可分成三种。

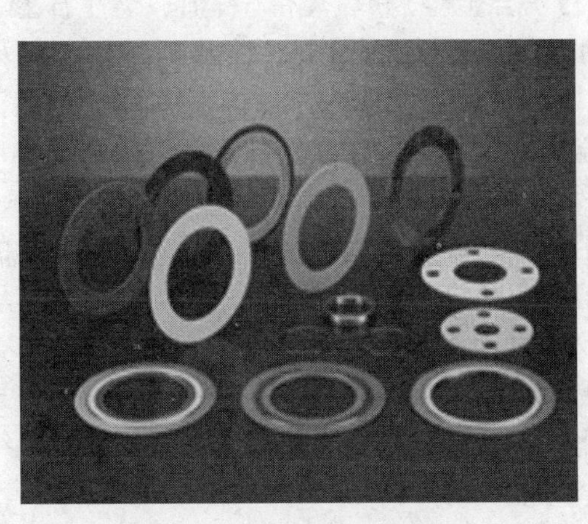

图 5 - 4　垫片实物图

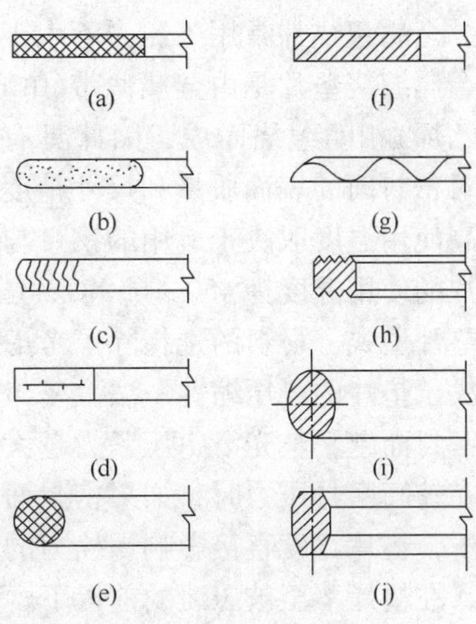

图 5 - 5　垫片断面形式

① 非金属垫片　常用的非金属垫片有橡胶垫、石棉橡胶垫、聚四氟乙烯垫和膨胀(或柔性)石墨垫等。断面形状一般为平面形或 O 型(图 5 - 5(a)、(e))。

普通橡胶垫用于压力低于 1.0MPa 和温度低于 70℃的水、蒸汽、非矿物油类等无腐蚀介质；合成橡胶则在耐高、低温、耐化学性、耐油性、耐老化、耐候性等方面各具特点；石棉橡胶垫因其能耐较高温度，有较好耐化学性和价格低廉，使用很普遍，主要用于水、油、蒸汽和中等强度酸、碱介质，最高使用温度为 450℃，最大使用压力为 6MPa。当使用温度在 - 180 ~ + 260℃范围内，使用压力不超过 2.0MPa，纯石棉橡胶垫或填充聚四氟乙烯垫是理想的选择，后者因具有抵抗蠕变性能，可适用于较高工作参数。由于石棉对人体健康有害，近年来，用合成纤维或其他无机纤维代替石棉的板材垫片，目前其最高使用温度为 288℃，最高使用压力为 8.9MPa。此外，近年来膨胀(柔性)石墨材料也广泛使用替代石棉材料，它具有耐高温、耐辐射、耐腐蚀、低密度、优良的压缩回弹和密封性能，在蒸汽场合用到 650℃，氧化性介质 450℃，使用压力已达 10.0MPa(采用金属衬里增强)。

② 金属垫片　当压力不小于 6.4MPa、温度不低于 350℃时，一般要采用金属垫片。常用的金属垫片材料有软铝、钢、纯铁、软钢、铬钢和不锈钢等，其断面形状有平面形、波纹形、齿形、椭圆形和八角形等(图 5 - 5(f) ~ (j))，金属垫片的最高使用温度取决于它的材料，如铝为 430℃，铜为 320℃，不锈钢 680℃。采用金属垫片时，对法兰的密封面加工质量和精度要求较高，因此，制造成本较高。

③ 金属 - 非金属组合垫片

组合垫片兼容了金属垫片和非金属垫片的优点，增加了回弹性，提高了耐蚀性、耐热性和密封性能，适用于较高压力和温度的场合。常用的组合垫片有金属包垫片和金属缠绕垫片。

金属包垫片是以石棉、柔性石墨、陶瓷纤维板为芯材，外包镀锌铁皮或不锈钢薄板，其断面形状有平面形和波纹形两种，其特点是填料不与介质接触，提高了耐热性和垫片强度，且不会发生渗漏。为了改善密封性能，在高温部位还可以在金属包垫片密封面上覆以柔性石墨带。金属包垫片常用于压力不大于6.4MPa和温度不高于450℃的场合。

金属缠绕垫片是由金属薄带(0Cr19Ni9、蒙乃尔合金等)和填充带(石棉、柔性石墨、聚四氟乙烯)相间缠绕而成，因此具有多道密封的作用，且回弹性好，常温松弛小，不易渗漏，对密封面的表面质量和尺寸精度要求不高。缠绕垫片适用于较高的温度和压力范围，它的最高使用温度取决于所用的钢带与非金属填充物的极限温度，常用的不锈钢带与石墨带缠绕垫片的使用温度为450～650℃，压力为20MPa。

垫片型式、材料的选择除了考虑上述的使用压力、使用温度和密封介质外，其厚度的选择取决于垫片的可压缩性、法兰密封面的表面粗糙度和垫片表面需要的比压。垫片越容易压缩，密封面越平整光滑，压紧力越大，宜选择较薄垫片。因此对于结构不十分致密的非金属垫片在较高密封压力时，如果密封面表面质量较好，也宜用较薄垫片。在达到要求的密封性条件下，垫片宽度直接影响螺栓力的大小，因此对于较高密封压力的场合，为了使法兰结构紧凑，在垫片不至被压溃的前提下，宜选用较窄的垫片。

④ 密封面的选择

法兰密封面形式与法兰连接的密封性有直接关系。要保证法兰连接的紧密性，必须选择合适的密封面。密封面形式的选择既要考虑垫片的形状和材料，也要考虑介质压力的高低和设备的直径，常用的密封面形式有以下几种，如图5－6所示。

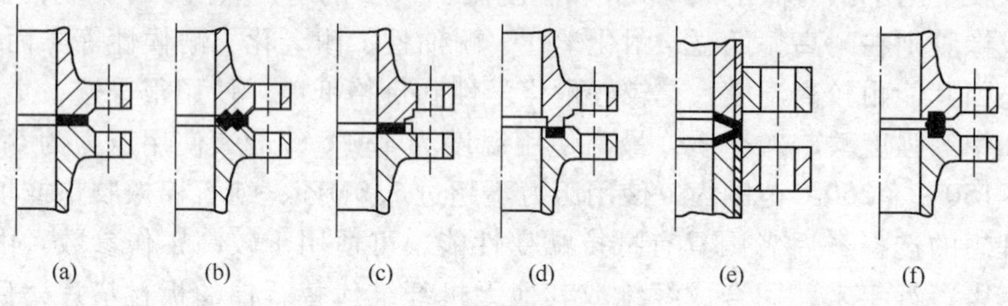

图5－6 法兰密封面结构

① 平面形密封面，如图5－6(a)、(b)所示，代号FF。密封面是一个光滑的平面，有时在平面上车制2～3条环形小沟槽。这种密封面结构简单、加工方便，但螺栓上紧后，垫片容易被挤到两边，不易压紧，密封性能较差且密封面较宽，所需螺栓力大，故适用于公称压力PN≤2.5MPa，且介质无毒的场合。

② 凹凸形密封面，如图5－6(c)所示，代号MFM。一对法兰的密封面一个是凹面，一个是凸面。在凹面上放置垫片，压紧时凹面外侧的挡台阻止垫片向外挤出，且便于对准，密封性比平面形好，但其加工要求高，加工量大，适用于公称直径DN≤800mm，公称压力PN≤6.3MPa的场合。

③ 榫槽形密封面，如图5－6(d)所示，代号TG。一对法兰的密封面一个是榫面，一个是槽面。垫片放在槽内，压紧时垫片不会被挤出，垫片较窄故压紧时所需螺栓力较小，垫片受力也较均匀，密封可靠。但其结构复杂、制造不便，垫片更换困难。这种密封面适用于易燃、易爆、有毒介质及压力较高的场合，当公称直径DN≤800mm时，公称压力可达20MPa。

④ 锥形密封面，如图5－6(e)所示。管端车成锥面，使透镜垫片的两个球面与锥形密封面成线接触。密封性能好，锥面与球面易配合，但加工制造困难。常用于高压管道上，最大压力可达100MPa。

⑤ 梯形槽密封面，如图5－5(f)所示，代号RJ。密封面为梯形槽，利用槽的锥面与垫片成线(或窄面)接触密封。密封性能好，耐高温、高压，但加工精度要求较高。因此常用于温度、压力有波动，介质渗透性大的高压容器或管道上。

5.1.3　法兰标准

法兰已经标准化，以便增加互换性，降低成本。对于非标准法兰如大直径，特殊工作参数和结构型式才需自行设计。法兰标准分为管道法兰标准和容器(设备)法兰标准。目前执行的法兰标准有：JB/T 4700～4707 压力容器法兰标准，GB/T 9112～9124 管法兰国家标准及 HG 20592～20635 原化学工业部颁发的(钢制管法兰、垫片、紧固件)标准。法兰标准的内容包括：公称直径 *DN*、公称压力 *PN*、结构类型、密封面形式、法兰尺寸、垫片形式与材质及技术条件。

(1) 公称直径 *DN*

公称直径是设备和管道标准化的尺寸系列，用 *DN* 表示。容器法兰的公称直径也应与容器的公称直径一致，对于钢板卷焊的容器，其公称直径等于容器内径，其外径则因壁厚的不同而变化；小直径容器常用无缝钢管制造，其公称直径与钢管外径有一定的对应关系，所以，容器法兰与管法兰不能通用。

管法兰的公称直径应该与相配的管子公称直径一致。管子的公称直径是与管子内径相近的一个圆整数值，公称直径相同的管子有相同的外径，但由于管壁厚度的变化，其内径是有变化的，如 *DN*100 的无缝钢管可以是 108×3mm、108×4mm、108×4.5mm 等。

容器公称直径系列可参照第3章中的表3－4和表3－5，管道的公称直径尺寸系列及与外径的对应关系见表5－1。

表5－1　管道公称直径的尺寸系列　mm

公称直径 *DN*	80	100	125	150	175	200	225	250	300	350	400	450	500
外径	89	108	133	159	194	219	145	273	325	377	426	480	530

(2) 公称压力 *PN*

公称压力是把压力容器及管子所承受的压力分成若干等级，便于设备和管子厚度及法兰等部件的标准化，公称压力系列有 0.25、0.6、1.0、1.6、2.0、2.5、4.0、5.0、6.4、10.0、15.0、25.0、42.0 等，单位 MPa。

5.1.4　压力容器法兰

压力容器法兰从整体上看有三种形式：甲型平焊法兰、乙型平焊法兰、长颈对焊法兰。它们的公称直径和公称压力范围列入表5－2。

表 5-2 压力容器法兰分类(摘自 JB/T 4700—2000)

类型		平焊法兰										对焊法兰					
		甲型				乙型						长颈					
标准号		JB/T 4701—2000				JB/T 4702—2000						JB/T 4703—2000					
简图																	
公称压力 PN/MPa		0.25	0.6	1.0	1.6	0.25	0.6	1.0	1.6	2.5	4.0	0.6	1.0	1.6	2.5	4.0	6.4
	300																
	350	按 PN1.0															
	400																
	450																
	500	按															
	550	PN0.6															
	600																
	650																
	700																
	800																
	900																
	1000																
	1100																
公称直径 DN/mm	1200																
	1300																
	1400																
	1500																
	1600																
	1700																
	1800																
	1900																
	2000																
	2200					按											
	2400					PN0.6											
	2600																
	2800																
	3000																

压力容器法兰常用的密封面形式有平面型密封面、凹凸型密封面和榫槽型密封面，其中甲型平焊法兰只有平面形与凹凸型密封面，乙型平焊法兰与长颈对焊法兰则三种密封面形式都有。

JB/T 4701～4703—2000 中规定了压力容器法兰的尺寸系列。三种压力容器法兰的结构分别示于图 5－7～图 5－9。尺寸列与表 5－3～表 5－5。

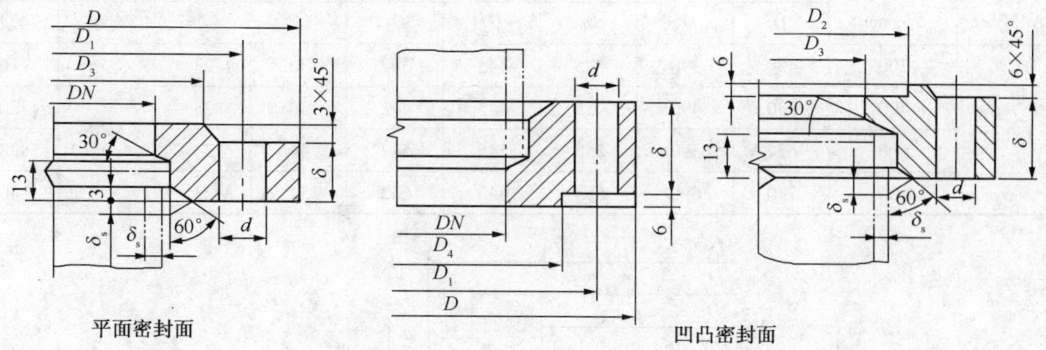

图 5－7　甲型平焊法兰结构尺寸

表 5－3　甲型平焊法兰尺寸(摘自 JB/T 4701—2000)

公称压力 PN/MPa	公称直径 DN/mm	法兰/mm							螺柱	
		D	D_1	D_2	D_3	D_4	δ	d	规格	数量
0.25	700	815	780	750	740	737	36	18	M16	28
	800	915	880	850	840	837	36	18		32
	900	1015	980	950	940	937	40	18		36
	1000	1130	1090	1055	1045	1042	40	23	M20	32
	1200	1330	1290	1255	1241	1238	44	23		36
	1400	1530	1490	1455	1441	1438	46	23		40
	1600	1730	1690	1655	1641	1638	50	23		48
	1800	1930	1890	1855	1841	1838	56	23		52
	2000	2130	2090	2055	2041	2038	60	23		60
0.6	500	615	580	550	540	537	30	18	M16	20
	600	715	680	650	640	637	32	18		24
	700	830	790	755	745	742	36	23	M20	24
	800	930	890	855	845	842	40	23		24
	900	1030	990	955	945	942	44	23		32
	1000	1130	1090	1055	1045	1042	48	23		36
	1200	1300	1290	1255	1241	1238	60	23		52
1.0	300	415	380	350	340	337	26	18	M16	16
	400	515	480	450	440	437	30	18		20
	500	630	590	555	545	542	34	23	M20	20
	600	730	690	655	645	642	40	23		24
	700	830	790	755	745	742	46	23		32
	800	930	890	855	845	842	54	23		40
	900	1030	990	955	945	942	60	23		48

续表

公称压力 PN/MPa	公秤直径 DN/mm	法兰/mm							螺柱	
		D	D_1	D_2	D_3	D_4	δ	d	规格	数量
1.6	300	430	390	355	345	342	30	23	M20	16
	400	530	490	455	445	442	36	23		20
	500	630	590	555	545	542	44	23		28
	600	730	690	655	645	642	54	23		40

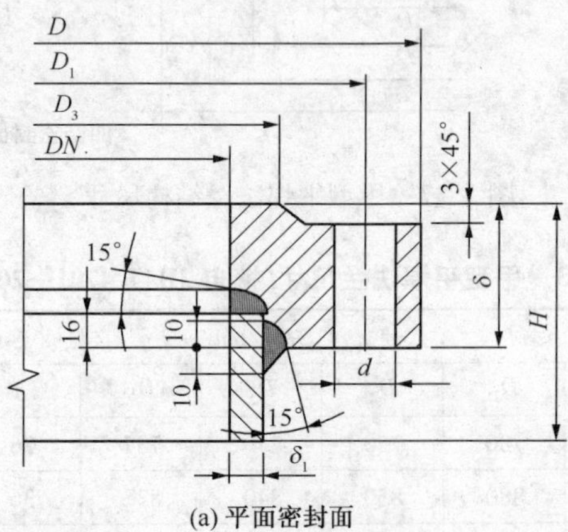

(a) 平面密封面

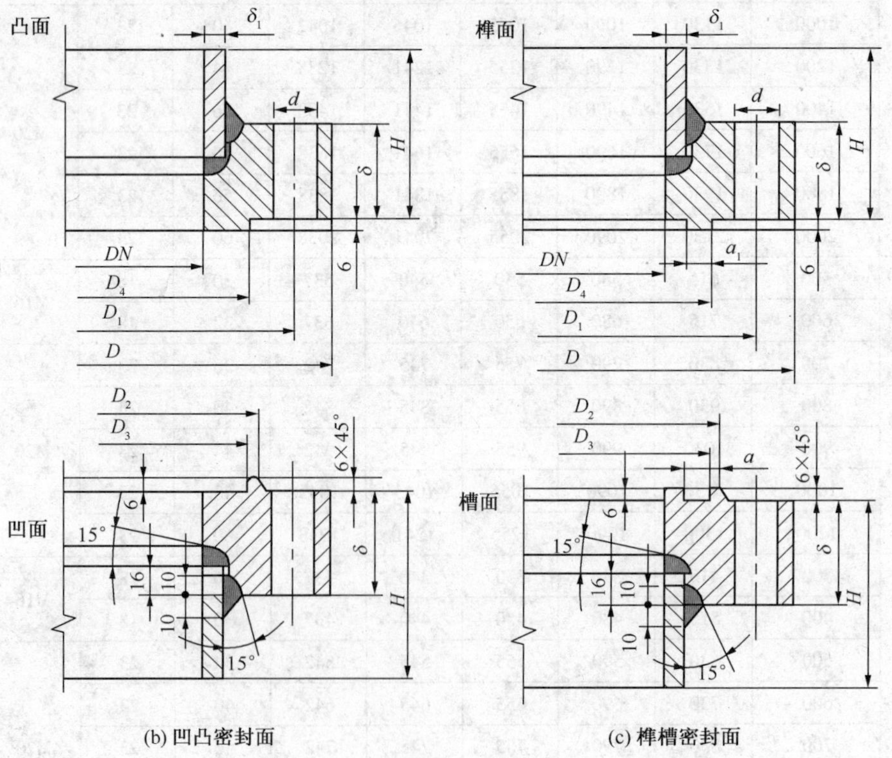

(b) 凹凸密封面　　(c) 榫槽密封面

图 5-8　乙型平焊法兰结构尺寸

表 5 -4　乙型平焊法兰尺寸(摘自 JB/T 4702—2000)

公称压力 PN/MPa	公称直径 DN/mm	法兰/mm											螺柱	
		D	D_1	D_2	D_3	D_4	δ	H	δ_t	a	a_1	d	规格	数量
	2600	2760	2715	2676	2656	2653	96	345						72
0.25	2800	2960	2915	2876	2856	2853	102	350	16	21	18	27	M24	80
	3000	3160	3115	3076	3056	3053	104	355						84
	1400	1560	1515	1476	1456	1453	72	270						40
	1600	1760	1715	1676	1656	1653	76	275						44
0.6	1800	1960	1915	1876	1856	1853	80	280	16	21	18	27	M24	52
	2000	2160	2115	2076	2056	2053	87	340						60
	2200	2360	2315	2276	2256	2253	90	340						64
	2400	2560	2515	2476	2456	2453	92	340						68
	1000	1140	1100	1065	1055	1052	62	260	12	17	14	23	M20	40
	1200	1360	1315	1276	1256	1253	66	265	16	21	18	27	M24	36
1.0	1400	1560	1515	1476	1456	1453	74	270						44
	1600	1760	1715	1676	1656	1653	82	280	16	21	18	27	M24	52
	1800	1960	1915	1876	1856	1853	94	290						60
	700	860	815	776	766	763	46	200						24
	800	960	915	876	866	863	48	200						24
1.6	900	1060	1015	976	966	963	56	205	16	21	18	27	M24	28
	1000	1160	1115	1076	1066	1063	66	260						32
	1200	1360	1315	1276	1256	1253	85	280						40
	1400	1560	1515	1476	1456	1453	103	295						52
	300	440	400	365	355	352	35	180	12	17	14	23	M20	16
	400	540	500	465	455	452	42	190						20
2.5	500	660	615	576	566	563	43	190						20
	600	760	715	676	666	663	50	200	16	21	18	27	M24	24
	700	860	815	776	766	763	66	210						28
	800	960	915	876	866	863	77	220						32

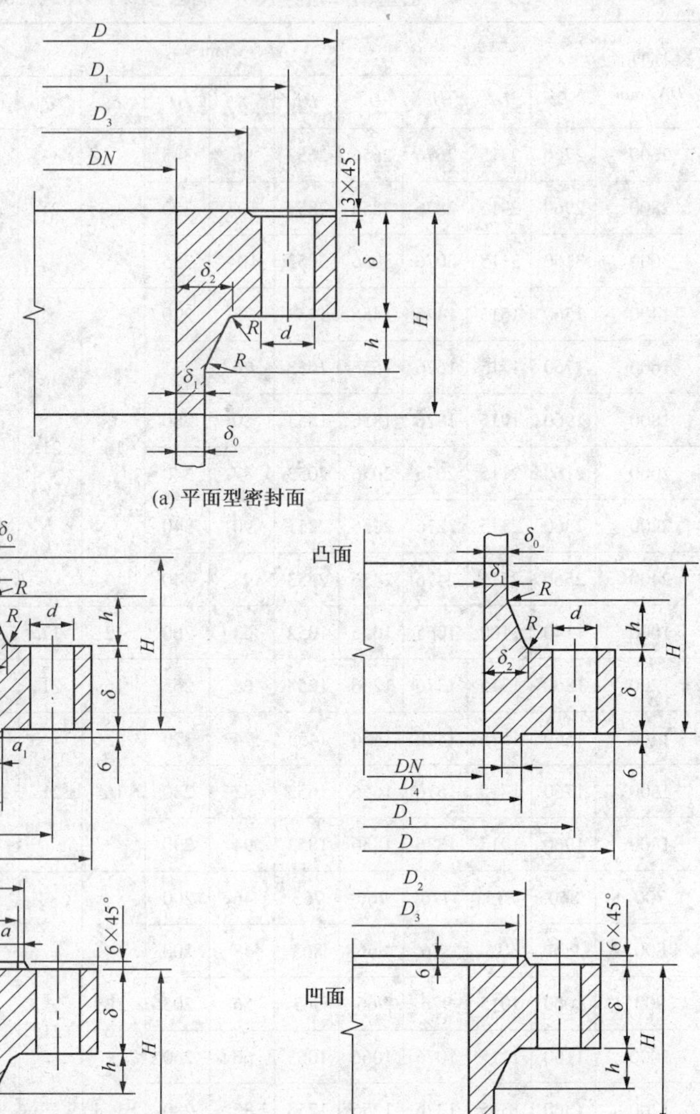

(a) 平面型密封面

(b) 榫槽型密封面

(c) 凹凸型密封面

图 5-9 长颈对焊法兰结构尺寸

表 5-5 长颈对焊法兰尺寸(摘自 JB/T 4703—2000)

公称压力	公称直径	法兰/mm															螺	柱
PN/MPa	DN/mm	D	D_1	D_2	D_3	D_4	δ	H	h	a	a_1	δ_1	δ_2	R	d		规格	数量
0.6	1400	1560	1515	1476	1456	1453	62	135	40	21	18	16	26	12	27		M24	44
	1600	1760	1715	1676	1656	1653	66	145										52
	1800	1960	1915	1876	1856	1853	70	150										52
	2000	2160	2115	2076	2056	2053	76	150										60

续表

<table>
<tr><th rowspan="2">公称压力
PN/MPa</th><th rowspan="2">公称直径
DN/mm</th><th colspan="14">法兰/mm</th><th colspan="2">螺　柱</th></tr>
<tr><th>D</th><th>D_1</th><th>D_2</th><th>D_3</th><th>D_4</th><th>δ</th><th>H</th><th>h</th><th>a</th><th>a_1</th><th>δ_1</th><th>δ_2</th><th>R</th><th>d</th><th>规格</th><th>数量</th></tr>
<tr><td rowspan="11">1.0</td><td>500</td><td>640</td><td>600</td><td>565</td><td>555</td><td>552</td><td>38</td><td>100</td><td rowspan="6">25</td><td rowspan="6">17</td><td rowspan="6">14</td><td rowspan="6">12</td><td rowspan="6">22</td><td rowspan="6">12</td><td rowspan="6">30</td><td rowspan="6">M20</td><td>24</td></tr>
<tr><td>600</td><td>740</td><td>700</td><td>665</td><td>655</td><td>652</td><td>44</td><td>105</td><td>28</td></tr>
<tr><td>700</td><td>840</td><td>800</td><td>765</td><td>755</td><td>752</td><td>50</td><td>105</td><td>32</td></tr>
<tr><td>800</td><td>940</td><td>900</td><td>865</td><td>855</td><td>852</td><td>50</td><td>105</td><td>32</td></tr>
<tr><td>900</td><td>1040</td><td>1000</td><td>965</td><td>955</td><td>952</td><td>54</td><td>110</td><td>36</td></tr>
<tr><td>1000</td><td>1140</td><td>1100</td><td>1065</td><td>1055</td><td>1052</td><td>56</td><td>120</td><td>40</td></tr>
<tr><td>1200</td><td>1360</td><td>1315</td><td>1276</td><td>1256</td><td>1253</td><td>56</td><td>125</td><td>35</td><td>21</td><td>18</td><td>16</td><td>26</td><td>12</td><td>27</td><td rowspan="3">M24</td><td>36</td></tr>
<tr><td>1400</td><td>1560</td><td>1515</td><td>1476</td><td>1456</td><td>1453</td><td>62</td><td>140</td><td rowspan="2">40</td><td rowspan="2">21</td><td rowspan="2">18</td><td rowspan="2">16</td><td rowspan="2">26</td><td rowspan="2">12</td><td rowspan="2">27</td><td>44</td></tr>
<tr><td>1600</td><td>1760</td><td>1715</td><td>1676</td><td>1656</td><td>1653</td><td>70</td><td>145</td><td>52</td></tr>
<tr><td>1800</td><td>1970</td><td>1915</td><td>1876</td><td>1856</td><td>1853</td><td>80</td><td>150</td><td>40</td><td>21</td><td>18</td><td>18</td><td>26</td><td>12</td><td>30</td><td rowspan="2">M27</td><td>56</td></tr>
<tr><td>2000</td><td>2195</td><td>2140</td><td>2098</td><td>2078</td><td>2075</td><td>94</td><td>165</td><td>30</td><td>21</td><td>18</td><td>20</td><td>32</td><td>15</td><td>30</td><td>60</td></tr>
<tr><td rowspan="11">1.6</td><td>500</td><td>640</td><td>600</td><td>565</td><td>555</td><td>552</td><td>38</td><td>100</td><td rowspan="2">25</td><td rowspan="2">17</td><td rowspan="2">14</td><td rowspan="2">12</td><td rowspan="2">22</td><td rowspan="2">12</td><td rowspan="2">30</td><td rowspan="2">M20</td><td>24</td></tr>
<tr><td>600</td><td>740</td><td>700</td><td>665</td><td>655</td><td>652</td><td>44</td><td>105</td><td>28</td></tr>
<tr><td>700</td><td>860</td><td>815</td><td>776</td><td>766</td><td>763</td><td>46</td><td>115</td><td rowspan="4">35</td><td rowspan="4">21</td><td rowspan="4">18</td><td rowspan="4">16</td><td rowspan="4">26</td><td rowspan="4">12</td><td rowspan="4">27</td><td rowspan="6">M24</td><td>24</td></tr>
<tr><td>800</td><td>960</td><td>915</td><td>876</td><td>866</td><td>863</td><td>48</td><td>115</td><td>24</td></tr>
<tr><td>900</td><td>1060</td><td>1015</td><td>976</td><td>966</td><td>963</td><td>52</td><td>115</td><td>28</td></tr>
<tr><td>1000</td><td>1160</td><td>1115</td><td>1076</td><td>1066</td><td>1063</td><td>56</td><td>120</td><td>32</td></tr>
<tr><td>1200</td><td>1360</td><td>1315</td><td>1276</td><td>1256</td><td>1253</td><td>64</td><td>130</td><td rowspan="2">40</td><td rowspan="2">21</td><td rowspan="2">18</td><td rowspan="2">16</td><td rowspan="2">26</td><td rowspan="2">12</td><td rowspan="2">27</td><td>40</td></tr>
<tr><td>1400</td><td>1560</td><td>1515</td><td>1476</td><td>1456</td><td>1453</td><td>84</td><td>150</td><td>52</td></tr>
<tr><td>1600</td><td>1795</td><td>1740</td><td>1698</td><td>1678</td><td>1675</td><td>86</td><td>165</td><td>48</td><td>21</td><td>18</td><td>20</td><td>32</td><td>15</td><td>30</td><td rowspan="2">M27</td><td>52</td></tr>
<tr><td>1800</td><td>1995</td><td>1940</td><td>1898</td><td>1878</td><td>1875</td><td>94</td><td>170</td><td>48</td><td>21</td><td>18</td><td>22</td><td>32</td><td>15</td><td>30</td><td>64</td></tr>
<tr><td>2000</td><td>2215</td><td>2155</td><td>2110</td><td>2090</td><td>2087</td><td>102</td><td>190</td><td>56</td><td>26</td><td>23</td><td>24</td><td>36</td><td>15</td><td>33</td><td>M30</td><td>64</td></tr>
<tr><td rowspan="11">2.5</td><td>500</td><td>660</td><td>615</td><td>576</td><td>566</td><td>563</td><td>40</td><td>105</td><td rowspan="4">35</td><td rowspan="4">21</td><td rowspan="4">18</td><td rowspan="4">16</td><td rowspan="4">26</td><td rowspan="4">12</td><td rowspan="4">27</td><td rowspan="4">M24</td><td>20</td></tr>
<tr><td>600</td><td>760</td><td>715</td><td>676</td><td>666</td><td>663</td><td>42</td><td>110</td><td>24</td></tr>
<tr><td>700</td><td>860</td><td>815</td><td>776</td><td>766</td><td>763</td><td>50</td><td>120</td><td>28</td></tr>
<tr><td>800</td><td>960</td><td>915</td><td>876</td><td>866</td><td>863</td><td>58</td><td>125</td><td>32</td></tr>
<tr><td>900</td><td>1095</td><td>1040</td><td>998</td><td>988</td><td>985</td><td>60</td><td>145</td><td rowspan="2">42</td><td rowspan="2">21</td><td rowspan="2">18</td><td rowspan="2">20</td><td rowspan="2">32</td><td rowspan="2">15</td><td rowspan="2">30</td><td rowspan="3">M27</td><td>32</td></tr>
<tr><td>1000</td><td>1195</td><td>1140</td><td>1098</td><td>1088</td><td>1085</td><td>68</td><td>155</td><td>36</td></tr>
<tr><td>1200</td><td>1395</td><td>1340</td><td>1298</td><td>1278</td><td>1275</td><td>84</td><td>185</td><td>48</td><td>21</td><td>18</td><td>22</td><td>32</td><td>15</td><td>30</td><td>48</td></tr>
<tr><td>1400</td><td>1595</td><td>1540</td><td>1498</td><td>1478</td><td>1475</td><td>100</td><td>195</td><td>48</td><td>21</td><td>18</td><td>22</td><td>32</td><td>15</td><td>30</td><td>M27</td><td>60</td></tr>
<tr><td>1600</td><td>1815</td><td>1755</td><td>1710</td><td>1690</td><td>1687</td><td>112</td><td>210</td><td>56</td><td>26</td><td>23</td><td>24</td><td>36</td><td>15</td><td>33</td><td>M30</td><td>64</td></tr>
<tr><td>1800</td><td>2050</td><td>1980</td><td>1929</td><td>1909</td><td>1906</td><td>122</td><td>235</td><td rowspan="2">64</td><td rowspan="2">26</td><td rowspan="2">23</td><td rowspan="2">28</td><td rowspan="2">42</td><td rowspan="2">18</td><td rowspan="2">39</td><td rowspan="2">M36</td><td>56</td></tr>
<tr><td>2000</td><td>2250</td><td>2180</td><td>2129</td><td>2109</td><td>2106</td><td>144</td><td>245</td><td>68</td></tr>
</table>

压力容器法兰标准中，公称压力是表示一定材料和一定温度下，容器或管子的最大工作压力。如容器法兰的公称压力是以 16MnR 或 16Mn 在 200℃时的最高工作压力为依据制定

的，因此当法兰材料和工作温度不同时，最大工作压力将降低或升高。在同一公称压力下，相同工作温度，不同材料允许的操作压力也不相同，强度高于16MnR的材料，其允许的最高操作压力高于公称压力，强度低于16MnR的材料，其允许的最高操作压力则低于公称压力。表5－6和表5－7中分别列出了甲型、乙型平焊法兰和长颈法兰不同材料在不同温度下的最大允许工作压力。

表5－6　甲型、乙型平焊法兰不同材料在不同温度下的最大允许工作压力（摘自JB/T 4700—2000）　MPa

公称压力 PN/MPa	法兰材料		工作温度/℃				备注
			>－20～200	250	300	350	
0.25	板材	Q235－A，Q235－B	0.16	0.15	0.14	0.13	T≥0℃
		Q235－C	0.18	0.17	0.15	0.14	T≥0℃
		20R	0.19	0.17	0.15	0.14	
		16MnR	0.25	0.24	0.21	0.20	
	锻件	20	0.19	0.17	0.15	0.14	
		16Mn	0.26	0.24	0.22	0.21	
		20MnMo	0.27	0.27	0.26	0.25	
0.60	板材	Q235－A，Q235－B	0.40	0.36	0.33	0.30	T≥0℃
		Q235－C	0.44	0.40	0.37	0.33	T≥0℃
		20R	0.45	0.40	0.36	0.34	
		16MnR	0.60	0.57	0.51	0.49	
	锻件	20	0.45	0.40	0.36	0.34	
		16Mn	0.61	0.59	0.53	0.50	
		20MnMo	0.65	0.64	0.63	0.60	
1.00	板材	Q235－A，Q235－B	0.66	0.61	0.55	0.50	T≥0℃
		Q235－C	0.73	0.67	0.61	0.55	T≥0℃
		20R	0.74	0.67	0.60	0.56	
		16MnR	1.00	0.95	0.86	0.82	
	锻件	20	0.74	0.67	0.60	0.56	
		16Mn	1.02	0.98	0.88	0.83	
		20MnMo	1.09	1.07	1.05	1.00	
1.60	板材	Q235－B	1.06	0.97	0.89	0.80	T≥0℃
		Q235－C	1.17	1.08	0.98	0.89	T≥0℃
		20R	1.19	1.08	0.96	0.90	
		16MnR	1.60	1.53	1.37	1.31	
	锻件	20	1.19	1.08	0.96	0.90	
		16Mn	1.64	1.56	1.41	1.33	
		20MnMo	1.74	1.72	1.68	1.60	

续表

公称压力 PN/MPa	法兰材料		工作温度/℃				备　注
			>-20~200	250	300	350	
2.50	板材	Q235-C	1.83	1.68	1.53	1.8	$T \geq 0$℃
		20R	1.86	1.69	1.50	1.40	
		16MnR	2.50	2.39	2.14	2.05	
	锻件	20	1.86	1.69	1.50	1.40	
		16Mn	2.56	2.44	2.20	2.08	$DN<1400$
		20MnMo	2.92	2.86	2.82	2.73	$DN \geq 1400$
		20MnMo	2.67	2.63	2.59	2.50	
4.00	板材	20R	2.97	2.70	2.39	2.24	
		16MnR	4.00	3.82	3.42	3.27	
	锻件	20	2.97	2.70	2.39	2.24	
		16Mn	4.09	3.91	3.52	3.33	
		20MnMo	4.64	4.56	4.51	4.36	$DN<1500$
		20MnMo	4.27	4.20	4.14	4.00	$DN \geq 1500$

表 5-7　长颈法兰不同材料在不同温度下的最大允许工作压力（摘自 JB/T 4700—2000）　MPa

公称压力 PN/MPa	法兰材料（锻件）	工作温度/℃								备　注
		>-70~-40	>-40~-20	>-20~200	250	300	350	400	450	
0.60	20			0.44	0.40	0.35	0.33	0.30	0.27	
	16Mn			0.60	0.57	0.52	0.49	0.46	0.29	
	20MnMo			0.65	0.64	0.63	0.60	0.57	0.50	
	15CrMo			0.61	0.59	0.55	0.52	0.49	0.46	
	12CrMo1			0.65	0.63	0.60	0.56	0.53	0.50	
	16MnD		0.60	0.60	0.57	0.52	0.49			
	09MnNiD	0.60	0.60	0.60	0.60	0.57	0.53			
1.00	20			0.73	0.66	0.59	0.55	0.50	0.45	
	16Mn			1.00	0.96	0.86	0.81	0.77	0.49	
	20MnMo			1.09	1.07	1.05	1.00	0.94	0.83	
	15CrMo			1.02	0.98	0.91	0.86	0.81	0.77	
	12CrMo1			1.09	1.04	1.00	0.93	0.88	0.83	
	16MnD		1.00	1.00	0.96	0.86	0.81			
	09MnNiD	1.00	1.00	1.00	1.00	0.95	0.88			

续表

公称压力 PN/MPa	法兰材料（锻件）	工作温度/℃								备注
		>-70~-40	>-40~-20	>-20~200	250	300	350	400	450	
1.60	20			1.16	1.05	0.94	0.88	0.81	0.72	
	16Mn			1.60	1.53	1.37	1.30	1.23	0.78	
	20MnMo			1.74	1.72	1.68	1.60	1.51	1.33	
	15CrMo			1.64	1.56	1.46	1.37	1.30	1.23	
	12CrMo1			1.74	1.67	1.60	1.49	1.41	1.33	
	16MnD		1.60	1.60	1.53	1.37	1.30			
	09MnNiD	1.60	1.60	1.60	1.60	1.51	1.41			
2.50	20			1.81	1.65	1.46	1.37	1.26	1.13	
	16Mn			2.50	2.39	2.15	2.04	1.39	1.22	
	20MnMo			2.92	2.86	2.82	2.73	2.58	2.45	DN<1400
	20MnMo			2.67	2.6	2.59	2.50	2.37	2.24	DN≥1400
	15CrMo			2.56	2.44	2.28	2.15	2.04	1.93	
	12CrMo1			2.67	2.61	2.50	2.33	2.20	2.09	
	16MnD		2.05	2.50	2.39	2.15	2.04			
	09MnNiD	2.50	2.50	2.50	2.50	2.37	2.20			
4.00	20			2.90	2.64	2.34	2.19	2.01	1.81	
	16Mn			4.00	3.82	3.44	3.26	3.08	1.96	
	20MnMo			4.64	4.56	4.51	4.36	4.13	3.92	DN<1500
	20MnMo			4.27	4.20	4.14	4.00	3.80	3.59	DN≥1500
	15CrMo			4.09	3.91	3.64	3.44	3.26	3.08	
	12CrMo1			4.26	4.18	4.00	3.73	3.53	3.35	
	16MnD		4.00	4.00	3.82	3.44	3.26			
	09MnNiD	4.00	4.00	4.00	4.00	3.79	3.52			
6.40	20			4.65	4.22	3.75	3.51	3.22	2.89	
	16Mn			6.40	6.12	5.50	5.21	4.93	3.13	
	20MnMo			7.42	7.30	7.22	6.98	6.61	6.27	DN<400
	20MnMo			6.82	6.73	6.63	6.40	6.07	5.75	DN≥400
	15CrMo			6.54	6.26	5.83	5.50	5.21	4.93	
	12CrMo1			6.82	6.68	6.40	5.97	5.64	5.36	
	16MnD		6.40	6.40	6.12	5.50	5.21			
	09MnNiD	6.40	6.40	6.40	6.40	6.06	5.64			

若已知一压力容器的内径为 D_i，设计压力为 p，设计温度 t，要为圆筒和封头选配压力容器法兰，选用可按照以下步骤进行：

（1）根据容器的公称直径 DN（即内径）、设计压力 p，参照表 5-2 初步确定法兰的结构类型；

(2) 根据容器的设计压力，设计温度及准备采用的法兰材料，按表 5－6 和表 5－7 确定法兰的公称压力；

(3) 根据确定的法兰的公称直径和公称压力，重新查表 5－2，验证初选的法兰是否合理，若不合理则要重选；

(4) 根据确定的公称直径和公称压力及法兰的类型，在表 5－3～表 5－5 中选出相应的法兰尺寸。

(5) 法兰确定后，应在图样上予以如下标记：

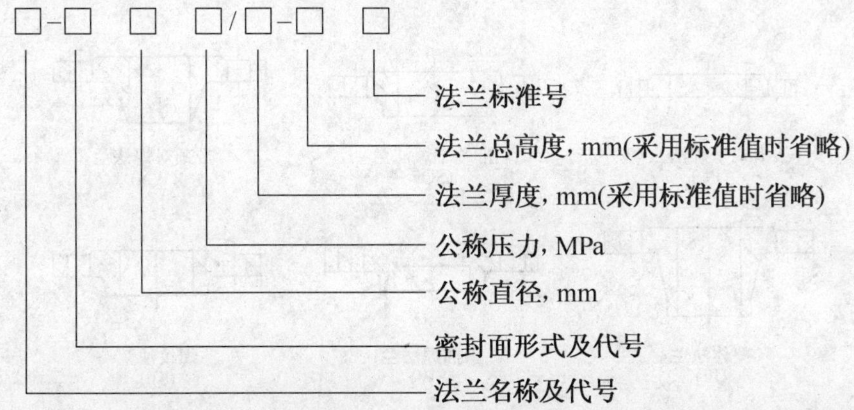

【例 5－1】某精馏塔内径 600mm，设计温度 50℃，设计压力 1.75MPa，筒体和法兰的材料均为 16MnR，如果两个塔节之间采用法兰连接，试为该塔选择标准法兰。

解：(1) 初步确定法兰类型

筒体内径即为容器的公称直径，即可根据 $DN = 600$mm，$p = 1.75$MPa，查表 5－2，初步选取乙型平焊法兰。

(2) 确定法兰的公称压力

根据法兰材料、设计压力和设计温度，查表 5－6 可知最大允许工作压力为 2.5MPa，适合精馏塔使用。

(3) 验证初选法兰的适用性

根据以上选定的法兰公称压力和公称直径，重新查表 5－2 可知初选的乙型平焊法兰满足要求。

(4) 选择密封面

根据设计条件，选择凹凸密封面。

(5) 查出相应的法兰结构尺寸

查表 5－4，确定法兰各部分的尺寸

公称压力	公称直径	法兰/mm											螺柱	
PN/MPa	DN/mm	D	D_1	D_2	D_3	D_4	δ	H	δ_t	a	a_1	d	规格	数量
2.5	600	760	715	676	666	663	50	200	16	21	18	27	M24	24

(6) 标记法兰

法兰－MFM 600 2.5 JB/T 4702—2000

5.1.5 管法兰连接

管法兰的结构类型在HG/T 20592—2009管法兰标准中有十种，其中八种是不同类型的法兰，两种法兰盖，具体结构如图5－10所示

在这十种管法兰中，最常用的有三种：板式平焊法兰、带颈平焊法兰和带颈对焊法兰。这三种类型法兰的密封面形式及适用范围见表5－8。

管法兰的结构尺寸和连接尺寸可查管法兰标准，在此仅摘录板式平焊法兰连接尺寸，列入表5－9中。

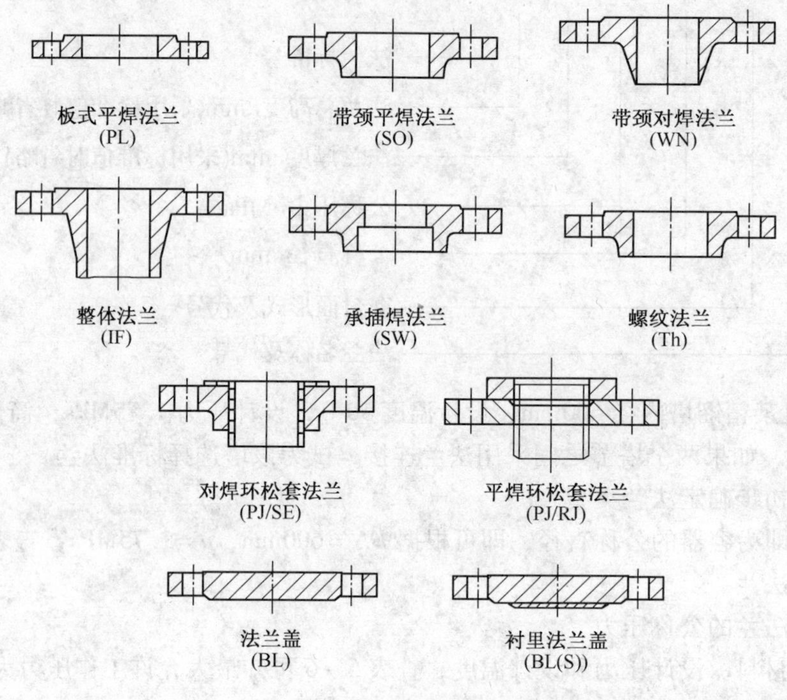

图5－10 管法兰类型

表5－8 管法兰密封面形式

法兰类型	代　号	标准号	密封面形式	代　号	公称压力范围 *PN*/MPa	公称直径范围 *DN*/mm
板式平焊法兰	PL	HG/T 20593—2009	凸面	RF	0.25～0.60	10～2000
					1.00～2.50	10～2000
			全平面	FF	0.25～1.60	10～2000
带颈平焊法兰	SO	HG/T 20594—2009	凸面	RF	0.6	10～2000
					1.00～4.00	10～2000
			凹凸面	MFM	1.00～4.00	10～2000
			榫槽面	TG	1.00～4.00	10～2000
			全平面	FF	0.60	10～2000
					1.00～1.60	10～2000

续表

法兰类型	代　号	标准号	密封面形式	代　号	公称压力范围 PN/MPa	公称直径范围 DN/mm
带颈对焊断裂	WN	HG/T 20595—2009	凸面	RF	1. 00 ~ 1. 60	10 ~ 2000
					2. 50	10 ~ 2000
					4. 00	10 ~ 2000
			凹凸面	MFM	1. 00 ~ 4. 00	10 ~ 2000
			榫槽面	TG	1. 00 ~ 4. 00	10 ~ 2000
			全平面	FF	1. 00 ~ 1. 60	10 ~ 2000

表 5 –9　板式平焊法兰的连接尺寸（摘自 HG/T 20593—2009）　mm

公称压力		公称直径 DN																
PN/MPa		10	15	20	25	32	40	50	65	80	100	125	150	200	250	300	350	400
0. 25 0. 60	D	75	80	90	100	120	130	140	160	190	210	240	265	320	375	440	490	540
	K	50	55	65	75	90	100	110	130	150	170	200	225	280	335	395	445	495
	L	11	11	11	11	14	14	14	14	18	18	18	18	18	18	22	22	22
	T_h	M10	M10	M10	M10	M12	M12	M12	M12	M16	M16	M16	M16	M16	M16	M20	M20	M20
	n	4	4	4	4	4	4	4	4	4	4	8	8	8	12	12	12	16
1. 00	D	90	95	105	115	140	150	165	185	200	220	250	285	340	395	445	505	565
	K	60	65	75	85	100	110	125	145	160	180	210	240	295	350	400	460	515
	L	14	14	14	14	18	18	18	18	18	18	18	22	22	22	22	22	26
	T_h	M12	M12	M12	M12	M16	M16	M16	M16	M16	M16	M16	M20	M20	M20	M20	M20	M24
	n	4	4	4	4	4	4	4	4	8	8	8	8	8	12	12	16	16
1. 60	D	90	95	105	115	140	150	165	185	200	220	250	285	340	405	460	520	580
	K	60	65	75	85	100	110	125	145	160	180	210	240	295	355	410	470	525
	L	14	14	14	14	18	18	18	18	18	18	18	22	22	26	26	26	30
	T_h	M12	M12	M12	M12	M16	M16	M16	M16	M16	M16	M16	M20	M20	M24	M24	M24	M27
	n	4	4	4	4	4	4	4	4	8	8	8	8	12	12	12	16	16
2. 50	D	90	95	105	115	140	150	165	185	200	235	270	300	360	425	485	555	620
	K	60	65	75	85	100	110	125	145	160	190	220	250	310	370	430	490	550
	L	14	14	14	14	18	18	18	18	18	22	26	26	26	30	30	33	36
	T_h	M12	M12	M12	M12	M16	M16	M16	M16	M16	M20	M24	M24	M24	M27	M27	M27	M30
	n	4	4	4	4	4	4	4	8	8	8	8	8	12	12	16	16	16
4. 00	D	90	95	105	115	140	150	165	185	200	235	270	300	360	425	485	555	620
	K	60	65	75	85	100	110	125	145	160	190	220	250	320	385	450	510	585
	L	14	14	14	14	18	18	18	18	18	22	26	26	30	33	33	36	39
	T_h	M12	M12	M12	M12	M16	M16	M16	M16	M16	M20	M24	M24	M27	M30	M30	M33	M36
	n	4	4	4	4	4	4	4	8	8	8	8	8	12	12	16	16	16

表中：D——法兰外径；K——螺栓孔中心圆直径；L——螺栓孔直径；T_h——螺纹公称直径；n——螺栓孔数量。

同样的公称直径和公称压力的管法兰，当使用不同材料制造时，法兰允许承受的最大工作压力是不同的。在确定了法兰材料及其工作温度后，应根据容器的设计压力不得超过设计温度下法兰允许的最大工作压力的原则，查表 5-10 来确定所选法兰的公称压力级别，只有确定了管法兰的公称压力后，才可以从相应的尺寸表中查出法兰的具体尺寸。

表 5-10　管法兰在不同温度下最大允许工作压力　MPa

公称压力 *PN*/MPa	法兰材料	工作温度/℃									
		20	100	150	200	250	300	350	400	425	450
		最大允许工作压力/MPa									
0.25	Q235-A	0.25	0.25	0.225	0.20	0.175	0.15				
	20	0.25	0.25	0.225	0.20	0.175	0.15	0.125	0.088		
	15MnV	0.25	0.25	0.245	0.238	0.225	0.20	0.175	0.138	0.113	
	15CrMo	0.25	0.25	0.25	0.25	0.25	0.25	0.238	0.228	0.223	0.218
	12CrMo	0.25	0.25	0.25	0.25	0.25	0.25	0.25	0.228	0.223	0.218
0.6	Q235-A	0.60	0.60	0.54	0.48	0.42	0.36				
	20	0.60	0.60	0.54	0.48	0.42	0.36	0.30	0.21		
	15MnV	0.60	0.60	0.59	0.57	0.54	0.48	0.42	0.33	0.27	
	15CrMo	0.60	0.60	0.60	0.60	0.60	0.60	0.57	0.546	0.534	0.522
	12CrMo	0.60	0.60	0.60	0.60	0.60	0.60	0.60	0.546	0.534	0.522
1.0	Q235-A	1.00	1.00	0.90	0.80	0.70	0.60				
	20	1.00	1.00	0.90	0.80	0.70	0.60	0.50	0.35		
	15MnV	1.00	1.00	0.98	0.95	0.90	0.80	0.70	0.55	0.45	
	15CrMo	1.00	1.00	1.00	1.00	1.00	1.00	0.95	0.91	0.89	0.87
	12CrMo	1.00	1.00	1.00	1.00	1.00	1.00	1.00	0.91	0.89	0.87
1.6	Q235-A	1.60	1.60	1.44	1.28	1.12	0.96				
	20	1.60	1.60	1.44	1.28	1.12	0.96	0.80	0.56		
	15MnV	1.60	1.60	1.57	1.52	1.44	1.28	1.12	0.88	0.72	
	15CrMo	1.60	1.60	1.60	1.60	1.60	1.60	1.52	1.456	1.424	1.392
	12CrMo	1.60	1.60	1.60	1.60	1.60	1.60	1.60	1.456	1.424	1.392
2.5	20	2.50	2.50	2.25	2.00	1.75	1.50	1.25	0.88		
	15MnV	2.50	2.50	2.45	2.38	2.25	2.00	1.75	1.38	1.13	
	15CrMo	2.50	2.50	2.50	2.50	2.50	2.50	2.38	2.28	2.23	2.18
	12CrMo	2.50	2.50	2.50	2.50	2.50	2.50	2.50	2.28	2.23	2.18
4.0	20	4.00	4.00	3.60	3.20	2.80	2.40	2.00	1.40		
	15MnV	4.00	4.00	3.92	3.80	3.60	3.20	2.80	2.20	1.80	
	15CrMo	4.00	4.00	4.00	4.00	4.00	4.00	3.80	3.64	3.56	3.48
	12CrMo	4.00	4.00	4.00	4.00	4.00	4.00	4.00	3.64	3.56	3.48

管法兰的选用主要是根据工作压力、工作温度和介质特性，同时考虑与其相连的设备、机器的接管和阀门、管件的连接方式和公称直径。选用标准管法兰的步骤如下：

① 根据与法兰相连接的管子的公称直径选取管法兰的公称直径；

② 确定法兰的材质，按照设备的设计压力来确定管法兰的设计压力；

③ 根据法兰的材质和工作温度，查表 5－10，校核管法兰的压力，使之不超过设计温度下最大允许工作压力；

④ 根据公称压力和公称直径，确定管法兰密封面形式；

⑤ 查管法兰标准，确定结构尺寸和连接尺寸；

⑥ 确定管法兰后，还需在图样上标记管法兰：

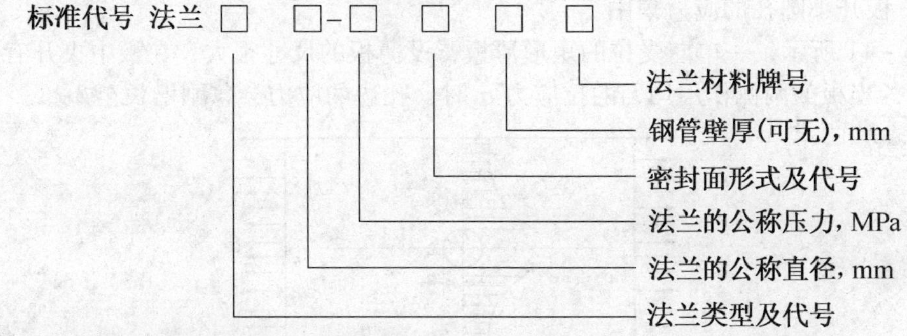

【例 5－2】有一输气管道，常温工作，内压 0.45MPa，管道的规格为 $\phi89\times5$mm，材料为 Q235－A 试为管道选择管法兰。

解：（1）确定管法兰公称直径

外径为 $\phi89$ 的管子其公称直径为 80mm，故所选法兰的公称直径也应该为 80mm。

（2）确定管法兰的公称压力

根据管子的材料确定管法兰的材料为 Q235－A，查表 5－10，常温下，设计压力为 0.45MPa 时，最大允许工作压力为 0.6MPa，故可选择管法兰的公称压力为 0.6MPa；

（3）选择管法兰及密封面形式

根据管法兰的公称直径和公称压力，可选择板式平焊法兰，查表 5－8 确定法兰密封面形式为全平面；

（4）确定法兰的连接尺寸

查表 5－9，得管法兰的连接尺寸

参数名称	符　号	数　值
法兰外径	D	190
螺栓孔中心圆直径	K	150
螺栓孔直径	L	18
螺纹公称直径	T_h	M16
螺栓孔数量	n	4

（5）标记法兰

HG/T 20593—2009　法兰　PL80－0.6　FF　5　Q235－A

5.2　容器的开孔与补强

由于工艺、结构及安装、检修的需要，常常需要在压力容器及设备上开孔和安装接管。

如物料进、出口接管，测量和控制点接管，视镜、液面计孔、人孔、手孔等。压力容器开孔后，不但削弱了器壁的强度，而且由于开孔破坏了原有的应力分布并引起应力集中；同时在接管处，容器壳体与接管因结构的不连续也会引起应力集中。这些因素均使开孔和开孔接管处存在较大的局部应力，加之材料和制造缺陷等各种因素的综合作用，开孔和接管附近就成为压力容器和设备的薄弱部位。

5.2.1 开孔附近的应力集中

(1) 平板开小圆孔的应力集中

如图 5-11 所示，一单向受拉的矩形薄板，设薄板的尺寸很大，在板中央开有一半径为 r 的小圆孔，当板的两侧作用均匀的拉应力 σ 时，孔边的应力会急剧增长至 3σ。

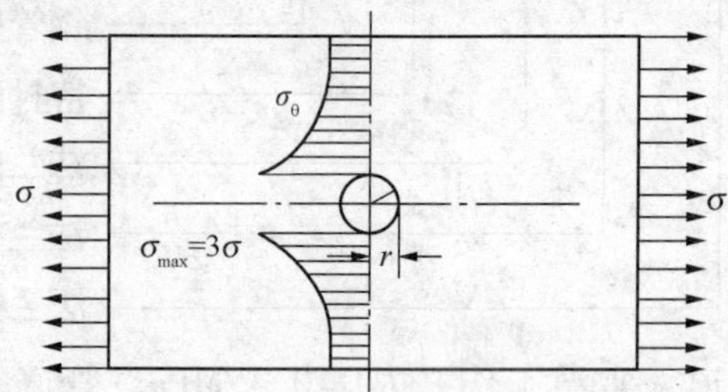

图 5-11 平板开小孔受单向拉伸时的应力集中

工程中，为了表示应力集中的程度，引入应力集中系数 K,

$$K=\sigma_{max}/\sigma \tag{5-1}$$

式中 σ_{max}——开孔边缘处的最大应力，MPa；

σ——不受开孔影响的横截面上的应力，MPa。

(2) 薄壁球壳开小圆孔的应力集中

如图 5-12 所示，球壳受双向均匀拉伸应力 σ 的作用时，开孔附近的 $\sigma_{max}=2\sigma$。

(3) 薄壁圆柱壳开小圆孔的应力集中

如图 5-13 所示，薄壁柱壳两向应力 $\sigma_x=\dfrac{pR}{\delta}$ 及 $\sigma_\theta=\dfrac{pR}{2\delta}$，孔附近的 $\sigma_{max}=2.5\sigma$。

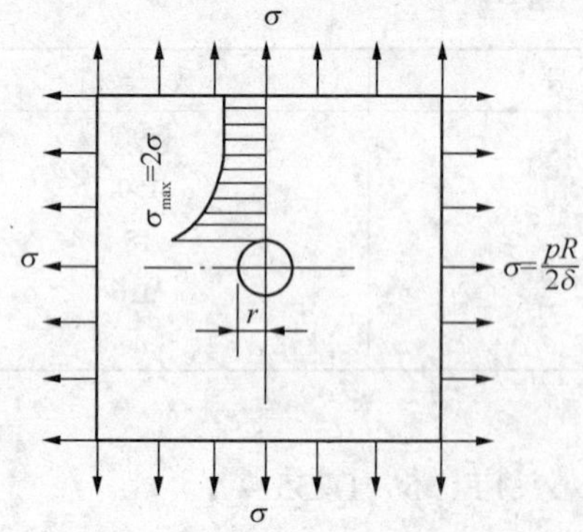

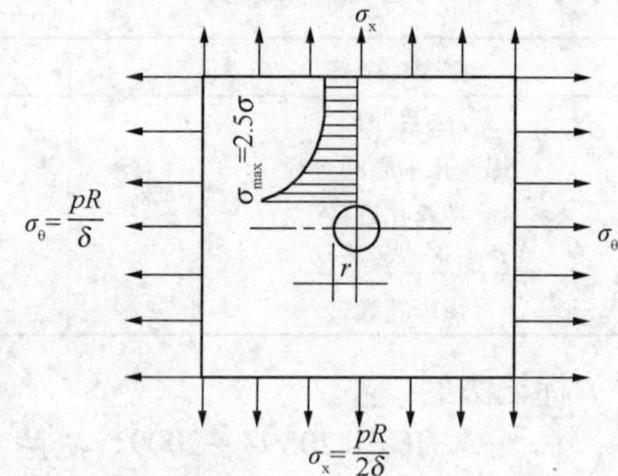

图 5-12 球壳开孔的应力集中　　图 5-13 圆筒开孔的应力集中

综上结果可知：最大应力在孔边，是应力集中最严重的地方；孔边应力集中有局部性，衰减较快。

5.2.2　压力容器的开孔限制

压力容器开孔会引起应力集中，从而削弱容器强度，而且壳体上开孔越大，应力集中系数越大。因此根据国家标准 GB150《钢制压力容器》规定，设计中对开孔的最大值加以限制。见表 5-11。

表 5-11　压力容器开孔尺寸限制

开孔部位	允许开孔孔径
筒　体	$D_i \leqslant 1500$mm 时，$d \leqslant \frac{1}{2}D_i$ 且 $d \leqslant 520$mm $D_i > 1500$mm 时，$d \leqslant \frac{1}{3}D_i$ 且 $d \leqslant 1000$mm
凸形封头	$D \leqslant \frac{1}{2}D_i$
锥壳（或锥形封头）	$D \leqslant \frac{1}{3}D_i$

注：D_i 为壳体的内直径；d 为允许容器上开孔的最大直径。

容器开孔除了有最大尺寸的限制以外还有开孔位置的规定：

① 尽量不要在焊缝上开孔，如果避免不开需在焊缝上开时，应对以开孔中心为圆心，以 1.5 倍开孔直径为半径的圆中包含的所有焊缝进行 100% 无损检测。

② 在椭圆形或碟形封头的过渡部分开孔时，其孔中心线应垂直于封头表面。

容器开孔其强度必然受到削弱，但并非所有的开孔都要补强。GB150 还规定，如果壳体开孔同时满足以下条件，可不另行补强：

① 设计压力不大于 2.5MPa；

② 两相邻开孔中心距（对曲面间距以弧长计算）应不小于两孔直径之和的 2 倍；

③ 接管公称外径小于或等于 89mm。

不另行补强的接管外径及其最小壁厚见表 5-12。

表 5-12　不另行补强的接管外径及其最小壁厚　　mm

接管外径	25	32	38	45	48	57	65	76	89
最小壁厚	3.5	3.5	3.5	4.0	4.0	5.0	5.0	6.0	6.0

5.2.3　补强结构

针对应力集中的局部性，补强可采用局部补强结构。局部补强结构包括补强圈补强、接管补强和整锻件补强。

（1）补强圈补强

补强圈补强结构如图 5-14（a）、（b）、（c），即在开孔周围贴焊补强圈，补强圈的材料和厚度一般与壳体的相同。为了获得补强效果，补强圈与壳壁之间应很好地贴合，所有焊缝必须焊透。为了检验焊缝的致密性，在补强圈上开有一个 M10 的螺纹孔，补强圈焊接后，由此通入 0.4 ~ 0.5MPa 的压缩空气检查补强圈连接焊缝的质量。

补强圈补强结构简单、价格低廉、使用经验成熟，广泛用于中低压容器上。但该结构存在以下缺点：

① 补强金属过于分散，补强效率不高；

② 补强圈与壳体间存在空气间隙，传热效果差，容易引起温差应力；

③ 补强圈的使用造成壳体外形尺寸的突变，使补强圈外围产生应力集中，焊缝易开裂；

④ 由于补强圈没有与壳体或接管金属真正融合成一个整体，因而抗疲劳性能差；

⑤ 补强圈与壳体焊接时，因壳体刚性大，焊缝在冷却时易形成裂纹，尤其是高强度钢，对焊接裂纹比较敏感，更易开裂。

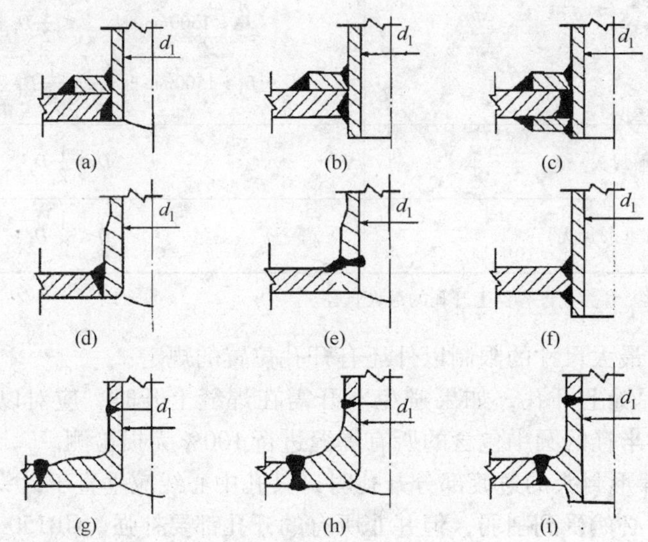

图 5－14 局部补强结构

由于上述原因，采用补强圈补强的使用范围为：

① 钢材的标准常温抗拉强度 $\sigma_b \leqslant 540$MPa；

② 补强圈厚度应不超过被补强壳体名义厚度的 1.5 倍；

③ 壳体的名义厚度 $\delta_n \leqslant 38$mm。

（2）接管补强

接管补强如图 5－14（d）、（e）、（f），是在开孔处焊一段加厚的接管，由于加厚处于最大应力区域内，故能有效地降低孔边应力集中系数。

接管补强结构简单，焊缝小，焊接质量容易检验，无补强圈补强的缺点，目前已被广泛采用。其缺点是焊接处于最大应力区域内，因此当用于重要设备时，焊接应保证全焊透，并经射线或超声波检验。

（3）整锻件补强

整锻件补强如图 5－14（g）、（h）、（i），是将接管与壳体连同加强部分做成一个整体锻件，然后再与壳体和接管焊在一起。这种结构的优点是补强金属集中在开孔应力最大的部位，应力集中系数最小，而且由于采用对接焊缝，并使焊缝及其热影响区离开最大应力点的位置，故抗疲劳性能好，若采用密集补强的方式，并加大过渡圆角半径，则补强效果更好。整体锻件补强的缺点是机械加工量大，锻件来源较补强管困难，因此只用于有严格要求的重要设备上。

5.2.4　等面积补强计算

开孔补强通常按等面积补强或极限分析补强准则进行计算，其中最常用的是等面积补强。

按等面积法的规定：在邻近开孔处，外加上一块补强材料，使得在有效范围内起补强作用的金属材料的截面积与开孔所挖去的截面积相等。使得开孔边缘的平均应力不得超过未开孔时的基本应力，从而保证容器的整体强度。

等面积补强主要用于补强圈结构。基本原则是补强区内补强金属的截面积 A 应大于等于开孔削弱的截面积 A_0。

(1) 开孔削弱的截面积 A_0

该面积是指沿壳体纵向截面上的开孔投影面积，对圆筒体来说为轴向截面上的开孔投影面积，如图 5－15 所示。

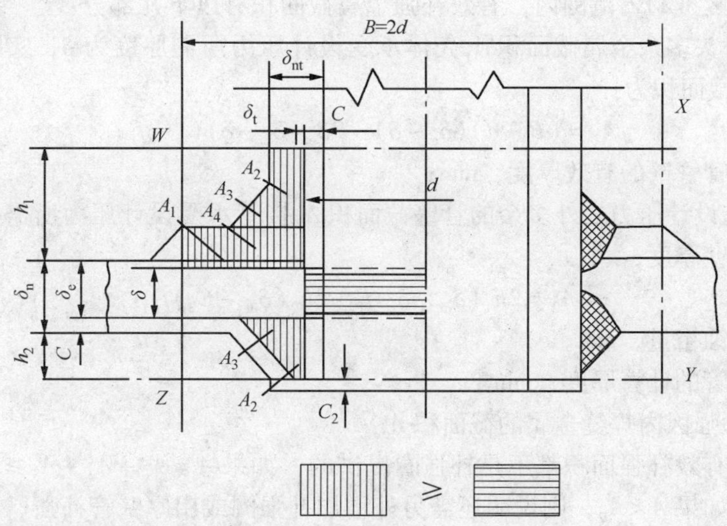

图 5－15　有效补强范围

$$A_0 = d\delta + 2\delta\delta_{et}(1-f_r) \tag{5-2}$$

式中　A_0——开孔削弱的截面积，mm^2；

d——开孔直径或接管内径加上壁厚附加量 C 以后的直径，$d = d_i + 2C$；

f_r——材料强度削弱系数，即设计温度下接管材料与壳体材料许用应力的比值，当 $f_r > 1.0$ 时，取 $f_r = 1.0$；

δ——壳体开孔处的计算厚度，mm；

δ_{et}——接管的有效厚度，$\delta_{et} = \delta_{nt} - C$，mm。

(2) 有效补强范围

由于开孔处应力集中产生在孔周围很小的范围内，所以只有在此范围内的补强才是有效的，称之为有效补强范围。如图 5－15 所示的矩形区域 $WXYZ$ 即是有效补强范围。

有效宽度按式(5－3)计算，取两者中较大者：

$$\begin{cases} B = 2d \\ B = d + 2\delta_n + 2\delta_{nt} \end{cases} \tag{5-3}$$

式中　B——补强有效宽度，mm；

δ_n——壳体开孔处的名义厚度，mm；

δ_{nt}——接管名义厚度，mm。

有效高度按式(5-4)和式(5-5)计算，分别取式中较小值：

外侧有效高度 h_1

$$\begin{cases} h_1 = \sqrt{d\delta_{nt}} \\ h_1 = \text{接管实际外伸高度} \end{cases} \tag{5-4}$$

内侧有效高度 h_2

$$\begin{cases} h_2 = \sqrt{d\delta_{nt}} \\ h_2 = \text{接管实际内伸高度} \end{cases} \tag{5-5}$$

(3) 有效补强范围内补强金属的截面积 A

在有效补强区 $WXYZ$ 范围内，有效补强金属截面积有以下几部分：

① 壳体或封头多余金属截面积 A_1壳体承受设计压力所需厚度为 δ，实际的有效厚度为 δ_e，多余的金属截面积为：

$$A_1 = (B-d)(\delta_e-\delta) - 2\delta_{et}(\delta_e-\delta)(1-f_r) \tag{5-6}$$

式中　δ_{et}——接管管壁的有效厚度，mm；

② 接管承受设计压力之外多余的管壁截面积 A_2接管承受设计压力所需壁厚与有效厚度之差即为多余管壁厚度；

$$A_2 = 2h_1(\delta_{et}-\delta_t)f_r + 2h_2(\delta_{et}-C_2)f_r \tag{5-7}$$

式中　C_2——腐蚀裕量，mm。

δ_{et}——接管的计算厚度，mm。

③ 在有效补强区内焊缝金属的截面积 A_3

以上三部分有效补强面积都不是补强圈提供的，如果 $A = A_1 + A_2 + A_3 \geqslant A_0$，则开孔后也无须另行补强；如果 $A < A_0$，则说明还需另外增加补强圈或用厚壁管补强。

④ 所增加的补强金属截面积 A_4

$$A_4 \geqslant A_0 - A \tag{5-8}$$

5.2.5　补强圈的结构尺寸

补强圈的结构如图 5-16 所示，共有五种坡口形式：A 型适用于壳体为内坡口的填角焊结构；B 型适用于壳体为内坡口的局部焊透结构；C 型适用于壳体为外坡口的全焊透结构；D 型和 E 型适用于壳体为内坡口的全焊透结构。

补强圈的材料一般与壳体材料相同，并应符合相应材料标准的规定，补强圈应用整板制造，不得拼接；补强圈的形状应与补强部分壳体相符，并与壳体紧密贴合。

补强圈尺寸选定后，应作标记，记作：

补强圈 $d_N \times \delta_C$ - 坡口类型 - 材质　执行标准

如接管公称直径 100mm，补强圈厚度 8mm，D 型坡口，材质为 Q235-B，补强圈可记为：补强圈 100×8-D-Q235-B　JB/T 4736—2002。

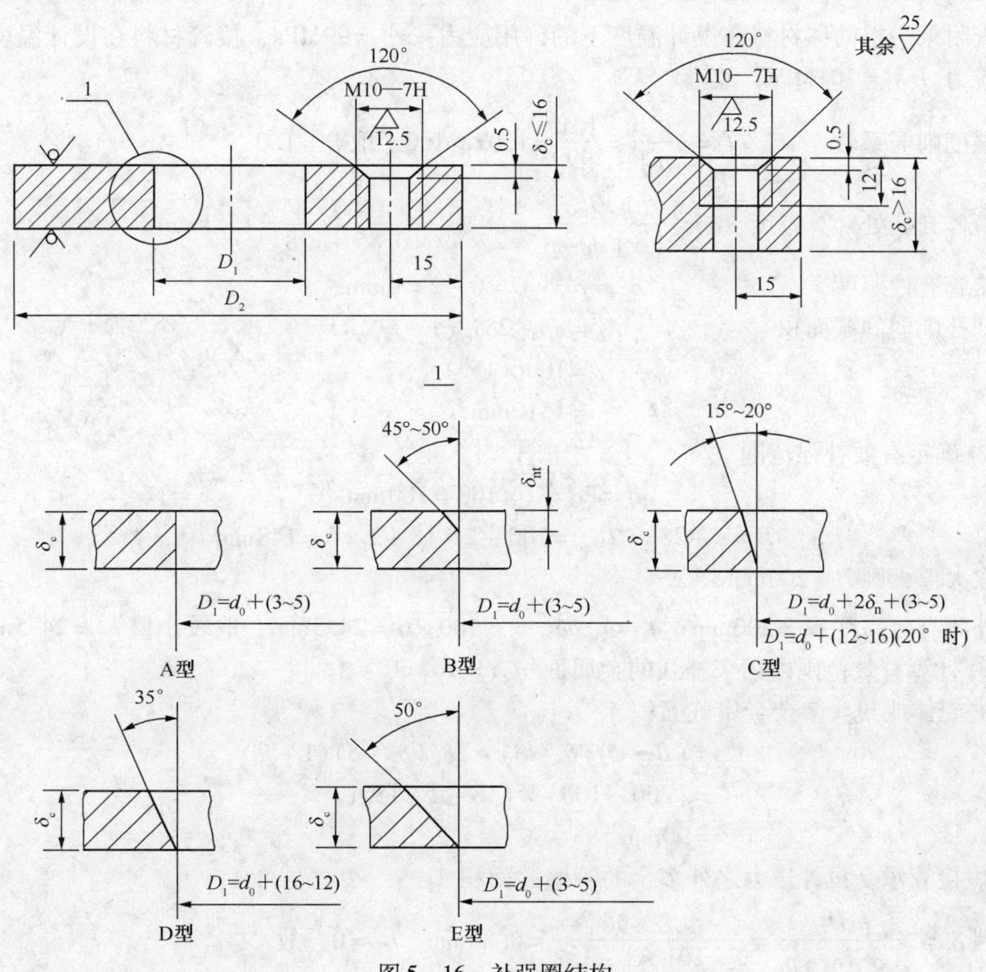

图 5－16　补强圈结构

补强圈的尺寸系列见表 5－13。

表 5－13　补强圈的尺寸系列

接管公称直径	50	65	80	100	125	150	175	200	225	250	300	350	400	450	500	600
外径 D_2	130	160	180	200	250	300	350	400	440	480	550	620	680	760	840	980
内径 D_1	按图 5－16 确定															
厚度	4，6，8，10，12，14，16，18，20，22，24，26，28，30															

【例 5－3】有一 $\phi108\times6$mm 的接管，平齐焊于内径为 $\phi1400$mm 的筒体上，筒体壁厚 18mm，焊缝为单面焊，100%无损检测，接管材料为 10 号无缝钢管，筒体材料为 Q 235－A，容器的设计压力为 1.8MPa，设计温度 200℃，壁厚附加量 2mm，接管外伸长度 200mm。确定此开孔是否需要补强，如果需要，确定补强圈的尺寸。

解：(1) 确定是否需要补强

按照 GB150 规定可知，接管公称外径大于 89mm，故此开孔需要补强。

(2) 判断是否需要另行补强

① 计算开孔削弱的截面积 A_0

$$开孔直径\ d=d_i+2C=(108\times2\times6)+2\times2=100\text{mm}$$

查附录一得筒体材料在设计温度下的许用应力$[\sigma]^t=99\text{MPa}$，接管材料在设计温度下的许用应力$[\sigma]_t^t=101\text{MPa}$，故

强度削弱系数 $f_r=\dfrac{[\sigma]_t^t}{[\sigma]^t}=\dfrac{101}{99}=1.02>1.0$ 取$f_r=1.0$

筒体开孔处计算厚度 $\delta=\dfrac{p_c D_i}{2[\sigma]^t\phi-p_c}=\dfrac{1.8\times1400}{2\times99\times0.85-1.8}=15.1\text{mm}$

接管有效厚度 $\delta_{et}=\delta_{nt}-C=6-2=4\text{mm}$

开孔削弱的截面积 $A_0=d\delta+2\delta\delta_{et}(1-f_r)$

$=100\times15.1$

$=1510\text{mm}$

② 确定有效补强范围

$$B=2d=2\times100=200\text{mm}$$

$$B=d+2\delta_n+2\delta_{nt}=100+2\times18+2\times6=148\text{mm}$$

取大值，则$B=200\text{mm}$

外侧有效高度$h_1=200\text{mm}$；$h_1=\sqrt{d\delta_{nt}}=\sqrt{100\times6}=24.5\text{mm}$，取较小值$h_1=24.5\text{mm}$

③ 计算有效范围内用来补强的金属面积$A=A_1+A_2+A_3$

a. 壳体或封头多余金属截面积A_1

$$\begin{aligned}A_1&=(B-d)(\delta_e-\delta)-2\delta_{et}(\delta_e-\delta)(1-f_r)\\&=(200-100)\times(18-2-15.1)\\&=90\text{mm}^2\end{aligned}$$

b. 接管承受设计压力之外多余的管壁截面积A_2

因 $\delta_t=\dfrac{p_c D_i}{2[\sigma]^t\phi-p_c}=\dfrac{1.8\times96}{2\times101\times1-1.8}=0.86\text{mm}$，$h_2=0$，故

$$\begin{aligned}A_2&=2h_1(\delta_{et}-\delta_t)f_r+2h_2(\delta_{et}-C_2)f_r\\&=2\times24.5\times(6-2-0.86)=153.9\text{mm}^2\end{aligned}$$

c. 在有效补强区内焊缝金属的截面积A_3取焊角高度为8mm，则焊缝截面积为

$$A_3=\frac{4\times8^2}{2}=128\text{mm}^2$$

用来补强的金属截面积为

$$A=A_1+A_2+A_3=90+153.9+128=371.9\text{mm}^2$$

因此$A<A_0=1510\text{mm}^2$，故需要另行补强。

(3) 补强圈计算

由上述计算可知，需要补强圈提供的金属截面积为

$$A_4\geqslant A_0-A=1510-371.9=1138.1\text{mm}^2$$

根据接管的公称直径查表5-3得补强圈的外径$D_2=200\text{mm}$，按图5-16，取$D_1=112\text{mm}$。

补强圈的厚度

$$\delta_c=\frac{A_4}{D_2-D_1}=\frac{1138.1}{200-112}=11.61\text{mm}$$

考虑到钢板厚度负偏差及腐蚀裕量取补强圈的名义厚度$\delta_{nc}=14\text{mm}$

（4）标记

所选补强圈记作：100×14－B－Q235－A　JB/T 4736—2002

5.2.6　检查孔

为了安装、检修、防腐处理、清洗等操作的需要，常在容器上开设检查孔，检查孔包括人孔和手孔，其位置应便于观察和清理容器内部。

压力容器上开设的检查孔数量和尺寸应符合表 5－14 中要求。但若容器符合下列条件之一，则可不开设检查孔：①筒体内径小于等于 300mm 的压力容器；②容器上设有可拆卸的封头、盖板或其他能够开关的盖子，且其尺寸不小于所规定检查孔的尺寸；③无腐蚀或轻微腐蚀，无须做内部检查和清理的压力容器；④制冷装置用压力容器；⑤换热器。当不属于上述情况，而因其他特殊原因不能开设检查孔时，则应在设计时采取相关措施，如对所有焊缝进行 100% 无损检测；在设计图样上注明计算厚度，且在压力容器在用期间或检查时重点进行测厚检查；相应缩短检验周期等。

表 5－14　检查孔最少数量和最小尺寸

<table>
<tr><th rowspan="2">容器内径 D_i/mm</th><th rowspan="2">检查孔最少数量</th><th colspan="2">最小尺寸</th><th rowspan="2">备注</th></tr>
<tr><th>人孔</th><th>手孔</th></tr>
<tr><td>300＜D_i≤500</td><td>手孔 2 个</td><td></td><td>圆孔 ϕ75
长圆孔 75×50</td><td></td></tr>
<tr><td>500＜D_i≤1000</td><td rowspan="2">人孔 1 个
无法开人孔时开手孔 2 个</td><td rowspan="2">圆孔 ϕ400
长圆孔 400×250
380×280</td><td>圆孔 ϕ100
长圆孔 100×80</td><td></td></tr>
<tr><td>D_i＞1000</td><td>圆孔 ϕ150
长圆孔 150×100</td><td>球罐人孔 ϕ500</td></tr>
</table>

（1）人孔和手孔的分类和结构形式

从是否承压来看，人孔有常压人孔和承压人孔；按制造材料分，有碳素钢与低合金钢人孔和不锈钢人孔。图 5－17 所示为常压人孔和几种快开人孔。通常快开人孔多用于间歇式生产设备，以提高设备的生产效率。

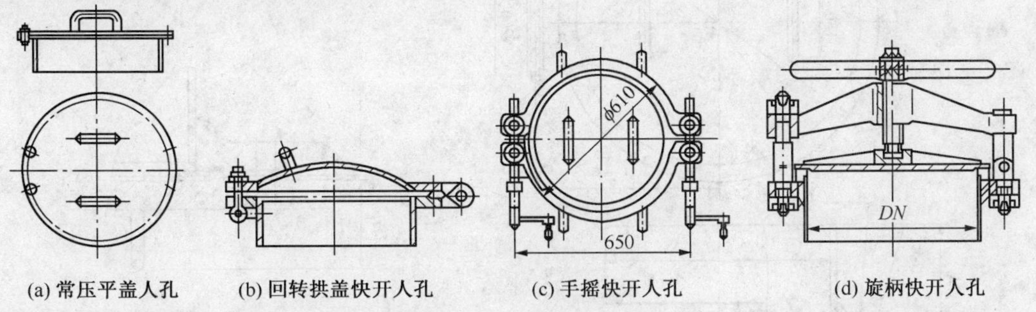

(a) 常压平盖人孔　(b) 回转拱盖快开人孔　(c) 手摇快开人孔　(d) 旋柄快开人孔

图 5－17　常压及快开人孔

承压人孔的种类包括回转盖人孔和吊盖人孔，其中吊盖人孔又包括垂直吊盖人孔和水平吊盖人孔。其结构如图 5－18、图 5－19 所示。承压人孔主要有承受压力的筒节、端盖、法兰、密封垫片、紧固件组成，此外还包括轴、销、耳、把手等非承压元件，因此可以把它看成是一台小尺寸的压力容器。

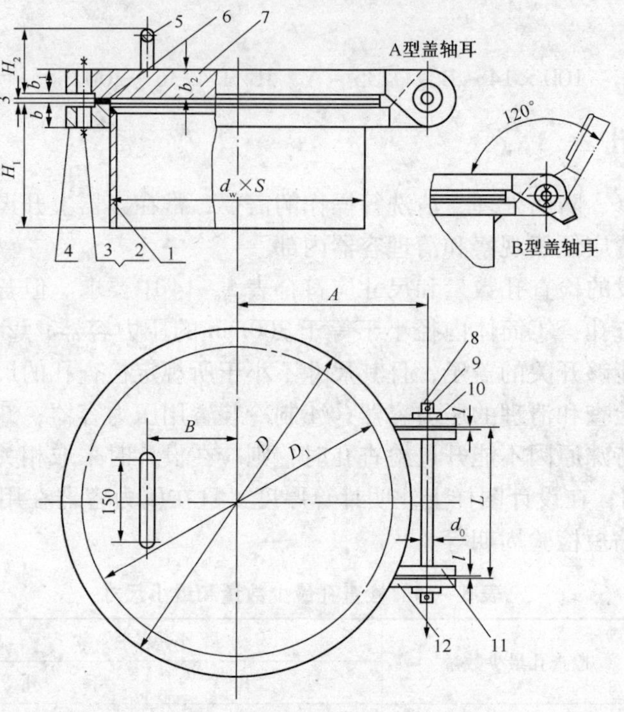

图 5－18　回转盖人孔

1—筒节；2—螺栓；3—螺母；4—法兰；5—把手；6—垫片；
7—端盖；8—轴；9—销；10—垫圈；11—盖轴耳；12—法兰轴耳

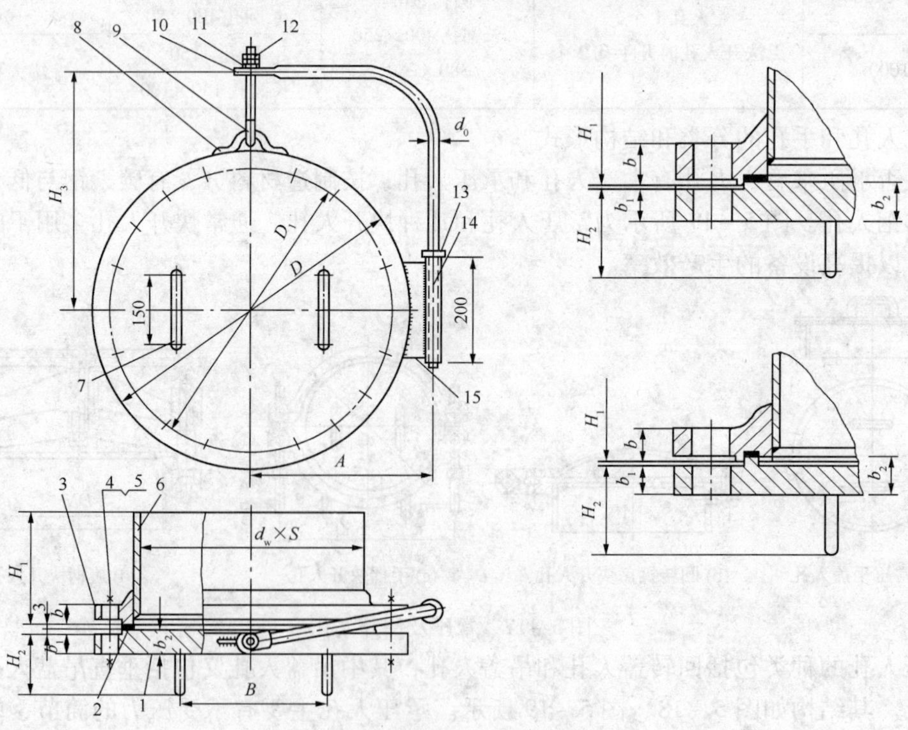

图 5－19　垂直吊盖人孔(带颈平焊)

1—盖；2—垫片；3—法兰；4—螺栓；5—螺母；6—筒节；7—把手；8—吊环；
9—吊钩；10—转臂；11—垫圈；12—螺母；13—环；14—无缝钢管；15—支承板

(2) 人孔和手孔的选用

构成人孔和手孔的受压元件须按照之前介绍的方法选取，人孔和手孔已标准化，碳素钢、低合金钢的标准 HG 21514 ~ HG 21535，不锈钢的标准为 HG 21594 ~ HG 21604。使用时可以根据需要选择合适的人孔、手孔，并查找相应的标准确定尺寸。初选人孔、手孔类型可参考表 5 – 15。

表 5 – 15　常用人孔和手孔的适用范围

<table>
<tr><th>类　型</th><th>标　准　号</th><th>密封面及其代号</th><th>公称直径 DN/mm</th><th>公称压力 PN/MPa</th></tr>
<tr><td>常压人孔</td><td>HG 21515—1995</td><td>全平面 FF</td><td>400 ~ 600</td><td>常压</td></tr>
<tr><td>回转盖板式平焊法兰人孔</td><td>HG 21516—1995</td><td>凸面 RF</td><td>400 ~ 600</td><td>0. 6</td></tr>
<tr><td rowspan="3">回转盖带颈平焊法兰人孔</td><td rowspan="3">HG 21517—1995</td><td>凸面 RF</td><td>400 ~ 600</td><td rowspan="2">1. 0 ~ 1. 6</td></tr>
<tr><td>凸凹面 MFM</td><td rowspan="2">400 ~ 500</td></tr>
<tr><td>榫槽面 TG</td><td>1. 6</td></tr>
<tr><td rowspan="4">回转盖带颈对焊法兰人孔</td><td rowspan="4">HG 21518—1995</td><td>凸面 RF</td><td>400 ~ 600</td><td>2. 5 ~ 4. 0</td></tr>
<tr><td>凸凹面 MFM</td><td rowspan="2">400 ~ 500</td><td rowspan="2">2. 5 ~ 6. 3</td></tr>
<tr><td>榫槽面 TG</td></tr>
<tr><td>环连接面 RJ</td><td>400 ~ 450</td><td>2. 5 ~ 6. 3</td></tr>
<tr><td>常压旋柄快开人孔</td><td>HG 21525—1995</td><td></td><td>400 ~ 500</td><td>常压</td></tr>
<tr><td>常压手孔</td><td>HG 21528—1995</td><td>全平面 FF</td><td>150 ~ 250</td><td>常压</td></tr>
<tr><td>板式平焊法兰手孔</td><td>HG 21529—1995</td><td>凸面 RF</td><td>150 ~ 250</td><td>0. 6</td></tr>
<tr><td rowspan="3">带颈平焊法兰手孔</td><td rowspan="3">HG 21530—1995</td><td>凸面 RF</td><td rowspan="3">150 ~ 250</td><td>0. 6</td></tr>
<tr><td>凸凹面 MFM</td><td rowspan="2">1. 0</td></tr>
<tr><td>榫槽面 TG</td></tr>
<tr><td rowspan="4">带颈对焊法兰手孔</td><td rowspan="4">HG 21531—1995</td><td>凸面 RF</td><td rowspan="4">150 ~ 250</td><td>2. 5 ~ 4. 0</td></tr>
<tr><td>凸凹面 MFM</td><td rowspan="3">2. 5 ~ 6. 3</td></tr>
<tr><td>榫槽面 TG</td></tr>
<tr><td>环连接面 RJ</td></tr>
<tr><td rowspan="4">回转盖带颈平焊法兰手孔</td><td rowspan="4">HG 21532—1995</td><td>凸面 RF</td><td rowspan="4">250</td><td>4. 0</td></tr>
<tr><td>凸凹面 MFM</td><td rowspan="3">4. 0 ~ 6. 3</td></tr>
<tr><td>榫槽面 TG</td></tr>
<tr><td>环连接面 RJ</td></tr>
<tr><td>常压快开手孔</td><td>HG 21532—1995</td><td></td><td>150 ~ 250</td><td>常压</td></tr>
<tr><td rowspan="2">回转盖快开手孔</td><td rowspan="2">HG 21532—1995</td><td>平面 FS</td><td rowspan="2">150 ~ 250</td><td rowspan="2">0. 25</td></tr>
<tr><td>榫槽面 TG</td></tr>
</table>

5. 2. 7　视镜

视镜是用来观察设备内部物料化学和物理变化过程情况的一种装置。视镜除受工作压力外，还要承受高温、热应力和化学腐蚀作用。视镜的设计还需考虑视镜玻璃的工作压力。

视镜的形状多为圆形或长方形，而又以圆形视镜最为普遍。玻璃表面多数是平面，有时为了特殊的目的，也用球面。

视镜的公称直径一般为 DN50、80、100、125、150，单位 mm。DN50mm 一般用于小容器；DN80mm 只能供一只眼睛窥视；DN125mm 可供两只眼睛窥视；DN150mm 则供较大的容器、反应器、塔设备使用。

几种典型的视镜结构形式如下：

① 圆形视镜结构形式　最常用的如图 5－20 所示，有不带颈(a)和带颈视镜(b)。不带颈视镜结构简单，便于窥视。在不宜把视镜直接焊在设备上时，可采用带颈视镜。由于采用了一短管，使视野受到限制，且该种视镜不适于悬浮液介质。

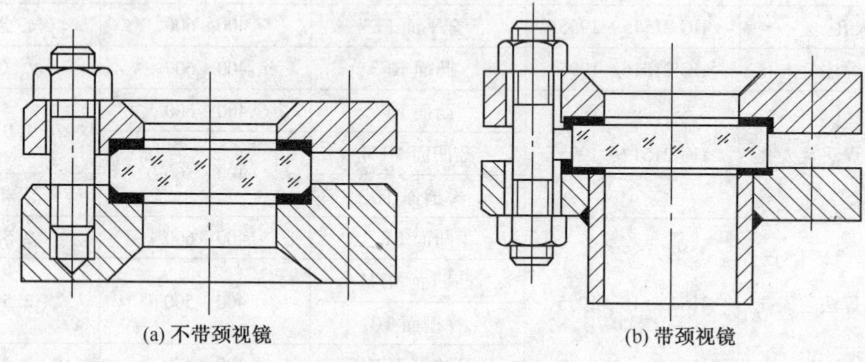

(a) 不带颈视镜　(b) 带颈视镜

图 5－20　常见圆形视镜

② 附加衬膜的视镜　如图 5－20 视镜用于对玻璃有腐蚀性、冲刷的介质时，可在玻璃内层与物料接触处衬一层聚四氟乙烯薄膜。如用在烧碱蒸发器上，能显著延长玻璃的使用寿命。为了提高视镜的操作温度，可衬一层云母片。

③ 有安全保护装置的视镜　通常用于可能因冲击、振动或温度剧烈变化而使玻璃破裂的视镜可采用如图 5－21 结构。图 5－21(a)为双层玻璃安全视镜，当视镜用在容器侧面时，内层玻璃破裂，还有外层，不会使介质喷出伤人。图 5－21(b)为保护网视镜结构。图 5－21(c)为防护圆盘结构。

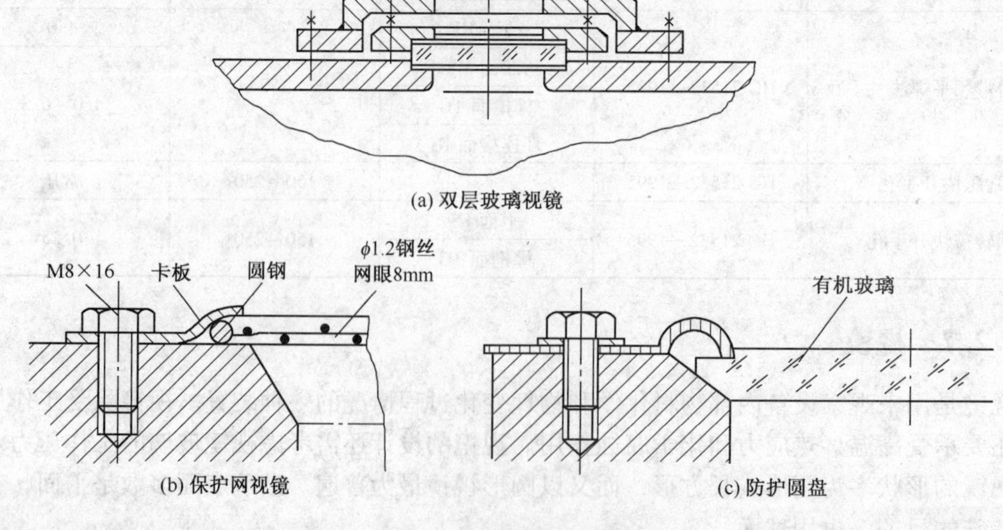

(a) 双层玻璃视镜

(b) 保护网视镜　(c) 防护圆盘

图 5－21　有安全保护装置的视镜

图 5－22 带罩视镜，正常生产时合上罩子，观察时先打开罩上的旋塞，试探玻璃是否破裂，然后再开罩观察。这种视镜结构复杂，使用不便。适用于视镜玻璃破裂后会产生严重影响的场合。

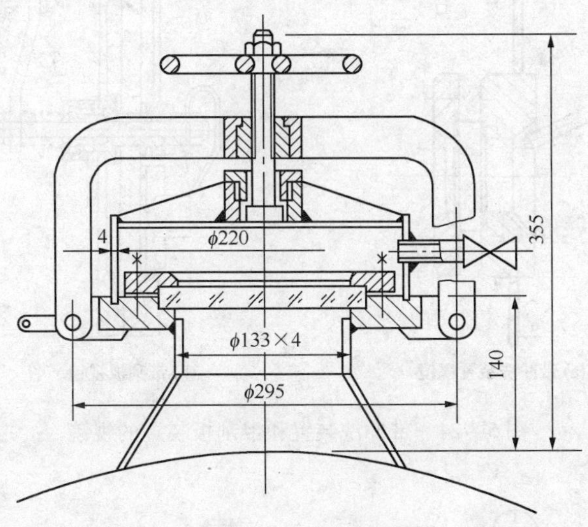

图 5－22　带罩视镜

④ 保温视镜　如图 5－23 为用于需要保温的视镜。如，用于低温或高温设备时，可防止视镜表面形成霜露而影响观察或照明。

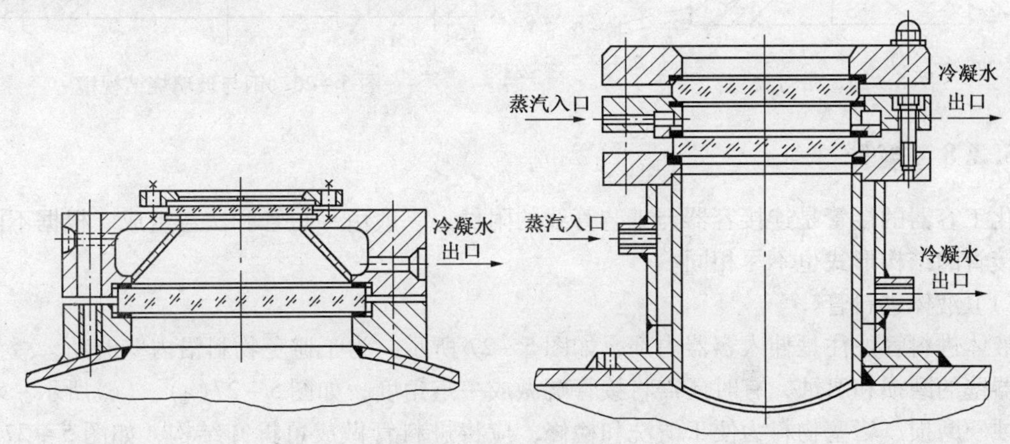

图 5－23　带保温视镜

⑤ 带刮板或有冲洗装置的视镜　因介质结晶、水汽冷凝等原因严重影响观察时，必须装设如图 5－24(a)所示装置，若不能装设冲洗装置时，可用图 5－24(b)带刮板的视镜，这种视镜结构较复杂。

⑥ 带灯视镜　带灯视镜有视镜和视镜灯组成，如图 5－25 所示，优点是观察清晰，操作简便，并能少开一个灯孔视镜。

⑦ 钢与玻璃烧结视镜　它是将视镜玻璃与视镜座烧结为一体的新型视镜，可直接用螺栓与设备连接，视镜座与视镜玻璃之间没有密封面，可减少泄漏点，具有结构紧凑，安装简便的优点，如图 5－26 所示。

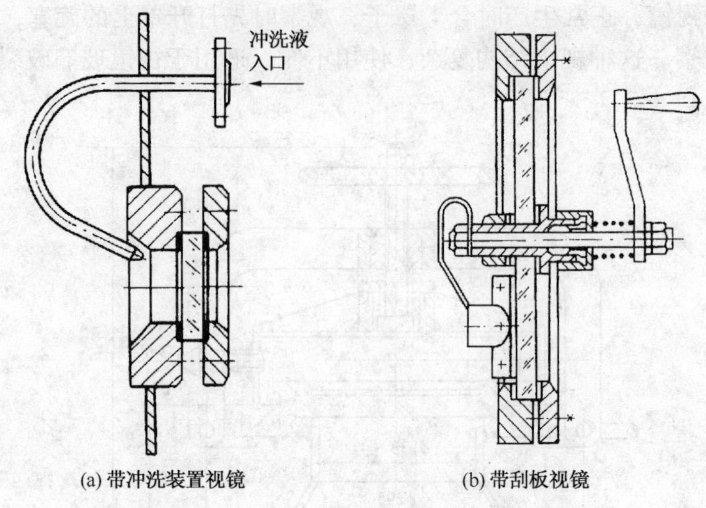

(a) 带冲洗装置视镜　　(b) 带刮板视镜

图 5-24　带冲洗装置和带刮板装置的视镜

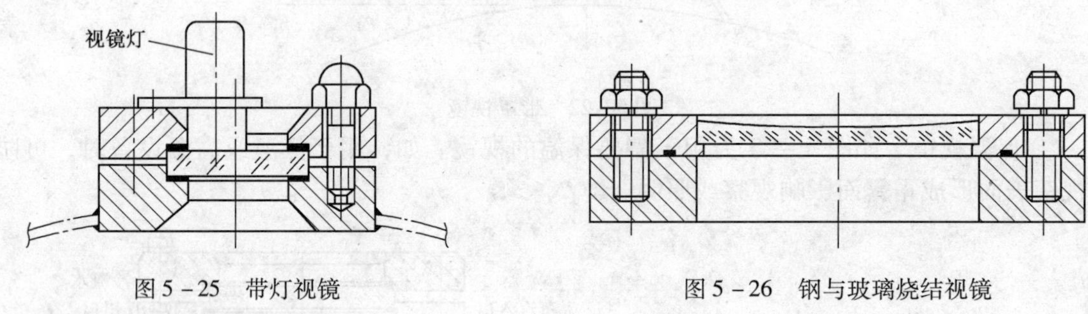

图 5-25　带灯视镜　　图 5-26　钢与玻璃烧结视镜

5.2.8　接管

化工容器的接管是连接容器与工艺管线的附件，一般由一短管和法兰组成。根据不同用途，接管的结构形式也不尽相同。

(1) 液体进料管

液体进料管往往是伸入容器内部，如图 5-27 所示，为了避免物料沿内壁流动，减少物料对器壁的磨损和腐蚀，有时还需将接管端做成一定角度，如图 5-27(a)、(c)所示。对于易腐蚀、磨损、堵塞物料为便于清洗和检修，应将进料管做成可拆卸结构，如图 5-27(b)所示。图 5-27(c)、(d)形式适用于易燃而又不导电的液体，进料管插入液体中，使进料液和槽中的液体形成同一电位，防止因电位差产生静电效应。但对于会产生沉淀物的液体，插入太深会引起沉淀物冲起。一般插入约为全高的2/3。为了防止虹吸现象，如图 5-27(c)所示，在接管上部开 ϕ5mm 小孔或如图 5-27(d)上部敞开。另外，进料口插入液体中，对减少冲击液面而产生泡沫及稳定液面等也是有好处的。

(2) 出料管

① 底部排出管　液体出口管应能使液体毫无困难地排出。图 5-28(a)为常压平底容器的排净口，结构较简单。图 5-28(b)工艺配管方便，但排料不彻底。

② 压料管　在化工生产中，需要将液体介质送到与容器平行或较高的设备中去，往往是采用压料管的排料方式。压料管的布置应使管子下端孔口的放置尽可能低，以便排料彻

底。图 5 - 28(c)、(d)用于压料式的排料管，可以比较彻底地压出，图 5 - 28(c)为固定式，图 5 - 28(d)为可拆式。图 5 - 28(e)适用于卧式容器，设备内不允许有积料，且物料无沉淀物的场合。

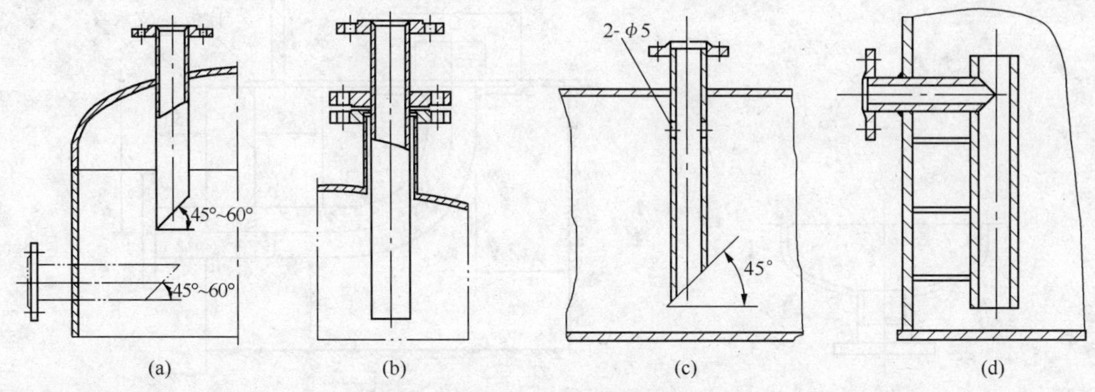

图 5 - 27　液体进料管

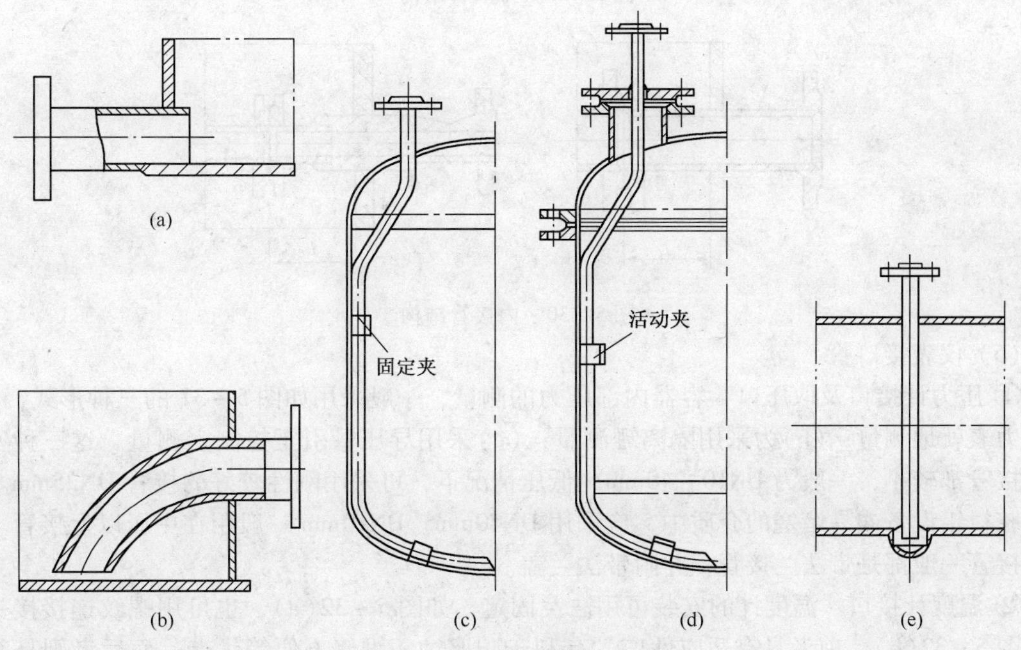

图 5 - 28　液体排料管

（3）排液管

为了排出容器内部沉淀的污物，或排空残液以便清理、检修，必须设置排液管。对成型底盖，通常都设在容器的最下部，如图 5 - 29(a)所示。常压平底储槽的排污管可采用图 5 - 29(b)所示形式。

（4）内接管

设备内部管件需经常拆卸清洗或更换时，设备接管与内部管件的连接可常用如图 5 - 30 所示的可拆式结构。图中 L 尺寸应按安装需要确定。一般，接管直径 DN≤40mm，L = 100mm；DN≤400mm，L = 150mm；DN≥450mm，L = 200mm。

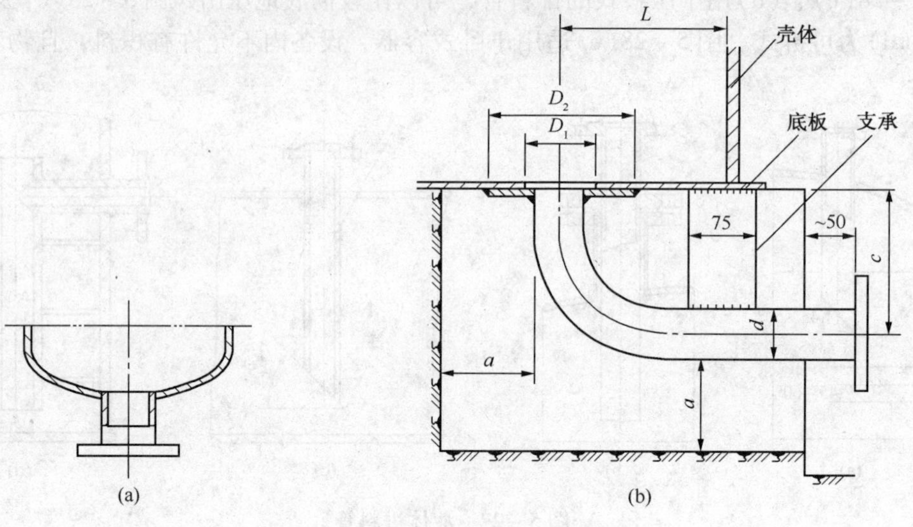

图 5－29　排液管结构

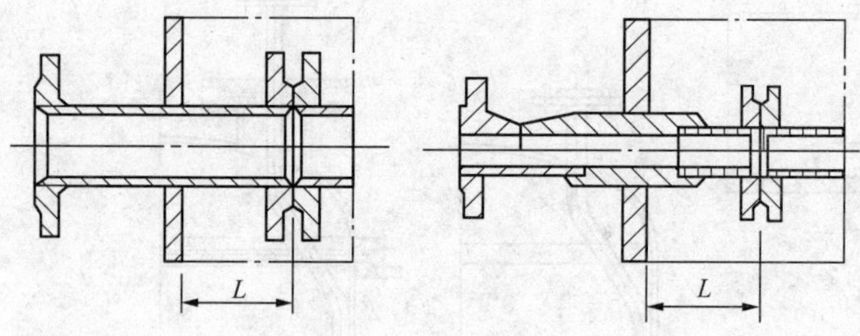

图 5－30　内接管结构

（5）仪表接口管

① 压力计接口及取压口　容器内部压力的测量，一般采用如图 5－31 的三种形式，（a）为压力表就地测量；（b）为采用隔离罐测量；（c）采用导压管引至控制室测量。这三种安装形式接管都较小，一般为 DN10～40mm。低压情况下，可采用刚性较好的接管 DN25mm。用在衬胶衬铅设备或易堵塞的介质中，应采用 DN40mm。DN10mm 一般用在中压以上接管。压力计接管一般都是带法兰接管，并附带法兰盖。

② 温度计接口　温度计的安装可用法兰固定，如图 5－32（a），也可用螺纹连接接头固定如图 5－32（b）。前者具有适应性广，有利于防腐蚀，维修方便等优点。而后者则具有体积小，安装较为紧凑的特点，但不适用于有腐蚀性介质的场合，应用较少。

5.3　容器支座

支座被用来支撑容器和设备重量的同时，还要将容器固定在要求的位置上，此外还要承受地震载荷、风载荷和振动载荷。

支座的型式由容器和设备的型式而定，分为立式设备支座、卧式设备支座和球形容器支座。

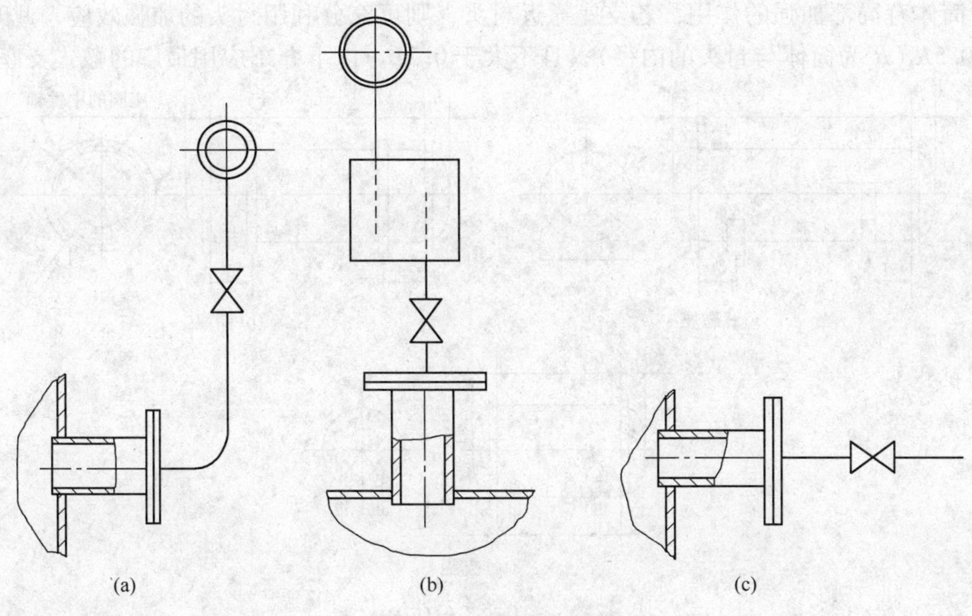

图 5－31 压力表接管形式

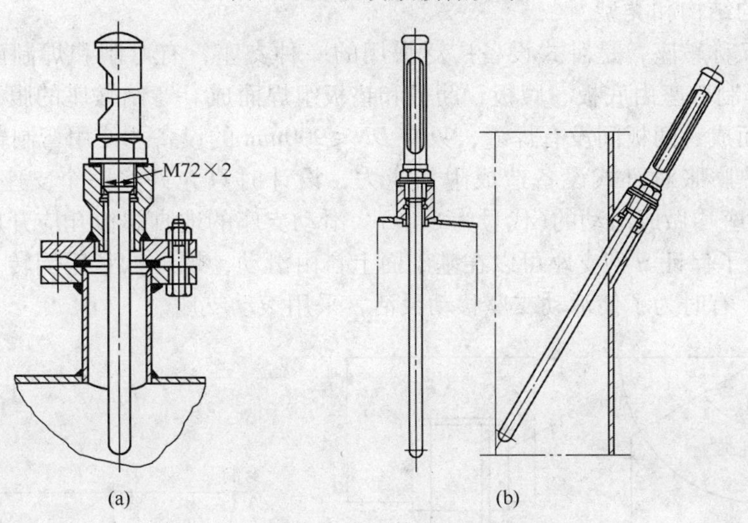

图 5－32 温度计接口

5.3.1 卧式设备支座

卧式设备支座型式有鞍式、圈式和支腿式，如图 5－33 所示。用于换热器、储罐等卧式设备，其中图(a)鞍式支座应用最广泛。某些大型薄壁容器及真空容器，为了增加筒体的刚度常采用圈式支座(b)，对于质量不大的小型卧式容器，可采用结构简单的支腿式支座(c)。

卧式设备多采用双支座，因为一旦采用多支座，虽然设备内应力较小，但由于长期操作，设备基础会产生不均匀沉陷，各支点的支反力不能均匀分配，造成局部应力过高。安置在双支座上的卧式设备其情况与双支点梁相似。如图 5－33(c)，若梁的全长为 L，支座最合理位置应是梁的外伸长度 $A=0.207L$，这时跨间的最大弯矩与支座截面处的弯矩相等，故对于双支点卧式设备，从理论上讲，应取 $A=0.2L$。但是由于封头的刚性大于筒体的刚性，封头对筒体有局部加强的作用，若支座靠近封头，则可充分利用封头的加强效应，此时最好取 $A \leqslant 0.5R_i$（R_i为筒体与封头的内径），且不大于 $0.2L$。以下介绍应用最广的鞍式支座。

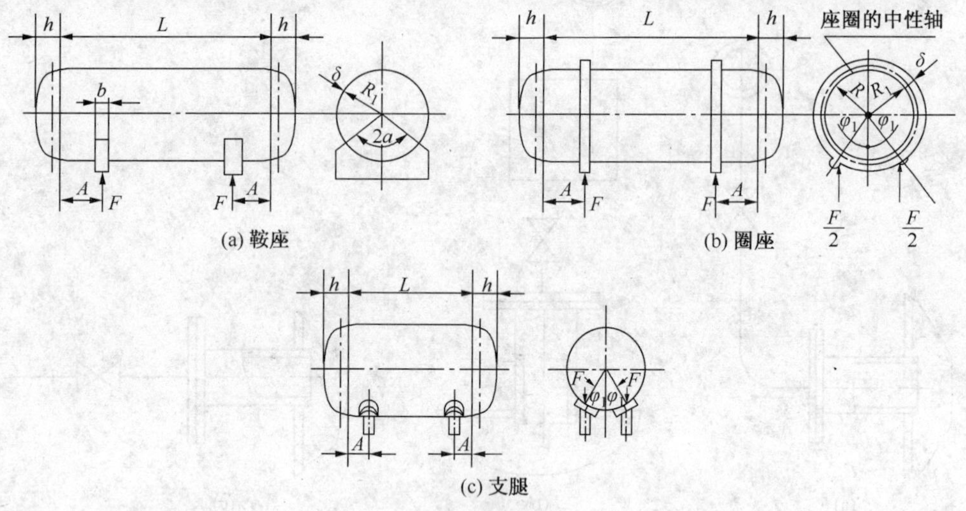

图 5－33　卧式容器支座

（1）鞍座的结构和类型

鞍式支座又称鞍座，是卧式设备广泛采用的一种支座，有弯制和焊制两种类型。如图 5－34 所示，焊制鞍座由底板、腹板、筋板和垫板组焊而成。弯制鞍座的腹板与底板是由同一块钢板弯制而成，两板间没有焊缝，只有 $DN \leqslant 900$mm 的设备才使用弯制鞍座。

为了防止热膨胀对卧式设备造成附加应力，设计时只允许将一个支座固定（代号为 F 型），而其余支座均做成滑动的（代号为 S 型）。滑动支座的地脚螺栓孔应开成长圆孔，如图 5－34 所示。为了保证 S 型支座可以在基础面上自由滑动，螺母拧紧后倒转一周，然后用另一个螺母锁紧；有时为了使活动支座移动灵活，采用滚动支座。

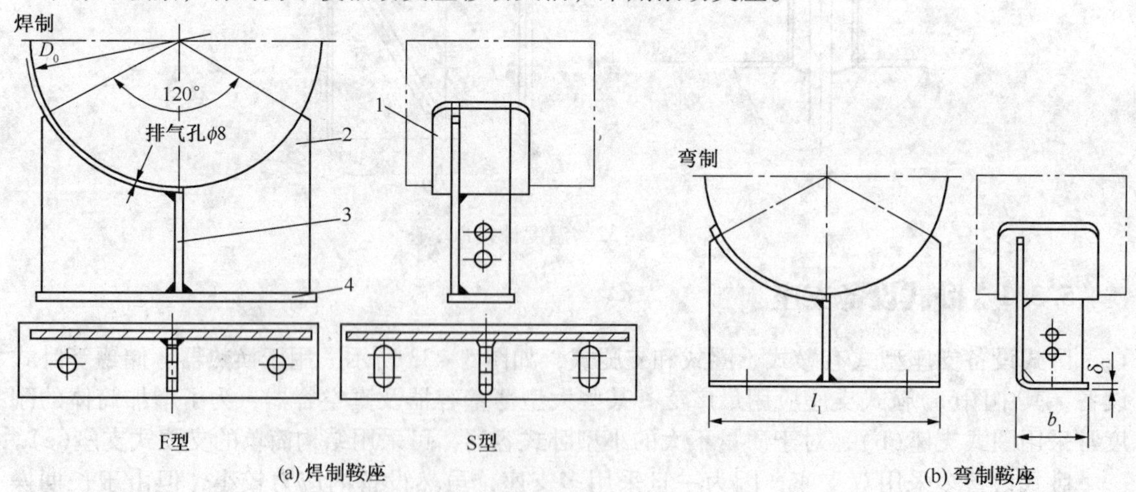

图 5－34　鞍座的结构

1—垫板；2—腹板；3—筋板；4—底板

按承受的最大载荷，鞍座又分为轻型（代号为 A 型，如图 5－35 所示）和重型（代号为 B 型，如图 5－36 所示），$DN \leqslant 900$mm 的设备的鞍座，由于直径较小，支座轻型、重型其四板的尺寸差别不大。因此 $DN \leqslant 900$mm 的设备鞍座只有重型。鞍座大都带有垫板，但对于 $DN \leqslant 900$mm 的设备鞍座也可以不带垫板。

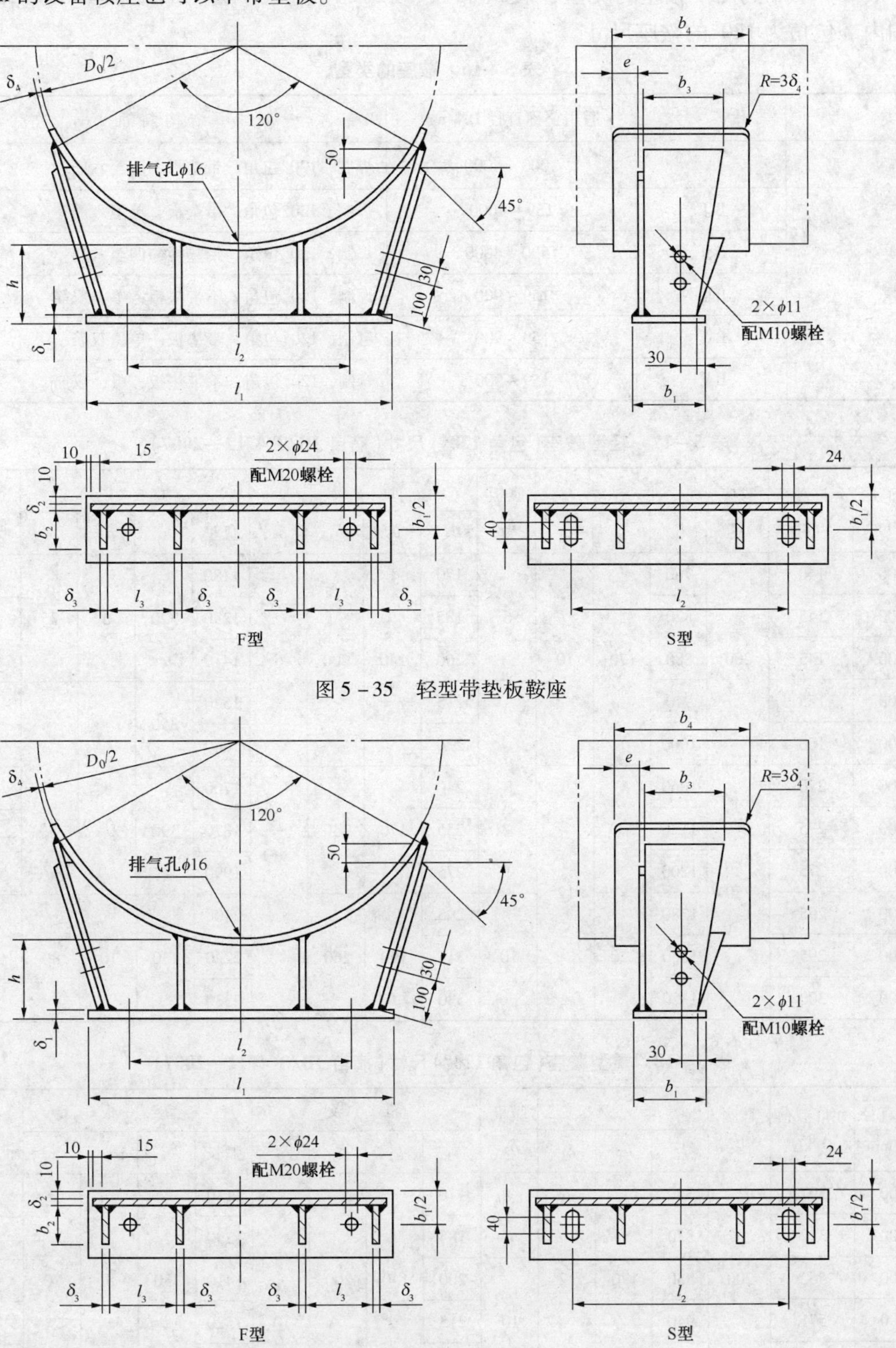

图 5－35　轻型带垫板鞍座

图 5－36　重型带垫板鞍座

（2）鞍座的尺寸和标记

表 5－16 中列出了鞍座的类型，表 5－17、表 5－18 摘录了公称直径在 1000～2000mm 范围内、包角为 120°的鞍座尺寸。

表 5－16　鞍座的类型

类　型	代　号	适用公称直径 DN/mm	结构特征
轻　型	A	1000～4000	焊制，120°包角，带垫板，四至六筋
重　型	BⅠ	159～4000	焊制，120°包角，带垫板，单至六筋
	BⅡ	1500～4000	焊制，150°包角，带垫板，四至六筋
	BⅢ	159～900	焊制，120°包角，不带垫板，单、双筋
	BⅣ	159～900	弯制，120°包角，带垫板，单、双筋
	BⅤ	159～900	弯制，120°包角，不带垫板，单、双筋

表 5－17　轻型鞍座（包角 120°）尺寸（摘自 JB/T 4712—2007）

公称直径	允许载荷	鞍座	底板			腹板	筋板				垫板				螺栓
DN/mm	Q/kN	高度 h	l_1	b_1	δ_1	δ_2	l_3	b_2	b_3	δ_3	弧长	b_4	δ_4	e	间距 l_2
1000	140		760				170				1180				600
1100	145		820			6	185				1290	320	6	35	660
1200	145	200	880	170	10		200	140	200	6	1410				720
1300	155		940				215				1520	350			780
1400	160		1000				230				1640				840
1500	270		1060			8	240				1760		8	70	900
1600	275		1120	200			255	170	240		1870	390			960
1700	275	250	1200		12		275			8	1990				1040
1800	295		1280				295				2100				1120
1900	295		1360	220		10	315	190	260		2220	430	10	80	1200
2000	300		1420				330				2330				1260

表 5－18　重型鞍座（包角 120°）尺寸（摘自 JB/T 4712—2007）

公称直径	允许载荷	鞍座	底板			腹板	筋板				垫板				螺栓
DN/mm	Q/kN	高度 h	l_1	b_1	δ_1	δ_2	l_3	b_2	b_3	δ_3	弧长	b_4	δ_4	e	间距 l_2
1000	307		760			8	170			8	1180				600
1100	312		820				185				1290				660
1200	562	200	880	170	12		200	140	200		1410	350	8	70	720
1300	571		940			10	215			10	1520				780
1400	579		1000				230				1640				840

续表

<table>
<tr><td rowspan="2">公称直径 DN/mm</td><td rowspan="2">允许载荷 Q/kN</td><td rowspan="2">鞍座高度 h</td><td colspan="3">底板</td><td>腹板</td><td colspan="4">筋板</td><td colspan="4">垫板</td><td rowspan="2">螺栓间距 l_2</td></tr>
<tr><td>l_1</td><td>b_1</td><td>δ_1</td><td>δ_2</td><td>l_3</td><td>b_2</td><td>b_3</td><td>δ_3</td><td>弧长</td><td>b_4</td><td>δ_4</td><td>e</td></tr>
<tr><td>1500</td><td>786</td><td rowspan="6">250</td><td>1060</td><td rowspan="3">200</td><td rowspan="6">16</td><td rowspan="3">12</td><td>242</td><td rowspan="3">170</td><td rowspan="3">240</td><td rowspan="6">12</td><td>1760</td><td rowspan="3">440</td><td rowspan="6">10</td><td rowspan="6">90</td><td>900</td></tr>
<tr><td>1600</td><td>796</td><td>1120</td><td>257</td><td>1870</td><td>960</td></tr>
<tr><td>1700</td><td>809</td><td>1200</td><td>277</td><td>1990</td><td>1040</td></tr>
<tr><td>1800</td><td>856</td><td>1280</td><td rowspan="3">220</td><td rowspan="3">14</td><td>296</td><td rowspan="3">190</td><td rowspan="3">260</td><td>2100</td><td rowspan="3">460</td><td>1120</td></tr>
<tr><td>1900</td><td>867</td><td>1360</td><td>316</td><td>2220</td><td>1200</td></tr>
<tr><td>2000</td><td>875</td><td>1420</td><td>331</td><td>2330</td><td>1260</td></tr>
</table>

鞍座的材料大都采用Q235－A，如需改用其他材料，垫板材料一般应与容器材料相同。

鞍座标记：

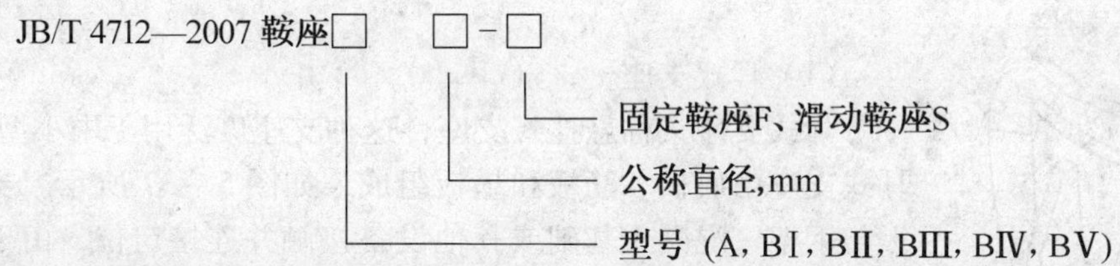

（3）鞍座的选用

鞍座选用的主要依据是设备的公称直径，选用鞍座时应遵循以下原则：

① 鞍座实际承受的最大载荷 Q_{max} 必须小于鞍座的允许载荷[Q]。

② $DN \leqslant 900$mm 的设备鞍座可以不带垫板，但有下列情况时应选用带垫板的鞍座：

a. 容器壳体的有效厚度小于等于3mm；

b. 容器壳体有热处理要求时，且垫板要在壳体热处理前焊上去；

c. 容器壳体与鞍座间的温差大于200℃时；

d. 容器壳体材料与鞍座材料不具有相同或相近的化学成分和性能指标时。

③ 鞍座安放的位置，依前面所述，$A \leqslant 0.5R_i$（R_i 为筒体与封头的内半径），且不大于 $0.2L$。

④ 两个鞍座必须是F型、S型搭配使用。以防止热膨胀对容器造成的附加应力。

【例5－4】试为一个卧式储罐选择一对鞍座。已知储罐的总质量为260kg，内径1000mm，壳体壁厚为8mm，筒体长度4.5m，两端为标准椭圆形封头，储存物料为甲苯，密度为867kg/m³。

解：由于甲苯的密度小于水，因此储罐在做水压试验时的总质量为设备的最大质量。

（1）计算设备的总容积

封头的容积 V_1，查附录四，得 $V_1 = 0.151\text{m}^3$

筒体容积 V_2，$V_2 = \dfrac{\pi D_i^2}{4}L = \dfrac{3.14 \times 1^2}{4} \times 4.5 = 3.53\text{m}^3$

储罐总容积 $V = 2V_1 + V_2 = 2 \times 0.151 + 3.53 = 3.83\text{m}^3$

（2）计算设备的最大质量

水压试验时，水的质量：$m_1 = V\rho = 3.83 \times 1000 = 3830\text{kg}$

设备的最大质量 $m = 3830 + 260 = 4090\text{kg}$

（3）鞍座的选择

每个鞍座承重 $Q_{\max} = \frac{mg}{2} = \frac{4090 \times 9.81}{2} = 20.06\text{kN}$

查表 5－16 和表 5－17，可选用 A 型鞍座，包角 120°带垫板，四块筋板，其允许载荷［Q］＝140kN，可以使用。

两个鞍座的标记分别为：

JB/T 4712—2007，鞍座 A 1000－F

JB/T 4712—2007，鞍座 A 1000－S

5.3.2 立式设备支座

立式设备支座的型式主要有耳式、腿式、支承式和裙式支座，应用于各类塔器、反应器、立式换热设备、立式储罐等。中、小型立式设备常采用前三种支座，高大的塔设备则广泛采用裙式支座。

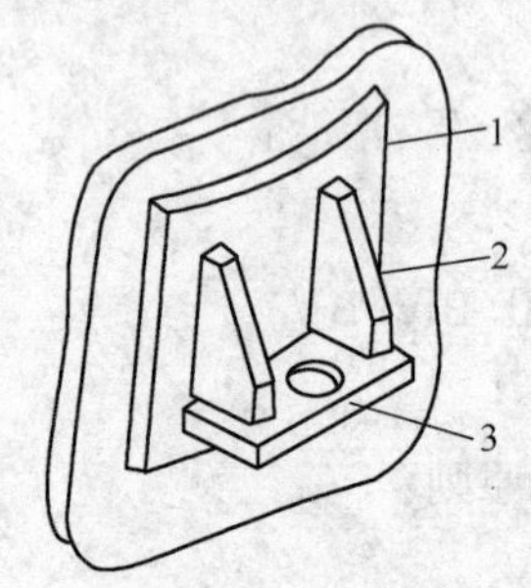

图 5－37 耳式支座结构
1—垫板；2—筋板；3—底板

（1）耳式支座

耳式支座又称悬挂式支座，这种支座广泛用于中小型立式容器。耳式支座由底板、筋板和垫板组成，如图 5－37 所示。支座通过底板与钢架、混凝土基础或其他设备接触并连接定位，由于耳式支座与筒壁的接触面积小，会使筒壁存在较大的局部应力，故对直径较大或器壁较薄的设备，在支座与筒壁之间加一块垫板，以降低局部应力。当设备公称直径不超过 900mm，且壳体有效厚度大于 3mm，壳体材料与支座材料相同或相近时，也可以采用不带垫板的耳式支座。

按筋板宽度的不同，耳式支座还有短臂（代号为 A）和长臂（代号为 B）之分。因此，耳式支座共有四种形式，如图 5－38、图 5－39 其中 A 型和 B 型带垫板，AN 型和 BN 型则不带垫板。耳式支座的尺寸在 JB/T4725—2007 中可查，表 5－19 摘录了部分数据。

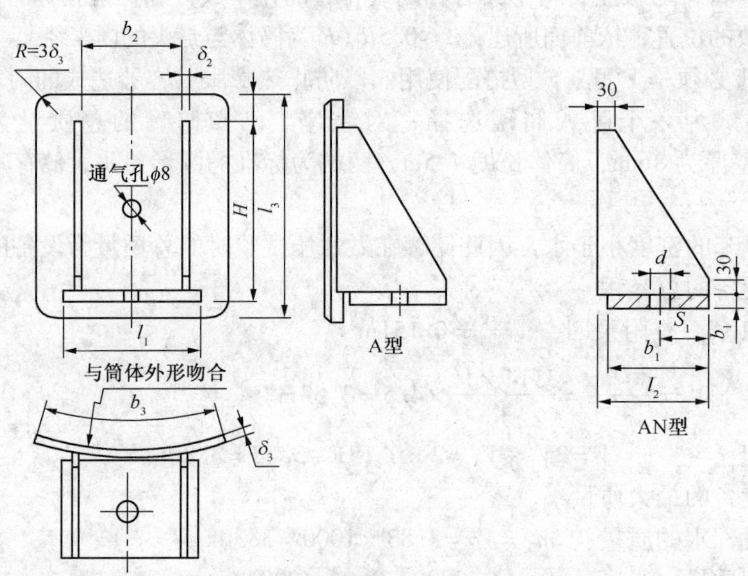

图 5－38 A 型和 AN 型耳式支座

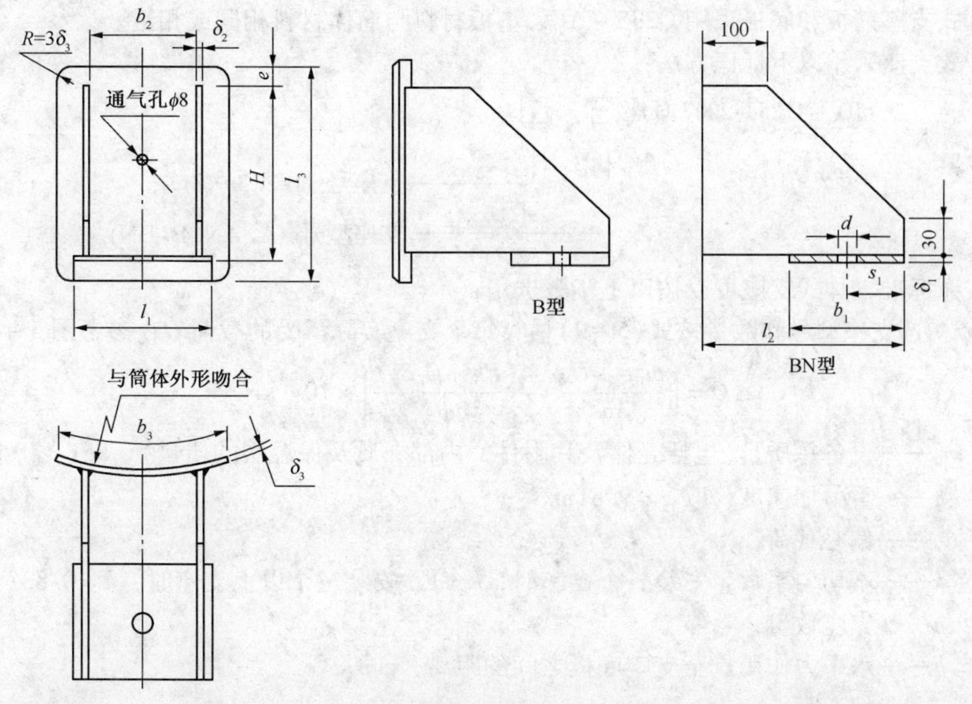

图 5－39　B 型和 BN 型耳式支座

表 5－19　耳式支座尺寸(摘自 JB/T 4712—2007)　　mm

型式	支座号	支座本体允许载荷/kN	适用公称直径 *DN*	高度 *H*	底板				筋板			垫板				地脚螺栓	
					l_1	b_1	δ_1	S_1	l_2	b_2	δ_2	l_3	b_3	δ_3	e	d	规格
A、AN 型	1	10	300～600	125	100	60	6	30	80	70	4	160	125	6	20	24	M20
	2	20	500～1000	160	125	80	8	40	100	90	5	200	160	6	24	24	M20
	3	20	700～1400	200	160	105	10	50	125	110	6	250	200	8	30	30	M24
	4	60	1000～2000	250	200	140	14	70	160	140	8	315	250	8	40	30	M24
	5	100	1300～2600	320	250	180	16	90	200	180	10	400	320	10	48	30	M24
	6	150	1500～3000	400	320	230	20	115	250	230	12	500	400	12	60	36	M30
	7	200	1700～3400	480	375	280	22	130	300	280	14	600	480	14	70	36	M30
	8	250	2000～4000	600	480	360	26	145	380	350	16	720	600	16	72	36	M30
B、BN 型	1	10	300～600	125	100	60	6	30	160	70	5	160	125	6	20	24	M20
	2	20	500～1000	160	125	80	8	40	180	90	6	200	160	6	24	24	M20
	3	20	700～1400	200	160	105	10	50	205	110	8	250	200	8	30	30	M24
	4	60	1000～2000	250	200	140	14	70	290	140	10	315	250	8	40	30	M24
	5	100	1300～2600	320	250	180	16	90	330	180	12	400	320	10	48	30	M24
	6	150	1500～3000	400	320	230	20	115	380	230	14	500	400	12	60	36	M30
	7	200	1700～3400	480	375	280	22	130	430	270	16	600	480	14	70	36	M30
	8	250	2000～4000	600	480	360	26	145	510	350	18	720	600	16	72	36	M30

耳式支座筋板和底板采用 Q235 - AF，垫板材料与筒体材料相同或相近。

耳式支座采用以下标记方法：

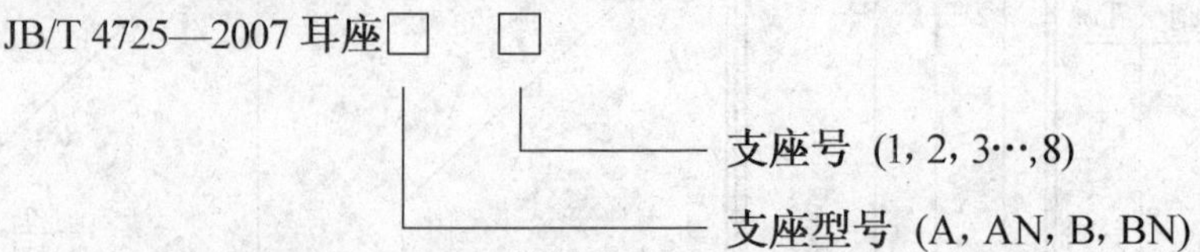

按照标准，耳式支座可以按以下步骤选用：

① 初选支座型号和数量按式(5 - 9)估算每个支座实际承受的载荷 Q，参考图 5 - 40。

$$Q=\left[\frac{m_0g+G_e}{kn}+\frac{4(Ph+G_eS_e)}{n\phi}\right]\times10^{-3}\text{kN} \tag{5-9}$$

式中 m_0——设备总质量(包括壳体及其附件，内部介质及保温层的质量)，kg；

g——重力加速度，取 $g=9.81\text{m/s}^2$；

G_e——偏心载荷，N；

k——不均匀系数，安装三个支座时，$k=1$，安装三个以上支座时，$k=0.83$；

n——支座数量；

h——水平力作用点至支座底板之间的距离，mm；

S_e——偏心距，mm；

ϕ——螺栓分布圆直径，根据图 5 - 41 可导出：

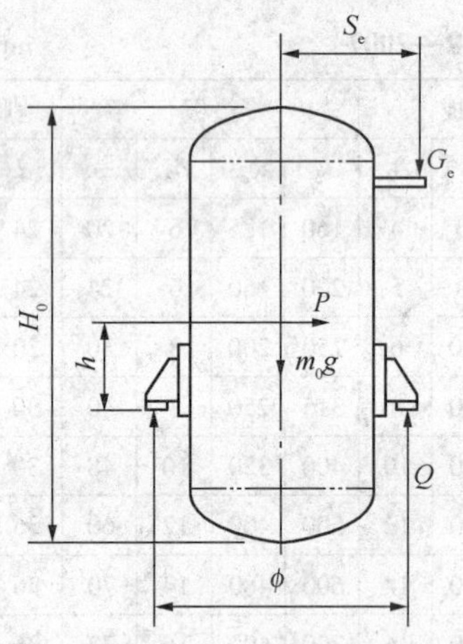

图 5 - 40 载荷 Q 计算参考图

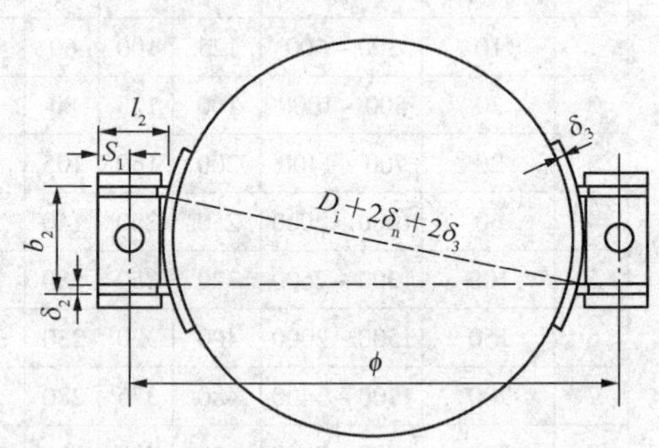

图 5 - 41 螺栓分布圆直径计算参考图

$$\phi=\sqrt{(D_i+2\delta_n+2\delta_3)^2-(b_2-2\delta_2)^2}+2(l_2-S_1) \tag{5-10}$$

式中 D_i——壳体内径，mm；

δ_n——壳体名义厚度，mm；

δ_2——筋板的厚度，mm；

δ_3——垫板的厚度，mm；

b_2——两筋板内侧的间距，mm；

l_2——筋板的宽度，mm；

S_1——底板螺栓孔中心线到筋板外边缘的距离，mm；

P——力，取水平地震力 P_e 和水平风载荷 P_w 二者中的大值，N。

$$P_e = 0.5\alpha_0 m_0 g \tag{5-11}$$

$$P_w = 0.95 f_i q_0 D_o H_0 \times 10^{-6} \tag{5-12}$$

式中　α_0——地震系数，对地震烈度为 7、8、9 时分别取 0.23、0.45、0.9；

f_i——风压高度变化系数，按表 5-20 选取；

q_0——10m 高度处的基本风压值，N/m^2；

D_o——容器外径，有保温层时取保温层外径，mm；

H_0——容器高度，mm。

表 5-20　风压高度变化系数 f_i

距地面高度/mm	A	B	C
5	1.17	0.80	0.54
10	1.38	1.00	0.71

注：高于 10m 不用耳式支座，A——海岛、海岸湖岸及沙漠地区；B——田野、乡村、丛林及房屋比较稀疏的中小城镇和大城市郊区；C——有密集建筑群的大城市市区。

② 查表 5-19，确定支座允许载荷[Q]，若[Q]≥Q，则说明支座是可用的；否则需重新选定支座或增加支座数量，并回到步骤①重新计算。

③ 校核支座反力对器壁作用的外力矩 M。作用于支座底板上的支反力 Q 平移到容器器壁时，将产生附加力偶矩 M，可按式(5-13)计算：

$$M = \frac{Q(l_2 - S_1)}{10^3} \tag{5-13}$$

为了保证支承的安全性，按上式计算所得的结果 M 值应不大于容器筒体限定的支座的许用外力矩[M]，即 M≤[M]，否则需重新选择支座或增加支座数量，并进行上述校核，直到满足 M≤[M]为止。影响许用外力矩[M]的因素很多，包括筒体的公称直径、工作压力、有效壁厚、材质、支座型号等。表 5-21 中摘录了一些由容器壳体限定的支座的许用外力矩。

表 5-21　容器筒体限定的支座的许用外力矩[M]（摘自 JB/T 4712—2007）

圆筒有效厚度	支座号	公称直径 DN/mm	筒体内压/MPa							
			0.0		0.6		1.0		1.6	
			A、B	C	A、B	C	A、B	C	A、B	C
8	2	600	5.72	13.00	5.17	11.79	4.79	10.94	4.18	9.60
		700	5.03	10.85	4.39	9.50	3.96	8.58	3.28	7.14
		800	4.45	9.46	3.77	7.97	3.31	6.83	2.61	5.31
		900	4.40	9.45	3.76	7.87	3.27	6.79	2.46	5.12
		1000	4.30	9.37	3.75	7.72	3.16	6.70	2.25	4.80
	3	700	7.80	16.22	6.82	14.19	6.15	12.80	5.12	10.65
		800	7.18	14.21	5.65	11.69	4.96	9.98	3.90	7.67
		900	7.15	14.10	5.60	11.62	4.95	9.95	3.73	7.53
		1000	7.12	14.01	5.55	11.61	4.85	9.87	3.46	7.12

续表

圆筒有效厚度	支座号	公称直径 DN/mm	筒体内压/MPa							
			0.0		0.6		1.0		1.6	
			A、B	C	A、B	C	A、B	C	A、B	C
10	2	600	7.96	18.15	7.38	16.90	6.98	16.01	6.34	14.60
		700	7.51	16.48	6.84	15.12	6.38	14.16	5.65	12.63
		800	6.90	14.70	6.13	13.14	5.61	12.04	4.79	10.34
		900	6.34	13.02	5.50	11.31	4.93	10.13	4.05	8.33
		1000	5.92	11.62	5.02	9.83	4.41	8.63	3.49	6.79
	3	700	11.74	25.22	10.75	23.17	10.05	21.71	8.94	19.38
		800	10.63	21.92	9.47	19.62	8.67	18.01	7.42	15.48
		900	9.55	18.99	8.29	16.51	7.42	14.81	6.10	12.19
		1000	8.79	17.10	7.36	14.50	6.46	12.59	5.09	9.68
		1100	8.77	16.80	7.40	14.40	6.39	12.37	4.86	9.41

【例5-5】现有一安置在室内的立式容器，内装密度小于水的介质，无保温层，无偏心载荷。壳体内径 $D_i=800\text{mm}$，容器高度 $L=3600\text{mm}$，容器两端为标准椭圆形封头，筒体名义厚度10mm，有效厚度8.2mm，设计压力1.0MPa，设计温度150℃，材料为Q235-B，$[\sigma]^t=113\text{MPa}$，设备总质量为 $m=880\text{kg}$，试为容器选择耳式支座，耳式支座设置在距容器顶部下方1000mm处。(取地震设防烈度为8度，不计风载荷。)

解：(1) 计算容器总质量

由于容器内装密度小于水的介质，故总质量应按水压试验时的质量计算。查附录四可知封头曲面高度为 $h_i=200\text{mm}$，直边 $h_0=25\text{mm}$，容积为 $V_1=0.080\text{m}^3$，则容器装满水时，水的质量：

$$
\begin{aligned}
m_1=V\rho &=\left[2V_1+\frac{\pi}{4}D_i^2(L-2h_i-2h_0)\right]\rho \\
&=\left[2\times0.080+\frac{3.14}{4}\times0.8^2\times(3.6-0.4-0.05)\right]\times1000 \\
&=1742.56\text{kg}
\end{aligned}
$$

设备的最大质量 $m_0=m+m_1=1743+880=2623\text{kg}$

设备的总重量 $G=2623\times9.81=25731\text{N}=25.73\text{kN}$

根据设备总重量和公称直径，查表5-19初选带垫板的A2耳式支座3个。支座本体允许载荷 $[Q]=20\text{kN}$。查表5-21，内插法求得 $[M]=3.54\text{kN}\cdot\text{m}$。

(2) 计算水平力

由于设备置于室内，不考虑风载荷，所以只计算水平地震力即可，根据抗震8度，取 $\alpha_0=0.45$，故由式(5-11)有

$$P=P_e=0.5\alpha_0 m_0 g=0.5\times0.45\times2623\times9.81=5789.6\text{N}$$

(3) 计算螺栓分布圆直径

由式(5－10)有

$$\phi = \sqrt{(D_i + 2\delta_n + 2\delta_3)^2 - (b_2 - 2\delta_2)^2} + 2(l_2 - S_1)$$
$$= \sqrt{(800 + 2 \times 10 + 2 \times 6)^2 - (90 - 10)^2} + 2(100 - 40) = 948.1\text{mm}$$

(4) 每个支座承受的实际载荷 Q

由式(5－9)得：

$$Q = \left[\frac{m_0 g + G_e}{kn} + \frac{4(Ph + G_e S_e)}{n\phi}\right] \times 10^{-3}\text{kN}$$
$$= \left[\frac{25731}{1 \times 3} + \frac{4 \times 5790 \times 800}{3 \times 948.1}\right] \times 10^{-3} = 15.09\text{kN} < [Q]$$

故，所选支座承载能力足够。

(5) 支座处圆筒所受外力矩 M

$$M = \frac{Q(l_2 - S_1)}{10^3} = \frac{15.09 \times (100 - 40)}{10^3} = 0.91\text{kN} \cdot \text{m} < [M]$$

故所选支座没问题。

(2) 支承式支座

支承式支座一般用于容器高度与直径之比小于 5 的立式容器，焊于容器的下封头上。由于支承式支座与容器的接触面积较小，使得壳壁产生较大的局部应力，故需在支座与壳壁间加一块垫板，以改善封头的受力状况。按结构分，支承式支座可分为 A 型和 B 型。A 型支座是用数块钢板焊接而成，其结构如图 5－42 所示，适用于公称直径为 800～3000mm 的容器；B 型支座用钢管制成，结构如图 5－43 所示，适用于公称直径 800～4000mm 的容器。

支承式支座垫板材料一般应与容器封头材料相同，底板材料为 Q235－A。A 型支座筋板材料为 Q235－A；B 型支座钢管材料为 10 号钢，也可以根据需要选用其他支座材料。

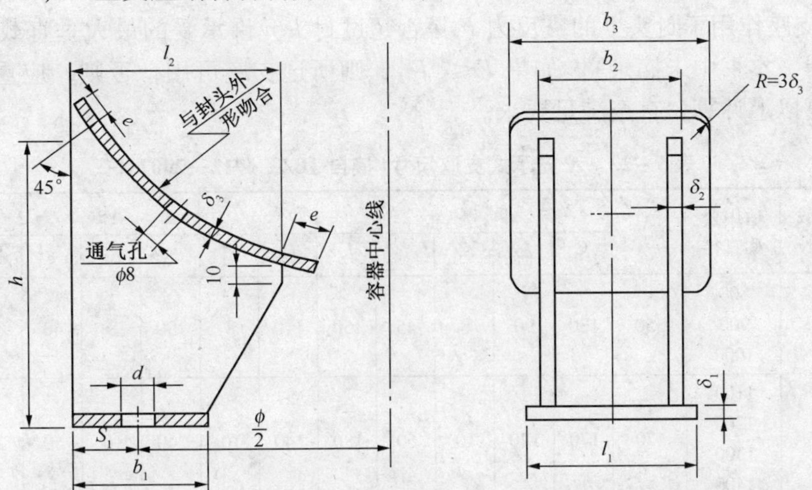

图 5－42　A 型支承式支座

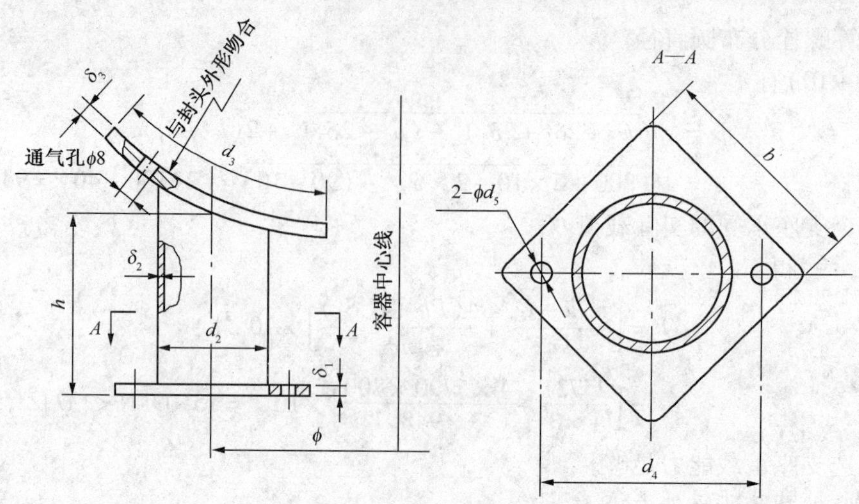

图 5－43　B 型支承式支座

支承式支座的标记方法如下：

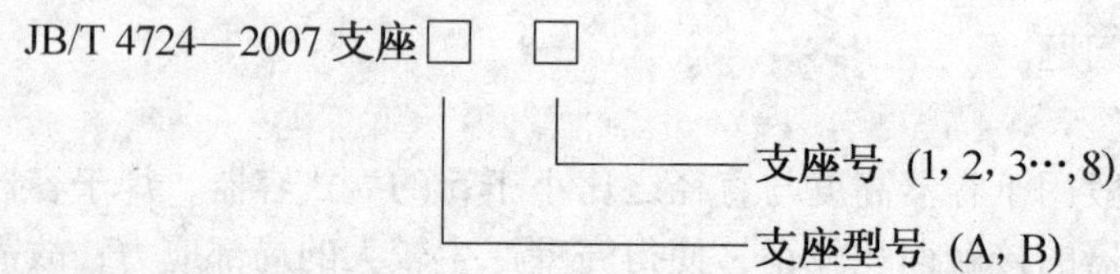

支承式支座的选择步骤如下：

① 根据容器的公称直径 DN，从表 5－22 和表 5－23 中初选一支座，并设定支座数目；

② 估算每个支座承受的实际载荷 Q。设采用 n 个支座，每个支座应承受的载荷按式(5－9)计算；

③ 查表 5－22 或表 5－23，确定选取支座的许用载荷[Q]。实际载荷 Q 不得大于允许载荷[Q]，否则需重新选择支座号或增加支座数目，并重复以上计算，直至满足[Q]$\geqslant Q$。

④ 校核支座作用于封头上的支反力 F 是否超过封头允许承受的最大垂直载荷[F]([Q]可查标准获得，本书中未摘录)。如果 $F\leqslant$[F]，则所选支座可用，否则，应重新选择支座型号，并重复以上计算，直至满足要求。

表 5－22　A 支承式支座尺寸(摘自 JB/T 4712—2007)　　mm

支座号	允许载荷/kN	适用公称直径	高度	底板				筋板			垫板			地脚螺栓		
				l_1	b_1	δ_1	S_1	l_2	b_2	δ_2	b_3	δ_3	e	d	规格	S_2
1	20	800 900 1000	350	130	90	8	45	150	110	8	190	8	40	24	M20	280 315 350
2	40	1100 1200 1300 1400	420	170	120	10	60	180	140	10	240	10	50	24	M20	370 420 475 525
3	60	1500 1600 1700 1800	460	210	160	14	80	240	180	12	300	12	60	30	M24	550 600 625 675

续表

支座号	允许载荷/kN	适用公称直径	高度	底板				筋板			垫板			地脚螺栓		
				l_1	b_1	δ_1	S_1	l_2	b_2	δ_2	b_3	δ_3	e	d	规格	S_2
4	100	1900 2000 2100 2200	500	230	180	16	90	270	200	14	320	14	60	30	M30	700 750 775 825
5	150	2400 2600	540	260	210	20	95	330	230	14	370	16	70	36	M30	900 975
6	200	2800 3000	580	290	240	24	110	360	250	16	390	18	70	36	M30	1050 1125

表 5－23　B 支承式支座尺寸（摘自 JB/T 4712—2007）　　mm

支座号	允许载荷/kN	适用公称直径	高度 h	底板		钢管		垫板		地脚螺栓			D_t	支座高度上限
				b	δ_1	d_2	δ_2	d_3	δ_3	d_4	d_5	规格		
1	100	800 900	310	150	10	89	4	120	6	160	20	M16	500 580	500
2	150	1000 1100 1200	330	160	12	108	4	150	8	180	20	M16	630 710 790	550
3	250	1300 1400 1500 1600	350	210	16	159	4.5	220	8	235	24	M20	810 900 980 1050	750
4	350	1700 1800 1900 2000 2100 2200	400	250	20	219	6	290	10	295	24	M20	1060 1150 1230 1310 1390 1470	800
5	400	2400 2600	420	300	22	273	8	36	12	350	24	M20	1560 1720	850
6	450	2800 3000 3200	460	350	24	325	8	420	14	405	24	M20	1820 1980 2140	950
7	500	3400 3600	490	410	24	377	9	490	16	470	24	M20	2250 2420	1000
8	550	3800 4000	510	460	26	426	9	550	18	530	30	M24	2520 2680	1050

（3）裙式支座

裙式支座属于非标准件，也称裙座，是塔设备广泛采用的一种支座形式。裙座的结构如图 5－44 所示，主要由裙座壳、基础环和地脚螺栓座组成。裙座壳上开人孔、引出管孔、排气孔和排污孔。裙座壳焊在基础环上，基础环将载荷传给基础，同时在它上面焊有地脚螺栓座，地脚螺栓通过地脚螺栓座将裙座牢牢地固定在基础上。

根据其承受载荷的不同，裙座的形式可分为圆筒形和圆锥形两种，如图 5－45 所示。由于圆筒形裙座制造方便，故应用广泛。对于承受较大风载荷及地震载荷的塔，需要配置较多的地脚螺栓和承载面较大的基础环，此时圆筒形裙座的结构尺寸不能满足，就需要采用圆锥形裙座。

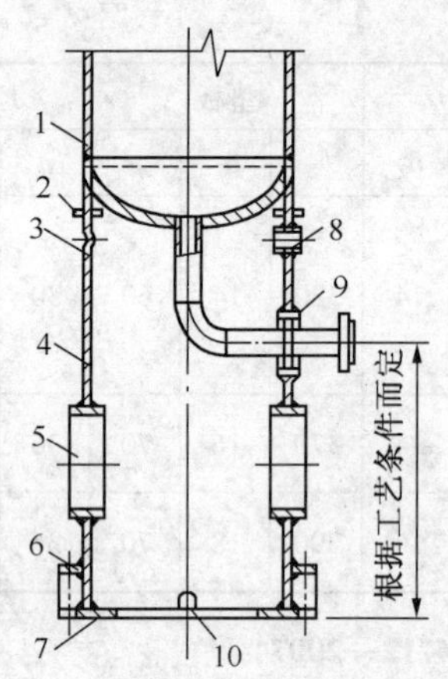

图 5-44 裙式支座的结构

1—塔体；2—保温支承圈；3—无保温时排气孔；
4—裙座壳；5—人孔；6—螺栓座；7—基础环；
8—有保温的排气孔；9—引出管通道；10—排液孔

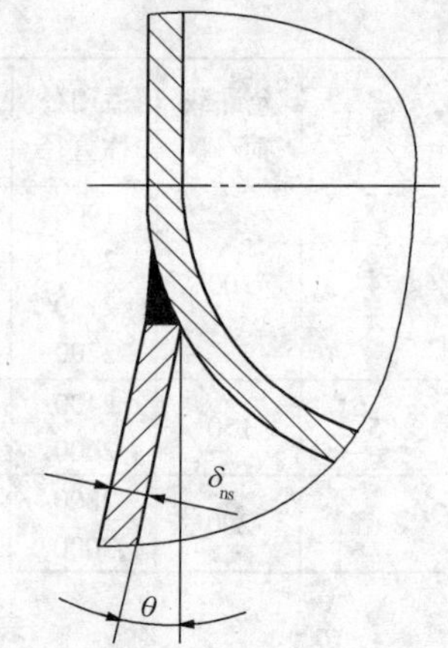

图 5-45 裙座的形式

裙座一般焊接在塔底封头上，焊接形式有对接(图 5-45)和搭接(图 5-46)两种。采用对接焊时，裙座体的外径与下封头外径基本一致。这种结构焊缝承受压缩载荷，封头局部承载。采用搭接焊时，焊接接头的位置既可以在封头直边处，如图 5-46(a)、(b)，也可以在筒体上，如图 5-46(c)、(d)。这种连接结构焊缝承受剪切载荷，焊缝受力不好，故一般多用于直径小于 1000mm 的塔设备。当裙座壳与封头直边段搭接时，此搭接焊缝至封头与圆筒连接的环向焊缝在距离应在 1.7～3 倍裙座壳的壁厚；若裙座与筒体搭接焊，则该焊缝至封头与圆筒连接的环向连接焊缝距离不应小于 1.7 圆筒壁厚。当塔体封头由多块板拼接制成时，拼接焊缝处的裙座壳应开缺口，缺口形式及尺寸见图 5-47。

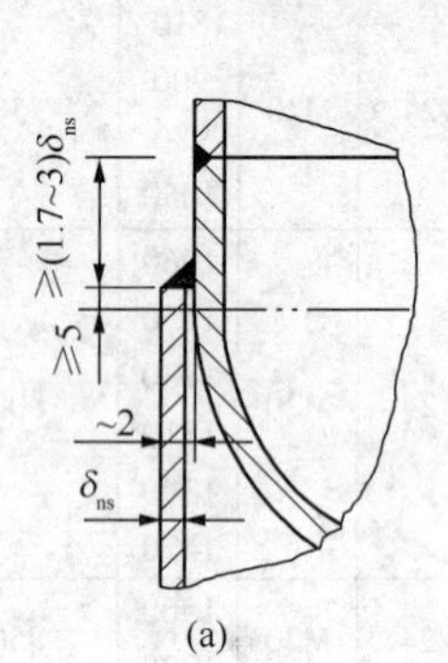

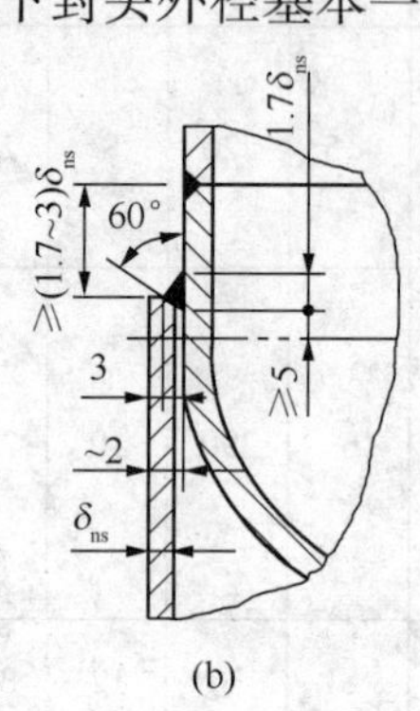

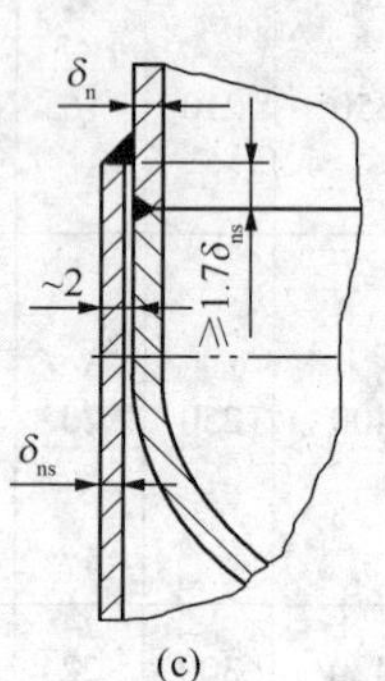

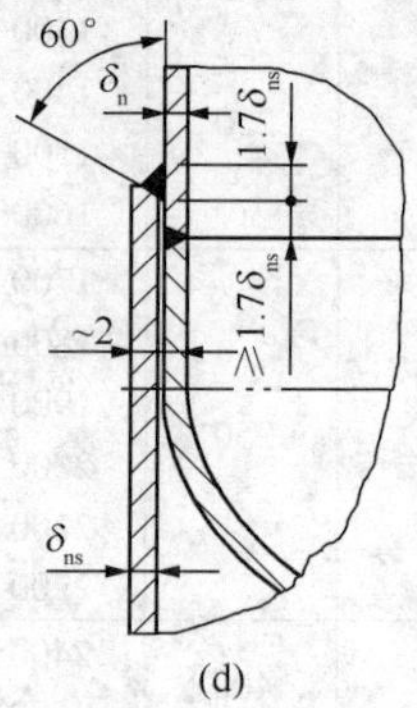

图 5-46 裙座与塔体的塔

塔体
封头
裙座

图 5-47 裙座壳开缺口

塔底部的接管一般需伸出裙座，裙座上的引出孔结构见图 5-48。引出管的加强管上一般应焊有支承筋板，考虑到管子的热膨胀，支承板与引出管之间应留有间隙。

由于裙座不与介质直接接触，也不承受设备内的压力作用，因此可选用较经济的普通碳

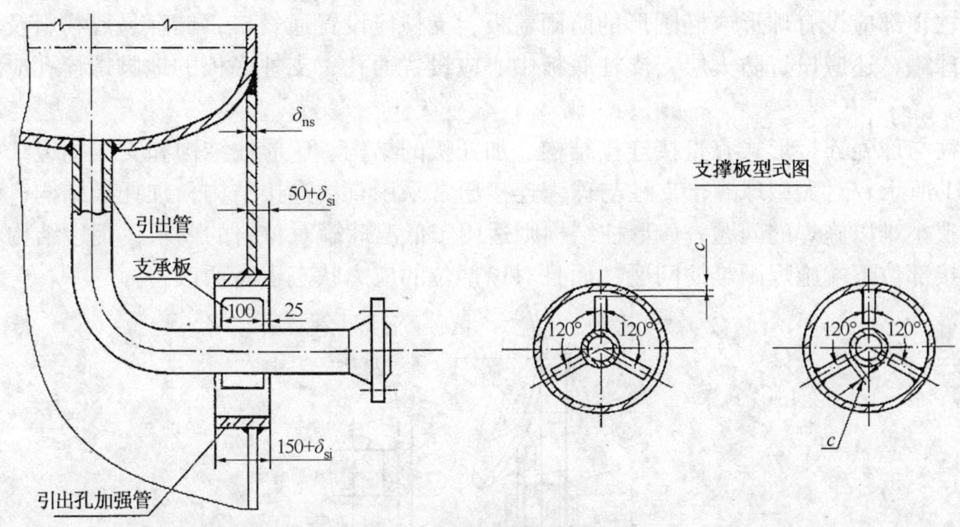

图5－48　塔底接管引出孔

素结构钢。但在选取裙座材质时，还应考虑塔的操作条件、载荷大小及环境温度。常用的裙座壳及地脚螺栓材质为Q235－A和Q235－A·F，但当设计温度低于20℃时，以上两种材料均不适用，应选16Mn来制造裙座。当塔体封头材质为低合金钢或高合金钢时，裙座应增设与塔封头相同材质的短节，短节的长度一般取保温层厚度的4倍。

5.3.3　球罐支座

球形储罐通常设置在室外，受到各种环境的影响，如风载荷、地震载荷和环境温度变化的作用，因此支座的结构形式很多。主要有柱式、裙式、半埋式和高架式，如图5－49所示。使用最广的是柱式支座，柱式支座中又以赤道正切柱式支座应用最多，为国内外普遍采用。

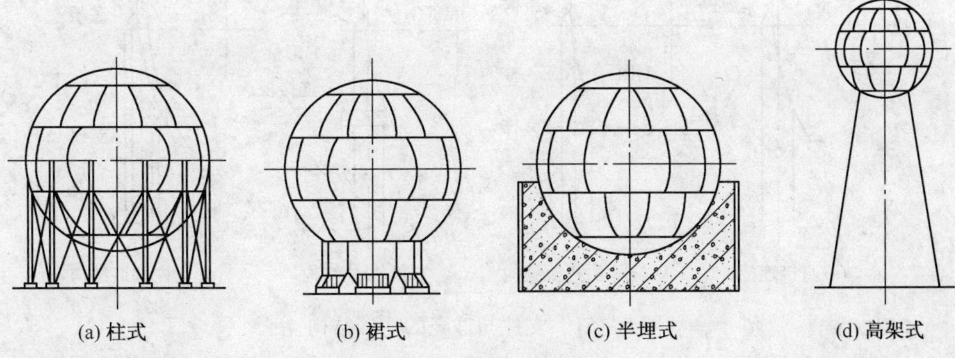

图5－49　球形容器支座

赤道正切柱式支座的结构特点是：多根圆柱状支柱在球壳赤道带等距离布置，支柱中心线与球壳相切或相割焊接起来。为了使支柱在支承球罐的同时还能承受风载荷和地震载荷，保证球罐的稳定性，需在支柱之间设置连接拉杆。这种支座的特点是受力均匀，弹性好，能承受热膨胀的变形，安装方便，施工简单，但支柱会使球罐的重心抬高，稳定性下降。

支柱的结构如图5－50所示，主要由支柱、底板和端板三部分组成。支柱应采用钢管制作，支柱顶部应设有球形或椭圆形的防雨盖板，支柱应设置通气口，储存易燃物料及液化石油气的球罐，还应设置防火层，支柱底板中心应设置通孔，支柱底板的地脚螺栓孔应为径向长圆孔。

支柱与球壳连接形式有直接连接结构、加托板的结构、U 形柱结构和支柱翻边结构，如图 5－51 所示。对大型球罐，支柱与球壳连接通常采用直接连接结构；加托板结构，可以解决空间狭小难以施焊的问题；U 形柱结构则适用于低温球罐对材料的要求；翻边结构不但解决了连接部位下端施焊困难的问题，而且对该部位的应力状态也有所改善。

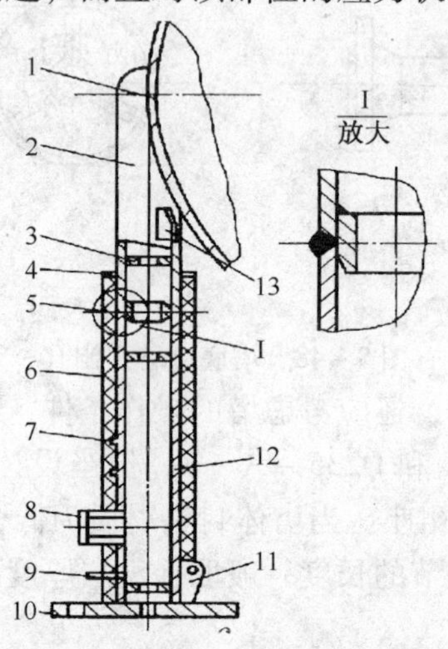

图 5－50　支柱的结构图

1—球壳；2—上部支柱；3—内部筋板；4—外部端板；5—内部导环；6—防火隔热层；7—防火层夹子；8—可熔塞；9—接地凸缘；10—底板；11—下部支耳；12—下部支柱；13—上部支耳

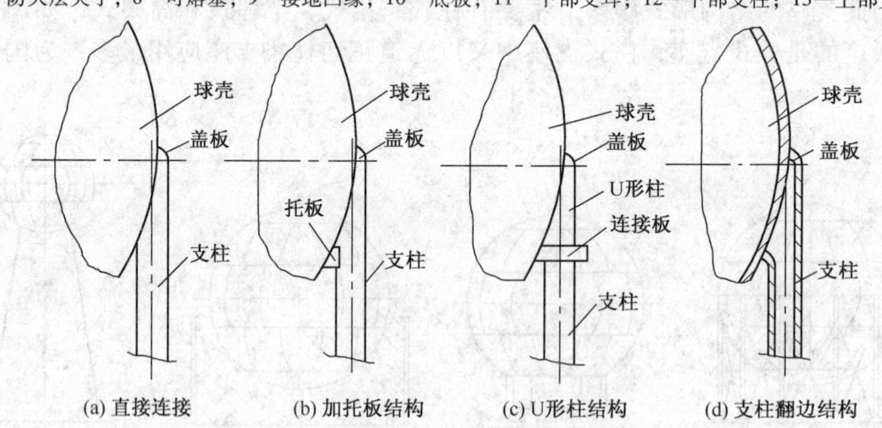

图 5－51　支柱与球壳的连接结构

5.4　安全泄放装置

安全泄放装置是为了保证压力容器安全运行，超压时能自动泄压，防止发生超压爆炸而设置的，主要包括安全阀、爆破片，以及两者的组合装置。

5.4.1　安全阀

安全阀可以根据压力系统的工作压力自动启闭，一般安装于封闭系统的设备或管路上，保护系统安全。当设备或管道内压力超过安全阀设定压力时，即自动开启泄压，保护设备和管道正常工作，防止发生意外，减少损失。

(1) 结构与工作原理

安全阀主要由阀座、阀瓣和加载机构组成。阀瓣与阀座紧扣在一起，形成一密封面，阀瓣上面是加载机构。

以弹簧式安全阀(其实物如图 5－52)为例，其工作全过程如图 5－53 所示。当容器内的压力处于正常工作压力时，容器内介质作用于阀瓣上的力小于加载结构(即弹簧)施加在它上面的力，两力之差在阀瓣与阀座之间构成密封比压，使阀瓣紧压着阀座，容器内的介质无法排出；当容器内的压力超过额定的压力并达到安全阀的开启压力时，介质作用于阀瓣上的力大于加载机构作用在它上面的力，于是阀瓣离开阀座，安全阀开启，容器内的介质通过阀座排出。如果容器的安全泄放量小于安全阀的额定排放量，经一段时间泄放后，容器内压力会降到正常工作压力以下(即回座压力)，此时介质作用于阀瓣上的力已低于加载机构加在它上面的力，阀瓣又回落到阀座上，容器可继续工作。安全阀通过作用在阀瓣上的两个力的不平衡作用，使其关闭和开启，达到自动控制压力的目的。

图 5－52　弹簧式安全阀实物图

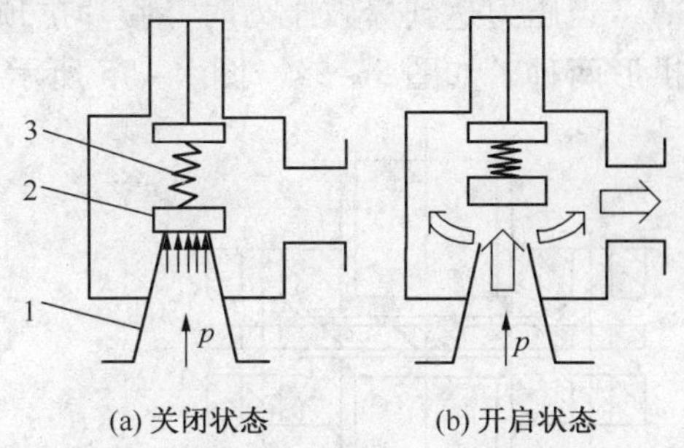

图 5－53　弹簧式安全阀工作原理

1—阀座；2—阀瓣；3—弹簧

(2) 安全阀的分类

安全阀有多种分类方式，按加载机构可分为重锤杠杆式、弹簧式和脉冲式；按阀座的口径与阀瓣的开启高度，也可分为微启式和全启式；按照介质排放方式的不同，又可分为全封闭式、半封闭式和开放式；按作用原理分类，可以分为直接作用式和非直接作用式；按压力是否能调节分类，可分为固定不可调安全阀和可调安全阀，等等。

(3) 安全阀的选用

安全阀的选用应综合考虑压力容器的操作条件、介质特性、载荷特点、容器的安全泄放量、防超压动作要求(动作特点、灵敏性、可靠性、密封性)、生产运行特点、安全技术要求以及维修更换等因素。一般应掌握下列基本原则：

① 对于易燃、毒性程度为中度以上危害的介质，必须选用封闭式安全阀；对于空气或其他气体介质用安全阀，一般选用半封闭或开放式安全阀；

② 蒸汽发电设备的高压旁路安全阀，一般选用具有安全和控制双重功能的先导式安全阀；

③ 若要求对安全阀做定期开启试验时，应选用带提升扳手的安全阀。当介质压力达到开启压力的75%以上时，可利用提升扳手将阀瓣从阀座上略为提起，以检查安全阀开启的灵活性；

④ 若介质温度较高时，为了降低弹簧腔室的温度，一般当封闭式安全阀使用温度超过300℃及开放式安全阀使用温度超过350℃时，应选用带散热器的安全阀；

⑤ 若介质具有腐蚀性时，应选用波纹管安全阀，防止重要零件因受介质腐蚀而失效。

5.4.2 爆破片

爆破片是压力容器、管道的重要安全装置。它能在规定的温度和压力下发生断裂来达到泄放压力的目的。泄压后爆破片不能继续有效使用，容器也被迫停止运行。

爆破片装置主要是由一块很薄的爆破膜片和夹持器组成。爆破膜片是爆破元件，起控制爆破压力的作用，夹持器的作用是以一定的方式将爆破膜片固定，然后装在容器的接管法兰上，也可以不设夹持器，直接利用接管法兰夹紧膜片。

爆破片的材料有金属和非金属。按其外观形状可分为正拱形、反拱形和平板型；按破坏形式又可分为拉伸型、压缩型、弯曲型和剪切型。

(1) 拉伸型爆破片

膜片由金属材料制作，在内压作用下，一侧受载后呈拱形凸起，内压越高凸起越高，厚度随之减薄，当压力达到爆破压力时，膜片拱顶中心破裂，达到泄压的目的。具体结构有平板型和正拱形两种，如图5-54、图5-55所示。

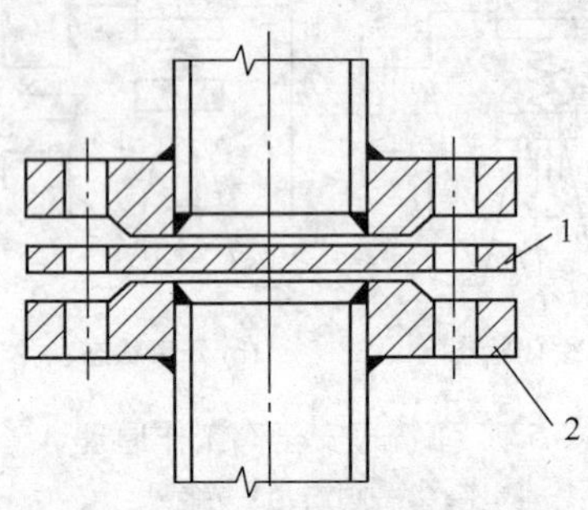

图5-54 平板型爆破装置

1—膜片；2—法兰

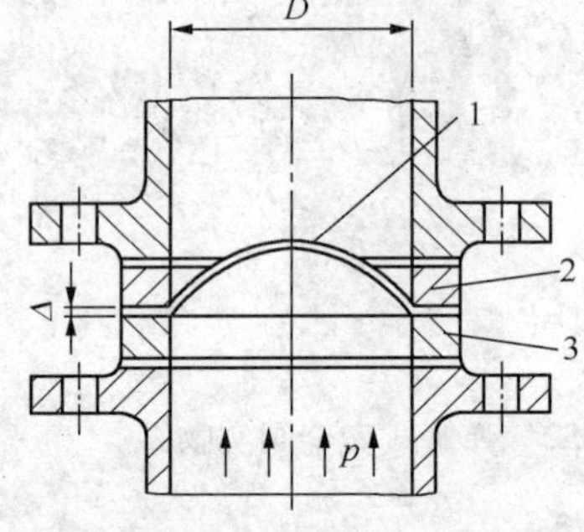

图5-55 正拱形爆破装置

1—膜片；2、3—夹持环

(2) 压缩型爆破片

将拱形膜片凸面一侧置于压力介质中，当压力达到膜片的临界压力时，膜片失稳，拱形瞬间翻转，被固定与膜片凹侧的刀具触及而破裂，或膜片周边无夹持而镶在支承圈内，翻转后弹出脱落，达到泄压的目的。其结构如图5-56所示。

(3) 弯曲型爆破片

这种膜片由铸铁、石墨等脆性材料制成，受载后几乎无塑性变形而产生平板弯曲破坏，其结构形式有碟状的，带槽的和非夹紧带密封膜的等。如图5-57所示为带槽结构的爆破片。

(4) 剪切型爆破片

这种膜片在夹持边缘处有明显的厚度变化或开槽，膜片由石墨制作，如图5-58所示，受载后沿夹持器的周边被剪切破坏。因为受剪过程中难免伴有拉伸，不能达到纯剪，故影响了爆破压力的精度，这种膜片已逐渐被金属拱形爆破片所取代。

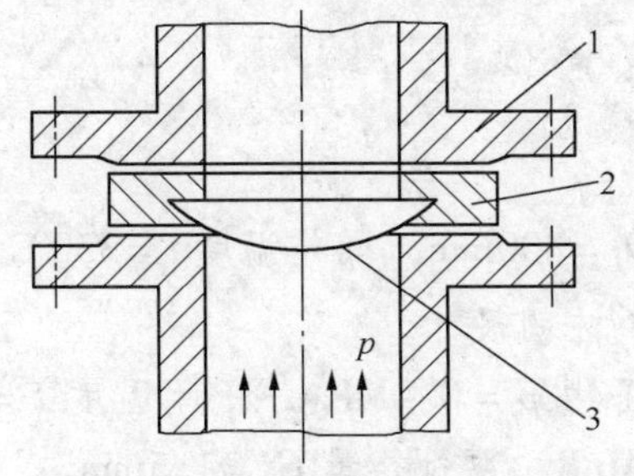

图 5－56　反拱形爆破装置

1—法兰；2—支承圈；3—膜片

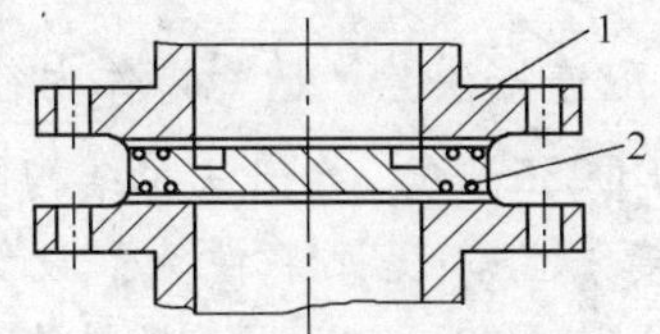

图 5－57　弯曲型爆破装置

1—法兰；2—膜片

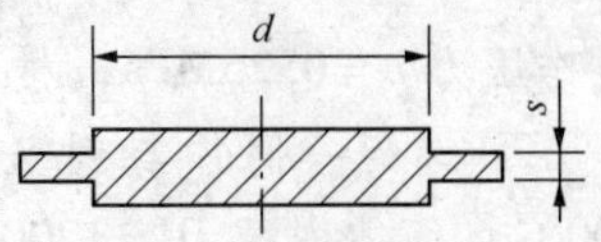

图 5－58　剪切型爆破片

爆破片装置与安全阀相比，其使用范围要宽得多，温度在 －253～480℃，压力在7kPa～800MPa，且由于使用耐蚀材料，对一般酸、碱、盐类介质都适用。选用时考虑介质性质、工艺条件及载荷等因素。正拱形爆破片适用范围广，在高、中、低压都可使用。但由于普通型爆破片在爆破时有碎片，故不能用于易燃易爆场合，也不能与安全阀组合使用。正拱带槽型爆破片爆破时不产生碎片，可用于上述场合。反拱形爆破片适用于中、低压场合，对于低压、大直径，特别是压力在 0.1MPa 左右压力容器或管道，使用效果更好。反拱形爆破片抗背压能力强，更适用于有真空或负压操作工况，此外反拱形爆破片耐疲劳次数高，故特别适用于压力有波动的场合，但一般不宜用于纯液相介质泄放的场合。

爆破片安全装置具有结构简单、灵敏、密闭性能好、破裂速度快、泄放能力强等优点。能够在黏稠、高温、低温、腐蚀的环境下可靠地工作，还是超高压容器的理想安全装置。

思 考 题

1. 流体在垫片处的泄漏途径有哪些？采用什么方法可以减少或克服这些泄漏？
2. 法兰连接的密封构件包括哪些？各零部件在密封结构中起什么作用？
3. 试述密封机理。
4. 常用的密封面形式有几种？各有何特点？适用范围如何？
5. 预紧密封比压和工作密封比压的含义分别是什么？它们之间有什么关系？
6. 影响密封的主要因素有哪些？怎样控制这些影响因素才能使法兰连接密封性能改善？
7. 垫片的种类有哪些？如何选择垫片？
8. 压力容器的法兰型式有几种？选择容器法兰的依据是什么？
9. 什么叫应力集中？应力集中的特点是什么？
10. 在压力容器上开孔有哪些方面的限制？
11. 开孔无须另行补强的条件是什么？
12. 补强结构有哪些？各自特点是什么？
13. 开设检查孔的原则是什么？
14. 卧式容器的支座形式有哪几种？各适合什么场合？
15. 双鞍座卧式容器支座位置的确定有哪些原则？为什么？

16. 立式容器支座的形式有哪几种？各适合什么场合？

17. 裙座与容器的连接方式有几种？各自的受力特点是怎样的？

18. 安全泄放装置主要包括哪些？各适合什么场合？

习 题

1. 为一精馏塔塔节与封头配连接法兰。已知塔体内径 $D_i=800$mm，操作温度 $t=350$℃，操作压力 $p=0.25$MPa，材料为 Q235 - A。绘出法兰结构图，注明尺寸。

2. 选配一筒体与封头连接法兰。设计条件为：设计压力 $p=0.4$MPa，设计温度 $t=300$℃，筒体内径 $D_i=1200$mm，壁厚 $\delta_n=20$mm，材料为 16MnR，腐蚀裕量 $C_2=1.5$mm。

3. 试为一塔器的塔身(分段式)及部分接管选配法兰。已知塔的内径 1000mm，设计压力 $p=4.5$MPa，操作温度 $t=250$℃，壳体材料为 20R，接管材料 10 钢，接管公称直径 $DN(1)=150$mm，$DN(2)=300$mm。

4. 有一 $\phi108\times6$mm 的接管，平齐焊于内径为 1400mm，壁厚 16mm 的筒体上，接管材料为 10 号无缝钢管，筒体材料为 20R，容器设计压力 $p=1.8$MPa，设计温度 $t=250$℃，壁厚附加量 C=2.0mm，开孔未通过焊缝。接管外伸长度 200mm。确定此开孔是否需要补强，如果需要补强，则确定补强圈的尺寸。

5. 一受压容器圆筒内径 $D_i=1200$mm，名义厚度 $\delta_n=14$mm，筒体材料 16MnR，设计压力 $p=2.5$MPa，设计温度 $t=150$℃，筒体上焊接内伸式 $\phi159\times12$mm 接管，内伸长度 30mm，接管材料为 20 无缝钢管，腐蚀裕量 $C_2=1.0$mm，开孔未通过焊缝。试判断该开孔是否需要另行补强。

6. 某浮头式换热器，设计压力 $p=2.5$MPa，设计温度 $t=200$℃，换热器的公称直径 $DN=600$mm，筒体材料为 16MnR，介质为汽油，腐蚀裕量 $C_2=2.0$mm，进出口管尺寸为 $\phi273\times7$mm，接管内平齐，材料为 20 钢，开孔不在焊缝上，试为进出口管选择法兰连接，并确定接管处是否需要补强？补强圈厚度为多少？

7. 设计一台公称直径为 $DN=2600$mm 的双鞍座卧式容器，两端为标准椭圆形封头，筒体长度(焊缝到焊缝)$L_0=6000$mm，设计压力 $p=0.8$MPa，操作温度 60℃，材料 20R，焊接接头系数 $\phi=0.85$，腐蚀裕量 $C_2=2.0$mm，介质密度 $\rho=1100\text{kg/m}^3$，充装系数 0.85。容器结构尺寸如图所示。试确定容器壁厚，选配支座。

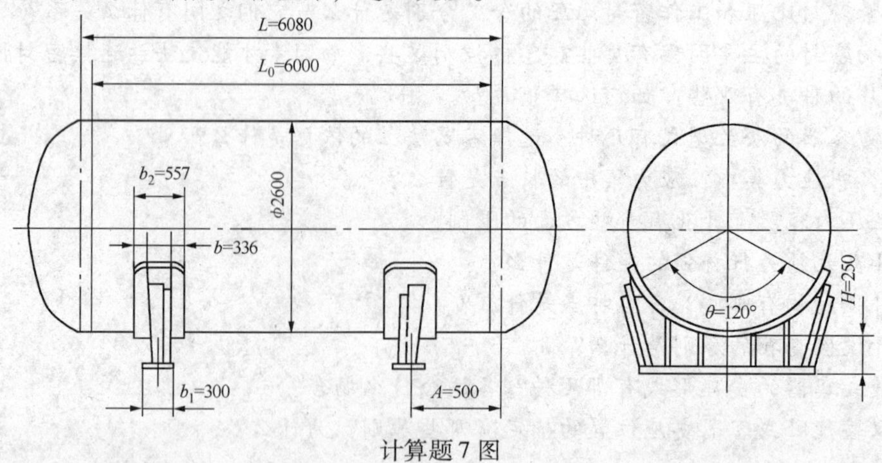

计算题7图

8. 一立式真空容器，其内径为 1200mm，筒体长度为 6000mm，设计温度 260℃，材料为 Q235A，筒体两端为标准椭圆形封头，下封头与筒体焊接在一起，上封头与筒体通过法兰连接，处理介质具有微腐蚀，可取 $C_2=1.0$mm，试为其选配耳式支座。

9. 试为一立式真空容器选配支承式支座。已知条件：其内径为 800mm，筒体长度为 4500mm，设计温度 150℃，材料为 16MnR，筒体两端为标准椭圆形封头，下封头与筒体焊接在一起，上封头与筒体通过法兰连接，容器的腐蚀裕量 $C_2=1.5$mm。

第6章　高压容器

我国《固定式压力容器安全技术监察规程》中规定：设计压力在10.0～100MPa之间的压力容器称为高压容器，而设计压力在100MPa以上的称为超高压容器。一般来说，容器承受的压力越高，其壁厚也会越大，因此，高压容器大多是厚壁容器。由于高压容器的操作条件极其苛刻，在承受高压的同时，往往还伴随有高温和介质的腐蚀，例如，合成氨设备就常在15～32MPa压力和500℃高温下进行合成反应。所以，高压容器在筒体结构、材料选用、制造工艺、端盖与法兰、密封结构等很多方都具有一定的特殊性，而且设计、制造与使用也远远区别于中低压容器。

6.1　厚壁圆筒应力分析

厚壁容器的外直径和内直径之比 $D_o/D_i>1.2$，由于壁厚较大，在承受压力和温度载荷作用时，厚壁圆筒所产生的应力不仅有经向应力和环向应力，还应考虑径向应力。因此，圆筒器壁任意点都处于三向应力状态，如图6－1所示，应采用三向应力分析。除了经向应力可视为沿壁厚均匀分布外，环向应力和径向应力沿壁厚分布是不均匀的，其应力大小与其所在位置有关。

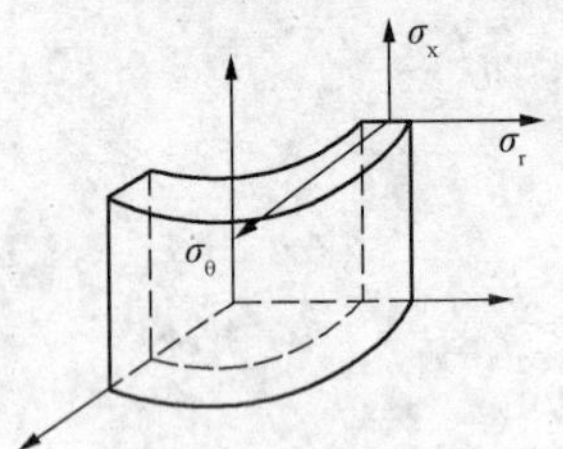

图6－1　厚壁圆筒的应力

为了说明这种应力状态和应力分布的改变，可以认为厚壁圆筒是由许多同心的薄壁圆筒组成，在承受压力和温度载荷时不像薄壁圆筒那样变形是自由的，组成厚壁圆筒的每个薄圆筒，它的变形既受到内层圆筒的约束，又受到外层圆筒的限制，变形不再是自由的。由于各层圆筒的变形受到约束和限制是不一样的，因此每个薄圆筒所受内外侧压力也是不同的，造成应力沿壁厚的分布的不均匀。

6.1.1　弹性应力分析

假设有一两端封闭的厚壁圆筒，如图6－2(a)所示，受到内压 p_i 和外压 p_o 的作用，圆筒的内直径和外直径分别为 D_i、D_o，厚壁圆筒中任意点处产生的应力可以用经向(轴向)应力 σ_x、径向应力 σ_r 和环向应力 σ_θ 来表示。

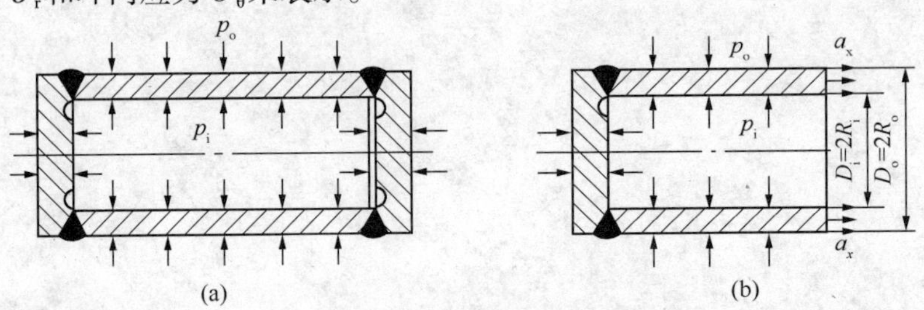

图6－2　厚壁圆筒中的经向应力

(1) 经向(轴向)应力

对两端封闭的圆筒，作一垂直于轴线的横截面，并保留圆筒的左部，如图 6－2(b)所示。圆筒上横截面在变形后仍保持平面。所以，假设轴向应力沿壁厚方向均匀分布：

$$\sigma_x = \frac{p_i D_i^2 - p_o D_o^2}{D_o^2 - D_i^2} \tag{6-1}$$

将 $K = D_o/D_i$ 代入式(6－1)，得

$$\sigma_x = \frac{1}{K^2-1}(p_i - p_o K^2) \tag{6-2}$$

由上式可以看出，经向应力只与外载荷和圆筒的几何尺寸有关，当内外压力 p_i、p_o 和圆筒的几何尺寸给定后，σ_x 是个常数，即在厚壁圆筒中任意一点处的经向应力都是相等的。

(2) 环向应力与径向应力

由于环向应力与径向应力分布是不均匀的，其应力计算必须将平衡方程、几何方程和物理方程综合，求解应力的微分方程。经分析计算，径向应力和环向应力可分别用以下两式表示，即

环向应力
$$\sigma_\theta = \frac{p_i R_i^2 - p_o R_o^2}{R_o^2 - R_i^2} + \frac{(p_i - p_o) R_i^2 R_o^2}{R_o^2 - R_i^2}\frac{1}{r^2} \tag{6-3}$$

径向应力
$$\sigma_r = \frac{p_i R_i^2 - p_o R_o^2}{R_o^2 - R_i^2} - \frac{(p_i - p_o) R_i^2 R_o^2}{R_o^2 - R_i^2}\frac{1}{r^2} \tag{6-4}$$

将 $K = D_o/D_i = R_o/R_i$ 代入式(6－3)、式(6－4)，得

$$\sigma_\theta = \frac{1}{K^2-1}\left[p_i\left(1 - \frac{R_o^2}{r^2}\right) - p_o\left(K^2 - \frac{R_o^2}{r^2}\right)\right] \tag{6-5}$$

$$\sigma_\theta = \frac{1}{K^2-1}\left[p_i\left(1 + \frac{R_o^2}{r^2}\right) - p_o\left(K^2 + \frac{R_o^2}{r^2}\right)\right] \tag{6-6}$$

式中　r——厚壁圆筒内任意点半径，mm；

R_i——圆筒内半径，mm；

R_o——圆筒外半径，mm。

式(6－1)、式(6－3)和式(6－4)为 1833 年拉美首次对厚壁圆筒进行应力分析时提出的应力计算公式，被称为拉美公式。由于该公式是从弹性理论导出的，故只适用于弹性变形情况。

当仅有内压或外压作用时，拉美公式可以简化，厚壁圆筒中应力值和应力分布分别如表 6－1 所示。

表 6－1　厚壁圆筒的筒壁应力值

	仅受内压($p_o=0$)			仅受外压($p_i=0$)		
	任意处 $r=R$	内壁处 $r=R_i$	外壁处 $r=R_o$	任意处 $r=R$	内壁处 $r=R_i$	外壁处 $r=R_o$
经向应力 σ_x		$\frac{p_i}{K^2-1}$			$-\frac{p_o K^2}{K^2-1}$	
径向应力 σ_r	$\frac{p_i}{K^2-1}\left(1-\frac{R_o^2}{R^2}\right)$	$-p_i$	0	$\frac{-p_o K^2}{K^2-1}\left(1-\frac{R_o^2}{R^2}\right)$	0	$-p_o$
		最大值	最小值		最小值	最大值

续表

	仅受内压($p_o=0$)			仅受外压($p_i=0$)		
	任意处 $r=R$	内壁处 $r=R_i$	外壁处 $r=R_o$	任意处 $r=R$	内壁处 $r=R_i$	外壁处 $r=R_o$
环向应力 σ_θ	$\frac{p_i}{K^2-1}\left(1+\frac{R_o^2}{R^2}\right)$	$p_i\left(\frac{K^2+1}{K^2-1}\right)$	$p_i\left(\frac{2}{K^2-1}\right)$	$\frac{-p_oK^2}{K^2-1}\left(1+\frac{R_o^2}{R^2}\right)$	$-p_o\left(\frac{2K^2}{K^2-1}\right)$	$-p_o\left(\frac{K^2+1}{K^2-1}\right)$
		最大值	最小值		最大值	最小值

根据以上公式，在内压或外压一定的条件下，设定不同半径 r，即可计算出相应的应力。并由此绘制出只有内压或外压作用时厚壁圆筒各应力分量沿壁厚分布的应力曲线，如图6-3所示。

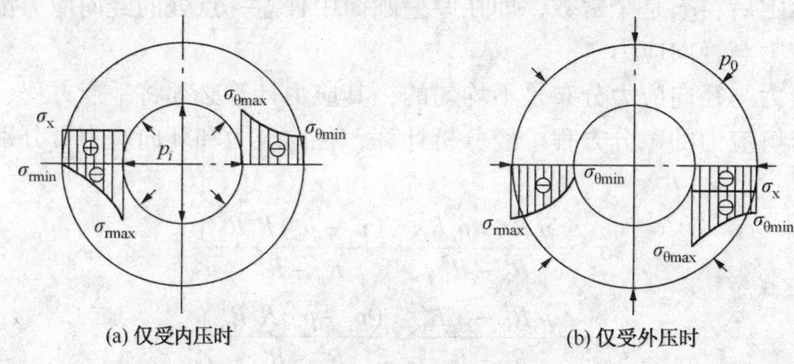

图6-3 厚壁圆筒中各应力分量分布

从表6-1和图6-3中可以看出，仅在内压作用下，筒壁中的应力分布具有如下规律：

① 环向应力 σ_θ 及经向应力 σ_x 均为拉应力(正值)，径向应力 σ_r 为压应力(负值)。

② 在数值上有如下规律：

a. 环向应力 σ_θ 在内壁处有最大值，其值为：$\sigma_{\theta max}=p_i\frac{K^2+1}{K^2-1}$，在外壁处减至最小，其值为：$\sigma_{\theta min}=p_i\frac{2}{K^2-1}$，内外壁 σ_θ 之差为 p_i；

b. 径向应力 σ_r 在内壁处为 $-p_i$，随着 r 增加，径向应力绝对值逐渐减小，在外壁处 $\sigma_r=0$，内外壁 σ_r 之差也为 p_i；

c. 经向应力 σ_x 为一常量，沿壁厚均匀分布，且在数值上为环向应力与径向应力和的一半，即

$$\sigma_x=\frac{1}{2}(\sigma_\theta+\sigma_r)$$

③ 除 σ_x 外，其他应力沿壁厚的不均匀程度与径比 K 值有关。以 σ_θ 为例，外壁与内壁处的环向应力 σ_θ 之比为：$\frac{(\sigma_\theta)_{r=R_o}}{(\sigma_\theta)_{r=R_i}}=\frac{2}{K^2+1}$，$K$ 值愈大不均匀程度愈严重，当内壁材料开始出现屈服时，外壁材料还没有达到屈服，因此筒体材料强度不能得到充分的利用。当 K 值趋近于1时，该容器为薄壁容器，其应力沿厚度接近于均匀分布。$K=1.1$ 时，采用薄壁应力公式进行计算，其结果与精确值相差不大。当 $K=1.3$ 时，若仍采用薄壁应力公式计算，其结果误差就比较大，所以，工程上一般规定 $K=1.2$ 作为区别厚壁与薄壁容器的界线。

6.1.2　温度变化引起的温差应力

当弹性体的温度有所变化时，它的每一部分都将由于温度的改变而趋于膨胀或收缩，由于弹性体的外在约束以及各个部分的相互约束，膨胀或收缩不能自由地发生，因此产生的应力，称为温差应力。

(1) 温差应力的产生

对无保温层的高压容器，若内部有高温介质，内外壁面必然形成温差，而高压容器由于壁厚大，热阻也较大，故内外壁温度可能存在较大的差异，最终导致温差应力。因此，在一定温度条件下工作的厚壁容器，除了要承受压力载荷引起的应力外，还需承担温差应力。

对内部加热的单层厚壁圆筒，工作时由于筒体的内壁温度高于外壁温度，使得内壁材料向外的膨胀量要大于外壁材料的膨胀量，这样内壁的膨胀受到外壁的约束和限制，而外壁材料却受到内壁向外的张力，最终使内外壁产生温差应力，即内壁产生压应力，外壁产生相应的拉应力，其应力分布如图 6-4(a) 所示；而外部加热的圆筒，结果则相反，即内壁产生拉应力而外壁产生压应力，其应力分布如图 6-4(b) 所示。

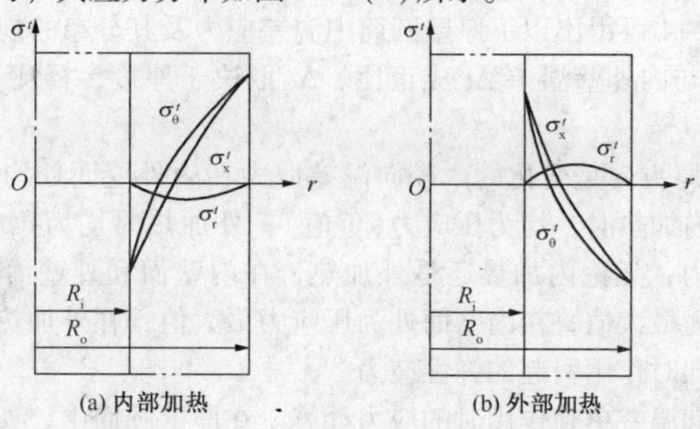

图 6-4　厚壁圆筒中的温差应力分布

(2) 厚壁圆筒的温差应力

根据平衡方程、几何方程和物理方程，结合边界条件，当厚壁圆筒处于对称于中心轴且承受轴向不变的温度场时，稳态传热状态下，三向温差应力的表达式为：

$$\sigma^t_x = \frac{E\alpha\Delta t}{2(1-\mu)}\left(\frac{1-2\ln K_r}{\ln K} - \frac{2}{K^2-1}\right) \tag{6-7}$$

$$\sigma^t_r = \frac{E\alpha\Delta t}{2(1-\mu)}\left(-\frac{\ln K_r}{\ln K} + \frac{K_r^2-1}{K^2-1}\right) \tag{6-8}$$

$$\sigma^t_\theta = \frac{E\alpha\Delta t}{2(1-\mu)}\left(\frac{1-\ln K_r}{\ln K} - \frac{K_r^2+1}{K^2-1}\right) \tag{6-9}$$

式中　E——平均壁温下材料的弹性模量，MPa；

α——平均壁温下材料的平均膨胀系数，℃$^{-1}$；

μ——平均壁温下材料的泊松比，钢材可取 $\mu=0.3$；

Δt——筒体内外壁的温差，$\Delta t = t_i - t_o$，℃；

t_i——内壁面温度，℃；

t_o——外壁面温度，℃；

K——筒体的外半径与内半径之比，$K=\frac{R_o}{R_i}$；

K_r——筒体的外半径与任意半径之比，$K_r=\frac{R_o}{r}$。

厚壁圆筒各处的温差应力见表6－2，表中$p_t=\frac{E\alpha\Delta t}{2(1-\mu)}$。

表6－2　厚壁圆筒中的温差应力

温差应力	任意半径 r 处	圆筒内壁 $K_r=K$ 处	圆筒外壁 $K_r=1$ 处
σ_r^t	$p_t\left(-\frac{\ln K_r}{\ln K}+\frac{K_r^2-1}{K^2-1}\right)$	0	0
σ_θ^t	$p_t\left(\frac{1-\ln K_r}{\ln K}-\frac{K_r^2+1}{K^2-1}\right)$	$p_t\left(\frac{1}{\ln K}-\frac{2K^2}{K^2-1}\right)$	$p_t\left(\frac{1}{\ln K}-\frac{2}{K^2-1}\right)$
σ_x^t	$p_t\left(\frac{1-2\ln K_r}{\ln K}-\frac{2}{K^2-1}\right)$	$p_t\left(\frac{1}{\ln K}-\frac{2K^2}{K^2-1}\right)$	$p_t\left(\frac{1}{\ln K}-\frac{2}{K^2-1}\right)$

由表6－2和图6－4可得出以下厚壁圆筒中温差应力及其分布的规律：

① 温差应力大小与内外壁温差 Δt 成正比。Δt 取决于厚度，径比 K 越大 Δt 值也越大，p_t值也越大；

② 温差应力沿壁厚方向是变化的。径向温差应力在内外壁面处均为零，在各任意半径处的数值均很小，且内加热时，均为压应力(负值)，外加热时均为拉应力(正值)。环向温差应力和经向温差应力，无论内加热还是外加热，在内壁面和外壁面处均相等。在内加热时，外壁面处拉应力为最大值，在内壁面处为压应力最大值；在外加热时则相反。

（3）内压与温差同时作用引起的弹性应力

前面介绍了内压和温差单独作用时的应力计算。在厚壁圆筒中，如果同时存在内压与温差所引起的应力，则可以按材料力学的通常方法进行处理，认为在弹性变形的前提下，筒壁的总应力为两种应力的叠加，即

$$\left.\begin{aligned}\sum\sigma_r&=\sigma_r+\sigma_r^t\\ \sum\sigma_\theta&=\sigma_\theta+\sigma_\theta^t\\ \sum\sigma_x&=\sigma_x+\sigma_x^t\end{aligned}\right\}\tag{6-10}$$

具体计算公式见表6－3，总应力分布情况见图6－5。由图可见，内加热情况下内壁应力叠加后得到改善，而外壁应力有所恶化。外加热时则相反，内壁应力恶化。而外壁应力得到改善。

表6－3　厚壁圆筒在内压与温差作用下的总应力

总　应　力	筒体内壁处 $r=R_i$	筒体外壁处 $r=R_o$
$\sum\sigma_r$	$-p$	0
$\sum\sigma_\theta$	$(p-P_t)\frac{K^2+1}{K^2-1}+P_t\frac{1-\ln K}{\ln K}$	$(p-P_t)\frac{2}{K^2-1}+P_t\frac{1}{\ln K}$
$\sum\sigma_x$	$(p-2P_t)\frac{1}{K^2-1}+P_t\frac{1-2\ln K}{\ln K}$	$(p-2P_t)\frac{1}{K^2-1}+P_t\frac{1}{\ln K}$

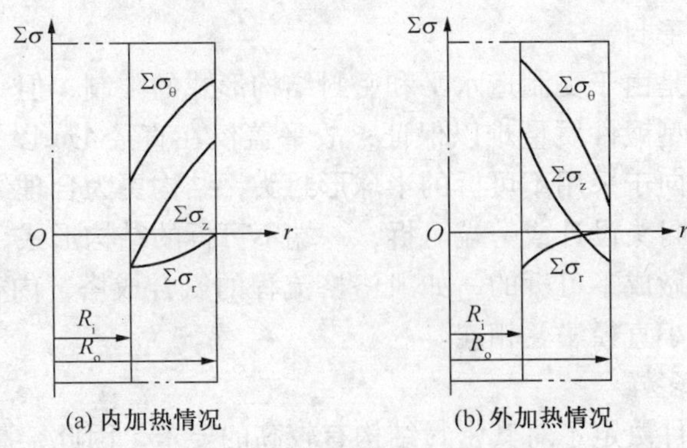

图6－5　厚壁筒内的综合应力

（4）减小温差应力的措施

为了减少温差应力，除严格控制设备的加热、冷却速度外，工程上应尽量采取以下措施：

① 避免外部对热变形的约束；

② 设置膨胀节(或柔性元件)；

③ 采用良好保温层。

6.2　高压容器的结构

6.2.1　高压容器的结构特点

高压容器的结构如图6－6所示。主要由以下几部分组成：圆筒或球壳、筒体端部、平盖或球形封头、密封结构和一些必要的附件。高压容器设计与制造技术的发展始终围绕着能制造出大壁厚的容器又要设法尽量减小壁厚以方便制造这一核心问题。因此高压容器在结构上形成了一些特点。

（1）采用轴对称结构，且长径比比较大

由于操作条件苛刻，应力水平高，从受力状态、制造水平及密封和安全技术等方面考虑，高压容器一般采用圆筒形结构。此外，设计高压容器是以环向应力为基准，环向应力与容器直径成正比，容器直径越大，壁厚也越大。这就需要大的锻件、厚的钢板，相应地要有大型的冶炼、锻造设备，大型的轧机和大型的加工机械。同时还给焊接的缺陷控制、残余应力、热处理设备及生产成本等带来许多不利因素。另外因介质对端盖的作用力与直径的平方成正比，直径越大，密封就越困难。因此高压容器在要求一定的容积的条件下，结构上设计得比较细长，长径比达12～15，有的高达28，这样制造较有把握，密封也可靠。

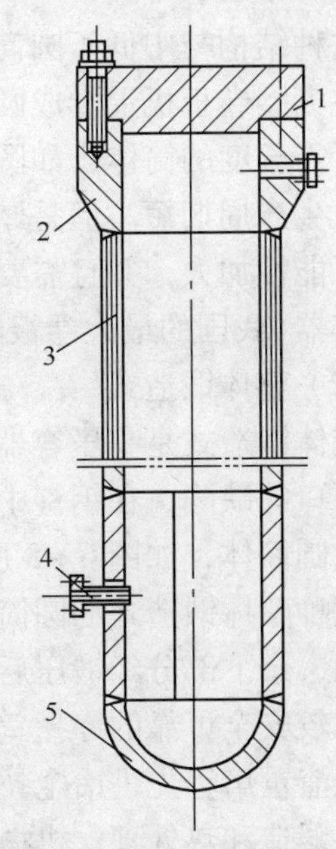

图6－6　高压容器的结构

1—平盖；2—筒体端部；3—筒体；4—接管；5—球形封头

（2）采用平盖或球形封头

平盖的使用较早，是由于受制造水平和密封结构形式的限制，但平盖的受力条件差、材料消耗多、笨重，且大型锻件质量难以保证，故平盖仅在直径1m以下的高压容器上采用。而目前大型高压容器趋向于采用不可拆的半球形封头，结构更为合理经济。为了减少给密封带来的困难，一般两端封头设计成一端可拆，一端不可拆的结构形式，有些大直径的高压容器，甚至将两端封头均做成不可拆的，如凯洛格流程的氨合成塔，内径3200mm，仅在封头中央开孔，与外设备用小直径法兰相连。

（3）密封结构特殊多样

高压容器的工作条件决定了对其密封结构有较高的要求，因此，高压容器的密封结构具有一定的特殊性。首先，采用的密封形式较多，如强制式和充分利用介质的高压作用来帮助将密封圈压紧的自紧式和半自紧式结构。另外，采用的金属密封元件形式也多种多样，如楔形密封、伍德密封、八角垫密封、C形环密封、O形环密封、B形环密封，等等。

（4）对开孔的限制

为使筒体强度不致因开孔而受到削弱，以往规定不允许在筒体上开孔或只允许开小孔（如测温孔），若必须开孔时，可将孔开在封头上。目前由于生产上的迫切需要和设计、制造水平的提高，允许在有合理补强的条件下开直径较大的孔，允许孔径达到筒体直径的1/3。

6.2.2 高压容器的结构

高压容器筒体的结构形式可分为两大类：单层和多层。每一类又有多种制造方法和结构形式。下面介绍几种常见的高压容器筒体的结构形式。

（1）单层卷焊式

这种结构与中低压圆筒的制造方法类似，只是需要将经检验合格的厚钢板常温或加热后，在大型卷板机上卷成圆筒坯，然后焊接纵向焊缝成为筒节，再通过环焊缝焊接将筒节连接成所需长度的筒体，如图6－7(a)所示。其优点是结构简单，制造容易，成本低，生产效率高，生产周期短。但是厚钢板综合力学性能不如薄钢板好，厚钢板转变温度较高，脆性破坏的可能性加大，并且需要大型制造设备。目前，已可制造壁厚500mm的各种单层卷焊式压力容器(我国的最大卷板能力为250mm)。

（2）整体锻造式

整体锻造式是高压容器制造中最早采用的一种形式，它是用一个大型钢锭，经去除浇口、冒口等缺陷，在钢锭中心穿孔，并加入心轴后经水压机多次锻造后，进行内、外壁切削加工成圆筒体，如图6－8所示。

这种整体锻造式的圆筒，其主要优点是结构比较简单，而且由于大型钢锭中的缺陷部分被切除，余下部分经锻压后组织致密，材料性质均匀，筒体无焊缝，机械强度得到提高，是一种比较安全可靠的厚壁筒体结构。如果在锻造过程中配合采用真空脱气加喷粉、钢包精炼、电渣重熔等先进冶金技术，锻造筒体的性能还会有明显的改善。但这种结构需要大型的冶炼、锻造和热处理、机械加工等设备，并且生产周期长，金属切削量较大，制造成本高，因此在制造上受到一定的限制。

整体锻造式筒体的使用范围一般为直径小于1500mm、长度不超过12m的压力容器。特别适用于直径为100～800mm的超高压容器，我国多数的超高压水晶釜均采用这一结构。

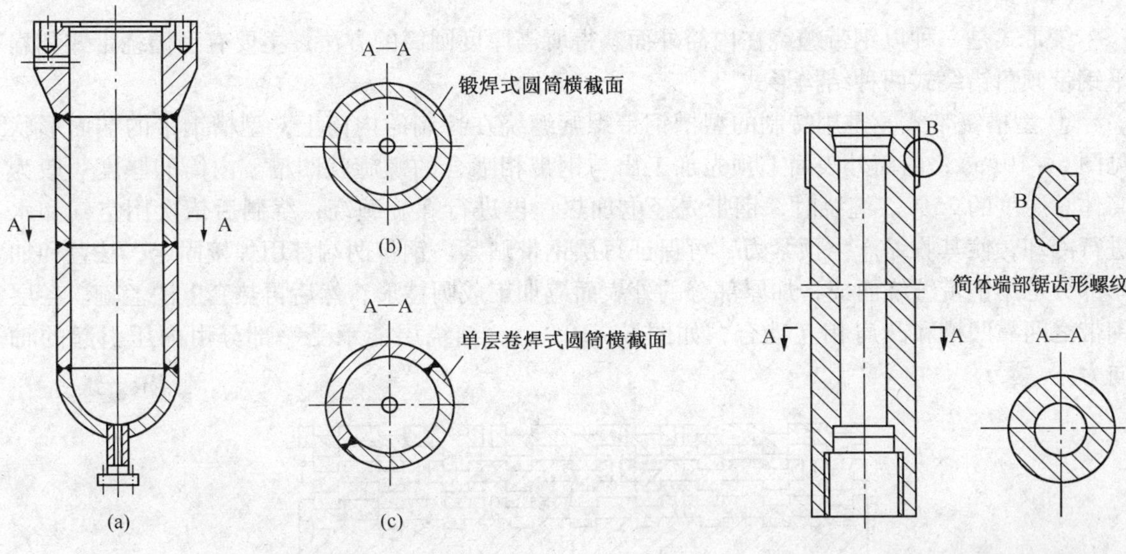

图6-7　单层卷焊式圆筒结构　　图6-8　整体锻造式圆筒结构

(3) 多层包扎式

这是目前世界上使用最广泛、制造和使用经验最为丰富的组合式圆筒结构。制造过程是先将12~25mm厚度的钢板卷焊成筒节内筒，筒节的长度视钢板的宽度而定，然后把厚度为4~12mm的薄钢板弯卷成瓦片形的层板，逐层包扎在内筒节外面，直至所需要的厚度，以构成筒节。借助纵焊缝的焊接收缩力使层板和内筒、层板与层板之间互相贴紧，产生一定的预紧力。每个筒节上均开有安全孔，这种小孔可使层间空隙中的气体在工作时因温度升高而排出；当内筒出现泄漏时，泄漏介质可通过小孔排出，起到报警作用。最后再通过深环焊缝将筒节连接起来至所需长度，如图6-9所示。

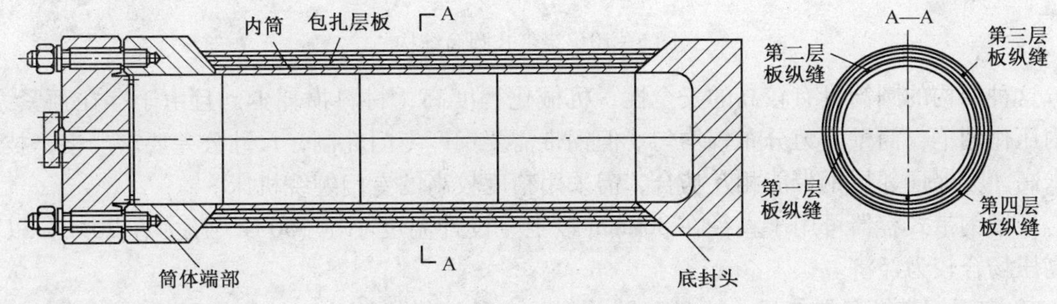

图6-9　多层包扎式圆筒结构

多层包扎式圆筒制造工序多，周期长、效率低、钢板材料利用率低(仅60%左右)，尤其是筒节间对接的深环焊缝对容器的制造质量和安全有显著影响。这是因为：①无损检测困难，环焊缝的两侧均有层板，无法使用超声波检测，仅能依靠射线检测；②焊缝部位存在很大的残余应力，且焊缝晶粒易变得粗大而使得韧性下降，因而焊缝质量较难保证；③环焊缝的坡口切削工作量大，且焊接复杂。

多层包扎式圆筒的常用范围：最高设计压力70MPa；设计温度-45~550℃；最大直径6000mm；最大厚度533mm。

(4) 绕带式

绕带式是一种以钢带缠绕在内筒外面获得所需厚度圆筒的方法，主要有型槽绕带式和扁平钢带倾角错绕式两种结构形式。

① 型槽绕带式　是用特制的型槽钢带螺旋缠绕在特制的内筒上，型槽钢带的端面形状见图6-10(a)，内筒外表面上预先加工出与钢带相啮合的螺旋状凹槽。内筒的厚度一般为筒体总厚度的25%。缠绕时，钢带先经电加热，再进行螺旋缠绕，绕制后依次用空气和水进行冷却，使其收缩产生预紧力，可保证每层钢带贴紧。钢带两端都用焊接固定，法兰和加厚部分也用钢带缠绕而成，加厚部分的外表面应加工成圆柱形，然后再热套上法兰箍。各层钢带之间靠凹槽和凸肩相互啮合，如图6-10(a)，缠绕层能承受一部分由内压引起的轴向力。

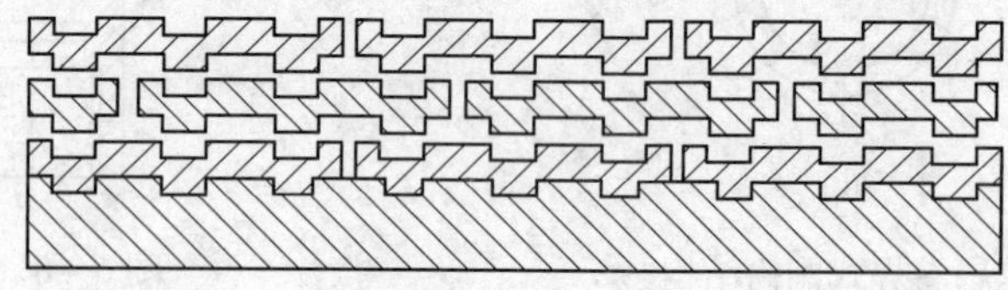

(a) 型槽钢带结构示意

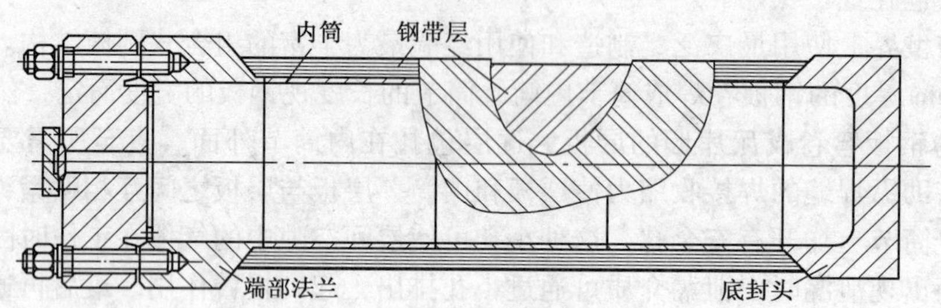

(b) 扁平钢带倾角错绕式筒体

图6-10　绕带式圆筒结构

这种结构的圆筒具有较高的安全性，机械化程度高，材料损耗少，且由于存在预紧力，在内压作用下，筒壁应力分布较均匀。但钢带需要钢厂专门轧制，尺寸公差要求严格，技术要求高。为保证邻层钢带能相互啮合，需采用精度较高的专门缠绕机床。

型槽钢带式容器可用于直径在800mm以上、设计温度小于350℃、压力在20MPa以上的高压场合较为经济。

② 扁平钢带倾角错绕式　这是我国首创的一种缠绕式筒体，结构如图6-10(b)所示。内筒的厚度不小于总壁厚的1/6，以相对于容器环向15°~30°的倾角错绕宽度为80~160mm、厚度为4~8mm的热轧扁平钢带，直至所需的厚度，其始末两端分别与底封头和端部法兰通过斜面相焊接。该结构兼有型槽钢带绕制式和多层包扎式筒体的优点，可以用轧制容易的扁平钢带代替轧制困难的型槽钢带，全长无深环焊缝，钢带只需冷绕，且不需要用重型的厂房和起吊设备。与厚板卷焊圆筒相比，该结构可提高工效一倍，降低焊接和热处理能耗80%，减少钢材消耗20%，降低制造成本30%~50%，且具有设计灵活、制造简便、使用安全、适用性广、易于在线安全状态监控等优点。

该结构适用于压力不小于1MPa、内径大于或等于300mm的内压容器。

（5）绕板式

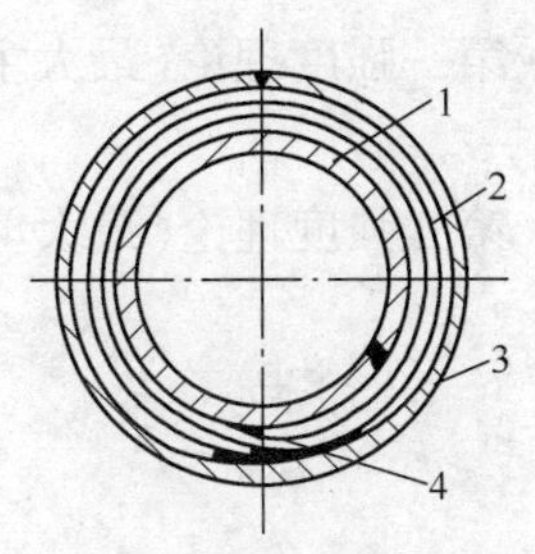

图 6－11　绕板式圆筒横截面
1—内筒；2—绕板层；
3—外筒；4—楔形板

绕板式圆筒由内筒、绕板层和外筒三部分组成，如图 6－11 所示。它是在多层包扎式圆筒的基础上发展起来的，两者内筒相同，所不同的是多层绕板式圆筒是在内筒外面连续缠绕若干层 3～5mm 厚的薄钢板而构成筒节，只有内外两道纵焊缝。为了使绕板开始端与终止端能与圆筒形成光滑的连接，一般需要有楔形过渡段。外筒作为保护层，有两块半圆或三块“瓦片”制成。绕板式结构机械化程度高，制造效率高，材料的利用率可高达 90% 以上。但由于薄卷板往往存在中间厚两边薄的现象，卷制后筒节两端会出现明显的累积间隙，影响产品的质量。此外，由于该结构的筒节长度与钢板宽度相等，因此，筒节和封头均需要用深环焊缝进行连接，增加了焊接难度和检验的工作量。

（6）热套式

热套式高压容器是按容器所需总厚度，分成相等或近似相等的 2～5 层圆筒，用 25～50mm 的中厚板分别卷制成筒节，并控制其过盈量在合适的范围内，然后将外层筒加热，内层筒迅速套入，冷却后收缩便得到紧密贴合的厚壁筒节。热套式圆筒需要有较准确的过盈量，对卷筒的精度要求很高，且套合时需选配套合。但即使有过盈量，套合时贴紧程度也不会很均匀。因此，在套合或组装成整体后，需再进行热处理以消除套合预应力及深环焊缝的焊接残余应力。热套式圆筒除了具有包扎式圆筒的大多数优点外，还具有工序少，周期短等优点。

多层热套式圆筒的常用范围：设计压力 10～70MPa；设计温度 －45～538℃；内径600～4000mm；壁厚 50～500mm；筒身长度 2.4～38m。

6.3　高压筒体的失效及强度计算

6.3.1　高压容器的失效及强度设计准则

高压容器一般有以下几种失效形式：强度不足引起的塑性变形甚至韧性破坏、材料脆性或严重缺陷引起的脆性破坏、环境因素引起的腐蚀失效、高温下的蠕变失效和交变载荷作用下的疲劳失效等。就高压容器设计计算而言，主要考虑的是要使高压容器具有足够的防止发生过度的塑性变形及爆破等强度失效的能力，其核心是要具有足够的强度。

防止高压筒体的强度失效应考虑厚壁筒体应力分布的两个重要特点：①沿壁厚的应力分布不均匀，弹性状态下内壁的应力状态是最恶劣的；②处于三向应力状态，其径向应力 σ_r 此时不应忽略。针对强度失效的设计准则一般有三种：弹性失效设计准则、塑性失效设计准则和爆破失效设计准则。而考虑三向应力的相当应力一般可用第一强度理论、第三强度理论和第四强度理论的方法求出。

弹性失效设计准则：为了防止筒体内壁发生屈服，以内壁相当应力达到屈服状态为发生弹性失效。这就应将内壁的应力状态限制在弹性范围内，称为弹性失效设计准则。这是目前世界各国使用最多的设计准则，我国高压容器设计也习惯采用此准则。

各种强度理论对相当应力的表达是不同的。

第一强度理论（最大主应力理论）的强度条件为

$$\sigma_{eq}=(\sigma_{\theta})_{r=R_i}\leqslant[\sigma]$$

第三强度理论（最大剪应力理论）的强度条件为

$$\tau_{max}=\frac{1}{2}(\sigma_{\theta}-\sigma_{r})_{r=R_i}\leqslant\frac{1}{2}[\sigma]$$

或

$$\sigma_{eq}=(\sigma_{\theta}-\sigma_{r})_{r=R_i}\leqslant[\sigma]$$

第四强度理论（最大应变能理论）强度条件为

$$\sigma_{eq}=\sqrt{\frac{1}{2}[(\sigma_{\theta}-\sigma_{x})^2+(\sigma_{x}-\sigma_{r})^2+(\sigma_{r}-\sigma_{\theta})^2]}\Bigg|_{r=R_i}\leqslant[\sigma]$$

按拉美公式将内壁面各向应力值代入上述强度理论表达式，结果见表6－4。按照各强理论所计算出的壁厚比较见图6－7。

表6－4　过于挑剔各种强度理论计算公式

强度理论	相当应力 σ_{eq}	筒体径比 K	筒体壁厚 δ
第一强度理论	$p\dfrac{K^2+1}{K^2-1}$	$\sqrt{\dfrac{[\sigma]^t+p}{[\sigma]^t-p}}$	$R_i\left(\sqrt{\dfrac{[\sigma]^t+p}{[\sigma]^t-p}}-1\right)$
第三强度理论	$p\dfrac{2K^2}{K^2-1}$	$\sqrt{\dfrac{[\sigma]^t}{[\sigma]^t-2p}}$	$R_i\left(\sqrt{\dfrac{[\sigma]^t}{[\sigma]^t-2p}}-1\right)$
第四强度理论	$p\dfrac{\sqrt{3}K^2}{K^2-1}$	$\sqrt{\dfrac{[\sigma]^t}{[\sigma]^t-\sqrt{3}p}}$	$R_i\left(\sqrt{\dfrac{[\sigma]^t}{[\sigma]^t-\sqrt{3}p}}-1\right)$
中径公式	$p\dfrac{K+1}{2(K-1)}$	$\dfrac{2[\sigma]^t+p}{2[\sigma]^t-p}$	$R_i\left(\dfrac{2p}{2[\sigma]^t-p}\right)$

表中的中径公式是用沿壁厚的平均应力按第一强度理论导出的：

$$\sigma_{\theta}=\frac{pD}{2\delta}\leqslant[\sigma]^t$$

用 $D=\dfrac{K+1}{2}D_i$、$\delta=\dfrac{K-1}{2}D_i$（D_i 为圆筒内直径）代入上式，经简化得

$$p\frac{K+1}{2(K-1)}\leqslant[\sigma]^t \tag{6-11}$$

取等号得径比 K

$$K=\frac{2[\sigma^t]+p}{2[\sigma]^t-p} \tag{6-12}$$

圆筒厚度计算公式

$$\delta=R_i\left(\frac{2p}{2[\sigma]^t-p}\right) \tag{6-13}$$

由图6－12可见：

① 在同一承载能力下，按最大剪应力理论计算出的 K 值最大（即壁厚最厚），而按中径公式计算出的 K 值最小（即壁厚最薄）。

② 在圆筒承载能力(即内压初始屈服压力/屈服点)较小时，由各种强度理论计算的 K 值差别不大，尤其是 $K \leqslant 1.2$ 时，各曲线趋于重合，说明各公式计算的结果基本一致。故在此条件下，我国的容器标准采用的是中径公式。

③ 按最大应变能理论计算出的内壁初始屈服压力与试验值最为接近。$K \leqslant 1.5$，是压力容器常用的径比范围，如果适当调整安全系数，可以使中径公式的计算结果与最大应变能理论的结果相近，从而更符合实际，也使公式得以简化。

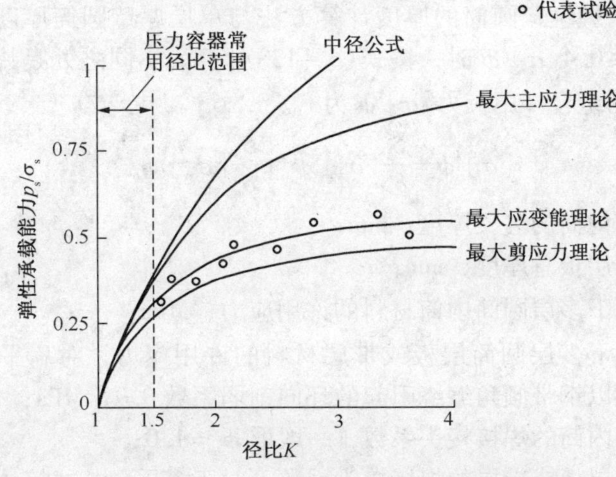

图 6－12　各种强度理论的比较

6.3.2　高压圆筒的强度计算

(1) 单层高压圆筒的强度计算

如前所述，各种强度理论的计算结果的差异与 K 值有关，K 值越小差异越小。当设计压力低于 35MPa 时(即我国钢制容器标准规定的最高适用范围)，容器的 K 值一般不会超过 1.5，因而不同强度理论设计出的壁厚差值不会超过 1.25 倍。在各种强度理论计算式中，中径公式最为简单，故我国的容器标准采用的是中径公式。

采用中径公式时，式中的内压 p 应使用计算压力 p_c，同时考虑焊接可能引起的强度削弱，经化简后得到厚壁圆筒的壁厚计算公式

$$\delta = \frac{p_c D_i}{2[\sigma]^t \phi - p_c} \tag{6-14}$$

此公式适用范围为 $p_c \leqslant 0.4[\sigma]^t\phi$。对计算压力 $p_c > 0.4[\sigma]^t\phi$ 的单层厚壁圆筒，常采用塑性失效设计准则或爆破失效设计准则进行计算。

若已知圆筒的 D_i、δ_n、δ_e 等尺寸，可以对圆筒进行强度校核，在设计温度下筒体的计算应力为

$$\sigma^t = \frac{p_c(D_i + \delta_e)}{2\delta_e} \leqslant [\sigma]^t \phi \tag{6-15}$$

由此，还可以推出设计温度下筒体的最大允许工作压力为

$$[p_w] = \frac{2\delta_e[\sigma]^t \phi}{D_i + \delta_e} \tag{6-16}$$

(2) 多层高压圆筒的强度计算

多层高压圆筒在制造过程中，无论在包扎、缠绕或热套时都施加了一定大小的预应力。在内压作用下，这些预应力将使圆筒内壁应力降低，也使应力沿壁厚分布由不均匀趋于均匀。但实际的多层圆筒在层间要做到无间隙是很困难的，同时焊接、材料等因素的影响，筒壁内的应力分布很复杂。为此，设计计算时，往往为了安全而不考虑预应力的影响，仅作强度储备之用。

热套式、包扎式、缠绕式圆筒的厚度计算方法与单层厚壁圆筒厚度的计算方法基本相同，即在计算压力 $p_c \leqslant 0.4[\sigma]^t\phi$ 时，按式(6-13)计算。不同之处是许用应力用组合许用应力代替。多层圆筒的组合许用应力$[\sigma]^t\phi$ 为

$$[\sigma]^t\phi = \frac{\delta_i}{\delta_n}[\sigma_i]^t\phi_i + \frac{\delta_o}{\delta_n}[\sigma_o]^t\phi_o \tag{6-17}$$

式中 δ_i——多层圆筒内筒的名义厚度，mm；

δ_o——多层圆筒层板总厚度，mm；

$[\sigma_i]^t$——设计温度下多层圆筒内筒材料的许用应力，MPa；

$[\sigma_o]^t$——设计温度下多层圆筒层板或带层材料的许用应力，对扁平钢带倾角错绕式筒体，应乘以钢带倾角缠绕引起的环向削弱系数 0.9，MPa；

ϕ_i——多层圆筒内筒的焊接接头系数，一般取 $\phi_i = 1.0$；

ϕ_o——多层圆筒层板或带层的焊接接头系数，对于多层包扎式筒体，取 $\phi_o = 0.95$，其余筒体取 $\phi_o = 1.0$；

δ_n——厚壁圆筒名义厚度，mm。

由于实际多层圆筒并非理想的组合圆筒，其贴紧度、层间预应力不可能达到理想的均匀状态，因此采用如式(6-16)简化的工程方法；另外，计算中也忽略了温差应力的作用，这是因为高压容器大多采取了良好的保温设施，且在使用过程中，一般均严格控制其加热和冷却速度，以降低热应力。因而，温差应力不会影响圆筒的强度。

6.4 高压筒体的自增强

由高压圆筒应力分析可知，高压圆筒的应力沿壁厚方向分布是不均匀的，如当圆筒仅承受内压时，在圆筒内壁会形成应力的峰值，而外壁应力却很小。这就意味着厚壁圆筒在承载时，只要内层圆筒进入塑性变形状态，筒体就将视为失效，而此时的外层圆筒材料还未得到充分的利用。另外，按照应力峰值设计计算的结构，必将使筒体厚度增加，这样也会增加金属的消耗量。而厚壁容器不能单纯依靠增加壁厚和提高材料强度级别来解决问题，而更需要从结构上改变应力的分布。自增强处理就是改善筒体结构的一种切实可行的方法。

自增强处理就是将厚壁圆筒在制造过程中或使用前进行处理，使之获得一定大小的预应力，预应力的方向应与由压力产生的应力的方向相反，从而抵消部分应力，削减应力峰值，使应力分布趋于均匀。

目前使厚壁圆筒产生预应力的途径有两个：一个是在厚壁圆筒制造过程中，如热套式圆筒，将一个圆筒缩套在另一个圆筒上；缠绕式圆筒在缠绕过程中对钢带施加一定的张力等等，这些方法都能使内筒产生压缩应力；另一个途径是在厚壁容器使用前进行加压处理，此

压力一般超过操作压力，保压一段时间卸载，使圆筒内壁屈服，产生径向扩大的残余变形并形成一塑性区，而外层材料的弹性收缩，使内层材料产生压缩应力。

6.4.1　厚壁圆筒自增强方法

厚壁圆筒自增强处理的方法有液压法、机械挤压法和爆炸胀压法。

(1) 液压法

液压法是采用超高压的液压泵对已密闭的厚壁圆筒进行加压，使内层筒壁发生塑性变形，然后卸除压力获得残余应力。厚壁圆筒加载和卸载的工艺过程如图 6－13 所示，图中的 Δp_A 为自增强压力公差，取加压泵额定压力误差的 1% 与仪器、仪表目测误差值之和。为了详细了解加压圆筒的内壁或外壁的应变情况，可以在加压过程中分多次测定各点的应变值，每次保压 3～5min，并待应变稳定后读取相应的数据。

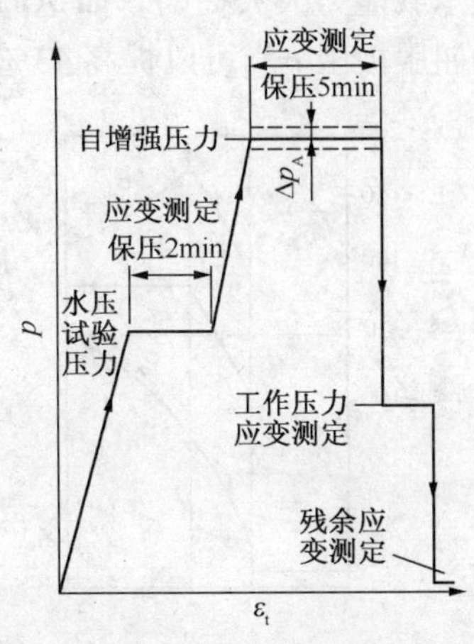

图 6－13　液压法自增强处理工艺过程

液压法的优点是操作比较简单，不需要特殊的压力元件，而且能够使圆筒内壁获得均匀的塑性变形，特别适用于闭式容器的自增强处理。缺点是由于圆筒产生塑性变形所需的压力很大，必须有能提供超高压的泵和附件，因此，使用上常常受到限制。

(2) 机械挤压法

机械挤压法是用冲头或水压机将有过盈的心轴压入厚壁圆筒（如图 6－14），或用桥式起重机将心轴拉过厚壁圆筒（如图 6－15）等方法，使筒壁内层发生塑性变形及残余压应力。

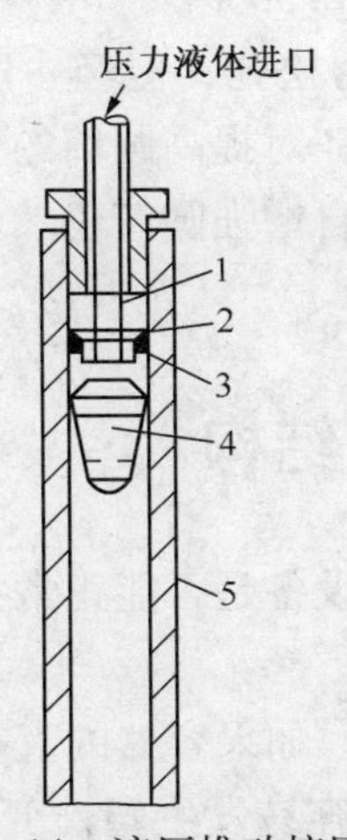

图 6－14　液压推动挤压装置

1—堵头；2—软钢填环；3—橡胶 O 形环；4—心轴；5—筒体

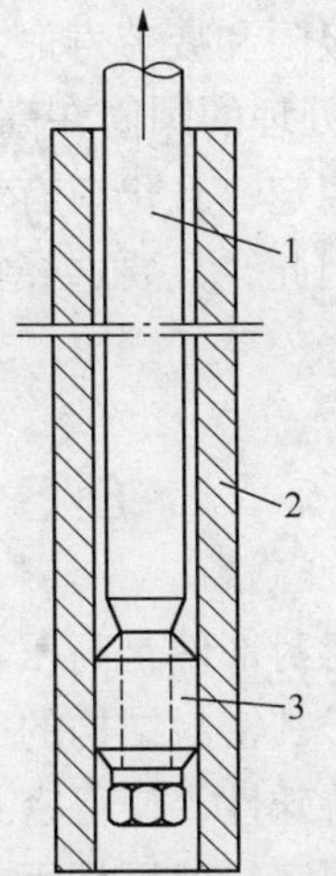

图 6－15　机械牵拉挤压装置

1—拉杆；2—筒体；3—心轴

(3) 爆炸胀压法

爆炸胀压法是利用高能量炸药在极短时间内爆炸所产生的高压冲击波的作用，使圆筒内壁迅速产生塑性变形。但目前此法只是一种试验技术，尚未见应用于生产实际。

6.4.2 自增强圆筒的特点

自增强技术目前已成为高压或超高压容器设计过程中不可缺少的一项重要手段，而且有向一般压力容器推广的趋势。主要基于以下特点：

① 经过自增强处理的圆筒，应力峰值大大降低，应力分布更为均匀，如图 6－16 所示，弹性承载能力大大提高。如 0Cr18Ni9 的不锈钢圆筒，经超应变处理 4% 的变形率后，内壁材料的屈服极限 $\sigma_{0.2}$ 可以提高 43%；

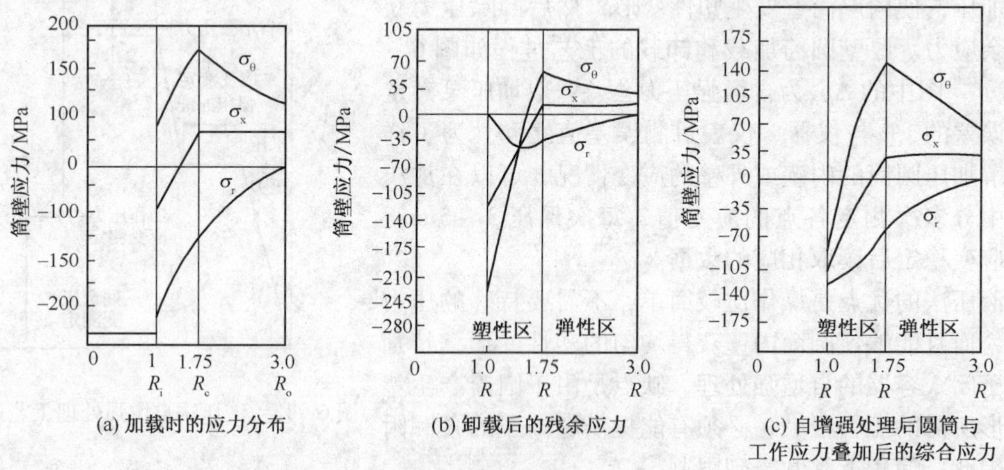

(a) 加载时的应力分布　(b) 卸载后的残余应力　(c) 自增强处理后圆筒与工作应力叠加后的综合应力

图 6－16　自增强处理前后厚壁圆筒应力分布

② 经自增强处理的圆筒，由于内壁存在残余压缩应力，操作时使内壁平均应力降低，疲劳强度显著提高。试验证明，特别是对有径向小孔和内壁有缺陷或裂纹的圆筒，经自增强处理后，其疲劳极限和疲劳寿命均比非自增强圆筒至少提高 50%。

③ 经自增强处理的圆筒在高温下内壁会产生残余应力松弛，但经一段时间后，这种松弛会趋于缓和和稳定，且仍留有较高的环向残余压缩应力，对提高圆筒的弹性承载能力依然有很大的作用。因此，只要选择抗蠕变性能良好的材料，自增强圆筒仍然可以很好地应用于高温工作环境。

6.5 高压容器的密封结构

高压容器的密封部件是高压容器中的一个关键部件，设备是否能正常并可靠地工作，在很大程度上取决于其密封结构的完善程度。

高压容器的特殊性，使得密封成为结构设计中的难题。如果容器的直径较大，又需要在高温下操作，实现密封就更为困难。这是因为高温下材料容易发生塑性变形甚至蠕变变形，紧固螺栓会发生松弛，很容易发生泄漏。

高压容器的密封结构有多种形式，大致分三类：①强制式密封，包括平垫式密封、卡扎里式密封；②半自紧式密封，主要有双锥式密封；③自紧式密封，包括伍德密封、"C"形环密封、"O"形环密封、楔形垫和平垫自紧式密封、三角垫密封、八角垫密封及椭圆垫密封等。

强制式密封是依靠螺栓的拉紧来保证密封元件和端盖及筒体端部法兰之间具有一定的密

封比压来达到密封的目的。由于内压上升后螺栓的变形，端盖上升或变形而使密封比压减小。因此，强制密封要求有较大的螺栓预紧力，以保证工作状态下端盖与筒体端部之间的比压大于工作比压。自紧式密封则不然，它依靠各自结构的特点，容器的工作压力升高后，密封元件和端盖以及筒体端部之间的比压会自动加大，因而密封性能在高压下更好，而预紧螺栓只起到保证初始密封所需的力即可。这就使端盖设计较强制密封更轻便。

如何选择密封形式是高压容器设计的核心问题。下面介绍几种常用的密封结构。

(1) 平垫密封

平垫密封结构形式如图 6－17 所示。该结构属于强制式密封，与中低压容器中常用的螺栓法兰连接结构相似，只是将宽面非金属垫片改成窄面金属平垫片。平垫片材料常用退火铝、退火紫铜或 10 号钢。

平垫密封结构简单，在压力不高、直径较小时密封可靠。适用于温度不超过 200℃，内径不超过 1000mm 的中小型高压容器。但结构中的主螺栓直径过大，不适用于温度和压力波动较大的场合。

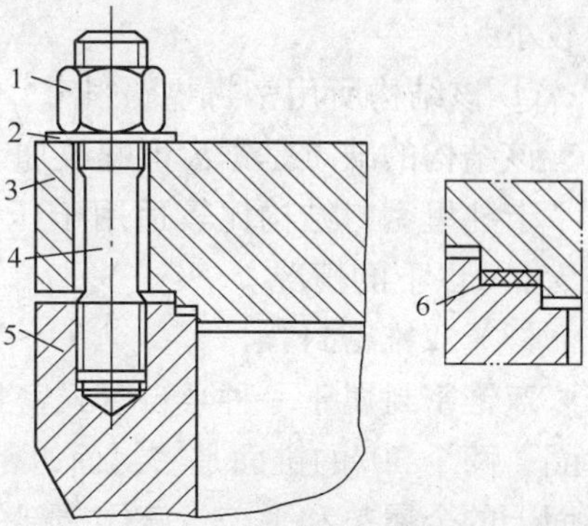

图 6－17　平垫密封结构

1—主螺母；2—垫圈；3—平盖；4—主螺栓；5—圆筒端部；6—平垫片

(2) 卡扎里密封

卡扎里密封也是一种强制式密封，有外螺纹、内螺纹和改良卡扎里密封三种结构形式，如图 6－18 所示为外螺纹卡扎里密封结构示意图。它利用压环和预紧螺栓将三角形垫片压紧来保证密封。

卡扎里密封中的压环材料一般应采用强度较高、硬度也较高的 35CrMo 钢或优质钢 45、35 钢。密封垫圈所用材料与金属平垫密封相同。

改进的卡扎里密封，结构如图 6－19 所示，主要是为了改善套筒螺纹锈蚀使拆卸困难的情况，仍保留主螺栓，但预紧靠预紧螺栓来完成，从而装拆较方便省力。

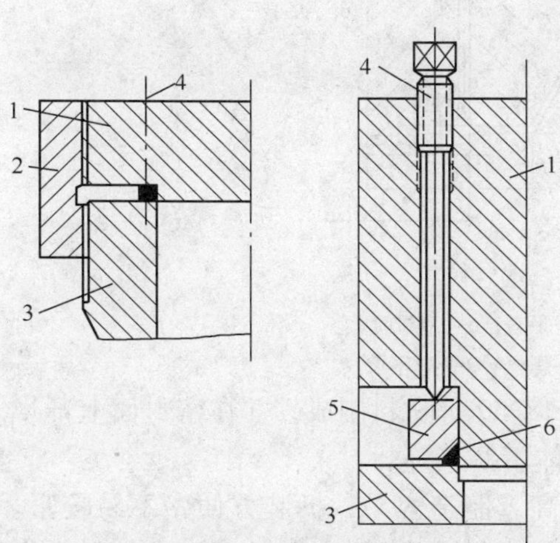

图 6－18　卡扎里密封结构

1—平盖；2—螺纹套筒；3—筒体端部；4—预紧螺栓；5—压环；6—密封垫

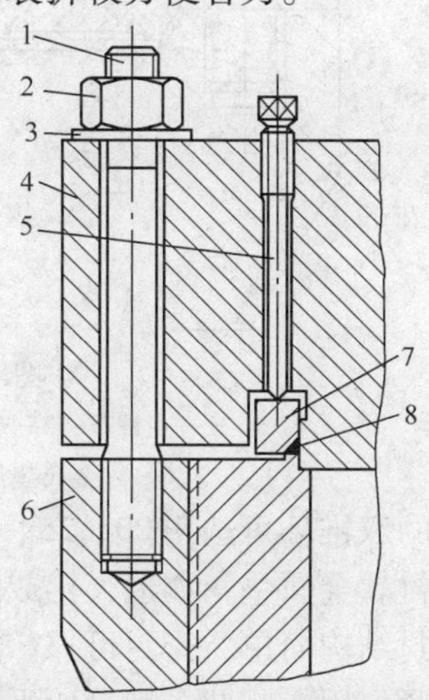

图 6－19　改进型卡扎里密封结构

1—主螺栓；2—主螺母；3—垫圈；4－平盖；5—预紧螺栓；6—筒体端部法兰；7—压环；8—密封垫圈

卡扎里密封结构的优点：

① 由于介质压力引起的轴向力由螺纹套筒来承担，因而预紧螺栓的直径比平垫密封的主螺栓要小得多，预紧更方便；

② 采用了开有凹凸槽的间断锯齿形螺纹套筒，拆装方便；

③ 在同样压力下，套筒轴向变形远小于螺栓的轴向变形，因此对安装有利，安装预紧力较小；

④ 该结构所用密封垫圈很窄，容易达到密封比压，密封可靠。

该结构的缺点是锯齿形螺纹加工困难，精度要求高。

卡扎里密封结构比较适用于压力在 30MPa 以上，容器直径 1000mm 以上，但设计温度在 350℃以下的情况。

（3）双锥密封

双锥密封属于一种半自紧式密封结构，如图 6－20 所示，它采用双锥面的软钢制的密封垫圈，两个 30°的锥面是密封面，密封面上垫有软金属垫。在预紧状态时，拧紧主螺栓使密封面上的金属垫和平盖、筒体端部的锥面相接触并压紧，达到预紧密封比压；同时，双锥环本身产生径向收缩，使其内侧圆柱面和平盖凸出部分间的间隙消失而紧靠在一起。当内压升高时，平盖有向上抬起的趋势，使预紧时的比压减小，双锥环预紧时的径向收缩产生回弹，使两锥面上继续保留一部分比压。在介质压力作用下，双锥内侧圆柱面向外扩张，导致双锥面上的比压进一步增大，达到操作密封比压时，即可使介质不泄漏，达到密封的目的。

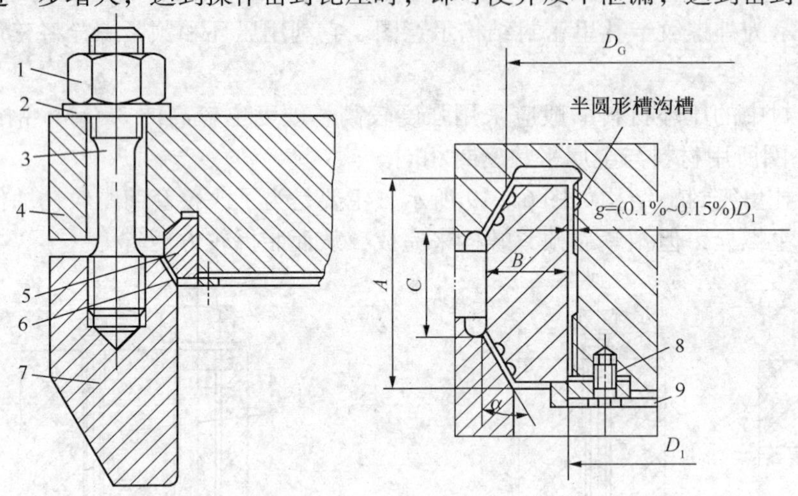

图 6－20 双锥形密封结构

1—主螺母；2—垫圈；3—主螺栓；4—平盖；5—双锥环；6—软金属垫片；7—圆筒端部；8—螺栓；9—托环

结构中的双锥环可选用 20、25、35、16Mn 及 0Cr18Ni9 等材料制成，并在密封面上开半圆形沟槽，衬软金属垫，如退火铝或退火紫铜及奥氏体不锈钢等。

双锥密封结构简单，密封可靠，加工精度要求不高，制造容易，拆装方便，不易咬紧。且利用了自紧作用，因此主螺栓比平垫密封小，而且在压力与温度波动的情况下，密封也很可靠，可用于内径在 400～2000mm，压力 6.4～35MPa，温度 0～400℃的容器。

（4）伍德密封

这是使用最早的一种自紧式高压密封结构，如图 6－21 所示。牵制螺栓 2 通过牵制环 4

拧入顶盖 1。预紧时，拧紧牵制螺栓，通过四合环 5 使压垫 7 和顶盖 1 及筒体端部 8 产生预紧密封力，四合环是由四块拼成的一个圆环，便于嵌入筒体端部的凹槽内。用拉紧螺栓 6 将其与筒体端部固定。当内压作用时，压力直接作用于顶盖，使压垫与顶盖和筒体端部之间相互作用密封力随压力升高，压力越高，压垫的压紧比压就越大，密封越可靠。

该结构中的核心零件就是压垫。如图 6－21(b)所示，压垫与筒体端部接触的密封面略有夹角($\beta=5°$)，另一个与顶盖球形面接触的密封面做成倾角较大的斜面($\alpha=30°\sim35°$)。

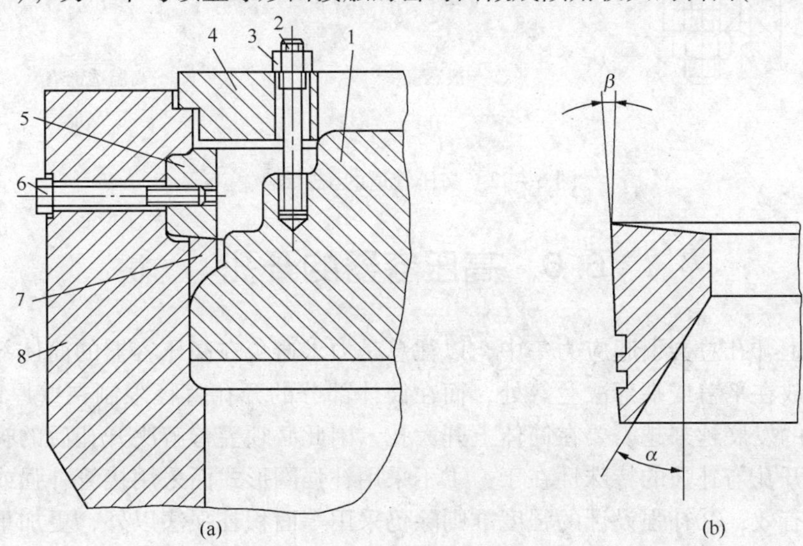

图 6－21　伍德密封结构

1—顶盖；2—牵制螺栓；3—螺母；4—牵制环；

5—四合环；6—拉紧螺栓；7—压垫；8—筒体端部

伍德密封的优点是全自紧式，压力和温度的波动不会影响密封的可靠性，且取消了主螺栓，使筒体与端盖的尺寸可大大减小，而且拆装方便，开启速度快，密封可靠。缺点是其结构复杂，零件多且加工麻烦，装配要求高，并占用较大的高压空间。

此外还有一些高压密封结构，这里不一一赘述。

(5) 高压管道密封

管道的连接具有与容器连接不同的特点，对连接尺寸精度不可能要求过高，常出现强制连接的情况，这使管道除了要承受内压的作用外，还要承受较大的附加弯矩或剪力。因此，高压管道的连接结构设计应给予特殊的考虑。其一是采用球面金属垫圈，形成球面与锥面之间的线接触密封。这种接触面能自动适应两连接管道不直的情况，即自位性好，而且线接触处可得到较高的密封比压，使密封可靠。如图 6－22(a)所示将管端加工成 $\beta=20°$ 的锥面作为密封面，垫圈则为带有两个球面的透镜式垫圈，如图 6－22(b)所示，一般用软钢制成，或用原管道材料车削而成。其二是管道与法兰的连接不用焊接，而用螺纹连接，这样法兰螺栓紧固时法兰对管道的附件弯曲应力就很小，尤其当安装管道不同心时，法兰对管道的附加弯矩可大为减小。

高温高压管道的透镜垫常制成图 6－22(c)所示的结构。这是考虑到高温下螺栓法兰可能因变形而松弛使密封性能降低，若将透镜垫加工出一个环形空腔，介质的压力使垫圈有部分自紧作用，则有利于密封的可靠性。

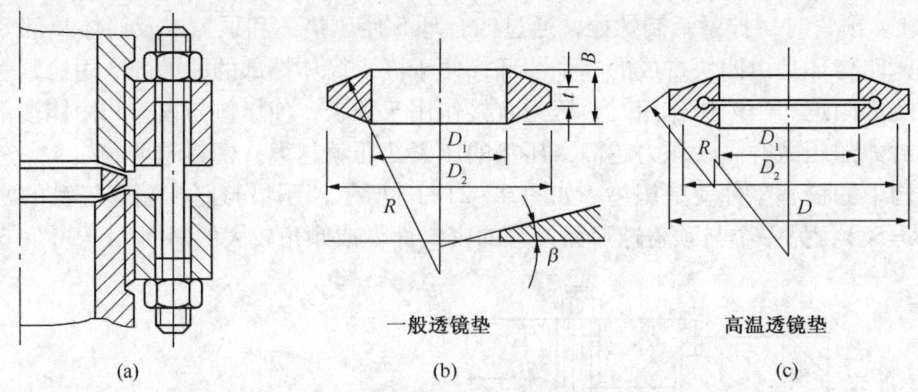

图 6-22 高压管道的密封结构

6.6 高压容器的开孔

由于容器上开孔总会引起应力集中，以往总是力求避免在高压容器的筒体部分开孔，而把必须开的孔放在平盖或端部法兰等处，而在筒体部分的开孔直径限制在壁厚的3/4以内。随着石油化工的发展越来越需要在筒体上开大孔，因此必须妥善解决开孔后的补强问题。

高压容器开孔与补强的特殊性在于：①不采用补强圈形式而采用接管补强或整体锻件补强，使补强更有效；②补强设计的强度准则除仍采用等面积补强法以外，更加重视采用极限分析准则和安定性设计准则。

6.6.1 高压容器补强结构

补强构件的基本形式如图 6-23 所示，其中(a)只补强接管；(b)为密集补强；(c)只对筒体补强。密集补强是在应力最大的区域给予最有效的补强。

补强件的结构尺寸，如各过渡圆弧的 r 及角度 θ 在 GB150-1998 中都有具体的规定。

除形式(a)可以采用厚壁管补强件以外，(a)、(b)、(c)三种补强构件均可采用整锻件。虽加工制造较为困难，但在重要结构中，如受交变载荷的高压容器仍有必要采用。在与筒体焊接时特别要注意的是尽量避免采用填角焊，而应采用对接焊，这将便于射线与超声波探伤，以达到标准焊缝质量。对接焊形式如图 6-24 所示。

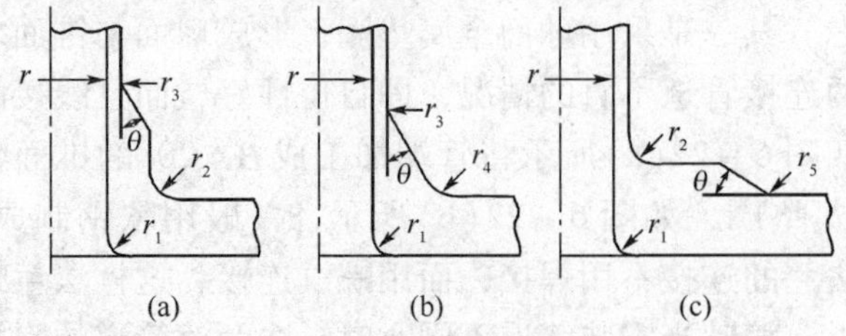

图 6-23 高压容器开孔补强结构

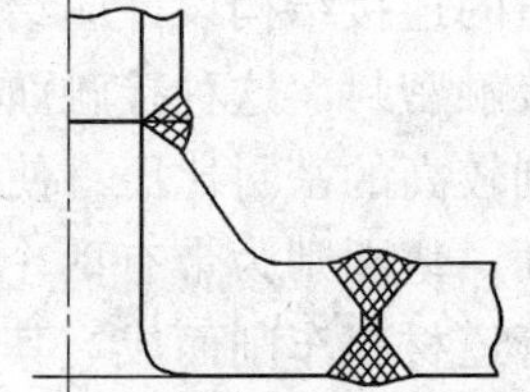

图 6-24 补强件与筒体的焊接

6.6.2 高压容器结构补强的强度设计准则

中低压容器常用的开孔补强的等面积补强法在高压容器中也可采用。但由于该方法仅针对薄膜应力考虑，不能有效地降低开孔接管部位的应力集中系数，却消耗较多的补强材料。因此，目前更受重视的是极限分析补强设计准则和安定性设计准则。

（1）极限分析准则

极限分析是指对结构采用塑性力学中的方法，在理想塑性的前提下求出容器整体或局部沿壁厚发生全域塑性流动的载荷，即极限载荷，对容器来说就是极限压力。同时对于带某种补强结构的容器接管区也作极限分析后求出的极限压力，若与无接管时筒体（或封头）极限压力基本相同，则可以认为该补强结构是可行的，此即为补强设计的极限分析准则。

（2）安定性补强设计准则

它不涉及塑性分析方法而仅用弹性分析方法对结构进行弹性应力分析，但允许接管部位的应力超过材料的屈服强度，从而局部材料会进入塑性状态，但控制该最大弹性虚拟应力不得超过一定限度，仍可保证安全。美国压力容器研究委员会允许的最大值为 $3[\sigma]$，英国 BS5500 中允许最大值为 $2.25[\sigma]$。这种应力限度是由安定性分析而得出的。所谓“安定”就是结构经受过一次加载时可以允许局部区域出现塑性变形，而卸载后第二次及以后的重复加载时不再出现新的塑性变形，仅呈现出弹性行为，结构便达到“安定”状态。能保证重复加载中结构安定的最大虚拟应力为 $3[\sigma]$，因此用 $3[\sigma]$ 来限制开孔部位最大应力值的准则称为安定性设计准则。

6.7 高压容器的主要零部件设计

6.7.1 高压容器连接螺栓的设计

由于高压螺栓承受的载荷有压力载荷和温差载荷，此外压力与温度还有波动，甚至有时还因各种变化引起冲击载荷，其工作条件比较复杂。因此，在结构设计要求上与中低压螺栓有许多不同之处，要求更高。

① 高压螺栓一般多采用细颈双头螺栓。其结构如图 6－25 所示。此种结构螺栓的温差应力较小，柔度大，耐冲击，抗疲劳。中间部分直径应等于或略小于螺栓根径。细牙螺纹有利于自锁，且根径比粗牙螺纹大。如果是容器主螺栓，埋入法兰的一端常凸出一短圆柱，以便在预埋时顶紧螺栓孔的底部，使螺栓工作时各圈螺纹受力均匀。主螺栓的螺母端可以钻注油孔，以便加油润滑螺纹部分。埋入部分的螺纹长度一般等于螺纹部分的公称外径，埋入过深没有意义。

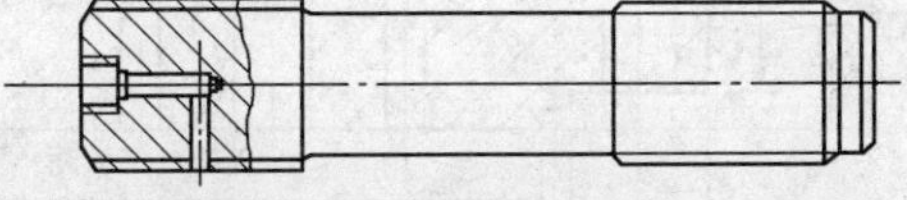

图 6－25 高压螺栓结构

② 要求有较高的加工精度。一般高压螺栓的螺纹的公差精度应达到精密的要求，螺栓与螺母有较好的配合。

③ 螺母与垫圈采用球面接触。当螺栓孔与法兰面的垂直度有偏差时，为防止产生附加的弯矩而采用螺母和垫圈的球面接触，可进行自位调节，并可大大减少螺栓的附加弯矩。

④ 螺栓与螺母的材料一般在强度上选用比中低压容器螺栓强度更高的材料，并应同样具有足够的塑性和韧性。主螺栓及管道法兰螺栓最常用的材料是 35CrMoA 或 40MnB。35CrMoA 的使用温度范围为 －20～500℃，40MnB 的使用温度范围是 －20～400℃。与其相匹配的螺母材料应为强度与硬度相对低一点的 30CrMoA 及 35（或 40Mn）钢，以免螺栓黏结。当使用温度超过 500℃时可选用铬钼钢，如 1Cr5Mo（可使用到 600℃），或奥氏体钢 0Cr19Ni9

(可使用到700℃)。0Cr19Ni9不仅可用于高温，还可用于低温(最低可达-196℃)。

35CrMoA及40MnB等低合金钢均应进行调质处理，其回火温度不得低于550℃，以保证有良好的韧性。当这些低合金钢螺纹使用到-20℃时应进行-20℃下的低温冲击试验。

高压螺栓可根据各种密封结构分析计算得出的螺栓载荷或按预紧载荷和工作载荷中的最大螺栓载荷 W 来设计，在计算方法上与中低压螺栓相同，螺栓的螺纹根径 d_0 应为：

$$d_0 = \sqrt{\frac{4W}{\pi [\sigma]_b^t n}} \tag{6-18}$$

式中 $[\sigma]_b^t$——螺栓材料在设计温度下的许用应力，MPa；

n——螺栓数量，一般为4的倍数。

实际螺栓的根径应不小于计算出的螺栓根径 d_0。螺栓规格推荐系列：M36×3、M42×3、M64×4、M80×4、M105×4、M125×4等。

6.7.2 高压容器的封头设计

高压容器的封头一般有两种形式：半球形和平盖。小型高压容器(如小化肥厂中的工艺合成塔等)目前多趋向于采用半球形封头代替平盖，这样既节省大锻件，又减少机加工的工作量和金属消耗量。但对于大直径高压容器，由于直径大，厚度大的半球形封头冲压成型困难较大，故仍多采用平盖。平盖的制造和使用经验较成熟，且适用于多种密封结构。缺点是需要大的锻件，钢材消耗量大，结构也显得笨重。

高压容器的半球形封头的设计方法与中低压容器的封头相同，只要设计压力不大于35MPa即可。但当半球形封头的厚度与筒体相差较大时，应当注意封头与筒体连接的过渡段结构设计。

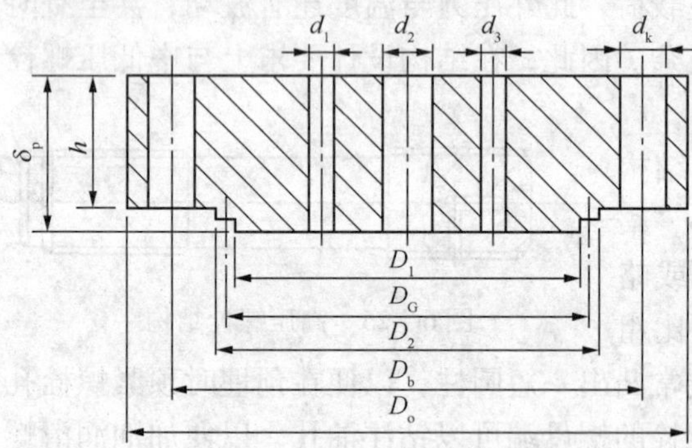

图6-26 平垫密封使用的平盖结构

高压容器上的可拆式封头大多采用锻造平盖。由于不需要焊接，常用35号钢，强度中等，锻造性能、塑性和韧性都能达到容器上锻件的要求。现将可拆平盖设计方法介绍如下：

(1) 平垫密封用平盖

平垫密封所使用的平盖结构如图6-26所示。根据GB 150-1998规定，其厚度 δ_p 可按第3章式(3-24)计算。但由于该平盖采用的是螺栓连接结构，所以由表3-12可知，计算时须考虑操作和预紧两种状态，并取较大者作为 δ_p，即

$$\delta_p = D_c \sqrt{\frac{Kp_c}{[\sigma]^t \phi}}$$

当预紧时，取结构特征系数为

$$K = \frac{1.78WL_G}{p_c D_c^3}$$

则有

$$\delta_p = D_c \sqrt{\frac{1.78WL_G}{p_c D_c^3} \times \frac{p_c}{[\sigma]^t \phi}} \tag{6-19}$$

当操作时，取结构特征系数为

$$K=0.3+\frac{1.78WL_G}{p_cD_c^3}$$

有
$$\delta_p=D_c\sqrt{\left(0.3+\frac{1.78WL_G}{p_cD_c^3}\right)\frac{p_c}{[\sigma]^t\phi}} \tag{6-20}$$

式中　δ_p——平盖的计算厚度，mm；

D_c——平盖的计算直径(参照表3-12)，mm；

W——预紧状态或操作状态时的螺栓设计载荷，N；

L_G——螺栓中心至垫片压紧力作用中心线的径向距离(参照表3-12)，$L_G=\frac{D_b-D_G}{2}$，mm。

(2) 双锥密封用平盖

双锥密封用平盖结构如图6-27所示。首先按上述平垫密封用平盖的计算方法确定计算厚度δ_p，然后对作用于平盖$a-a$环向截面的当量应力进行校核，并满足条件

$$\sigma_{oa}=\sqrt{\sigma_{ma}^2+3\tau_a^2}\leqslant 0.7[\sigma]^t \tag{6-21}$$

$$\sigma_{ma}=\frac{3W(D_b-D_G)}{3.14D_Gh_1^2} \tag{6-22}$$

$$\tau_a=\frac{W}{3.14D_Gh_1} \tag{6-23}$$

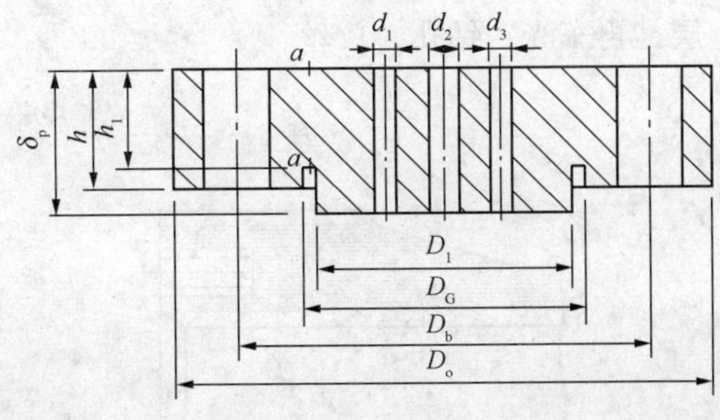

图6-27　双锥密封用平盖结构

式中　σ_{oa}——$a-a$环向截面的当量应力，MPa；

σ_{ma}——弯曲应力，MPa；

τ_a——剪应力，MPa；

h_1——$a-a$环向截面处厚度，mm。

6.7.3 高压容器筒体端部的设计

(1) 筒体端部法兰形式

高压容器筒体端部法兰随容器筒体结构和制造方法的不同而具有整体式和组合式两种结构形式。整体式结构，根据它与筒体连接方法的不同，又可分为整体锻造式[如图6-28(a)]、焊接式[如图6-28(b)]和螺纹连接式[如图6-28(c)]。

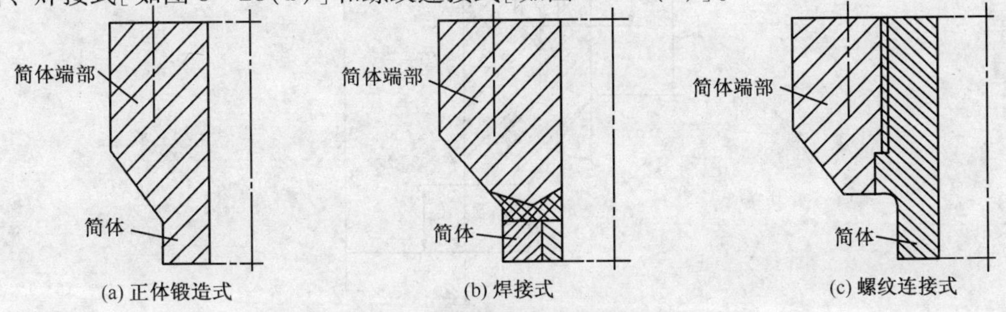

图6-28　整体式筒体端部法兰结构

整体式筒体端部法兰是由大型锻件加工制造而成。由于这种结构使用较早，具有一定的制造和使用经验，因此在小型高压容器上还在使用。但随着石油化工行业的发展及介质压力的提高，筒体端部的尺寸和重量不断增大，要求使用大型锻件，不但制造困难而且笨重。因此，促进了新型筒体端部的研制和开发。

组合式筒体如绕带式、多层包扎式和热套式等，筒体端部法兰的结构也各不相同。绕带式筒体端部法兰是采用型槽钢带连续缠绕在筒体外壁上制造而成，如图 6-29(a)所示，这是一种使用较早的结构形式，长期的使用证明了它的安全可靠性。多层包扎式筒体端部法兰的制造与筒体的制造方法相同，但其层与层之间严格来说不是完全连续的。为了承受轴向载荷，在端面需有一堆焊层，如图 6-29(b)所示。热套式筒体端部结构如图 6-29(c)所示，它是在筒体的一端再加套若干层短筒节，其过渡段需堆焊，端面也应有 30~50mm 的堆焊层，再车光、钻孔、攻丝。

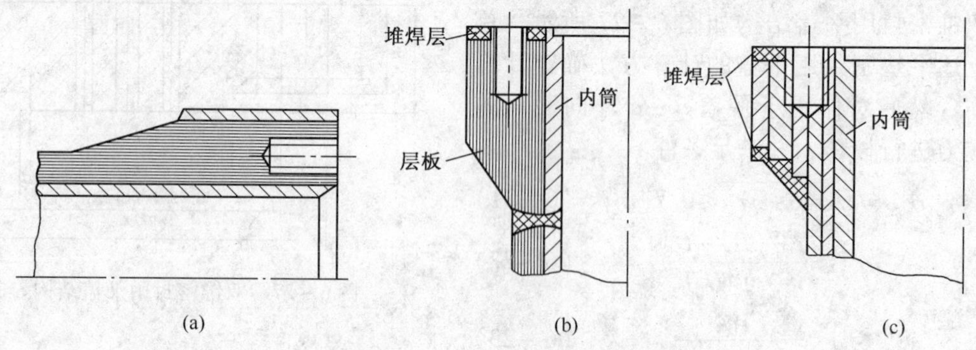

图 6-29　组合式筒体端部结构

组合式筒体端部结构节省了大型锻件，生产周期短，容易保证制造质量，成本低，是制造大型高压容器筒体端部法兰的一种较好的方法。

(2) 筒体端部法兰结构尺寸

① 筒体端部结构尺寸的确定：

筒体端部结构尺寸如图 6-30 所示，具体尺寸的确定依据如表 6-5：

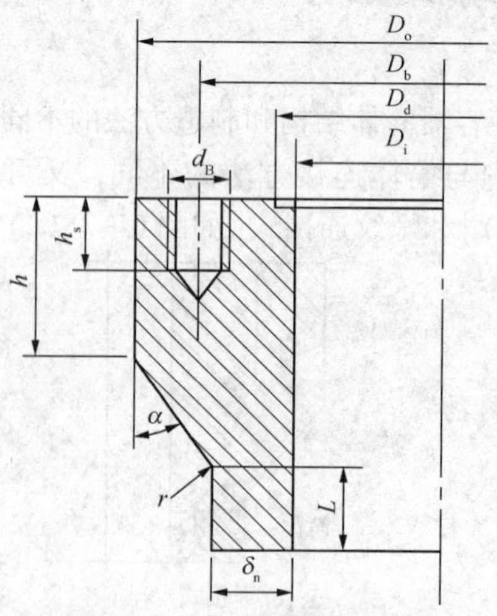

图 6-30　筒体端部结构尺寸

表6-5 筒体端部结构尺寸的确定 mm

结构尺寸名称	符 号	计算公式
端部厚度	δ_n	$\delta_n \geqslant$ 圆筒名义厚度
主螺栓中心圆直径	D_b	$D_b \geqslant D_d + 1.5d_B$
筒体端部外直径	D_o	$D_o \geqslant D_d + 1.8d_B$
螺孔深度	h_s	$h_s \geqslant (1.3 \sim 1.5)d_B$ + 螺孔加工所需无效螺纹长度
圆角半径	r	$r \geqslant 0.8\delta_n$
直边长度	L	$L = 50$
端部外缘长度	h	$\alpha = 30°$时，$h \geqslant h_s + 0.5d_B$ $\alpha = 45°$时，$h \geqslant h_s + d_B$

② 应力校核：

按表6-5确定筒体端部尺寸后，应进一步对筒体端部纵向截面弯曲应力进行校核，具体方法如下：

a. 作用于筒体端部纵向截面的弯矩为

$$M = \frac{1}{6.28}\left[\left(\delta_n - C_2 + \frac{1}{3}D_i\right)F_D - \left(D_b - \frac{2}{3}D_G\right)F - (D_b - D_G)F_p\right] - pD_iH_gJ_0 \quad (6-24)$$

式中参数的意义可参考图6-26和图6-31

式中 J_0——参数，$J_0 = J_c - H_g/2J_0$，mm；

H_g——筒体端部高度，mm；

F——流体压力引起的总轴向力，$F = 0.785D_G^2p_c$，N；

F_D——作用于筒体端部法兰内直径截面上的流体压力引起的总轴向力，$F = 0.785D_i^2p_c$，N；

F_p——操作状态下需要的最小垫片压紧力，N；

D_G——垫片压紧力作用中心圆直径，mm。

b. 筒体端部纵向截面的抗弯截面系数，参照图6-31所示筒体端部计算图，得抗弯截面系数：

$$Z_g = \frac{I_c}{J_c} \quad (6-25)$$

$$I_c = 2(I_1 + A_1a_1^2 + I_s + A_sa_s^2)$$

$$J_c = \frac{A_1J_1 + A_sJ_s}{A_1 + A_s}$$

式中 I_c——筒体端部纵向截面惯性矩，mm^4；

A_1——筒体端部计算截面矩形部分面积，mm^2；

A_s——筒体端部计算截面梯形部分面积，mm^2。

c. 筒体端部纵向截面的弯曲应力校核

将式(6-23)、式(6-24)的计算结果代入式(6-25)，所得弯曲应力σ_m必须满足式(6-25)要求：

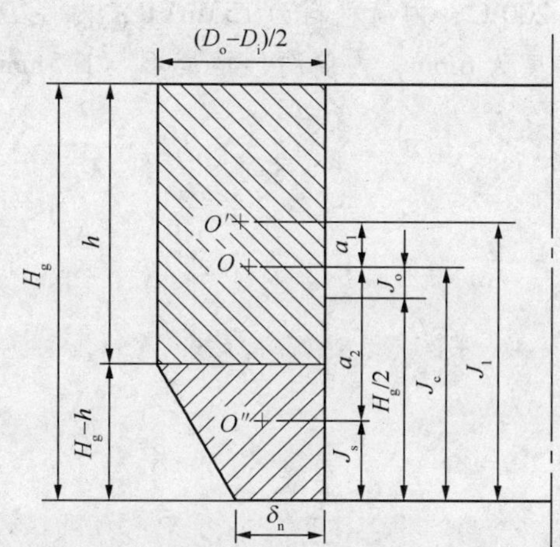

图6-31 筒体端部计算图

O、O′、O″—筒体端部计算截面、矩形部分、梯形部分形心

$$\sigma_m = \frac{M}{Z_g} \leqslant [\sigma]_f^t \tag{6-26}$$

式中 $[\sigma]_f^t$——在设计温度下筒体端部法兰材料的许用应力，MPa。

思考题

1. 厚壁圆筒与薄壁圆筒受内压和温差时筒壁上的应力有何主要区别？

2. 单层厚壁圆筒承受内压作用时，其应力分布有哪些特征？为什么说工作内压很高时，单靠增加壁厚来提高承载能力？

3. 绘制出仅受内压时和仅受外压时厚壁圆筒应力分量分布图。

4. 什么是温差应力？温差应力是如何产生的？

5. 单层厚壁圆筒受温差应力作用时，其温差应力分布有哪些规律？加热方式对其有何影响？

6. 厚壁圆筒有哪些结构形式？各适用于什么场合？

7. 预应力法增强厚壁圆筒承载能力的基本原理是什么？试以双层热套圆筒为例加以说明。

8. 何谓自增强处理？为什么厚壁圆筒要进行自增强处理？经自增强处理的圆筒有何特点？

9. 多层厚壁容器受内压时筒体的壁厚计算公式是什么？该公式有何限制？

10. 高压容器的连接螺栓有何特点？设计时应注意什么？

计算题

1. 圆筒为多层包扎式氨合成塔，其内径 $D_i = 800$mm，设计压力 $p = 31.4$MPa，工作温度小于200℃，内筒和层板的材料均为16MnR，腐蚀裕量 $C_2 = 1.5$mm，试计算圆筒的壁厚。

2. 一厚壁容器，筒体为多层包扎式结构，已知设计压力为 $p = 32$MPa，设计温度小于200℃，内筒材料为15MnVR，内径 $D_i = 1000$mm，壁厚16mm，层板材料16MnRC，层板厚度为6mm，内筒腐蚀裕量 $C_2 = 1.5$mm，试计算需要层板多少层？

第 7 章　换热器

在过程工业生产中，为了工艺流程的需要，常常要求把低温流体加热或把高温流体冷却，把液体汽化或把蒸汽冷凝，这些工艺过程都是通过热量传递实现的。进行热量传递的设备称为换热设备，也称热交换器或换热器。换热器是化工、石油、轻工、食品、动力、制药等行业广泛应用的一种通用工艺设备，它不仅可以独立使用，同时又是很多装置的组成部分。因此，在石油、化工厂建厂投资中，换热设备的投资占总设备投资的 20%，在全厂化工设备总重量中约占 40%。

在化工生产中，换热设备的主要作用是使热量由温度较高的流体传递给温度较低的流体，使流体温度达到工艺过程规定的指标，以满足工艺过程上的需要。此外，换热设备也是回收余热、废热，特别是低位热能的有效装置。如烟道气(200 ~ 300℃)、高炉炉气(约 1500℃)、需要冷却的化学反应工艺气(300 ~ 1000℃)等的余热，通过余热锅炉可以生产压力蒸汽，作为供热、供汽、发电和动力的辅助能源，从而提高热能的总利用率，降低燃料消耗，提高工业生产的经济效益。

完善的换热设备应符合以下几方面的基本要求：

① 保证达到工艺所规定的条件，换热效率高，流动阻力小；

② 有足够强度，结构可靠，设备紧凑；

③ 便于制造、安装和检修；

④ 成本低，经济合理。

7.1　换热器的类型及特点

要全面满足上述要求是困难的，因而产生了各种各样的换热器类型，以适应各种特定的工艺条件。按工艺用途可分为加热器、冷却器、蒸发器、冷凝器、再沸器、废热锅炉、换热器等，按传热方式可以分为混合式、蓄热式和间壁式三大类。

7.1.1　按作用原理或传热方式分类

(1) 混合式换热器

这类换热器又称直接接触式换热器，如图 7 - 1 所示。

它是利用冷热流体直接接触，彼此混合进行传热的换热器。为增加两流体的接触面积，以达到充分换热的目的，在设备中放置填料和栅板，通常采用塔状结构。混合式换热器具有传热效率高、单位容积提供的传热面积大、设备结构简单、价格便宜等优点，但仅适用于工艺上允许两种流体混合的场合。

把热量释放给冷流体。由于两种流体交替与蓄热体接触，因此不可避免地会使两种流体少量混合。若两种流体不允许有混合，则不能采用蓄热式换热器(见图 7 - 2)。

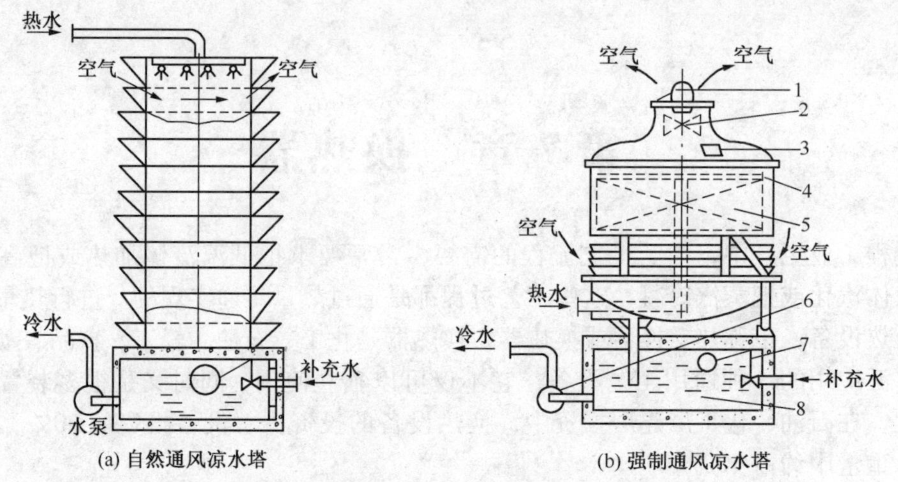

(a) 自然通风凉水塔　　(b) 强制通风凉水塔

图 7－1　凉水塔示意图

1—电机；2—风扇；3—视孔；4—喷水管；5—填料；6—水泵；7—浮球阀；8—水池

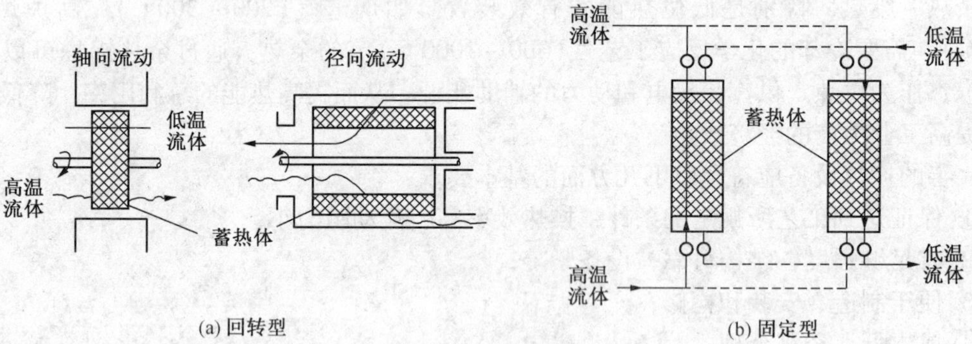

(a) 回转型　　(b) 固定型

图 7－2　蓄热式换热器

蓄热式换热器分为回转型和固定型两种，在化工生产中蓄热式换热器主要用于原料气转化和空气预热。回转蓄热型换热器的特点是连续操作，固定型换热器通过阀门的切换使冷热流体交替通过蓄热体，完成热量传递。

(2) 间壁式换热器

这类换热器又称表面式换热器。它是利用间壁将进行热交换的冷热流体隔开，互不接触，热量由热流体通过间壁传递给冷流体的换热器。间壁式换热器是工业生产中应用最广泛的换热器，其形式多种多样，如常见的管壳式换热器和板式换热器都属于间壁式换热器。

7.1.2　间壁式换热器分类

(1) 管式换热器

① 蛇管式换热器　蛇管式换热器的构造很简单，如图 7－3(a)所示。可以用管件将直管连接成排管形；也可根据容器的形状盘成各种不同形状，如图 7－3(b)所示。为防止蛇管变形，通常将蛇管固定在支架上。在高压操作时，也可以将蛇管铸在或焊在容器壁上。

蛇管换热器又可以分为沉浸式和喷淋式两种。

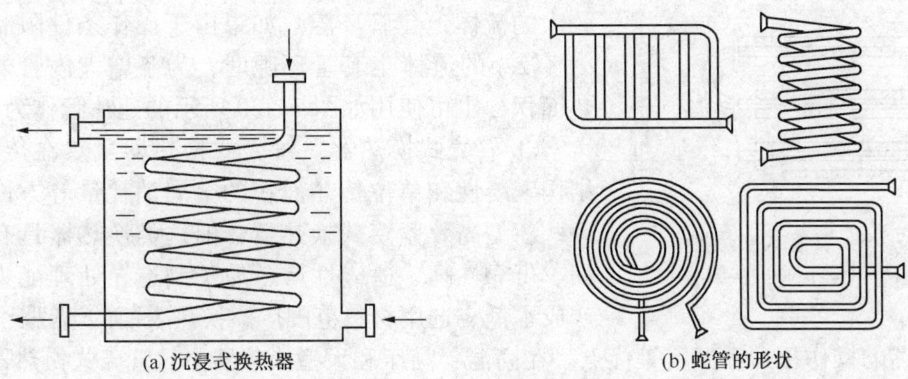
(a) 沉浸式换热器　(b) 蛇管的形状

图7－3　沉浸式蛇管换热器

a. 沉浸式换热器　如图7－3(a)所示，是将蛇管沉浸在容器内，盘管内通入热流体，管外通过冷却水进行冷却或冷凝；或用于加热或蒸发容器内的流体。

沉浸式换热器的优点是结构简单，能承受高压，可用耐腐蚀材料制造，适用于传热量不太大的场合；其缺点是管外对流传热系数小。为了提高其传热性能，可在容器内安装搅拌器，使容器内流体作强制对流。

b. 喷淋式换热器　这种换热器一般做成成排管状，如图7－4所示，整个排管固定在钢架上。主要用作冷却器。被冷却的流体自下而上在管内流动，冷却水由管子上方的喷淋装置中均匀淋下，喷洒在下层蛇管表面，并沿其两侧逐排流经下面的管子表面，最后汇集在底盘中。该装置通常放置在室外空气流通处，冷却水在空气中汽化时可带走部分热量，以提高冷却效率。因此，和沉浸式相比，喷淋式换热器传热效果更好。同时它还具有便于检修和清洗等优点，其缺点是喷洒不易均匀，体积庞大，占地面积大。

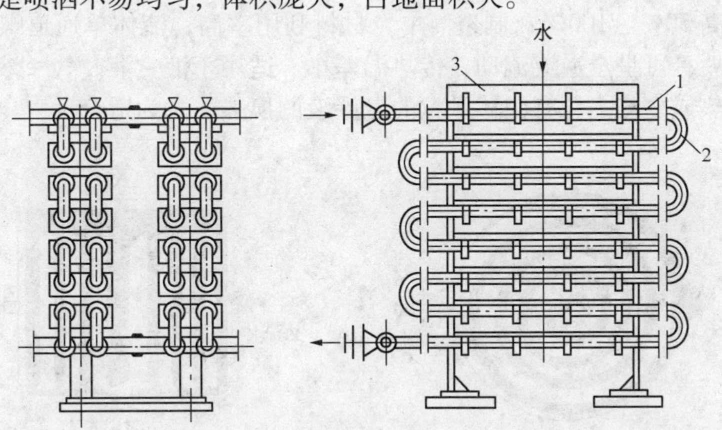

图7－4　喷淋式蛇管换热器

1—直管；2—U形管；3—水槽

② 套管式换热器　对于流体流量较小或高压流体的场合大多使用如图7－5所示的套管式换热器。该换热器是一种流体在套管的内管中流动，另一种流体在外管与内管之间的环状通道中流动，从而进行热量交换的设备。内管的壁面为传热面。套管式换热器以适宜长度的套管为单位，通过增减套管的连接数目来改变传热面积。套管内的冷、热流体可以同方向流动，即并流流动；但一般采用两流体相反方向的逆流流动。流体中通常选择给热系数 α 值

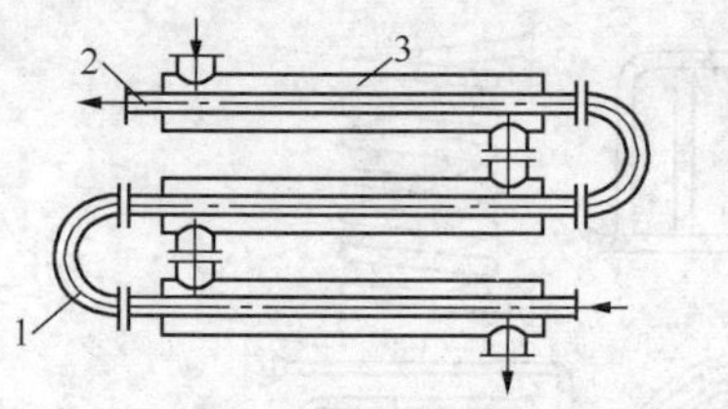

图 7-5 套管式换热器
1—肘管；2—内管；3—外管

较大的流体走套管环隙。如果由于操作条件限制必须使 α 值较小的流体走套管环隙时，为了增大内管外侧的传热面积，也可使用如图 7-20 所示的翅片管作为换热管。

③ 管壳式换热器　管壳式换热器虽然在传热效率、结构紧凑性和单位传热面积的金属消耗量等方面均不如一些新型高效紧凑式换热器，但这类换热器具有结构坚固、可靠性高、适应性广、易于制造、处理能力大、生产成本低、选用材料范围广、换热表面的清洗比较方便、能承受较高的操作压力和温度等优点。在高温、高压和大型换热器中，管壳式换热器仍占有绝对的优势，是目前使用最广泛的一类换热器。

这种类型的换热器的具体结构类型将在下一节中介绍。

（2）板式换热器

这类换热器都是通过板面进行传热的换热器。板式换热器按传热板面的结构形式可分为以下五种：螺旋板式换热器、板式换热器、板翅式换热器、板壳式换热器和伞板式换热器。

板式换热器的传热性能要比管式换热器优越，由于其结构上的特点，使流体能在较低的速度下就达到湍流状态，从而强化了传热。板式换热器采用板材制作，在大规模组织生产时，可降低设备成本，但其耐压性能比管式换热器差。

① 螺旋板式换热器　如图 7-6 所示，螺旋板式换热器是由两张平行钢板卷制成的具有两个螺旋通道的螺旋体构成，并在其上安有端盖（或封板）和接管。螺旋通道的间距靠焊在钢板上的定距柱来保证。

螺旋板式换热器的结构紧凑，单位体积内的传热面积约为管壳式换热器的 2～3 倍，传热效率比管壳式高 50%～100%；制造简单，材料利用率高；流体单通道螺旋流动，有自冲刷功能，不易结垢；可呈全逆流流动，传热温差小。适用于液-液、气-液流体换热，对于高黏度流体的加热或冷却、含有固体颗粒的悬浮液的换热，尤为适合。

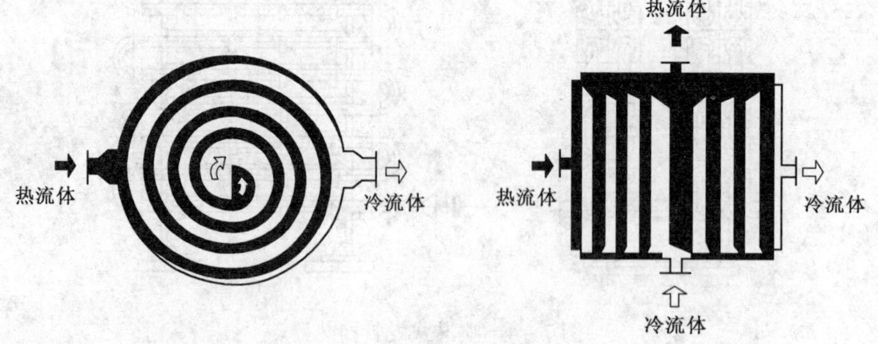

图 7-6 螺旋板式换热器

② 板式换热器　板式换热器是由一组长方形的薄金属传热板片和密封垫片以及压紧装置所组成，其结构类似板框压滤机。板片表面通常压制成为波纹形或槽形，以增加板的刚度，增大流体的湍流程度，提高传热效率。两相邻板片的边缘用垫片夹紧，以防止流体泄漏，起到密封作用，同时也使板与板间形成一定间隙，构成板片间流体的通道。冷热流体交替地在板片两侧流过，通过板片进行传热，其流动方式如图 7-7 所示。

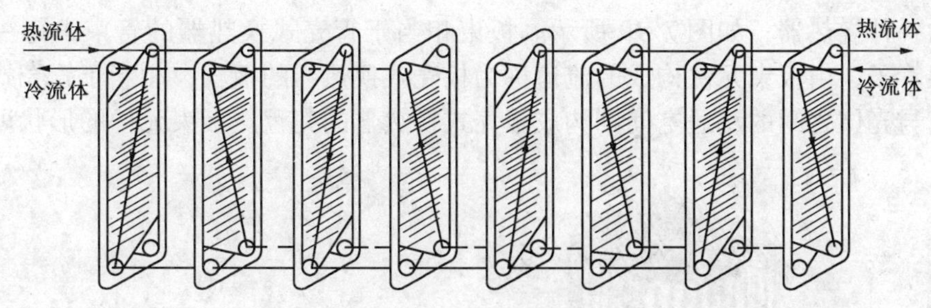

图 7－7　板式换热器

板式换热器由于板片间流通的当量直径小，板形波纹使截面变化复杂，流体的扰动作用激化，在较低流速下即可达到湍流，具有较高的传热效率。同时板式换热器还具有结构紧凑、使用灵活、清洗和维修方便、能精确控制换热温度等优点，应用范围广。其缺点是密封周边太长，不易密封，渗漏的可能性大；承压能力低；使用温度受密封垫片材料耐温性能的限制不宜过高；流道狭窄，易堵塞，处理量小；流动阻力大。

板式换热器可用于处理从水到高黏度的液体的加热、冷却、冷凝、蒸发等过程，适用于经常需要清洗，工作环境要求十分紧凑等场合。

③ 板翅式换热器　这种换热器的基本结构是在两块平行金属板（隔板）之间放置一种波纹状的金属导热翅片，翅片称“二次表面”，在其两侧边缘以封条密封而组成单元体，对各个单元体进行不同的组合和适当的排列，并用钎焊焊牢，组成的板束，把若干板束按需要组装在一起，便构成逆流、错流、错逆流板翅式换热器，如图 7－8 中所示。

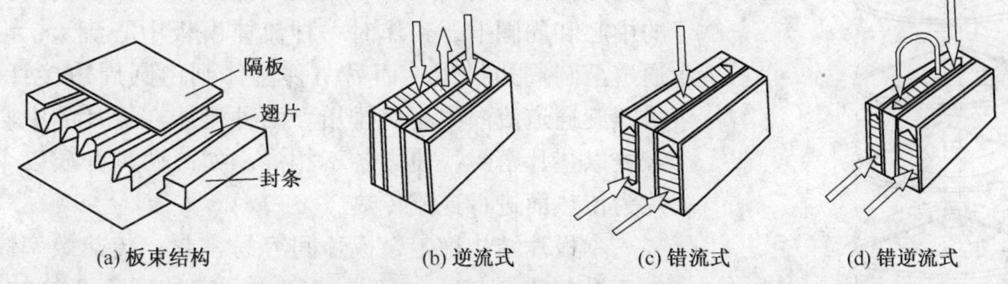

图 7－8　板翅式换热器

冷、热流体分别流过间隔排列的冷流层和热流层而实现热的交换。一般翅片传热面占总传热面的 75%～85%，翅片与隔板间通过钎焊连接，大部分热量由翅片经隔板传出，小部分热量直接通过隔板传出。不同几何形状的翅片使流体在流道中形成强烈的湍流，使热阻边界层不断破坏，从而有效地降低热阻，提高传热效率。另外，由于翅片焊于隔板之间，起到骨架和支承作用，使薄板单元件结构有较高的强度和承压能力。

板翅式换热器是一种目前世界上传热效率较高的换热设备，其传热系数比管壳式换热器大 3～10 倍。板翅式换热器结构紧凑、轻巧，单位体积内的传热面积一般都能达到 2500～4370m^2/m^3，几乎是管壳式换热器的十几倍到几十倍，而相同条件下换热器的重量只有管壳式换热器的 10%～65%；适应性广，可用作气－气、气－液和液－液的热交换，亦可用作冷凝和蒸发，同时适用于多种不同的流体在同一设备中操作，特别适用于低温或超低温的场合。其主要缺点是结构复杂，造价高；流道小，易堵塞，不易清洗，难以检修等。

④ 板壳式换热器　板壳式换热器主要由板束和壳体两部分组成，介于管壳式和板式换

热器之间的一种换热器，如图 7 – 9 所示。板束相当于管壳式换热器的管束，每一板束元件相当于一根管子，由板束元件构成的流道称为板壳式换热器的板程，相当于管壳式换热器的管程；板束与壳体之间的流通空间则构成板壳式换热器的壳程。板束元件的形状可以是多种多样的。

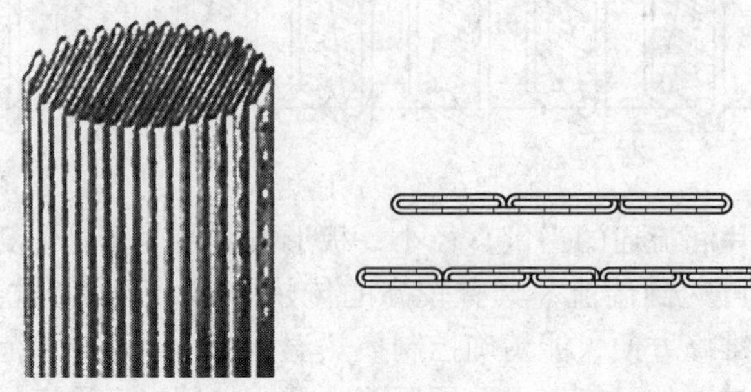

图 7 – 9　板壳式换热器

板壳式换热器具有管壳式和板式换热器两者的特点。结构紧凑，单位体积包含的换热面积较管壳式换热器增加 70%；传热效率高，压力降小；与板式换热器相比，由于没有密封垫片，较好地解决了耐温、抗压与高效率之间的矛盾；容易清洗，但焊接技术要求高。板壳式换热器常用于加热、冷却、蒸发、冷凝等过程。

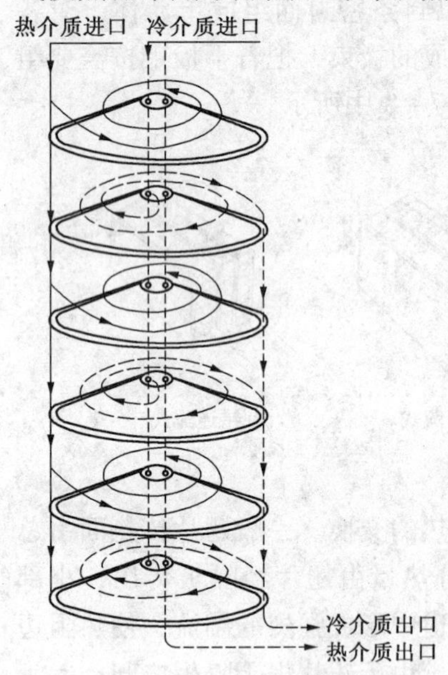

图 7 – 10　伞板式换热器

⑤ 伞板式换热器　伞板式换热器是由板式换热器演变而来，它以伞状板片代替平板片，如图 7 – 10 所示，伞板式换热器流体出入口和螺旋板式换热器相似，设在换热器的中心和周围上，工作时一种流体由板中心流入，沿螺旋通道至圆周边排出；而另一种流体则由圆周边接管流入，沿螺旋通道流向中心后排出。两种流体在板片的中心和边缘处以垫片密封，使之各不相混，如此两种介质以伞状板片为传热面进行逆流传热。

伞板片结构稳定，板片间容易密封，传热效率高。但由于设备流道较小，容易堵塞，不宜处理不清洁的介质。伞板式换热器适合于液 – 液、液 – 蒸汽的热交换，常用于处理量小、工作压力和温度较低的场合。

（3）热管换热器

这是一种由被称为热管的新型换热元件组合而成的换热装置。结构如图 7 – 11 所示。热管由管壳、封头、管芯、工质等组成。管内有工质，工质被吸附在多孔的毛细管芯中，一般为气、液两相共存，并处于饱和状态。对应于某一个环境温度，管内有一个与之相应的饱和蒸汽压力。热管与外部热源相接触的一端，称为蒸发段；与被加热体相接触的一端，称为冷凝段。热管从外部热源吸热，蒸发段管芯中工质蒸发，局部空间的蒸汽压升高，管子两端形成压差，蒸汽在压差作用下被驱送到冷凝段，其热量通过热管表面传输给被加热体，热管内工质冷凝后返回蒸发段，形成一个闭式循环。热管的管壳一般由导热性能好、耐压、耐热应力、防腐的不锈钢、铜、铅、镍、铌、钽或玻璃、陶瓷等材料构成。热管既可组装成换热设备使用，也可单独使用。

热管换热器具有传热能力大，结构简单，工作可靠，不需要输送泵和密封、润滑部件等诸多优点，特别适用于工业尾气余热回收的换热设备。

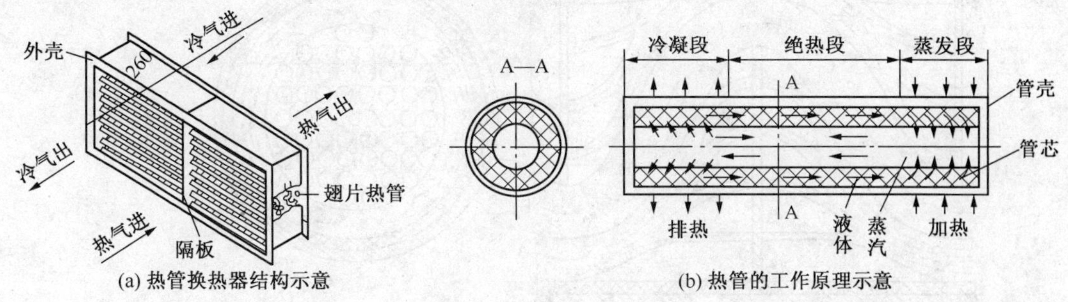

(a) 热管换热器结构示意　　(b) 热管的工作原理示意

图 7 – 11　热管式换热器

7.2　管壳式换热器的基本类型

管壳式换热器具有可靠性高、适应性广等优点，在各工业领域中应用最为广泛。

管壳式换热器由筒体、封头、管箱、管板、管束、连接法兰、支座、接管、折流板、隔板及膨胀节等组成。管壳式换热器是把换热管束与管板连接后，再用筒体和管箱包起来，形成两个独立的空间：管内的通道及与其相通的管箱，称为管程；换热管外的通道及其相通部分，称为壳程。管壳式换热器的总体结构如图 7 – 12 所示。

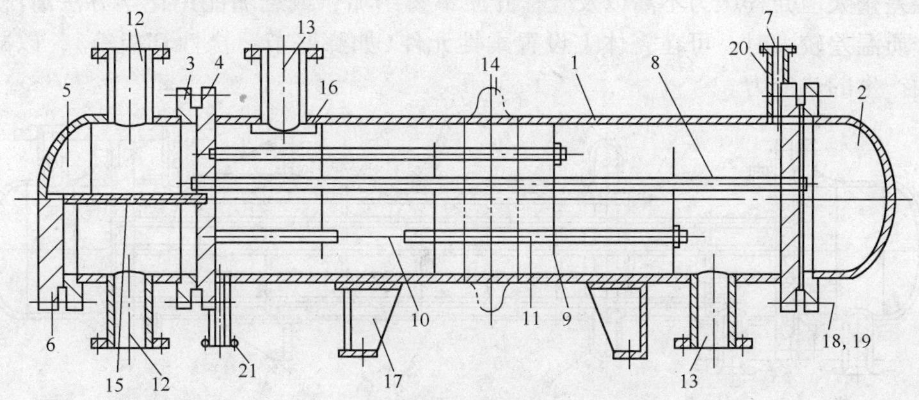

图 7 – 12　管壳式换热器的结构

1—筒体；2—封头；3—设备法兰；4—管板；5—管箱；6—法兰盖；
7—垫片；8—换热管；9—折流板或支承板；10—拉杆；11—定距管；
12—管程接管；13—壳程接管；14—波形膨胀节；15—隔板；16—防冲板；
17—支座；18—双头螺栓；19—螺母；20—排气口；21—排液口

管壳式换热器的壳程设有多个折流板，其目的是使壳程流体循序横向掠过管束，充分地与管内流体作错流换热。由于结构和制造的原因，折流板管孔与换热管之间操作间隙，折流板与壳体之间也有间隙。此外换热管排列在管板上不可能完全均匀，在外周以及与管程的分程隔板相对应的地方要排得稀疏一些，因此壳程流体除了横掠管束的主流 B 外，还存在 A、C、D、E 四种漏流流路与旁流流路。这些流路的流体，较少与换热管接触，没有足够的换热条件，因此影响了整个换热器的效率。流体流经壳程的不同轨迹见图 7 – 13。

管壳式换热器常见的结构有以下几种。

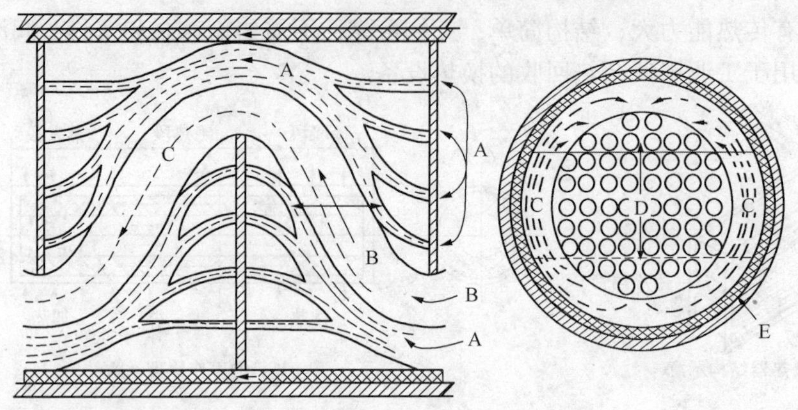

图 7-13 渗漏通道图解

7.2.1 固定管板式换热器

固定管板式换热器的两端管板采用焊接方法与壳体连接固定，管束连接在管板上，因此管束、管板、壳体形成一个刚性的整体，如图 7-14 所示。其优点是结构简单而紧凑，制造成本低。在壳体直径相同时，排管数量最多，换热管束可根据需要做成单程、双程或多程，工程中应用广泛。缺点是当管束与壳体的壁温或材料的线膨胀系数相差较大时，壳体和管束中将产生较大的温差应力，且壳程不能用机械方法清洗，检查困难。它适用于壳体与管子温差小或温差稍大但壳程压力不高以及壳程介质不易结垢，或结垢能用化学方法清洗的场合。当两种介质温差较大时，可在壳体上设置柔性元件(如膨胀节、挠性管板等)，以减小两者因温差而产生的热应力。

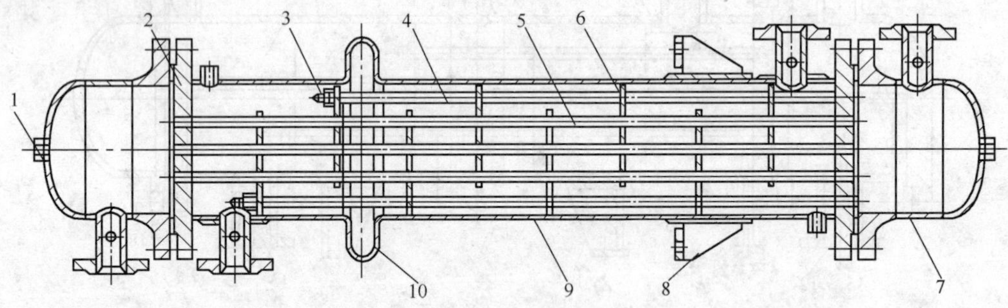

图 7-14 固定管板式换热器

1—排液孔；2—固定管板；3—拉杆；4—定距管；5—换热管；6—折流板；7—封头管箱；8—耳式支座；9—壳体；10—膨胀节

7.2.2 浮头式换热器

浮头是指换热器两端的管板，一个是固定的，另一个则是浮动的(图 7-15)。

这种结构的优点是：①管束可以从壳体内抽出来，便于清洗；②管束的热变形不会受到壳体的约束、消除了热应力。然而，为实现上述目的也带来一些结构上的问题：①为了使管板浮动，在浮动管板与外部头盖(即容器封头)之间要增加一个浮头盖以及相关的连接件，如图 7-16 所示，而且一旦这里的连接发生泄漏还不易发现；②为使浮动管板能够随管束一起抽出，管束外缘与壳壁之间形成了一个环隙，不但减少了排管数目，而且容易引起壳程短路，为此需在折流板之间焊装纵向旁路挡板；③为了减少装配与检修时抽装管束的困难，避免损坏折流板和支持板，当换热器直径大于 800mm 时，应在管束下方安装条板结构的滑道。如上所述，使浮头式换热器的结构复杂，金属消耗量增大，成本提高。

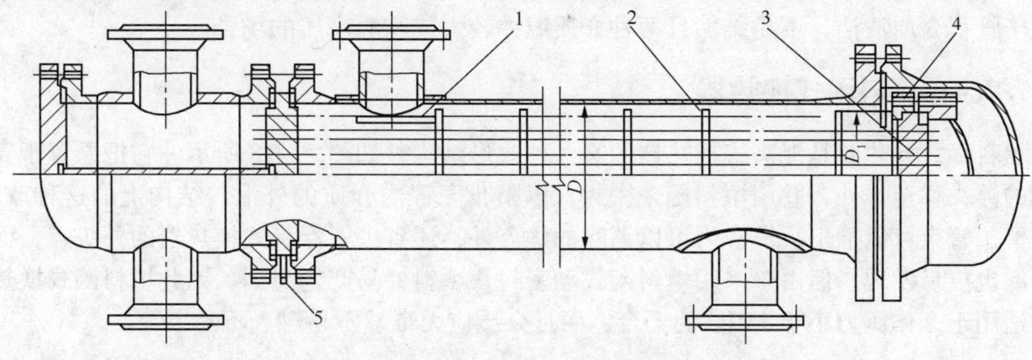

图 7－15　浮头式换热器

1—防冲板；2—折流板；3—浮头管板；4—钩圈；5—支耳

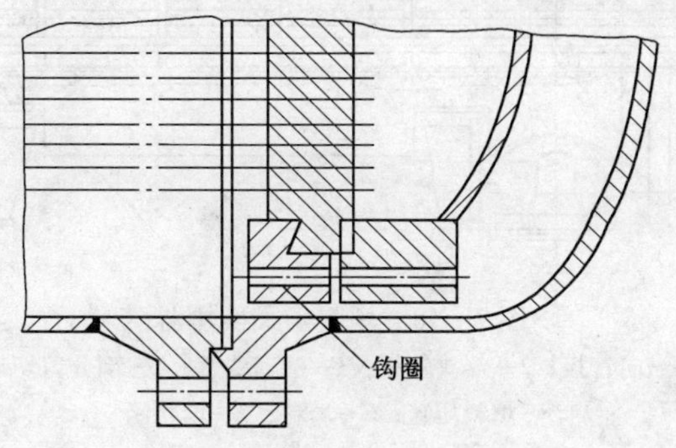

图 7－16　浮头结构

7.2.3　U 形管换热器

U 形管换热器的典型结构如图 7－17 所示。它只有一块管板，换热管变成 U 形，管子的两端均固定在这仅有的一块管板上，这样使管子可以自由伸缩。这种换热器虽然可以抽出清洗管外壁，但是管内的清洗却较为困难。U 形管的排列是由里向外，最里层的 U 形管必须保持一个最小弯曲半径(其值大约为换热管外径的 2 倍)，于是导致壳程内出现了一个不能排管的条形空间，既影响结构的紧凑，又要安装防短路的中间挡板(件号 1)。而且这种换热

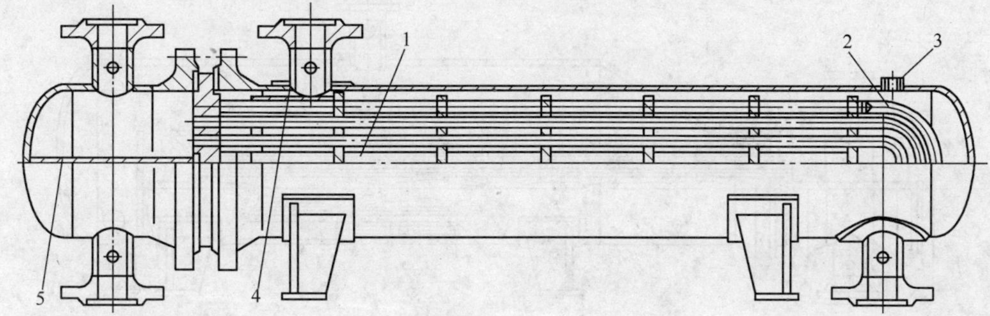

图 7－17　U 形管式换热器

1—中间挡板；2—U 形换热管；3—排气口；4—防冲板；5—分程隔板

器的换热管一旦发生泄漏损坏，只有管束外围的 U 型管才便于更换，内层管子只能堵死，因此报废率较高。

与浮头式换热器相比，U 形管换热器具有结构简单，价格便宜，承压能力强的优点。主要用于管程介质清洁，不易结垢且两种介质温差较大或高温高压的场合。

7.2.4 填料函式换热器

填料函式换热器是浮头式换热器的又一种改形结构，如图 7－18 所示。它把原置于壳程内部的浮头移至体外，并用填料函来密封，以阻止壳程内介质的外泄。结构上的这种改动，除保留了管束可以抽出，热应力可以消除的优点外，还省去了浮头式换热器的外头盖，而且内泄漏也更易发现。但由于采用填料函式动密封，填料处易产生泄漏，因此填料函式换热器一般适用于工作压力小于 4MPa 的场合，而且介质应无毒、不易燃、不易爆等。

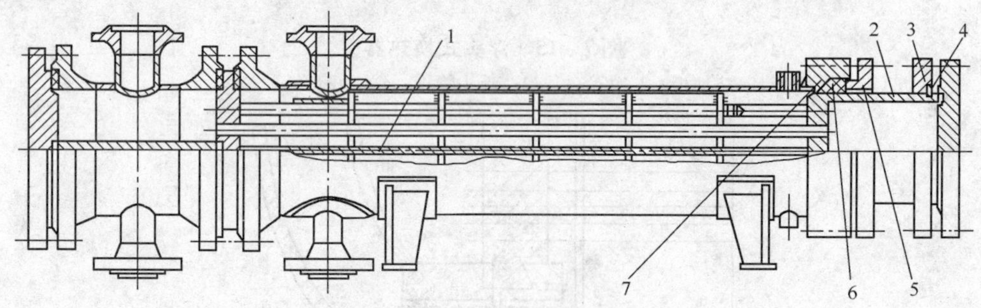

图 7－18 填料函式换热器

1—纵向管板；2—浮头管板；3—活套法兰；4—剖分剪切环；
5—填料压盖；6—填料；7—填料函

7.2.5 釜式换热器

釜式换热器结构如图 7－19 所示。这种换热器的管束可以为浮头式、U 型管式，也可以是固定管板式结构，在结构上与其他换热器不同的是在壳体上部设置的一个蒸发空间，蒸发空间的大小由产气量和所要求的蒸汽品质所决定，产气量大、蒸汽品质要求高的蒸发空间大，否则可以小些。

这种换热器的优点是能承受高温、高压，而且清洗维修方便，因此可处理不清洁，易结垢的介质。

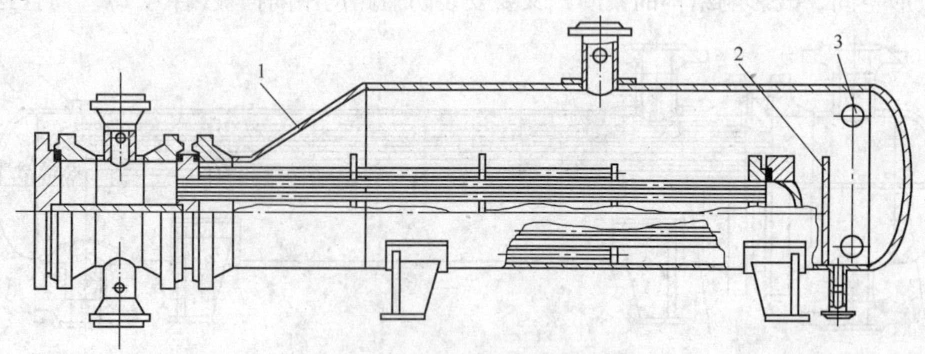

图 7－19 釜式换热器

1—偏心壳体；2—堰板；3—液位计接口

7.3　管壳式换热器的主要结构

7.3.1　壳体

壳体一般是一个圆筒，在壳壁上焊有接管供壳程流体进入或排出之用。为防止进口流体直接冲击管束而造成管子的冲蚀和振动，在壳程进口接管处常设有防冲挡板(缓冲板)。当壳体法兰采用长颈对焊法兰或壳程进出口接管直径较大及采用活动管板时，壳程进出口接管距管板较远，流体停滞区过大，靠近两端管板的传热面积利用率低。为克服该缺点，可采用导流筒结构。导流筒减小了流体停滞区，改善了两端流体的分布，增加了换热管的有效换热长度，提高了传热效率，同时也起到了防冲挡板的作用，保护了管束，使之免受冲击。

7.3.2　换热管

(1) 换热管的形式和材料

换热管一般采用无缝钢管，为了强化传热，也可采用其他形式的管，如翅片管、螺纹管、螺旋槽管等，如图 7 – 20 所示。换热管材料的选择主要依据工艺条件和介质腐蚀性，常用材料有碳素钢、低合金钢、不锈钢、铜、铜镍合金、铝合金、钛等。此外还有一些非金属材料，如石墨、陶瓷、聚四氟乙烯等。

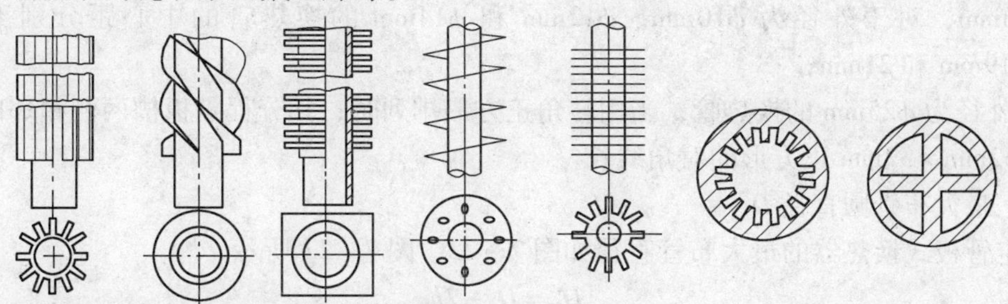

图 7 – 20　换热管

(2) 换热管的尺寸

换热管的尺寸一般用外径与壁厚来表示，常用碳素钢、低合金钢。钢管的规格有 ϕ19mm × 2mm、ϕ25mm × 2.5mm；不锈钢管规格为 ϕ25mm × 2mm、ϕ38mm × 2.5mm，标准长度有 1.5、2.0、3.0、4.5、6.0、9.0 等，单位 m。管子的数量、长度和直径是根据换热器传热面积而定，所选直径和长度应符合规格。采用小管径的管子，可使单位体积内的传热面积增大，结构紧凑、金属耗量减少、传热系数提高。但同时管内流体流动阻力增大，且易结垢又不易清洗。因此，一般对于黏度大或污浊的流体，采用大直径的管子，而较清洁的流体采用小直径的管子。

(3) 换热管的排列和中心距

换热管在管板上的排列有四种形式：正三角形、正方形、转角正三角形、转角正方形，如图 7 – 21 所示。正三角形排列形式可以在同样的管板面积上排列最多的管数，因此用得最为普遍。但这种排列形式使管外不易清洗。为了便于管外清洗可以采用正方形或转角正方形排列的管束。

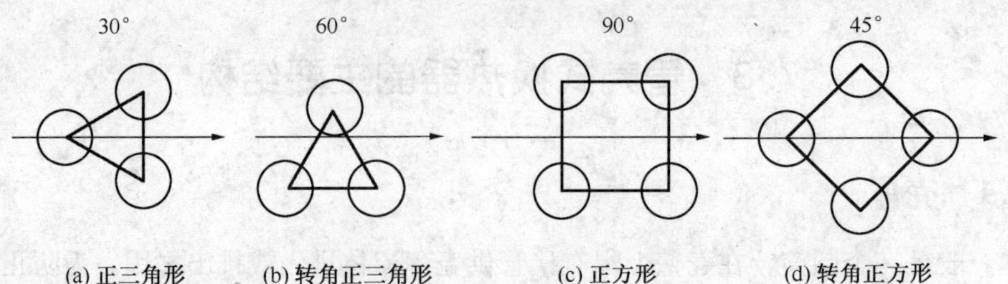

图 7-21　换热管排列方式（箭头方向表示流体流向）

此外还有一种同心圆排列方式。由于这种排列方式使靠近壳体外层管子排列均匀，因此可用于一些特殊场合，如试验化工装置中的固定反应器等。

换热管的中心距要保证管子与管板连接，同时要保证管板的强度和足够的清洗空间。换热管中心距不小于 1.25 倍的换热管外径，常用的不同外径换热管中心距见表 7-1。

表 7-1　换热管中心距　mm

换热管外径 d_0	12	14	19	25	32	38	45	57
换热管中心距 S	16	19	25	32	40	48	57	72
隔板槽两侧管中心距	30	32	38	44	52	60	68	80

① 换热器管间需要机械清洗时，应采用正方形排列，相邻两管间的净空距离（$S-d_0$）不宜小于 6mm，对于外径为 ϕ10mm、ϕ12mm 和 ϕ14mm 的换热管的中心距分别不得小于 17mm、19mm 和 21mm；

② 外径为 ϕ25mm 的换热管，当用转角正方形排列时，其分程隔板槽两侧相邻的管中心距应为 32mm × 32mm 正方形的对角线长。

（4）最大布管圆直径 D_L

固定管板式换热器的最大布管直径如图 7-22、图 7-23 所示。

$$D_L = D_i - 2b_3 \tag{7-1}$$

式中　$b_3 = 0.25d$，一般不小于 8mm。

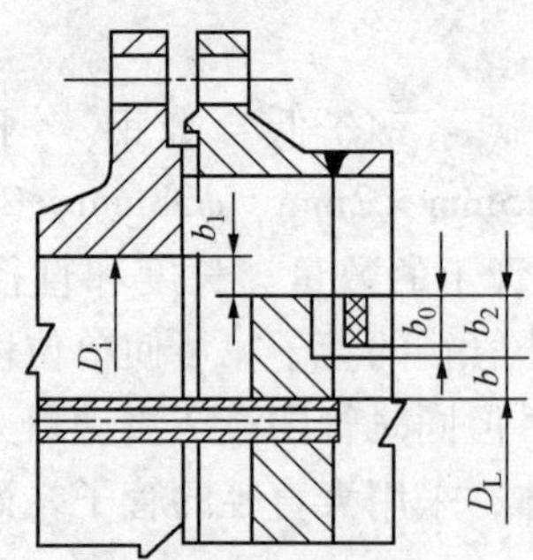

图 7-22　固定管板式与 U 形管式换热器的最大布管直径

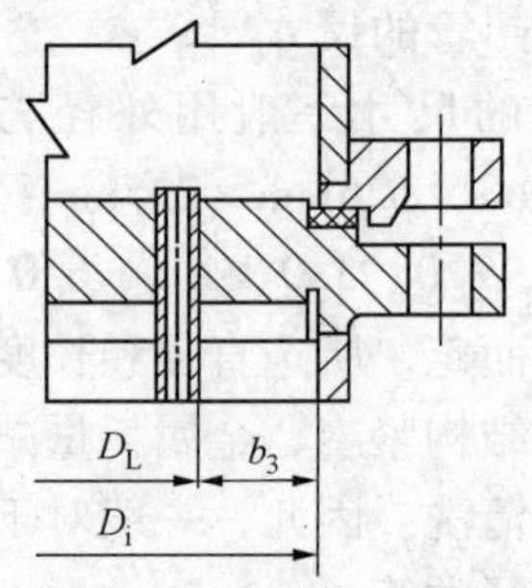

图 7-23　浮头式换热器最大布管圆直径

浮头式换热器最大布管圆外径：

$$D_L = D_i - 2(b_1 + b_2 + b) \tag{7-2}$$

式中　$b_2 = b_G + 1.5$，b_1 与 b_G 的值见表 7-2，b 的值见表 7-3。

表 7－2　b_1 与 b_G 取值表　mm

D_i	b_G	b_1
≤700	≥10	3
700	≥13	3

表 7－3　b 取值表　mm

D_i	b
<1000	>3
1000～2000	>4

7.3.3　管板

（1）管板结构与材料

管板是管壳式换热器最重要的承压元件之一。用来排布换热管，将管程和壳程的流体分隔开来，避免冷热流体混合。通用的管板结构是圆形平板，如图 7－24 所示。其上排列着许多管孔，厚度较厚。

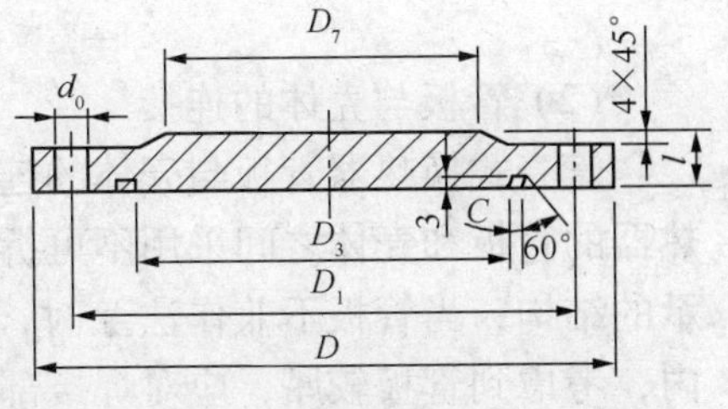

图 7－24　管板结构

管板的受力情况较复杂，当换热器承受高温、高压时，高压要求管板有足够的厚度以提高承压能力，一旦厚度提高，高温时管板两侧由于温差较大，管板内部沿厚度方向热应力增大，因此，应在满足强度的前提下，尽量减小管板厚度。

目前，国内外都在研制薄管板，薄管板就是相对于采用标准、规范计算所得的管板厚度薄得多的管板。薄管板主要有平面形、椭圆形、碟形、球形、挠性薄管板等形式，如图 7－25～图 7－27 所示。最常用的是平面形。

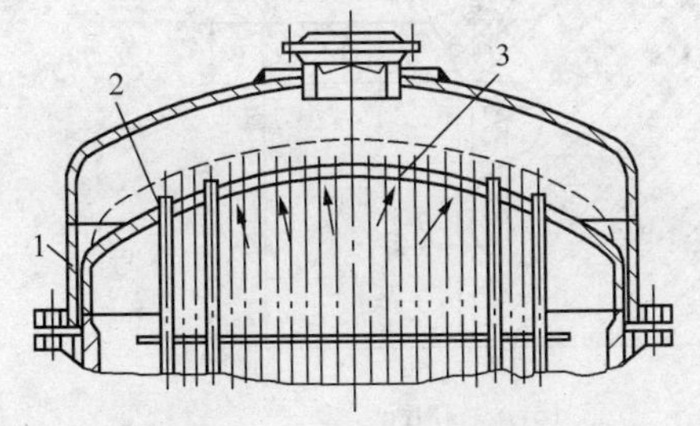

图 7－25　椭圆形管板

1—壳体；2—换热管；3 椭圆管板

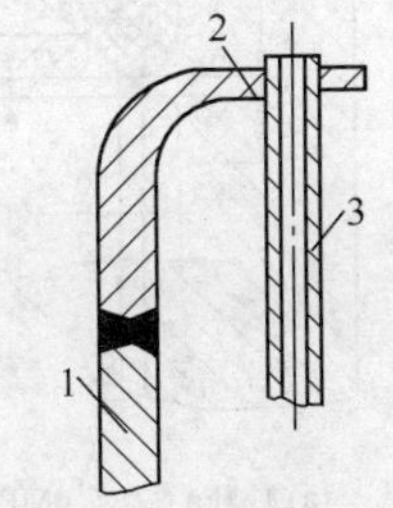

图 7－26　挠性管板

1—筒体；2—挠性管板；3—换热管

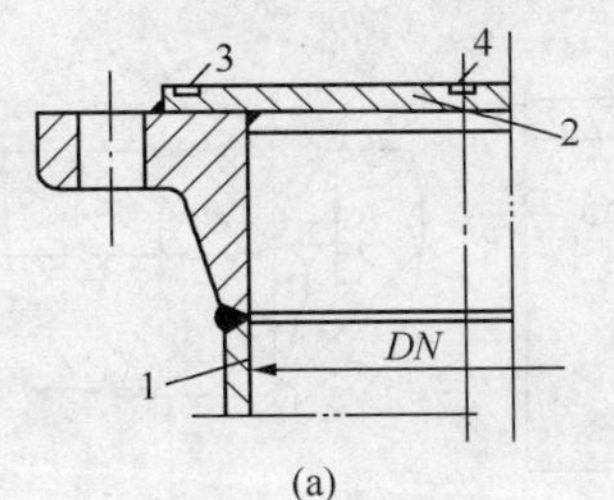

(a)

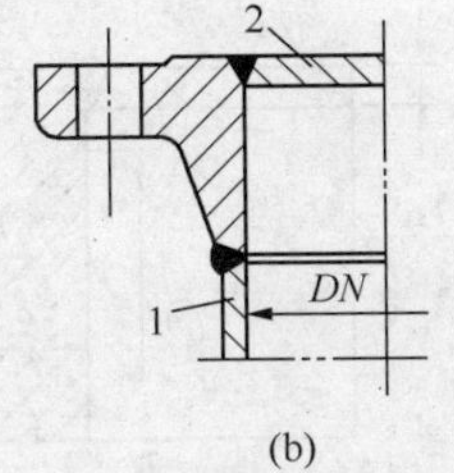

(b)

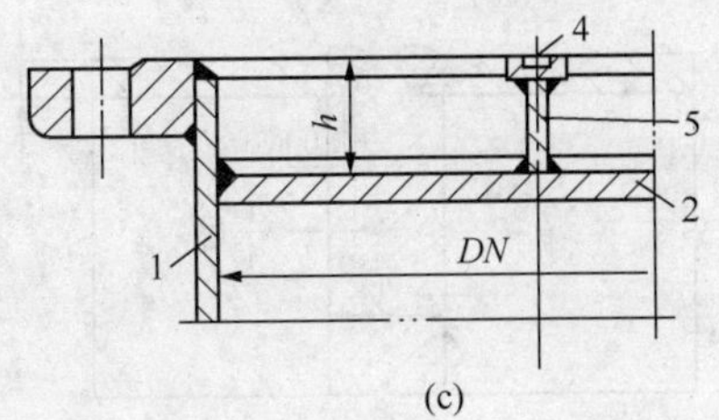

(c)

图 7－27　平面形薄管板

1—壳体；2—薄管板；3—密封槽；4—管程分程隔板槽；5—下隔板

当要求严格禁止管程与壳程中的介质互相混合时，可采用双管板结构如图 7－28。在双管板结构中，管子分别固定在两块管板上，两块管板保持一定距离。如果管子与管板连接处有少量流体漏出，可让其从两管板之间的空隙泄放出去。

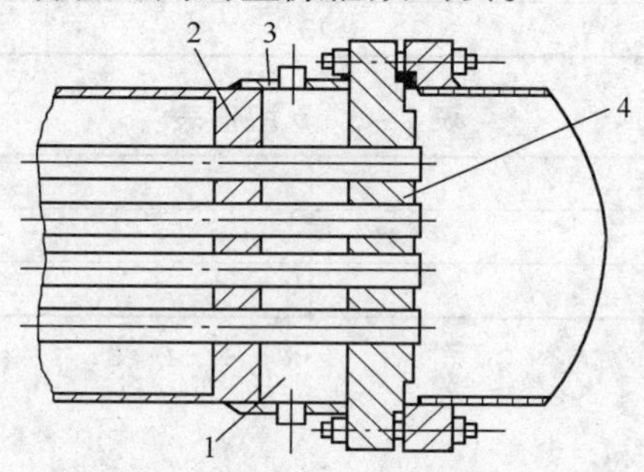

图 7－28 双管板结构

1—空隙；2—壳程管板；3—短节；4—管程管板

（2）管板与壳体的连接

管壳式换热器管板与壳体的连接结构可分为可拆式连接和不可拆式连接，固定管板式换热器的管板和壳体之间采用不可拆式的焊接连接。当管板兼作法兰时，一般采用图 7－29 所示的结构；当管板不兼作法兰时，与壳体的连接结构如图 7－30 所示，管板直接焊在壳体内，考虑到管板较厚，应对焊接部位进行结构改进，以减少焊接应力。由于浮头式、U 形管式和填料函式换热器的管束检修时要从壳体中抽出以便清洗，故管板和壳体采用可拆式连接。如图 7－31 所示。管板与两法兰间密封面的形式有平面、凹凸面和榫槽面等。

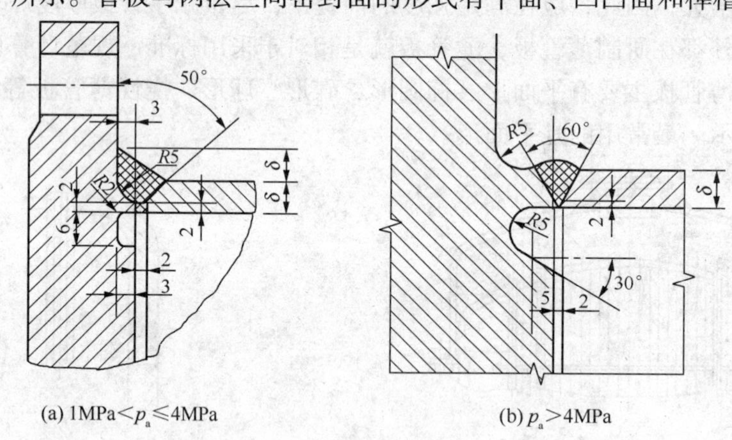

图 7－29 兼作法兰的管板与壳体的连接结构

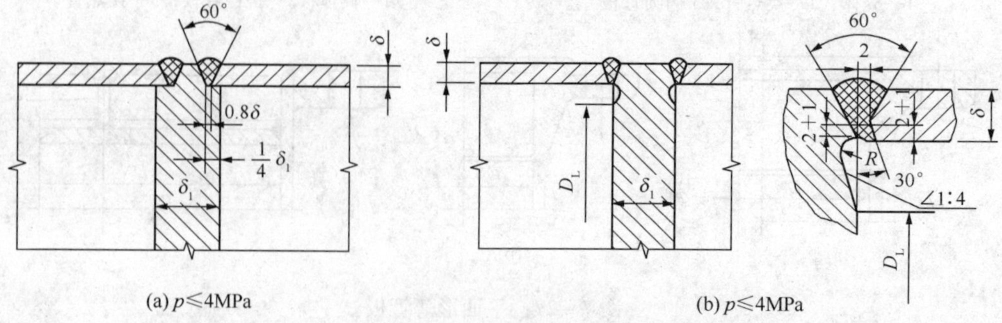

图 7－30 不兼作法兰的管板与壳体的连接结构

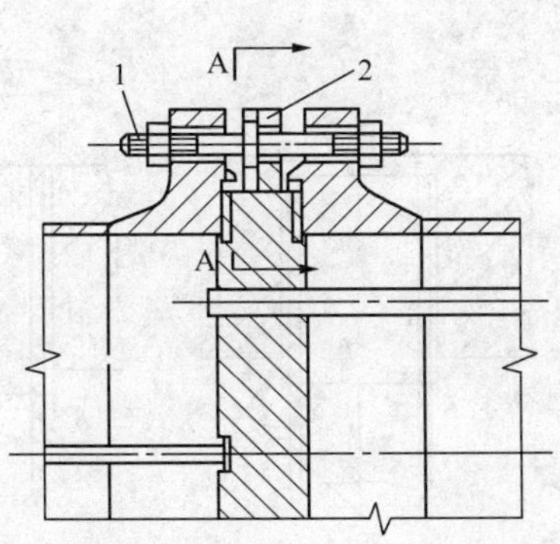

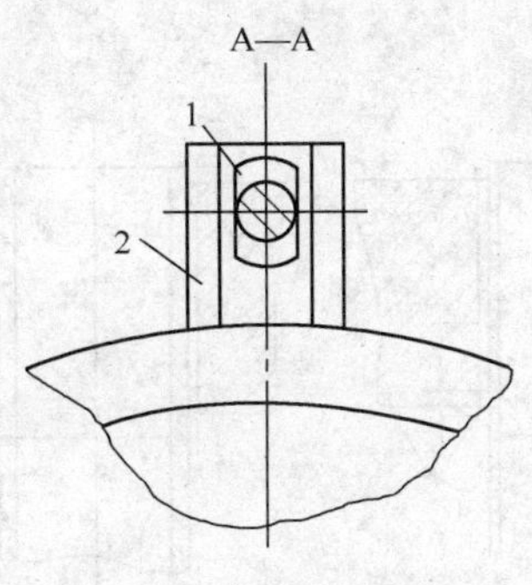

图7－31　管板与壳体的可拆连接结构

1—螺栓、螺母；2—管板耳

(3) 管板与管子的连接

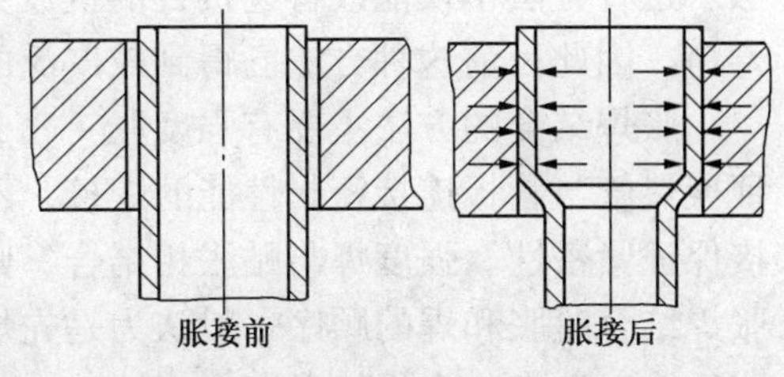

图7－32　管子与管板的胀接

管板与管子的连接是换热器加工制造中的关键，又是防止泄漏的重点。因此，连接必须在保证连接牢固的同时，还要密封可靠。常用的连接方法有胀接、焊接和胀焊结合等。

① 胀接　胀接形式按胀紧度可分为贴胀和强度胀。贴胀是为消除换热管与管板孔之间缝隙的轻度胀接，其作用是可以消除缝隙腐蚀和提高焊缝的抗疲劳性能。强度胀是为保证换热管与管板连接的密封性能及抗拉脱强度的胀接。贴胀后胀接接头的抗拉脱力应达到1MPa以上，强度胀接后胀接接头的抗拉脱力应达到4MPa以上。

胀接的原理是胀接时硬度较低的管子产生塑性变形，而硬度较高的管板产生弹性变形，胀接后塑性变形的管子受到弹性回复的管板孔壁的挤压而使管子与管板紧密地结合在一起。

胀接方法按胀接工艺的不同可分为机械胀接、爆炸胀接、液压胀接、脉冲胀接等。常用的胀接方法是机械胀接和液压胀接。

机械胀接又称滚柱胀接，是用滚柱伸入管口，并顺时针旋转，使管子端部胀大。为增加管子在管板上的强度，提高抗拉脱力，常在管板孔内开两道沟槽，当管子胀大产生塑性变形时管内金属被挤压嵌入槽内。或者胀管的同时将伸出管板孔外的管端头滚压成喇叭口，以提高抗拉脱力。机械胀接具有操作简单方便、制造成本低等优点，因而得到了广泛应用。

液压胀接又称软胀接，是用一直径小于管子内径的芯棒插入管内，芯棒两端各套一个O形圈，使芯棒与管内壁形成一个密闭空间。芯棒中段开有进液孔，高压液体从芯棒中心孔通过进液孔进入两O形圈之间的空间，对管壁施加高压使管子发生塑性变形而实现胀接。液压胀接的管壁受力均匀，加工硬化小，一次可以胀接多根管子，效率高，适用于ϕ50mm以下的管子胀接。

胀接适用于设计压力不大于4MPa，设计温度≤300℃，操作中无剧烈振动，无过大的温度变化及无严重的应力腐蚀，管子与管板的材质均为碳素钢或低合金钢，并无特殊要求的换热器。

② 焊接　对于高温高压以及易燃易爆的介质，管子与管板的连接多采用焊接方法，其结构如图7－33所示。

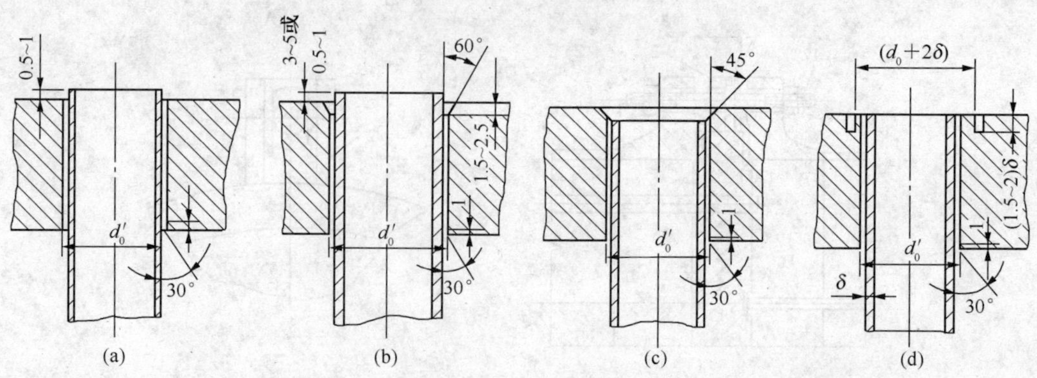

图 7－33　管子与管板的焊接

③ 胀焊结合　单独采用胀接或焊接均有一定的局限性，因此出现了胀焊结合的连接方法。这种方法不仅能改善连接处的抗疲劳性能，还可以消除应力腐蚀和间隙腐蚀，提高使用寿命。因此目前这种方法已得到较广泛的应用。

胀焊结合的方法主要有强度胀＋密封焊、强度焊＋贴胀等形式。所谓“密封焊”是指保证换热管与管板连接密封性能的焊接，不保证强度，若与贴胀结合，则贴胀承受拉脱力，焊接保证紧密性。强度焊与贴胀相结合，则焊接承受拉脱力，胀接消除管子与管板间的间隙。胀焊结合时胀和焊的顺序一般认为是先焊后胀为宜。因为当采用胀管器胀管时需用润滑油，胀后难以洗净，在焊接时存在于缝隙中的油污在高温下生成气体从焊面逸出，导致焊缝产生气孔，将严重影响焊缝的质量。

7.3.4　折流板与挡板

（1）折流板

常用的折流板形式有弓形和圆盘－圆环形两种。弓形折流板结构简单，壳程流体流动死区少，目前应用广泛，其形式有单弓形、双弓形和三弓形三种，形式可见图 7－34（a）、（b）、（c）。圆盘－圆环形折流板结构较复杂，一般用于压力较高和物料清洁的场合，其结构如图 7－34（d）所示。根据需要也可采用其他形式的折流板与支持板。

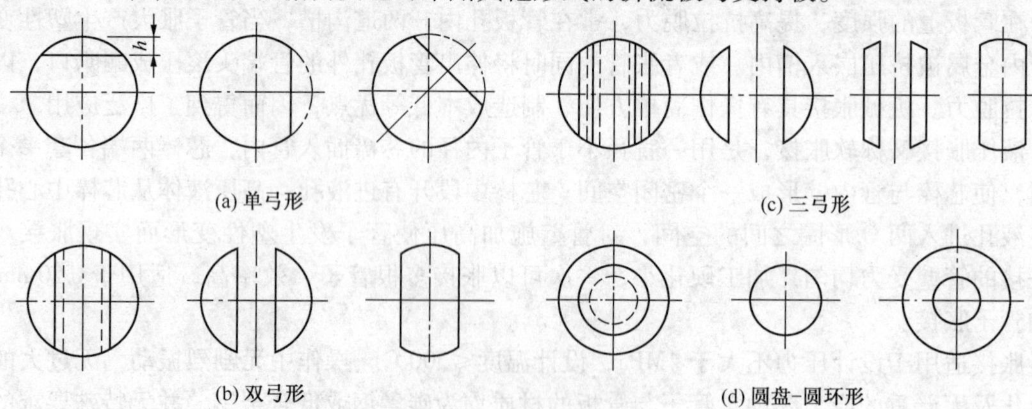

图 7－34　折流板的形式

折流板一般应按等间距布置，管束两端的折流板应尽可能靠近壳程进、出口接管。折流板最小间距一般不小于壳体内径的五分之一，且不小于 50mm；最大间距应不大于壳体内径；一般采用折流板间距在100～600mm之间，特殊情况下也可取较小的间距。

折流板的直径大小主要取决于壳体内径，折流板与壳体之间的间隙过大，会使壳程部分流体短路，影响换热器传热效果；间隙太小，制造、安装困难，同时也增加了设备的成本，因此间隙要适宜。

折流板的厚度与壳体直径、折流板间距有关，一般折流板的厚度应不小于管壁厚度的两倍，且不小于3mm(不锈钢除外)。弓形折流板缺口高度应使流体通过缺口时与横过管束时的流速相近。图7－35表示缺口和板间距对流动的影响。缺口大小用切去的弓形弦高占圆筒内直径的百分比来确定，单弓形折流板缺口见图7－34，缺口弦高h值，宜取0.20～0.45倍的圆筒内直径。

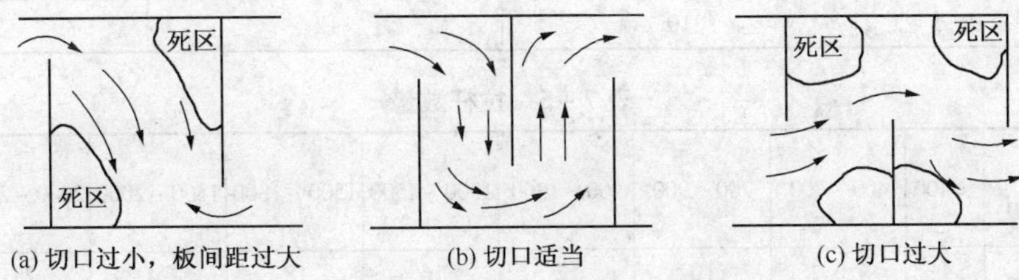

图7－35　折流板缺口和板间距对流动的影响

卧式换热器的壳程为单相清洁流体时，折流板缺口应水平上下布置，若气体中含有少量液体时，则应在缺口朝上的折流板的最低处开通液口，如图7－36(a)；若液体中含有少量气体时，则应在缺口朝下的折流板最高处开通气口，如图7－36(b)；卧式换热器、冷凝器和重沸器的壳程介质为气、液相共存或液体中含有固体物料时，折流板缺口应垂直左右布置，并在折流板最低处开通液口，如图7－36(c)所示。

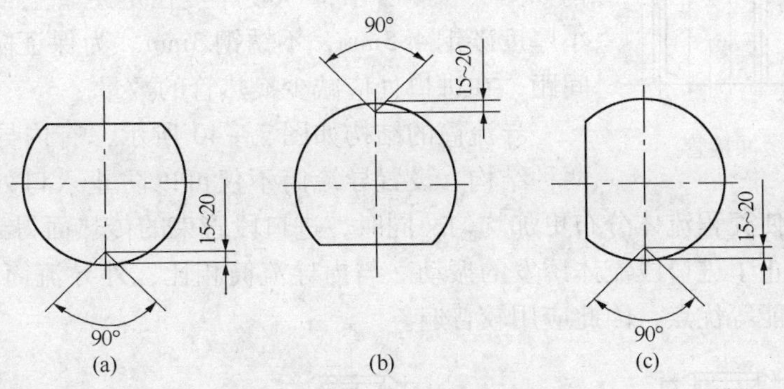

图7－36　弓形折流板的缺口

折流板的安装固定是通过拉杆和定距管实现的。如图7－37所示。拉杆应均匀布置在管束中的合适位置上。拉杆是一根两端带有螺纹的长杆，一端拧入管板，折流板穿在拉杆上，板间距以套在拉杆上的定距管来保持，最后一块折流板可用螺母固定在拉杆上。也可采用焊接的方式固定折流板。

拉杆应尽量均匀布置在管束的外边缘。对于大直径的换热器，在布管区内或靠近折流板缺口处应布置适当数量的拉杆，任何折流板应不少于3个支撑点。拉杆的直径和数量见表7－4和表7－5。

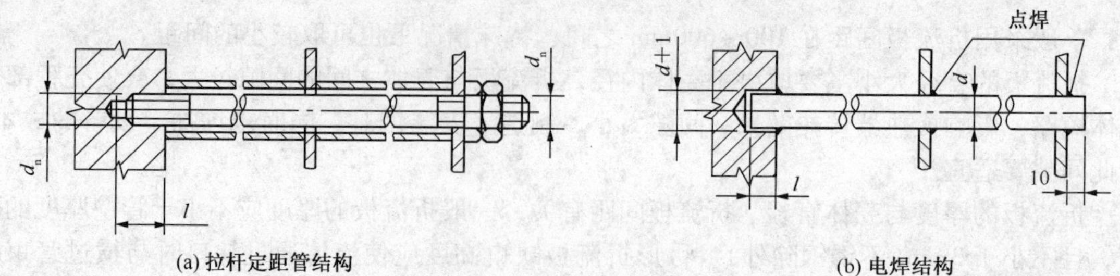

图 7－37　折流板的固定

表 7－4　拉杆直径　　mm

换热管外径 d	$10 \leqslant d \leqslant 14$	$14 \leqslant d \leqslant 25$	$25 \leqslant d \leqslant 57$
拉杆直径 d	10	12	16

表 7－5　拉杆数量　　mm

拉杆直径 d ＼ 公称直径 D	<400	400～700	700～900	900～1300	1300～1500	1500～1800	1800～2000	2000～2300	2300～2600
10	4	6	10	12	16	18	24	28	32
12	4	4	8	10	12	14	18	20	24
16	4	4	6	6	8	10	12	14	16

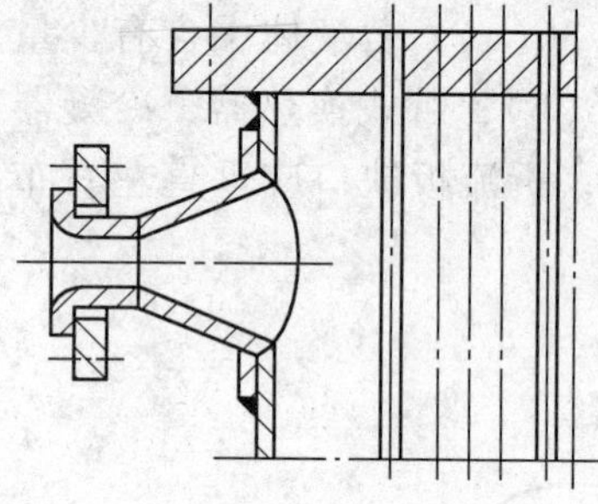

图 7－38　缓冲接管

（2）防冲挡板和导流筒

为了防止介质入口处的流体对管束的冲刷，当流体流速较大时，把接管做成喇叭形，以起缓冲作用，如图 7－38 所示；或在壳体进口处设置防冲挡板或导流筒。防冲挡板的结构如图 7－39 所示，一般焊接在定距管上或壳体内壁上，最小厚度碳钢 4.5mm，不锈钢 3mm。为保证防冲挡板与壳体的间距，在进口处应减少换热管的数量。

导流筒的结构如图 7－40 所示，有内导流筒和外导流筒两种结构。设置导流筒不仅可以防止入口处流体对管束的冲击，而且还可以使壳程流体分布更加均匀，同时，进口段管束的传热面得到充分利用，减少传热死区，也防止了进口段流体诱发的振动。与内导流筒相比，外导流筒具有排管数量多，且有位移补偿功能等优点，因此应用较普遍。

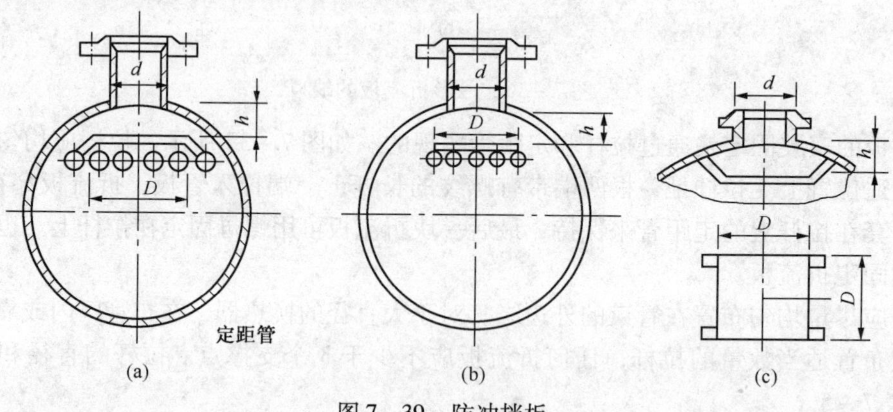

图 7－39　防冲挡板

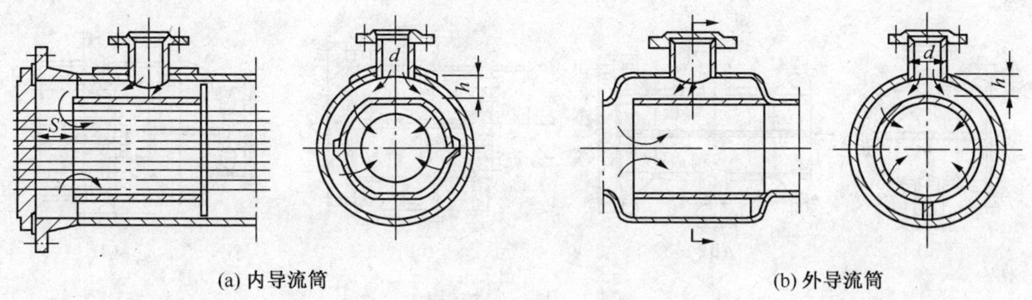

(a) 内导流筒　　(b) 外导流筒

图 7 – 40　导流筒结构

(3) 旁路挡板和中间挡板

为了防止壳程边缘介质短路而降低传热效率，需设置旁路挡板，以迫使壳程流体通过管束与管程流体进行热交换。旁路挡板的结构如图 7 – 41 所示。旁路挡板可用钢板或扁钢制成，其厚度一般与折流板相同。旁路挡板嵌入折流板槽内，并与折流板焊接。通常当壳体公称直径 DN≤500mm 时，增设一对旁路挡板；DN = 500mm 时，增设两对旁路挡板；DN≥1000mm 时，增设三对旁路挡板。

在 U 形管换热器中，U 形管束中心部分存在较大的间隙，流体易走短路而影响传热效率。为此在 U 形管束中间通道处设置中间挡板。中间挡板一般与折流板点焊固定，如图 7 – 42 所示，当壳体公称直径 DN≤500mm 时，增设一个中间挡板；DN = 500mm 时，增设两个中间挡板；DN≥1000mm 时，增设三个中间挡板。

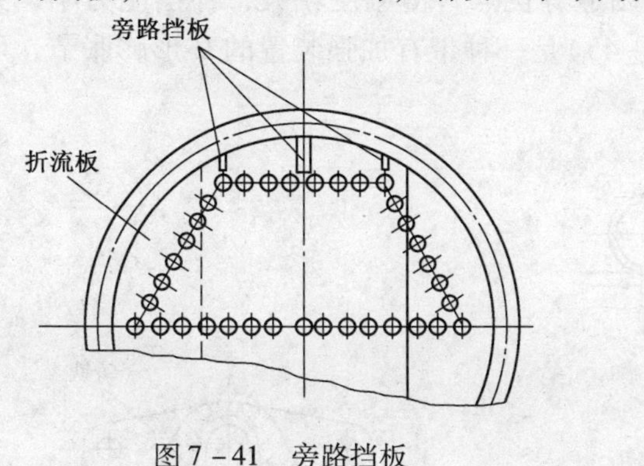

图 7 – 41　旁路挡板

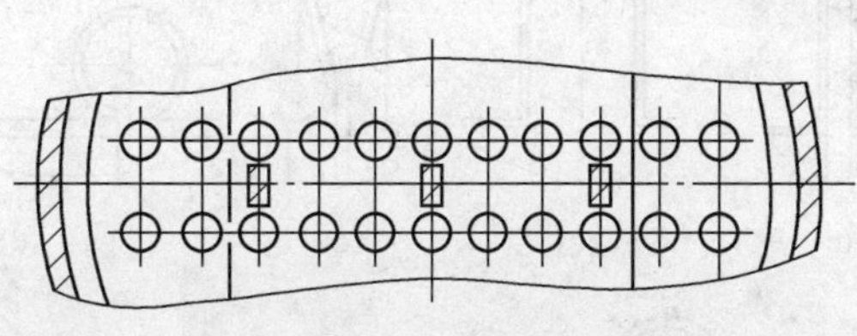

图 7 – 42　中间挡板

7.3.5　管箱

换热器管程流体的进出口的空间称为管箱。它位于换热器的两端，作用是使管程流体均匀分布和汇集管程流体。在多管程换热器中，管箱还起着分隔管程、改变流体流向的作用。由于清洗、检修管子时需拆下管箱，因此管箱结构应便于拆装。管箱的结构如图 7 – 43 所示，其中图 7 – 43(a)适用于双管程结构，较清洁的介质，无需经常检查和清洗，因此采用焊接的方式与封头和法兰连接；图 7 – 43(b)所示在管箱端部装有平板盖，将盖拆除后无需拆除管箱即可清洗和检查，缺点是用材较多；图 7 – 43(c)为管箱与管板焊成一体，可以完全避免管板密封处的泄漏，但管箱不能单独拆下，检修、清洗不方便；图 7 – 43(d)为多管程隔板布置的结构形式。

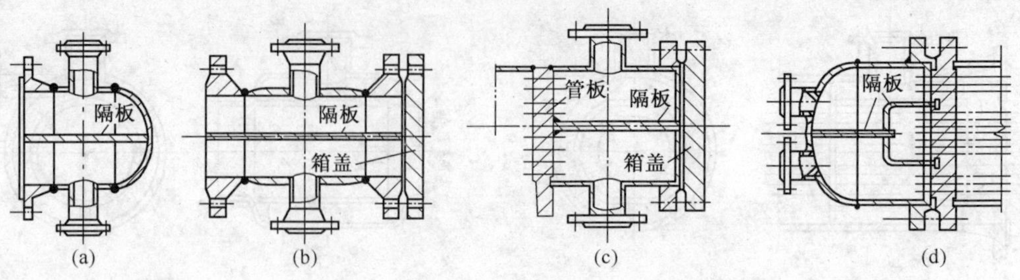

图 7-43 管箱结构

7.3.6 膨胀节

当壳壁与管壁温差较大时，若采用固定管板式换热器，则要设置膨胀节。膨胀节是一种能自由伸缩的弹性补偿元件，能有效地起到补偿轴向变形的作用。在壳体上设置膨胀节可以降低由于管束和壳体间热膨胀差所引起的管板应力、换热管与壳体上的轴向应力以及管板与管束间的拉脱力。

膨胀节通常焊接在壳体的适当部位，结构形式多种多样，常见有平板形、鼓形、Ω 形、U 形等形式，如图 7-44 所示。

最常用的是 U 形膨胀节图 7-44(e)，它结构简单，补偿能力大，价格便宜，目前，U 形膨胀节已有标准可提供选用。当要求更大的补偿量时，可采用多波膨胀节图 7-44(f)，平板形膨胀节图 7-44(a)具有结构简单，便于制造等优点，但刚度较大，补偿能力小，只适用于常压和低压的场合；夹壳式膨胀节(图 7-45)是一种带有加强装置的 U 形膨胀节，可用于压力较高的场合。

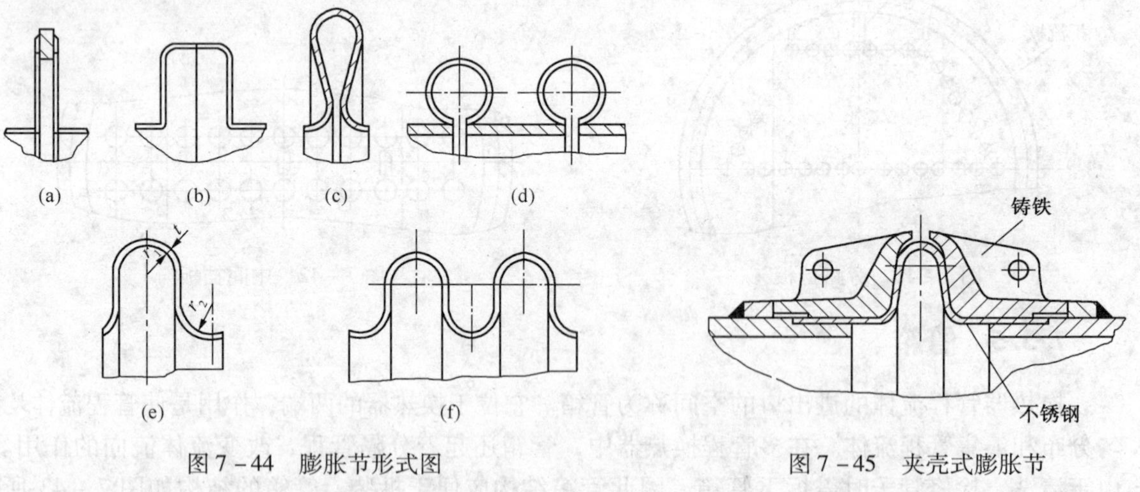

图 7-44 膨胀节形式图

图 7-45 夹壳式膨胀节

7.4 列管式换热器设计或选用中应注意的问题

7.4.1 流体流经管程或壳程的选择原则

① 不清洁或易结垢的流体，宜走容易清洗的一侧，对于直管管束宜走管程，对于 U 形管管束宜走壳程；

② 腐蚀性流体宜走管程，以免壳体和管束同时被腐蚀；

③ 压力高的流体宜走管程，以避免制造耐高压的壳体；

④ 饱和蒸汽宜走壳程，以便排出冷凝液；

⑤ 对流传热系数明显小的流体宜走管内，以便于提高流速，增大对流传热系数；

⑥ 被冷却的流体宜走壳程，便于散热，增强冷却效果；

⑦ 有毒流体宜走管程，使之向环境泄漏的机会减少；

⑧ 黏度大的液体或流量小的流体宜走壳程，因有折流板的作用，流速和流向不断改变，在低 R_e（$R_e<100$）下即可达到湍流；

⑨ 两流体温差较大时，对于固定管板式换热器，宜将对流传热系数大的流体走壳程，以减小管壁与壳体的温差，减小温差应力。

7.4.2　流体流速的选择

流体流速的选择涉及传热系数、流体流动阻力及换热器结构等方面。增大流速，不仅对流传热系数增大，也可减少杂质沉淀或结垢，但流体流动阻力也相应增大。故应选择适宜的流速，通常根据经验选取。表 7－6～表 7－8 列出工业上常用的流体流速范围。选择流速时，应尽量避免流体在层流下流动。

表 7－6　列管式换热器中常用的流速范围

流体的种类		一般流体	易结垢液体	气　体
流速/(m/s)	管程	0.5～3.0	>1.0	5.0～30
	壳程	0.2～1.5	>0.5	3.0～15

表 7－7　列管式换热器中不同黏度液体的常用流速

液体黏度/(mPa·s)	>1500	1500～500	500～100	100～35	35～1	<1
最大流速/(m/s)	0.6	0.75	1.1	1.5	1.8	2.4

表 7－8　列管式换热器中易燃、易爆液体的安全允许流速

流体名称	乙醚、二硫化碳、苯	甲醇、乙醇、汽油	丙　酮
安全允许流速/(m/s)	<1	<2～3	<10

7.4.3　流体进出口温度的确定

换热器内两股流体进、出口温度常由生产过程的工艺条件所决定，但在某些情况下则应在设计时加以确定。如用冷却水冷却某种热流体，冷却水进口温度往往是由水源及当地气温条件决定的，但冷却水出口温度则需要在设计换热器时确定，为了节约用水，可使水的出口温度高些，但所需传热面积加大；反之，为减小传热面积，则可增加水量，降低出口温度。据一般经验，冷却水的温度差可取 5～10℃。缺水地区可选用较大温度差，水源丰富地区可选用较小的温度差。若用加热介质加热冷流体，可按同样的原则选择加热介质的出口温度。

7.4.4　提高管内膜系数的方法——多管程

当流体量较小而所需传热面积较大，即管数多，管内流速较低时，为了提高流速，增大管程对流传热系数，可采用多管程，即在换热器封头内装置隔板。但程数多时，隔板占去了布管面积，使管板上能利用的面积减少，导致管程流体阻力增加，平均温度差下降。设计时应综合考虑这些问题。列管式换热器系列标准中，管程数有1、2、4、6四种。采用多程时，通常应使每程的管子数相等。管程数 N_p 可按下式计算：

$$N_p = \frac{u}{u_0} \tag{7-3}$$

式中 u——管程内流体的适宜流速，m/s；

u_0——单管程内流体的实际流速，m/s。

程数计算结果应圆整为整数，当程数是偶数时，管内流体的进、出口在同一封头，程数为奇数时，进、出口分别在两端的封头上。就制造、检修、安装、清洗等方面来说，偶数程只要卸去一端封头即可，所以一般都采用偶数多程。

7.4.5 提高管外膜系数的方法——装置挡板

安装挡板的目的是为了加大壳程流体的流速，使湍动程度加剧，提高壳程流体的对流传热系数。常用的方式有以下两种。

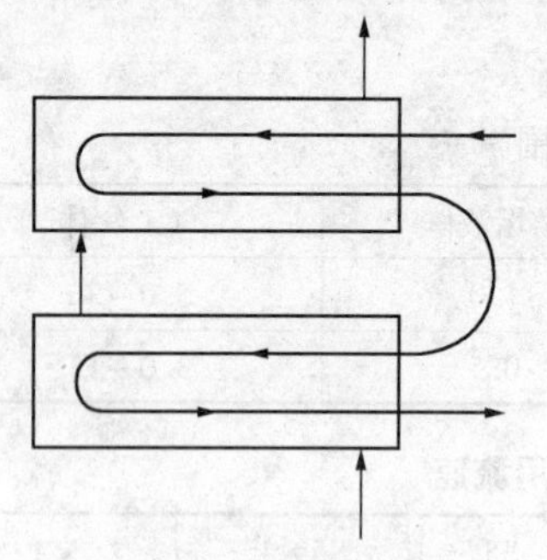

图7-46 串联管壳式换热器的示意图

（1）装置纵向挡板

当温度差校正系数 $\phi_{\Delta_t} < 0.8$ 时，应采用多壳程。多壳程可通过安装与管束平行的纵向隔板来实现。但由于壳程纵向挡板在制造、安装和检修方面很困难，故一般不宜采用。常用的方法是将几个换热器串联使用，以代替多壳程，如图7-46所示。

（2）装置横向折流挡板

这是提高壳程流体对流传热系数最常用的方法，即在垂直于管束的方向上安装折流挡板。相关内容可参考7.3.4内容。

7.4.6 管子的规格

管子规格的选择包括管长和管径。管长的选择要考虑清洗方便和合理使用管材。我国生产的标准钢管长度为6m。此外管长 L 和壳径 D 的比例应适当，一般 L/D 为4~6。对于洁净的流体，可选择小管径；对于易结垢或不清洁的流体，可选择大管径。

思考题

1. 换热设备的应用场合和基本要求是什么？
2. 若按传热方式分，换热器可分为哪几类？各自特点是什么？
3. 管壳式换热器有哪几种主要形式？各有何特点？适用于哪些场合？
4. 固定管板式换热器由哪些主要组成部分？各有何作用？
5. 换热管与管板的连接方式有哪几种？各有何特点？
6. 换热设备中温差应力是如何产生的？常用的温差应力补偿方式有哪些？各有何特点？

7. 管子在管板上排列的标准形式有哪些？各适用于什么场合？

8. 折流板和挡板的作用是什么？换热器中折流板是如何被固定的？

9. 管箱的作用是什么？有哪些形式？适用于什么场合？

10. 常见的膨胀节有哪些类型？各自特点是什么？

11. 如何判断流体应走管程还是走壳程？

12. 换热器中流体流速确定依据是什么？如何确定？

第 8 章　塔设备

8.1　概述

塔设备是化学、石油工业生产中最重要的单元操作设备之一。它可供气－液、液－液两相接触以达到传质和传热的目的。精馏、吸收、萃取、解吸等单元操作均可在塔设备中完成。

塔设备除了应满足特定的化工工艺条件，如温度，压力及耐介质腐蚀外，还应达到下列要求：

① 气、液处理量大，即生产能力大；

② 气、液有充分的接触空间、接触时间和接触面积，传质、传热效率高；

③ 流体的流动阻力小，即压降小；

④ 操作范围宽，在负荷变化较大时效率变化不大，即操作弹性大；

⑤ 结构简单可靠，金属消耗量小，制造、安装容易，成本低；

⑥ 不易堵塞，操作方便，容易控制和检修。

一个塔设备要同时满足上述要求是很困难的，因此只能根据生产的实际情况，选择最合理、最经济的塔设备。

塔设备的分类方法很多，常见的分类方法有：

① 按操作压力分：加压塔、常压塔和减压塔；

② 按单元操作分：精馏塔、吸收塔、解吸塔、萃取塔、反应塔、干燥塔等；

③ 按内件结构分：填料塔、板式塔。这是目前最常用的分类方法。

塔设备的总体结构如图 8－1 和图 8－2 所示，包括塔体、封头、支座、接管、人孔或手孔、物料进出口、塔内附件及塔外附件等。

塔体是塔设备的外壳，用钢板卷焊制成，其直径随处理量及操作条件而定。常见的塔体多为等直径、等壁厚的圆筒。随着生产装置的大型化，由于工艺需要和节约原材料，也有各种用途的不等直径、不等厚度的大型塔设备用于炼油化工生产中。塔的高度主要取决于对产品的要求，炼油厂的精馏塔一般为十几米到几十米高，因此，塔体壳壁的厚度除需满足工艺条件下的强度要求外，还应校核在风力、地震力、偏心载荷作用下，以及水压试验、吊装、运输、开停工等情况下塔体的强度和稳定性。另外，对塔体安装的垂直度和弯曲度都有一定的要求。

塔设备的封头由钢板压制焊接而成，一般塔设备多采用标准椭圆形封头。减压塔多为半球形封头，以有利于承受外部较高的压强。

塔体支座是支承塔体并与基础连接的部件，一般采用裙座。其高度根据工艺要求及管线布置要求决定。由于炼油厂的塔设备重量较大，高度也较高，露天安置经常受到风力及地震力等载荷的作用，因此，裙座应具有足够的强度和刚度。

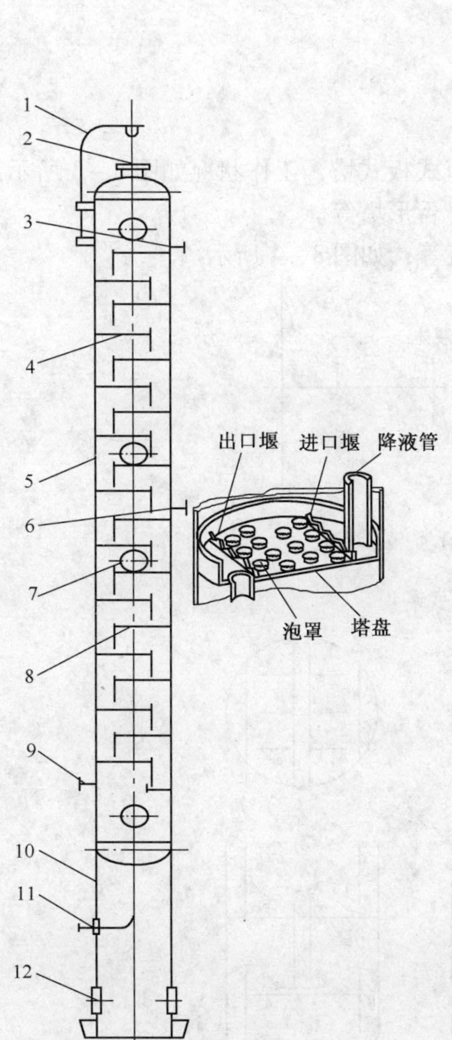

图 8－1　板式塔的总体结构

1—吊柱；2—气体出口；3—回流液入口；4—精馏段塔盘；5—壳体；6—料液进口；7—人孔；8—提馏段塔盘；9—气体入口；10—裙座；11—釜液出口；12—检查孔

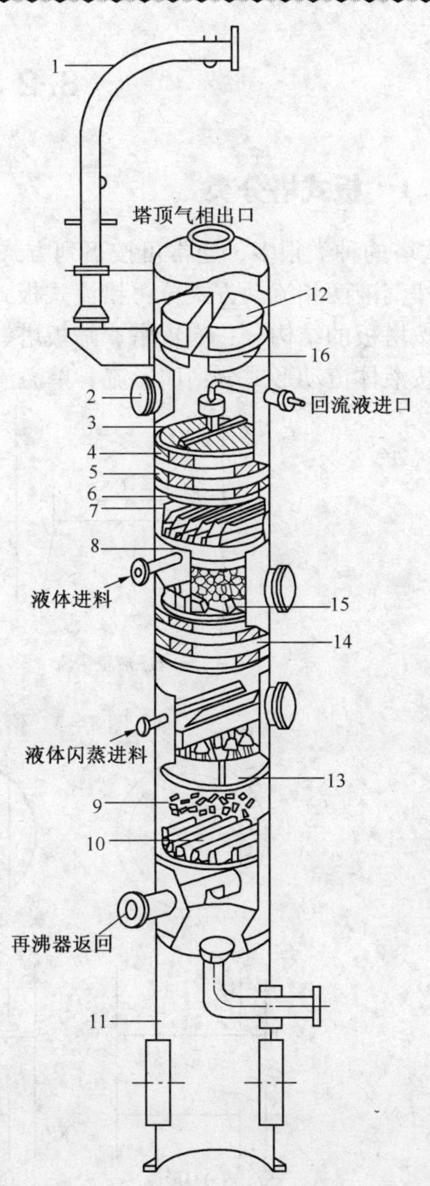

图 8－2　填料塔的总体结构

1—吊柱；2—人孔；3—排管式液体分布器；4—床层定位器；5、14—规整填料；6—填料支承栅板；7—液体收集器；8—集液管；9—散装填料；10—填料支承装置；11—支座；12—除沫器；13、15—液体再分布器；16—防涡流器

接管是用来连接工艺管线的，使之与相关设备连成一个封闭的系统，有物料进、出口接管，进气、排气接管，侧线进、出口管，安装检修用人孔、手孔接管，各种化工仪表接管等。

塔体内件是完成工艺过程，保证产品质量的主要部件。板式塔内件由塔盘、降液管、溢流堰、紧固件、支承件及除沫装置等组成，填料塔内件由喷淋装置、填料、栅板、液体再分布器等组成。

塔设备外部附件主要包括吊柱、支承保温材料的支承圈及平台、扶梯等。

8.2 板式塔

8.2.1 板式塔分类

板式塔的种类很多，通常可按下列方式分类：

① 按气液两相流动方式分：错流式板式塔和逆流式板式塔，工作状况如图 8 - 3 所示；

② 按塔板的结构分：泡罩塔、筛板塔、浮阀塔、舌形塔等。

③ 按液体流动形式分：U 形流、单溢流和双溢流等，如图 8 - 4 所示。

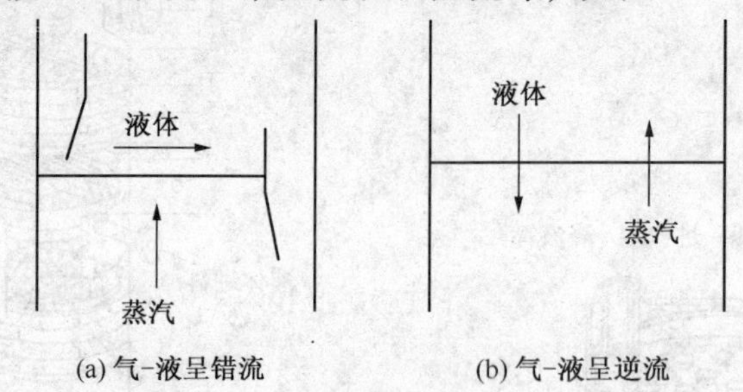

图 8 - 3 错流式和逆流式塔板

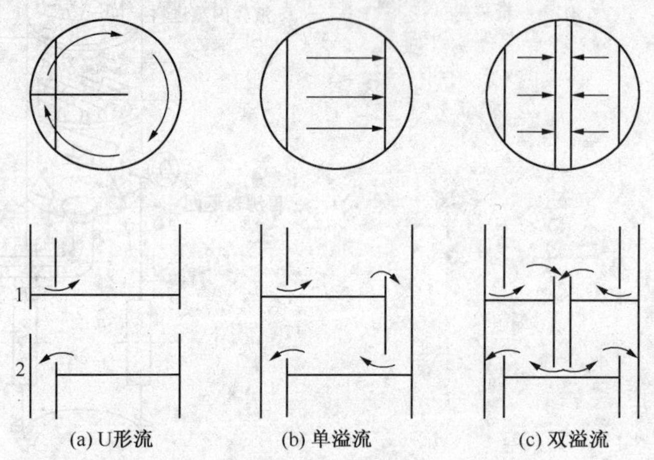

图 8 - 4 液体的流型

8.2.2 板式塔种类

（1）泡罩塔

泡罩塔是典型的板式塔，是工业应用最早的板式塔，而且是相当长的一段时期内较为流行的塔型。近几十年来由于塔设备的发展，出现了许多性能良好的新型塔，使泡罩塔的应用范围在塔设备中所占比例有所减小，但在一些场合仍在使用。

泡罩塔板的主要结构如图 8 - 5 所示，塔板上开有许多圆孔，每孔焊上一个圆短管，称为升气管，管上再罩一个“罩”，称为泡罩，泡罩有圆形和条形两大类，但应用最广泛的是圆形泡罩。圆形泡罩的直径有 ϕ80mm、ϕ100mm，结构如图 8 - 6(a) 所示、ϕ150mm，结构如图 8－6(b)所示三种。泡罩底缘有很多齿缝浸入塔板上的液层中。操作时，液体通过降液管下流，并由溢流堰保持一定的液层。气体则沿升气管上升，折流向下通过升气管与泡罩之间的环形通道，最后被齿缝分散成小股的气流进入液层中，气体以鼓泡的方式通过液层形成激烈的搅拌，进行传热、传质。

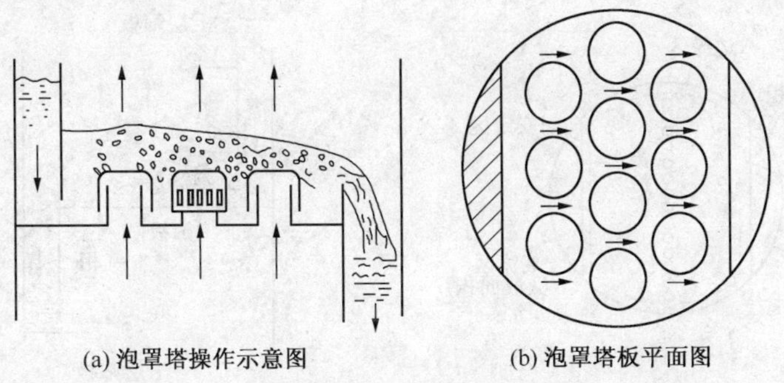

(a) 泡罩塔操作示意图　　(b) 泡罩塔板平面图

图 8－5 泡罩塔板

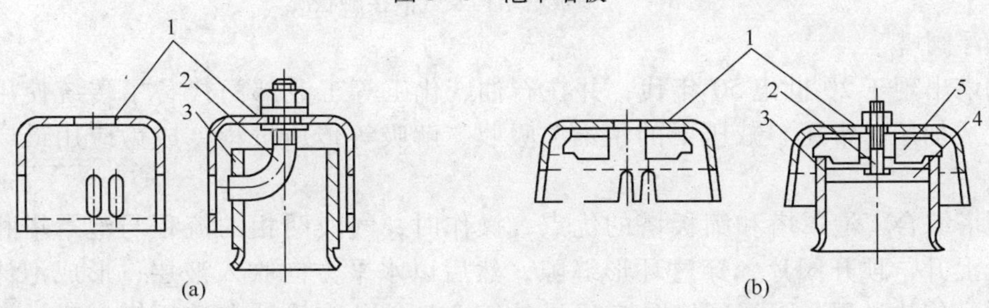

图 8－6 标准圆形泡罩

1—泡罩；2—连接螺栓；3—升气管；4—横梁；5—支架

泡罩塔的优点是操作稳定可靠，操作弹性大，在负荷变化范围较大时仍能保持较高的效率，生产能力大；气液比的范围大，不易堵塞，能适应多种介质。其缺点在于结构复杂，造价高，安装维修麻烦等。目前，只是在某些情况如生产能力变化大，操作稳定性要求高，要有相当稳定的分离能力等要求时，才考虑使用泡罩塔。

（2）筛板塔

筛板塔也是应用历史较久的塔型之一，与泡罩塔相比，筛板塔结构简单，成本减少 40% 左右，板效率提高 10% ～15%，安装维修方便，塔板的开孔率较大，生产能力也较大，气流压降小，但筛板塔的操作弹性小，气流负荷变小时易漏液，效率下降；另外，处理不清洁、黏性大或带固体颗粒的物料时易堵塞小孔。近年来，发展了大孔筛板(孔径为 $\phi 20$ ～ $\phi 25$mm)、导向筛板等多种筛板塔。

筛板塔结构及气液接触状况如图 8－7 所示，筛板塔塔板分为筛孔区、无孔区、溢流堰和降液管等部分。气液接触情况与泡罩塔类似。液体从上层塔盘的降液管流下，横向流过塔盘，越过溢流堰流入下一层塔盘，塔盘上依靠溢流堰的高度保持其液层高度。气体自下而上穿过筛孔时，被分散成气泡，在穿越塔盘上液层时，进行气液两相间的传热和传质。

筛板塔筛孔直径的大小及间距直接影响塔板的操作性能，一般液相负荷的塔板，筛孔的孔径采用 $\phi 4$ ～ $\phi 6$mm。筛孔通常按正三角形排列，孔间距 t 与孔径 d_0 的比值通常采用 2.5 ～

5，最佳值为3～4。溢流堰高度决定了塔板上液层的深度，溢流堰高，则气液接触时间长，板效率高；在液相负荷较小时，也容易保证气液接触的均匀，对筛板安装水平度的要求也可适当降低；但当溢流堰太高时，塔板压降增大；当气量较小时，筛板容易漏液。一般情况下，常压操作时，溢流堰高度可为25～50mm，减压操作时，可取10～15mm。

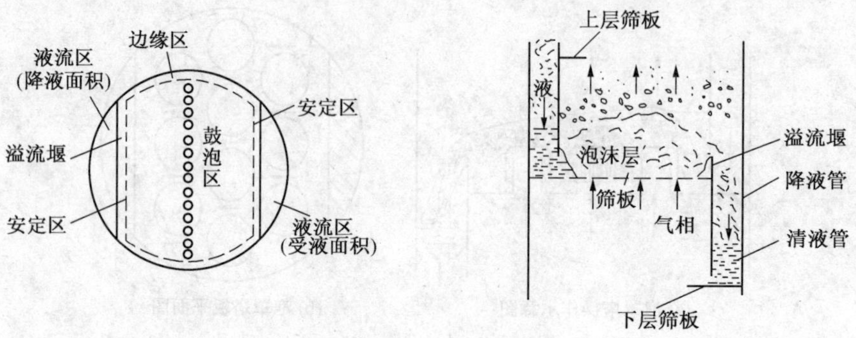

图8－7　筛板塔结构及气液接触状况

(3) 浮阀塔

浮阀塔出现于20世纪50年代，并在石油、化工等工业部门代替了传统使用的泡罩塔，以完成加压、常压、减压下的精馏、吸收、解吸等传质过程，成为应用最广泛的塔型之一。

浮阀塔综合了泡罩塔和筛板塔的优点，操作时，气液两相的流程与泡罩塔相似，蒸汽从阀孔上升，顶开阀片，穿过环形缝隙，然后以水平方向吹入液层，形成泡沫。同时完成传质、传热过程。因浮阀塔具有优异的综合性能，在设计和选用塔型时被视为首选塔型。

浮阀塔之所以广泛应用，是由于它具有较优越的特点。浮阀塔处理能力大，浮阀排列比泡罩更紧凑，塔盘生产能力比圆形泡罩塔盘提高20%～40%，接近筛板塔；由于浮阀可在一定范围内自由升降以适应气量的变化，因此能在较宽的流量内保持高的效率，其操作弹性比筛板、泡罩大得多；由于气液接触状态良好，且气体以水平方向吹入液层，故雾沫夹带较少，塔板效率比泡罩塔高15%左右；浮阀结构比较简单，安装容易，且节省材料，制造费用低，仅为泡罩塔的60%～80%。

浮阀塔也存在一些缺点：在气速较低时，仍有塔板漏液，故低气速时塔板效率有所下降；浮阀阀片有卡死和吹脱的可能，会导致操作运转及检修的困难；塔板压降较大，妨碍了它在高气相负荷及真空操作中的应用。

浮阀是浮阀塔的气液传质元件，阀片的形状有圆盘形和条形，如图8－8所示。常用的是圆盘形浮阀。我国最常用的是F1型浮阀，如图8－8(a)。

在我国F1型浮阀已标准化(JB1118)。F1浮阀有轻型(代号Q)和重型(代号E)两种，它们均是用钢板冲压而成，轻型阀厚度1.5mm，重量25g；重型阀厚度2mm，重33g。两种阀的最大和最小开度如图8－8(a)所示。浮阀下部有三条阀腿，装入塔板上后，可用工具将阀腿拧转90°角，使浮阀只能做上下运动。

浮阀在塔板上一般按正三角形布置，也可采用等腰三角形排列。中心距有75mm、100mm、125mm、150mm等几种。在正三角形排列中又有顺排和叉排两种，一般采用叉排，因叉排时相邻两阀容易被吹开，液面梯度小，鼓泡均匀。

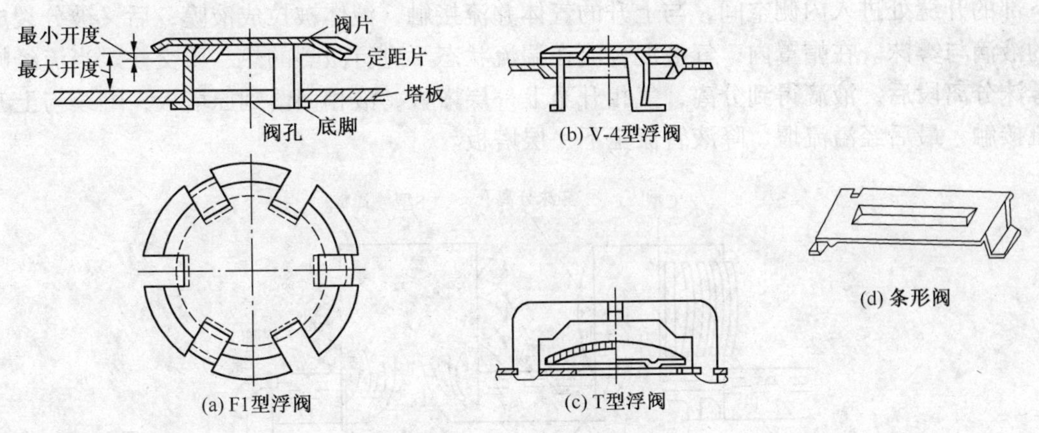

图 8－8　几种浮阀形式

（4）舌形塔和浮动舌形塔

舌形塔是喷射型塔，20 世纪 60 年代开始应用。舌形塔的塔盘（图 8－9）上开有舌形孔，气体经舌孔流出，其沿水平方向的分速度促进了液体流动，使液面梯度减小，液层减薄，处理能力增大，并使压降减小。舌形塔结构简单，安装检修方便，但塔的操作弹性较小，塔板效率较低，因而使用受到一定限制。

浮动舌形塔是舌形塔的改进型，它的处理能力大，压降小，舌片可以浮动。因此，塔盘的雾沫夹带及漏液均较小，操作弹性显著增加，板效率也较高，但其舌片容易损坏。

浮动舌片的结构见图 8－10，其一端可以浮动，最大张角约 20°。舌片厚度一般 1.5mm，重量 20g。

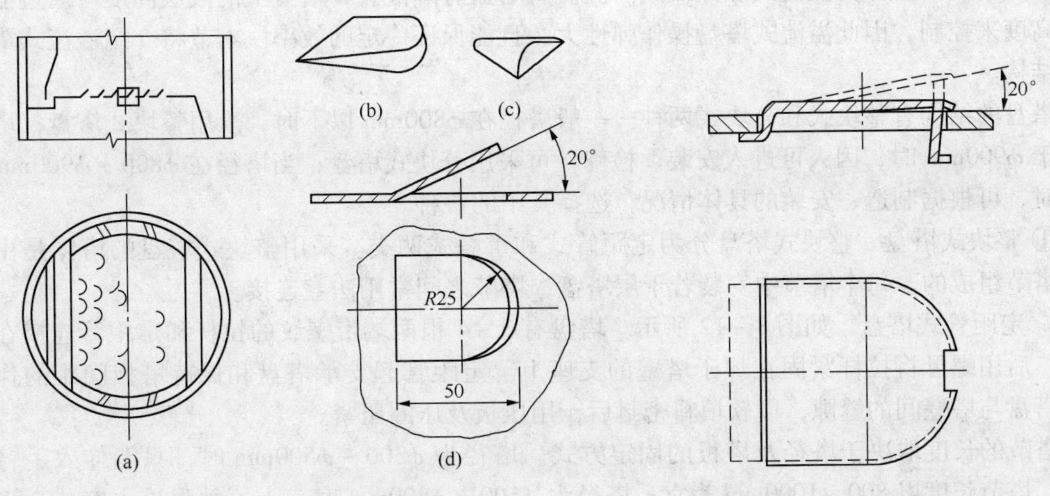

图 8－9　舌形塔板的结构　　图 8－10　浮动舌形塔的舌片

（5）垂直筛板塔

垂直筛板塔中气液接触的主要部件是安装在塔板上的帽罩，如图 8－11 所示。帽罩为圆筒形，用碳钢或不锈钢制成，帽罩直径有 ϕ80mm、ϕ100mm、ϕ120mm、ϕ150mm、ϕ200mm、ϕ220mm 和 ϕ250mm。垂直筛板塔的特点是在喷射状态下操作，操作时，塔板上的液体由帽罩下部的开缝处进入内侧空间，与上升的气体并流接触，液体被拉成液膜，后又被分裂成大量的液滴与雾沫。在帽罩内，气液混合流在湍流状态下进行激烈的热、质交换。当流经帽罩的雾沫分离段后，液滴得到分离，气相升至上一层塔板，液相回落到原塔板，继续与上升的气流接触，最后经溢流堰、降液管流至下一层塔板。

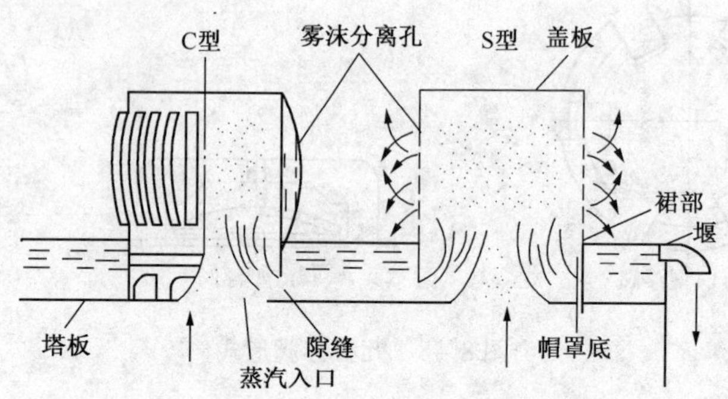

图 8－11　垂直筛板塔帽罩

垂直筛板塔的气体负荷为筛板、浮阀塔板的 1.5～2 倍；雾沫夹带量低，操作弹性、塔板效率与浮阀塔相当或稍高。这种塔板的适应性很强，在真空、高压以及低液气比等条件下都能使用，且不易堵塞，操作简便，稳定可靠。目前在工业上已得到成功的使用和推广。

8.2.3　板式塔的结构

（1）塔盘

板式塔的塔盘分为溢流式和穿流式。溢流式塔盘有降液管，塔盘上的液层高度可通过溢流堰高度来控制，因此溢流式塔盘操作弹性大，且能保证一定的效率。本节将介绍溢流式塔盘的结构。

塔盘的结构有整块式和分块式两种。一般塔径在 ϕ800mm 以下时，采用整块式塔盘；塔径大于 ϕ900mm 时，因人可进入安装、检修，可采用分块式塔盘；当塔径在 ϕ800～ϕ900mm 之间时，可根据制造、安装的具体情况，选择其中的一种。

① 整块式塔盘　整块式塔盘分为定距管式和重叠式两类。采用整块式塔盘的塔体是由若干塔节组成的。每个塔节中安装若干层塔盘，塔节之间常用法兰连接。

a. 定距管式塔盘　如图 8－12 所示。塔盘有 3～4 根两端带螺纹的拉杆和定距管连接在一起，后用螺母将拉杆紧固在焊于塔壁的支座上。定距管起支承塔盘和保持塔板间距的作用。塔盘与塔壁间的缝隙，以软填料密封后，用压板及压圈压紧。

塔节的长度取决于塔径及塔板的固定方式。塔径为 ϕ300～ϕ500mm 时，只能伸入手臂安装，塔节长度以 800～1000mm 为宜；塔径为 ϕ500～ϕ800mm 时，人可勉强进入安装，塔节长度可增至 1200～1500mm；当塔径大于 ϕ800mm 时，塔节长度可取 2500～3000mm，由于受拉杆长度的限制，也为避免发生安装困难，每个塔节安装的塔盘数一般不超过 5～6 层，且单个塔节的长度不应超过 3000mm。塔板的厚度根据介质的腐蚀性和塔盘的刚度决定。碳钢塔板厚度可取 3～5mm；不锈钢塔板厚度可取 2～3mm。

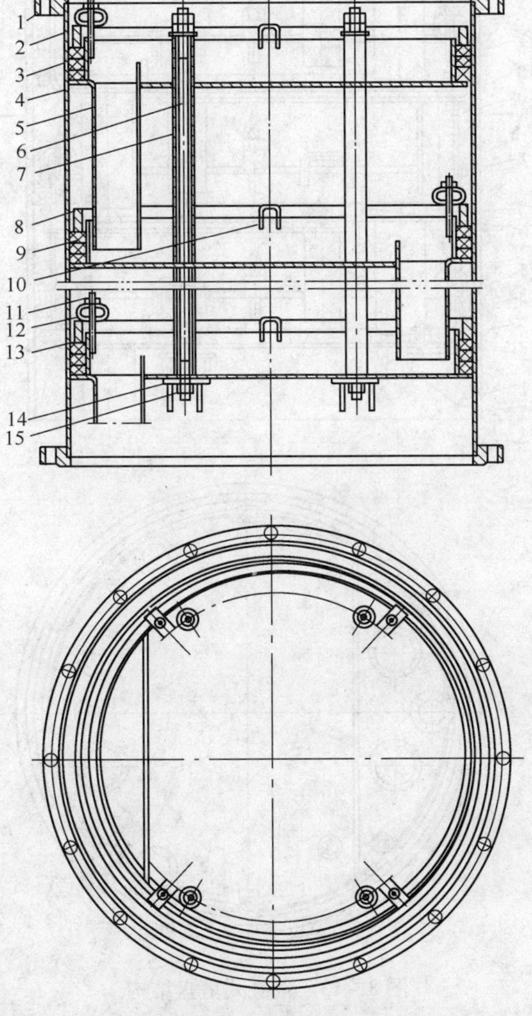

图8－12　定距管式塔盘结构

1—法兰；2—塔体；3—塔盘圈；4—塔盘板；5—降液管；
6—拉杆；7—定距管；8—压圈；9—填料；10—吊环；
11、15—螺母；12—压板；13—螺柱；14—支座

b. 重叠式塔盘　重叠式塔盘的结构如图8－13所示。在每一塔节下部焊有一组支座，底层塔盘安置在支座上，然后依次装入上一层塔盘，塔盘间距由塔盘下方的支柱保证，并用调节螺钉调整水平度。塔盘与塔壁的间隙，以填料密封，并有压板及压圈压紧。

塔盘上的塔盘圈有角焊式和翻边式两种结构，如图8－14所示。角焊的塔盘圈在焊接时要防止塔盘板变形，所以宜采用冲压而成的翻边式。塔盘圈的高度 h_1 一般取70mm，但不得低于堰高。h_1 需取较高时采用图8－14(b)、(d)的结构。

c. 密封结构　为便于塔节内件安装，塔盘与塔壁间需留有一定间隙。为防止塔内流体从此通过，须将此间隙密封起来。常用的密封形式如图8－15所示。其中图8－15(a)适用于塔盘圈比较低的情况，图8－15(b)和图8－15(c)适用于塔盘圈比较高的情况。密封填料一般采用石棉绳，放置2～3层。填料上放置压圈，压圈上放置压板，螺母拧紧，可达到密封的目的。

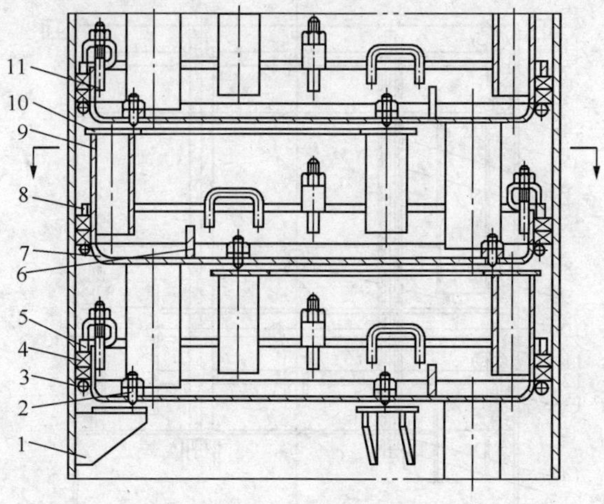

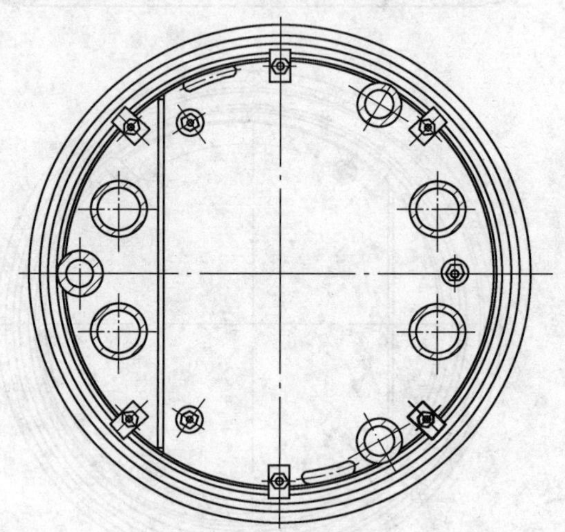

图 8-13　重叠式塔盘结构

1—支座；2—调节螺栓；3—圆钢圈；4—密封填料；
5—塔盘圈；6—溢流堰；7—塔盘板；8—压圈；
9—支柱；10—支撑板；11—压紧装置

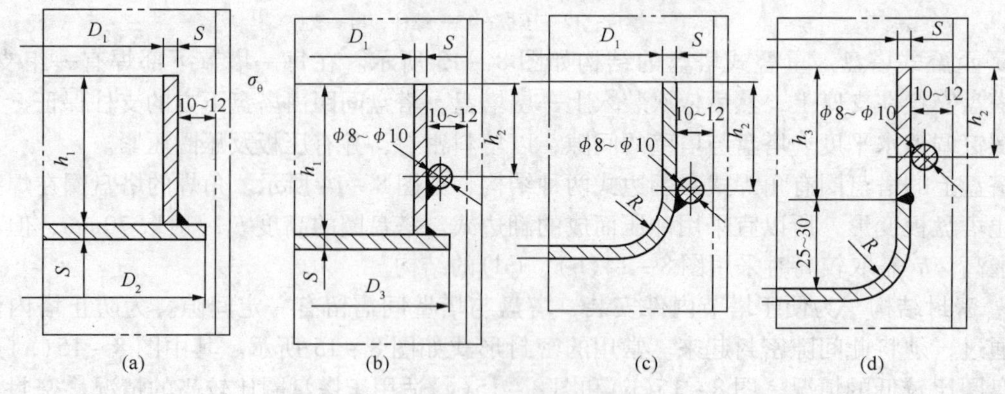

图 8-14　塔盘圈结构

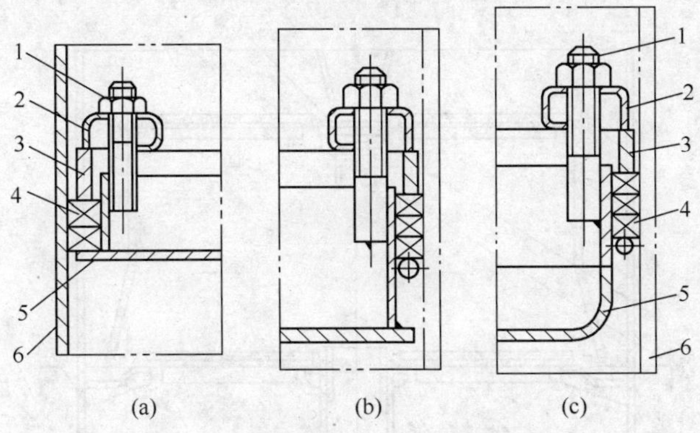

图 8－15　整块式塔盘的密封结构

1—螺栓；2—压板；3—压圈；4—填料；5—塔板；6—塔体

② 分块式塔盘　对于塔径较大的板式塔，为了增加塔盘刚度，便于塔盘的安装、检修、清洗，将塔盘分成数块，通过人孔送入塔内，装在塔盘固定件上。分块式塔盘的塔体通常为焊制的整体圆筒，不分塔节。分块式塔盘根据塔径的大小，又分为单溢流型塔盘(图 8－16)和双溢流型塔盘(图 8－17)。当塔径为 $D_i = 800 \sim 2400$mm 时，采用单溢流塔盘；塔径 $D_i >$ 2400mm 时，采用双溢流塔盘。

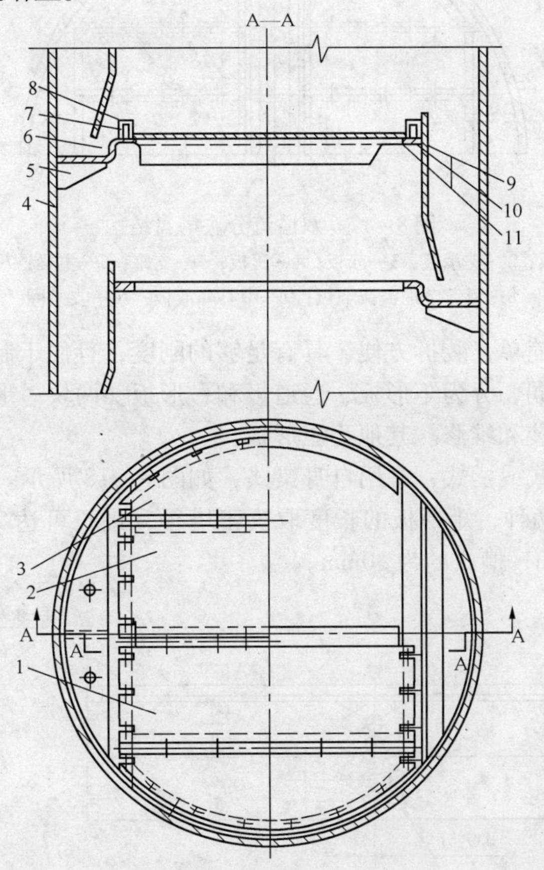

图 8－16　单溢流分块塔盘结构

1—矩形板；2—通道板；3—弓形板；4—塔体；5—筋板；6—受液盘；7—楔子；8—龙门铁；9—降液板；10—支承板；11—支承圈

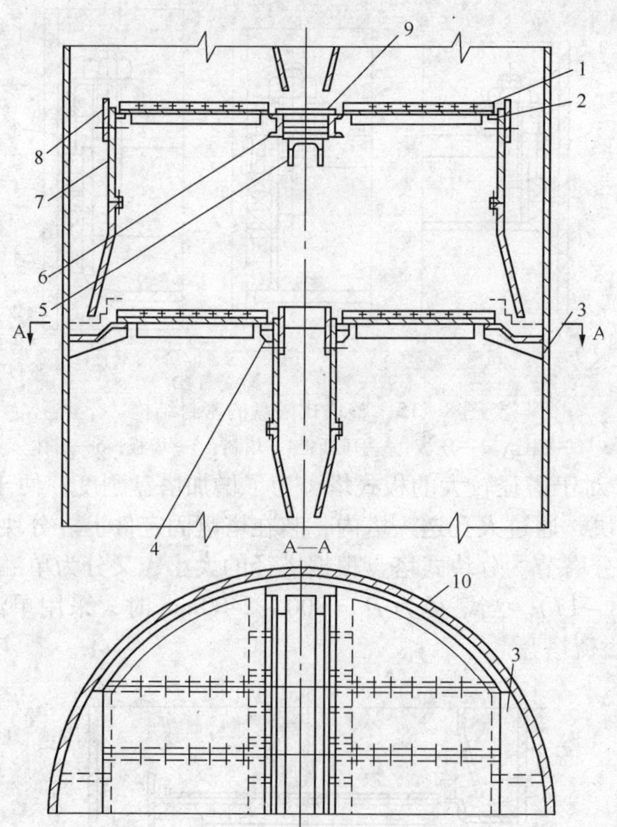

图 8-17 双溢流分块塔盘结构

1—塔盘板；2—支承板；3—筋板；4—压板；5—支座；6—主梁；7—降液板；8—可调节的溢流堰板；9—中心降液板；10—支承圈

塔盘的分块应结构简单，装拆方便，具有足够的刚度，且便于制造、安装和维修。塔板根据装配位置和作用不同，分为矩形板、通道板和弓形板。两块弓形板靠近塔壁；通道板设置在塔盘中间，便于安装和维修。其他为矩形板。

矩形板采用自身梁式或槽式，常用自身梁式，如图 8-18 所示。自身梁式矩形板，其宽度有 310mm 和 415mm 两种，矩形板的长度取决于塔径，最长可达 2200mm。自身梁式矩形板的筋板高度 60 ~ 80mm，槽式的为 30mm。

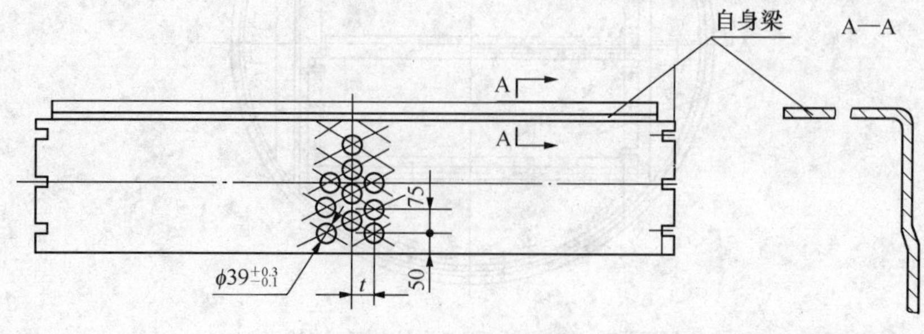

图 8-18 矩形板

通道板是为了塔内的清洗和维修，使人能进入各层塔盘而设置的。通道板采用平板结构，无自身梁，通常放置在矩形板和弓形板上。为了拆装方便，通道板重量一般不超过 30kg。

为便于采光和通风，各层通道板最好设置在同一垂直位置。通道板也可用矩形板代替。

弓形板的弦边做成自身梁式，如图 8－19 所示。弧边直径与塔径及塔壁和弧边的间隙有关。碳钢的矩形板、通道板、弓形板，其厚度取 3～4mm，不锈钢的厚度可取 2～3mm。

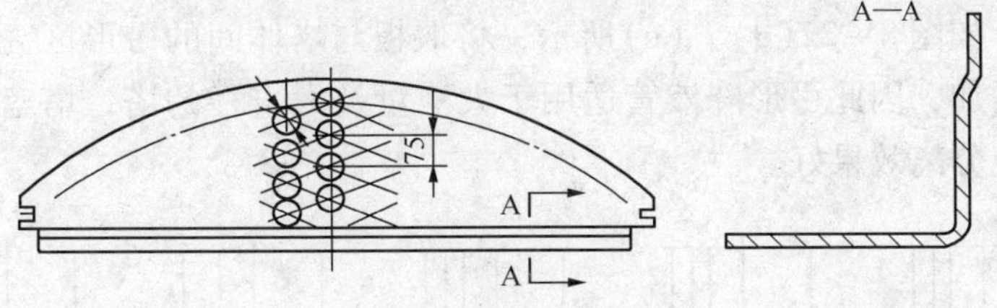

图 8－19　弓形板

分块塔盘之间及通道板与塔盘之间的连接通常采用上、下均可拆的连接结构，如图 8－20 所示。检修需拆开时，可从上方或下方松开螺母，将椭圆垫旋转到虚线位置，塔板即可移开。

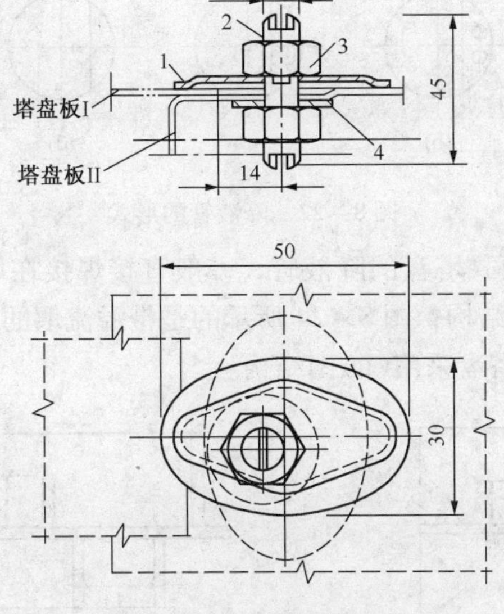

图 8－20　楔形紧固件连接

通道板与矩形板还可以采用如图 8－21 所示的楔形紧固件连接结构。安置好两块塔板，将龙门铁焊在矩形板凹边上，打入楔子使通道板压紧在矩形板上。此法较螺栓紧固件连接结构简单，装拆迅速，造价低。

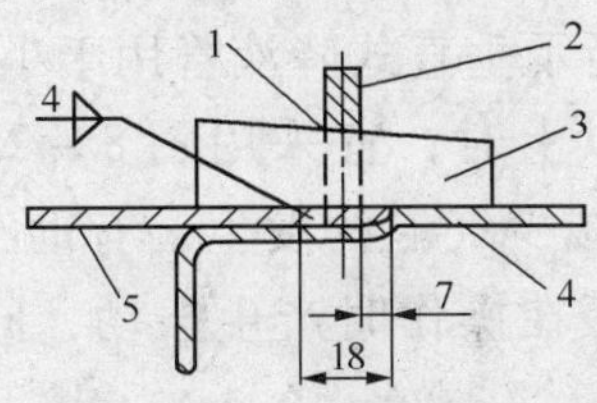

图 8－21　上下可拆式螺栓连接结构

1—点焊处；2—龙门铁；3—楔子；4—矩形板；5—通道板

(2) 降液管

降液管的作用是将进入其内的含有气泡的液体进行气液分离，使清液进入下一层塔盘。

① 降液管形式　降液管的结构形式可分为圆形降液管和弓形降液管两类。圆形降液管如图 8－22(a)、(b)所示，长圆形降液管如图 8－22(c)所示，常用于液体负荷低或塔径较小的场合。为了使液体均匀分布在塔盘上并保证气液在降液管内有足够的分离时间，可在降液管前方设置溢流堰。由于这种结构降液截面较小，因而不宜用于大液量及容易引起泡沫的物料。弓形降液管如图 8－22(d)、(e)所示，将堰板与塔体间的弓形区壳壁用作降液面积，使降液面积大大增加，因此弓形降液管适用于大液量及大直径的塔，塔盘面积的利用率高，降液能力大，气液分离效果好。

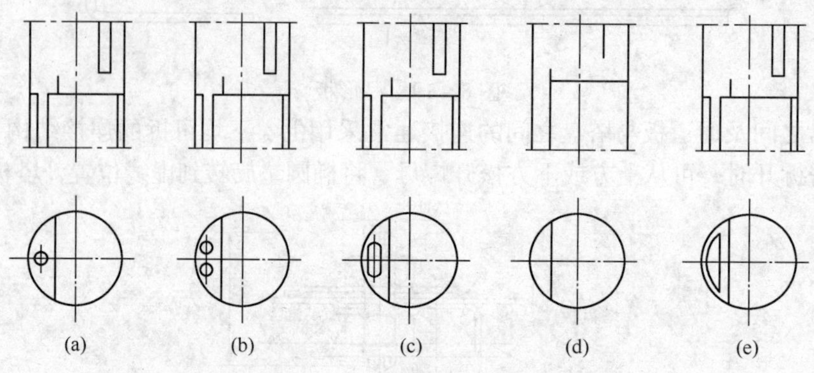

图 8－22　降液管的形式

② 降液管的结构　整块式塔盘的降液管，一般直接焊接在塔盘板上，图 8－23 所示的是圆形降液管兼作溢流堰的结构；图 8－24 所示的是带溢流堰的圆形降液管的结构，碳钢塔盘采用(a)图结构，不锈钢塔盘采用(b)图结构。

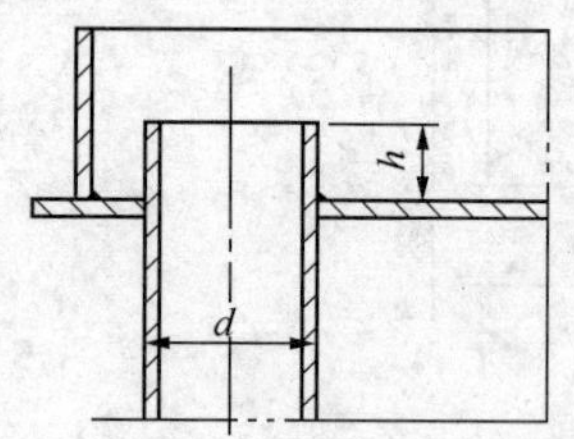

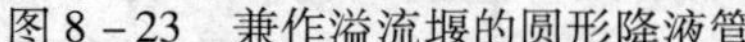

图 8－23　兼作溢流堰的圆形降液管

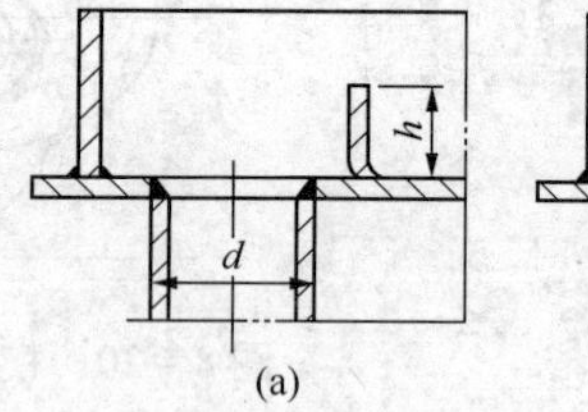

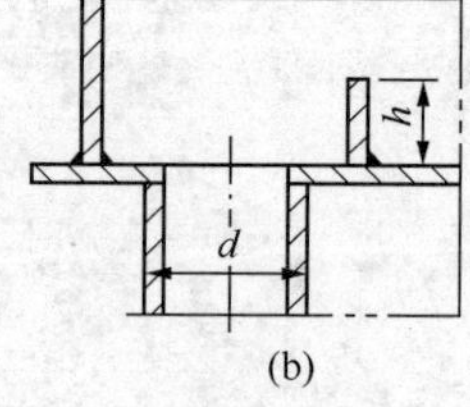

图 8－24　带溢流堰的圆形降液管

对于分块式塔盘，降液管可采用焊接固定式和可拆式结构。常用的降液管形式如图 8－25所示，其中如图 8－25(a)所示垂直式降液管用于小直径的塔或载荷很小的塔盘；当降液管面积占塔盘总面积 12% 以上时，宜采用图 8－25(b)结构的倾斜式降液管；图 8－25(c)所示的阶梯式降液管可减少气泡的发生，有助于气液分离。在降液管下部设置加强筋，以防止大直径塔的降液板在操作时产生振动，同时也可以保持降液板与受液盘的间距。

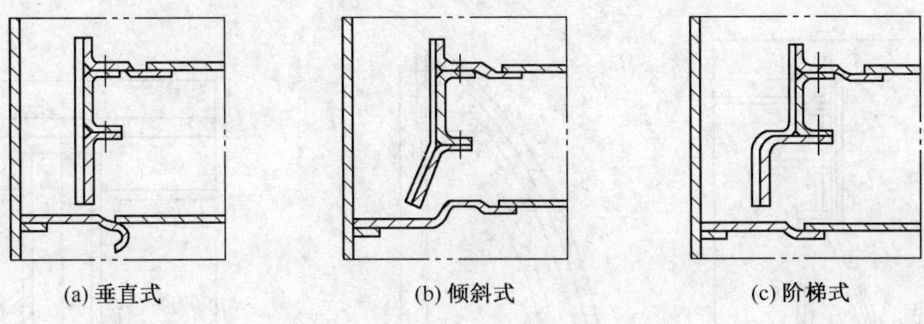

图 8 – 25　分块式塔盘的降液管形式

（3）受液盘

为了保证降液管出口处的液封，在塔盘上设置受液盘，受液盘有平型和凹型两种。平型受液盘适用于物料容易聚合的场合。这种结构可以避免塔盘上形成死角。平型受液盘有可拆式和不可拆式两种，图 8 – 26 所示为可拆式受液盘的常用结构。

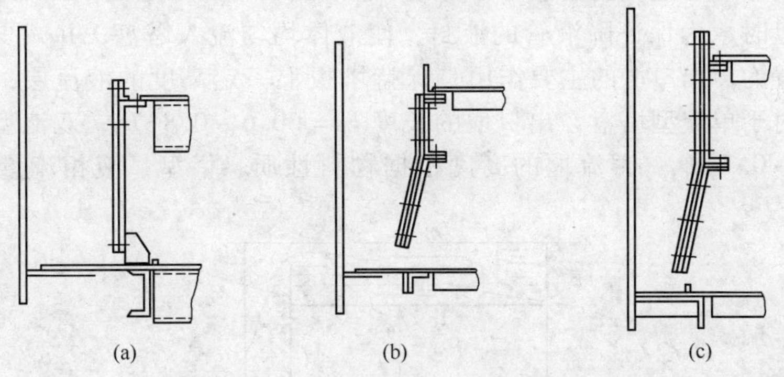

图 8 – 26　可拆式受液盘的常用结构

凹型受液盘结构如图 8 – 27 所示，具有缓和液体冲击，防止液体飞溅的作用，也可降低塔盘入口处的液封高度，同时使液流平稳、均匀地流入塔盘的鼓泡区。凹型受液盘的深度一般大于 50mm，但不超过塔板间距的三分之一。

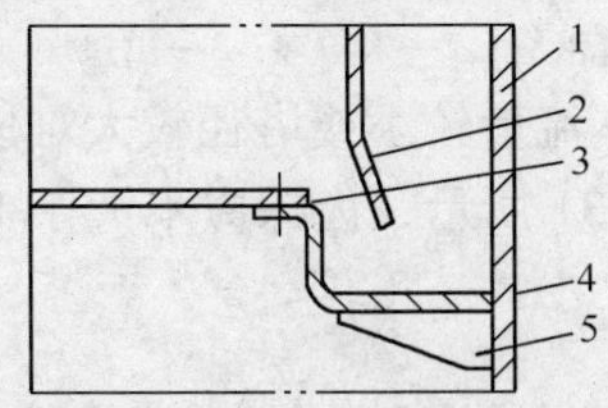

图 8 – 27　凹型受液盘结构

1—塔壁；2—降液板；3—塔盘板；4—受液盘；5—支座

在塔或塔节的最底层的降液管末端应设置液封盘，用来保证降液管出口处的液封。用于弓形降液管的液封盘如图 8 – 28 所示。用于圆形降液管的液封盘如图 8 – 29 所示。液封盘上应开泪孔以供排液之用。

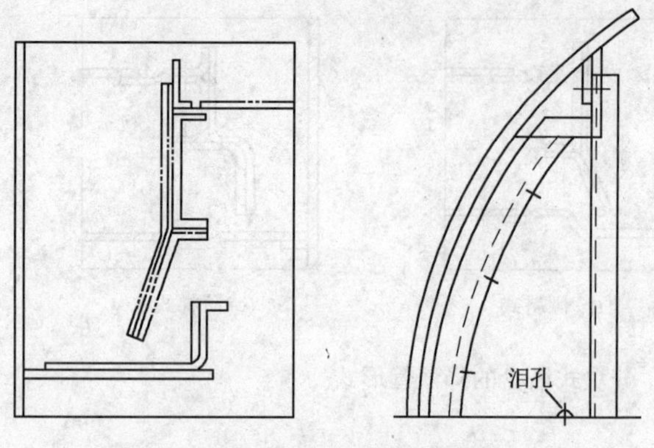

图 8-28 弓形降液管的液封盘

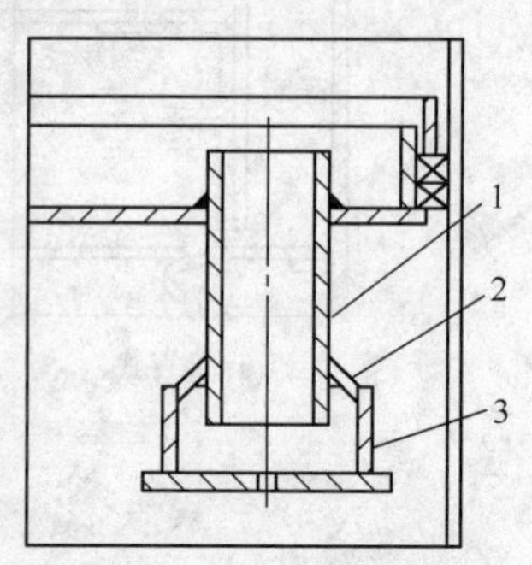

图 8-29 圆形降液管的液封盘

1—圆形降液管；2—支承筋；3—液封盘

(4) 溢流堰

根据在塔板上的位置，溢流堰可分为入口堰和出口堰，如图 8-30 所示。入口堰是在采用平型受液盘时，为保证降液管的液封，使液体均匀流入塔盘，并减少液流沿水平方向的冲击而设置的。出口堰的主要作用是保持塔板上一定高度的液流层，同时保证液流的均匀分布。对于单流型塔盘，出口堰的长度 $l_w=(0.6\sim0.8)D_i$；双流型塔盘，出口堰长度 $l_w=(0.5\sim0.7)D_i$。溢流堰的高度根据物料性质、塔型、液相流量及塔板压降来确定。

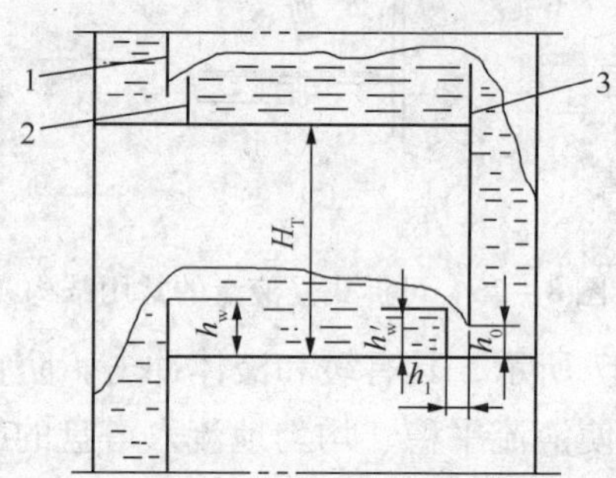

图 8-30 溢流堰设置

1—降液管；2—入口堰；3—出口堰

常用的溢流堰为平堰，当液体流量较小或塔径较大难以保证堰的水平度时，为使液流均匀，也可以改用齿形堰，如图 8-31 所示，齿深应不大于 15mm。

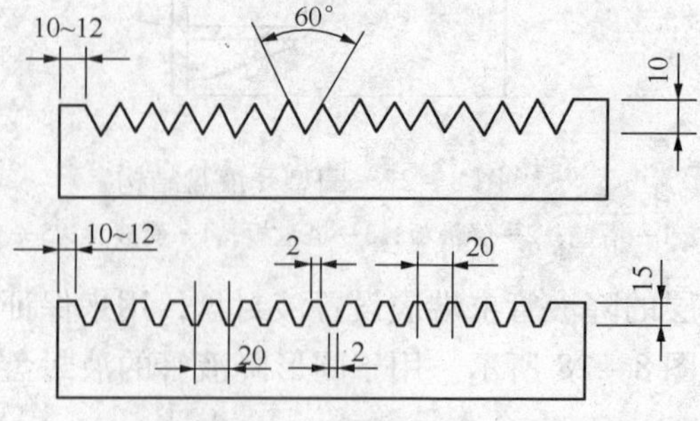

图 8-31 齿形溢流堰示意图

(5) 除沫器

在塔内操作气速较大时，会出现塔顶的雾沫夹带现象，这不但造成物料的流失，也使塔的效率降低，同时还可能造成环境污染。为了避免这些现象，在塔顶的最上一块塔盘之上安装除沫器，与塔盘之间的距离一般略大于两块相邻塔盘的间距。目前使用较多的有丝网除沫器和离心除沫器。

① 丝网除沫器　丝网除沫器结构如图 8－32、图 8－33 所示。它是由丝网、格栅、压条等几部分组成的组合件。直径为 $\phi300 \sim \phi600$mm 时，为盘形；大于 $\phi600$mm 时，制作成条形网块结构。丝网由合成纤维或耐腐蚀金属丝编织而成。丝网层的厚度按工艺条件通过试验确定，主要与塔内气速、网丝的材质和直径有关。

图 8－32 所示的升气管型除沫器用于小径塔，这种结构的丝网块直径小于设备内径，需要加设一圆筒短节来安置网块；图 8－33 为用于大直径塔设备的除沫器，丝网与上下栅板分块制作，通过人孔在塔内安装。

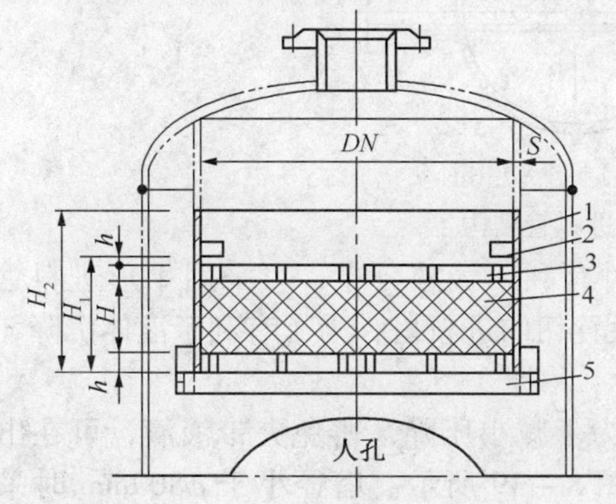

图 8－32　升气管型除沫器

1—升气管；2—挡板；3—格栅；4—丝网；5—梁

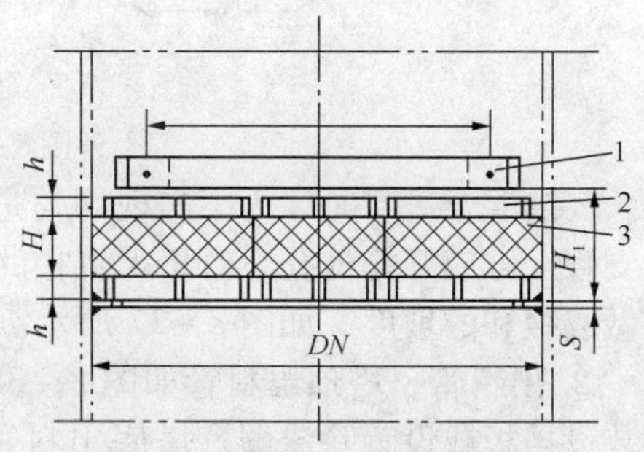

图 8－33　全径型丝网除沫器

1—压条；2—格栅；3—丝网

丝网除沫器比表面积大，重量轻，空隙率大，使用方便，除沫效率高，流体阻力小，但不适于处理不清洁的气体，当分离的雾沫中含有固体悬浮物是，易堵塞丝网，应注意检查冲洗。

② 离心除沫器　离心除沫器结构如图 8－34 所示。它一般由固定的金属叶片组成，夹带液滴的气体通过叶片时产生旋转和离心运动，在离心力的作用下将液滴甩至塔壁，从而实现气液分离。但这种除沫器的除沫效率不如丝网除沫器。

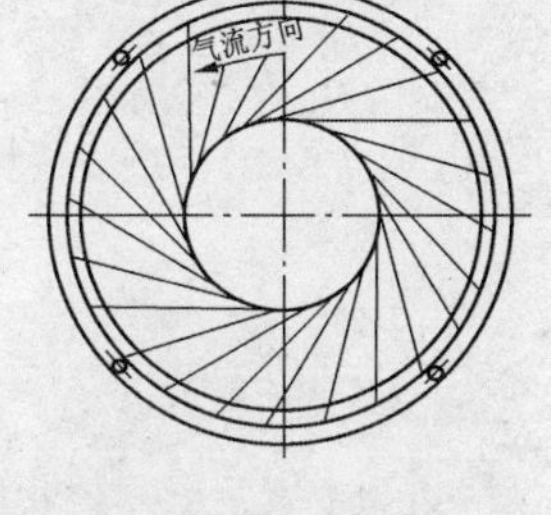

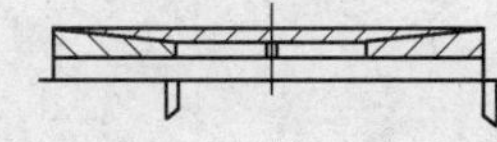

图 8－34　离心除沫器

(6) 接管

① 进料管　液体进料管的结构形式很多，常见的有直管进料管和弯管进料管，如图 8－35 所示。在进料管下端设有入口堰，使液体能均匀地通过塔板，并且避免由于进料泵及控制阀门引起的波动影响。

气体进料管管端可做成斜切口，以改善气体分布或采用较大管径使其流速降低，达到均匀分布的目的，如图 8－36 所示。当塔径较大时可采用如图 8－36(b) 的进气管。

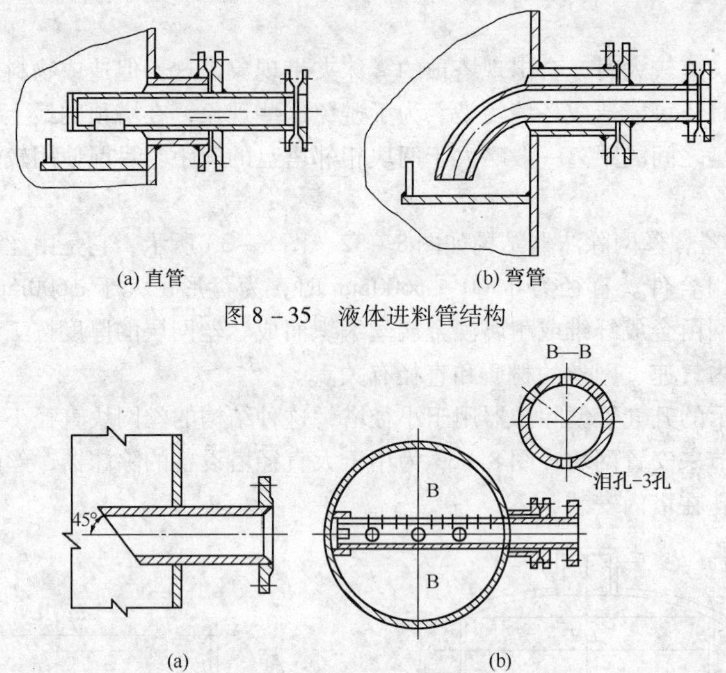

(a) 直管 (b) 弯管

图 8－35 液体进料管结构

(a) (b)

图 8－36 气体进料管结构

气液混合进料时，为了实现均匀进料，同时有利于气液分布，可采用 T 形进料管，但在支管上方应开排气孔。对于大直径的塔，可设置切向进料口，为了有利于液体沉降，挡板应做成缓和的坡度，如图 8－37 所示。

② 出料管　塔顶出料管如图 8－38 所示。为了减小压降，避免夹带液滴，可在出料口处装设挡板或设置除沫器。塔底出料管结构如图 8－39 所示。塔径小于 ϕ800mm 时采用图 8－39(a)结构，为了便于安装，先将管端焊在封头上，再将支座与封头相焊接，最后焊接法兰短节。图 8－39(b)的结构适用于塔径大于 ϕ800mm 的塔，为了增加管的刚性，引出管的加强管上一般焊有支承筋板，考虑到热膨胀，其中一块支承板与加强管间留有一定间隙。

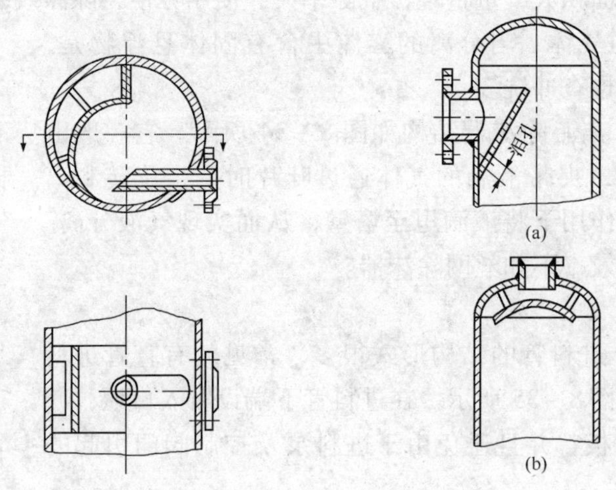

图 8－37 气液混合进料管　　图 8－38 塔顶出料管

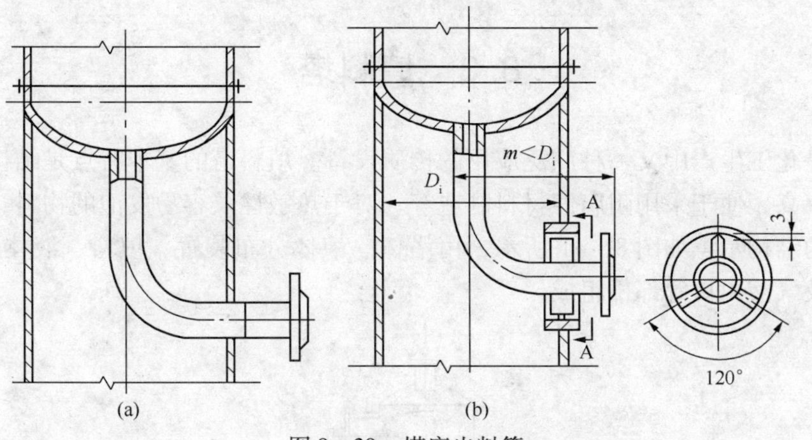

图 8－39　塔底出料管

（7）吊柱

安装在室外，无框架的整体塔设备，为了安装及拆卸内件，更换或补充填料，往往在塔顶设置吊柱。吊柱的方位应使吊柱中心线与人孔中心线间有合适的夹角，人能站在平台上操纵手柄，以便从人孔装入或取出内件。

吊柱的结构及在塔体上的安装如图 8－40 所示。吊柱管通常采用 20 号无缝钢管，其他部件可采用 Q235－A 或 Q235－AF。吊柱与塔体连接的衬板材料应与塔体材料相同，主要结构尺寸参数已列入系列标准。

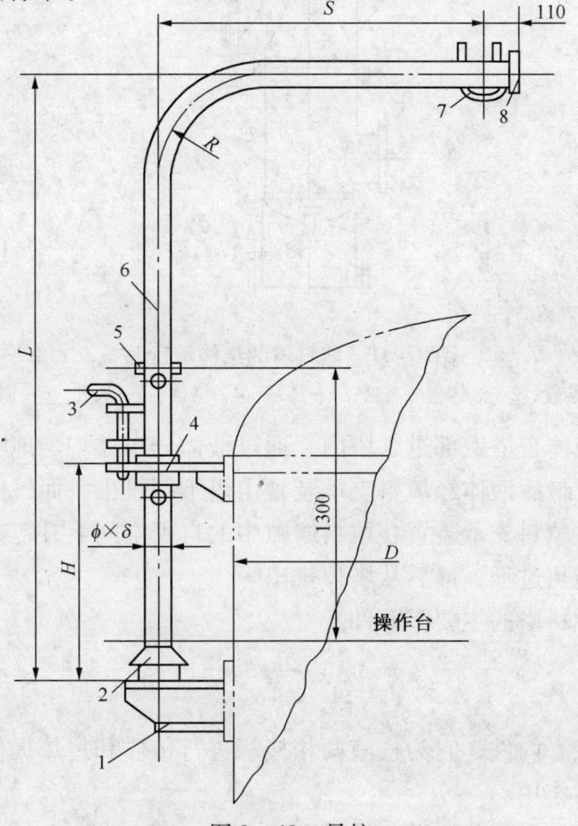

图 8－40　吊柱

1—支架；2—防雨罩；3—固定销；4—导向板；5—手柄；6—吊柱管；7—钓钩；8—挡板

8.3 填料塔

填料塔是化工生产中又一种广泛应用的传质设备。填料塔的基本特点是结构简单，压降小，传质效率高，便于采用耐腐蚀材料制造等。对于热敏性及容易发泡的物料，更具有优越性。填料塔的结构示意如图8-41所示，由塔体、液体分布装置、填料、液体再分布装置、栅板、支座及气液出口等部件组成。

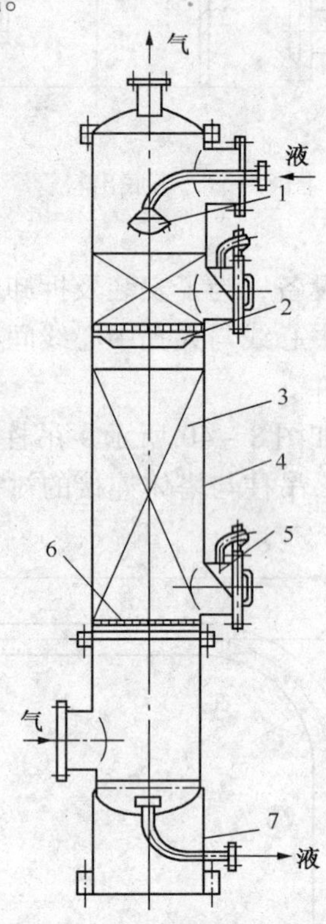

图8-41 填料塔的结构示意图

1—液体喷淋装置；2—液体再分布器；3—填料；4—塔体；5—人孔；6—栅板；7—裙座

填料塔操作时，液体自塔上部进入塔内，通过液体分布器均匀地喷洒在塔截面上，并沿填料表面成膜状流下，最后液体经填料支承装置由塔下部排出。而气体则由塔下部经气体分布装置进入塔内，通过填料支承装置在填料缝隙中的自由空间上升，并与下降的液体相互接触，由此完成传质、传热过程，最后从塔顶排出。

本节将主要介绍填料塔的主要零部件。

8.3.1 填料

填料是填料塔的核心内件，它为气液两相接触进行传质和传热提供了表面，对填料塔的性能和效率起了决定性作用。

填料的种类很多，一般可分为散装填料和规整填料两大类。

（1）散装填料：

① 环形填料

a. 拉西环　如图 8－42（a）所示，拉西环是最早开发的一种定型颗粒填料，常用的是外径与高度相等的薄壁圆环。

拉西环可用金属、塑料、陶瓷、石墨等制成。拉西环形状简单、制造容易、价格低，使用经验丰富，但由于拉西环填料乱堆填充时，填料间容易产生架桥、空穴等现象，影响了填料层液体的流动，造成填料层内液体的偏流、沟流、股流甚至严重的壁流现象，恶化了填料层的操作工况，因而效率随塔径及层高的增加显著下降；此外，对气速的变化也较敏感，操作弹性范围较小；气体阻力较高，通量较低，因此目前在生产中已基本被淘汰。

b. θ 环、十字环、螺旋环　如图 8－42（b）、（c）、（d）所示。这些都是拉西环的改进型，是采用增大填料比表面积的方法来提高它的分离效率。以上改进其总体性能与拉西环相比并没有显著的改善，目前一般很少使用。

c. 短拉西环　短拉西环属于拉西环的另一种改进型，采用减小高径比。短拉西环高径之比为 1:2，与同直径的拉西环相比具有较小的压降和较高的分离效率。但短拉西环的综合性能没有超过当时已经发展起来的其他更新型的填料，未能得到推广使用。

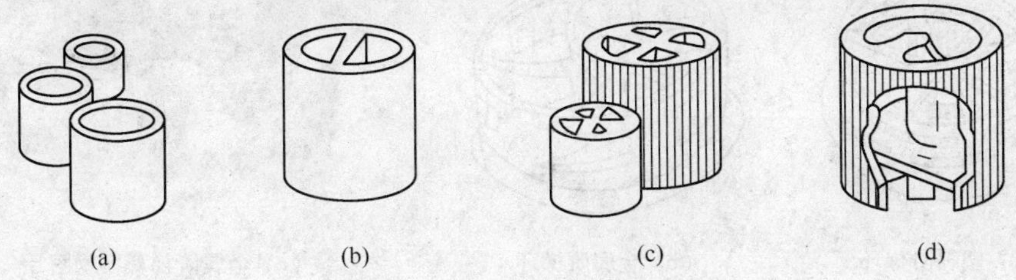

图 8－42　环形填料

d. 鲍尔环　鲍尔环于 20 世纪 50 年代在欧洲开始应用，其结构形状如图 8－43 所示。它是针对拉西环的一些缺点进行改进而得到的。在环的周壁开两层长方形孔，每层有五个孔。每孔的叶片一端与环壁相连，另一端弯向环中心。五个叶片于环中心相搭，上下两层孔交错排列。开孔面积占整个环壁面积的 35% 左右。材料有金属、塑料和陶瓷等。

同样材料、同样尺寸的鲍尔环与拉西环的几何外形尺寸、空隙率、比表面积几乎完全相同，但由于鲍尔环填料在环壁上开有许多窗口，使气液两相能够从窗孔自由通过，气液分布较拉西环有较大改善；填料环内表面容易被液体润湿，使得内外表面得以充分利用。因此，较同型号的鲍尔环不但具有较大的通过能力和较低的压降，而且分离效率提高、操作弹性增大。与同型号的拉西环相比，一般在同样的压降下，处理能力增加 50% 以上；在同样处理量下，压降约小 50%。所以，鲍尔环填料的性能全面优于相同尺寸的拉西环填料。

e. 改进的鲍尔环　其结构与鲍尔环相似，只是每个窗孔改为上下两片叶片从两端分别弯向中心，交错地分布在四个平面上，如图 8－43（c）所示。因此，叶片数和开孔面积都比鲍尔环有所增加，使填料内的气液分布情况得到改善，处理能力提高 10% 以上。

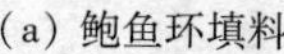
（a）鲍鱼环填料

（b）鲍鱼环实物图片

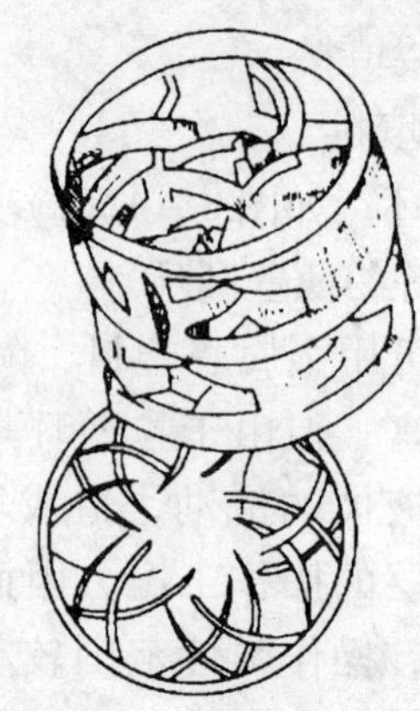
（c）改进的鲍尔环填料

图 8－43　鲍尔环填料

f. 阶梯环　阶梯环是 20 世纪 70 年代初期由英国传质公司开发的一种改进的开孔环形填料，形状结构如图 8－44 所示。一端为圆筒形鲍尔环，圆筒部分高度仅为直径的一半，另一端或两端均为喇叭口形。

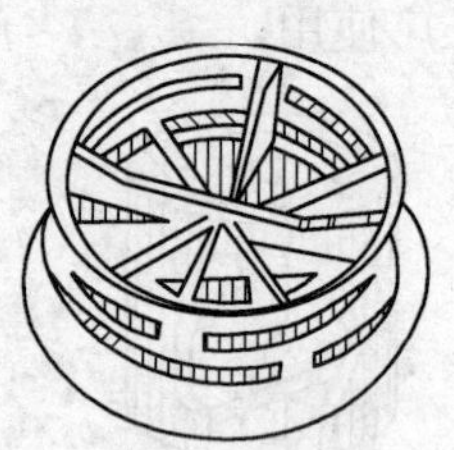
（a）塑料阶梯环

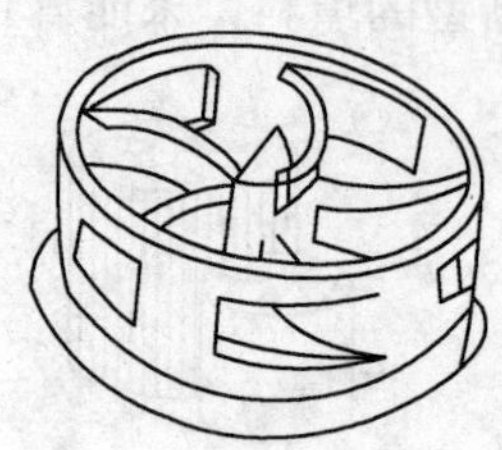
（b）金属阶梯环

（c）金属阶梯环实物图片

图 8－44　阶梯环填料

由于阶梯环的侧端增加了翻边，不但可以增加填料环的机械强度，而且由于破坏了填料结构的轴对称性，因而增加了填料装放时的定向概率。又由于翻边的影响，使得填料在堆积时，填料环隙之间的接触由以线性接触为主变为以点接触为主。这样，不但增加了填料之间的间隙、减小气流穿过填料层的阻力，还提高了传质效率。因此，阶梯环的性能比鲍尔环又有了进一步提高。阶梯环的材料有塑料、金属、陶瓷等。

② 鞍形填料

a. 弧鞍形填料　鞍形填料类似马鞍形状。最早出现的为瓷质马鞍形，称为弧鞍填料，如图 8－45(a)所示。这种填料的弧形面使液体易于分散，均匀成膜，故其性能优于拉西环。由于其结构对称，装填时容易出现套叠、架桥现象。套叠使一部分表面不能被润湿，而架桥容易产生沟流，从而导致填料层中气液流动状况不佳。弧鞍形填料已逐渐被矩鞍形填料代替，现已很少应用。

b. 矩鞍形填料　矩鞍形填料是在弧鞍形填料基础上发展的一种形状更加敞开的鞍形填料，如图 8－45(b)所示。它与弧鞍形填料的主要差别是矩鞍形填料的两端为矩形，而非圆弧形，上下两面不对称。由于这种不对称性，克服了弧鞍形填料容易套叠的缺点，具有较大的空隙率，减少了阻力，液体分布均匀。矩鞍填料可由金属、瓷或塑料制成，其中瓷质矩鞍填料采用连续挤压成形，造价便宜，是目前处理腐蚀性介质填料塔中广泛采用的一种填料。

c. 近年来出现了矩鞍填料的改进型填料，其特点是将原矩鞍填料的平滑弧形边线改为锯齿状，并在表面增加了皱褶和开有圆孔，结构如图8－45(c)所示。由于结构上进行了上述改进，改善了流体的分布，增大了填料表面的润湿率，增强了液膜的湍动，降低了气体阻力，处理能力和传质效率得到了提高。

(a) 弧鞍形填料

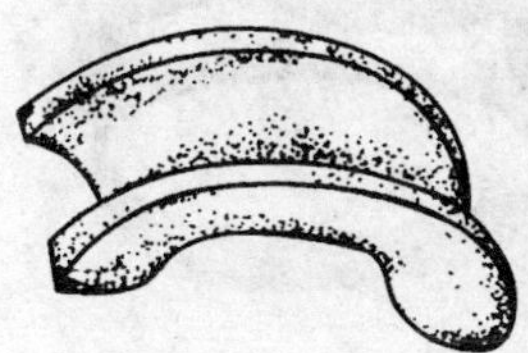

(b) 矩鞍形填料

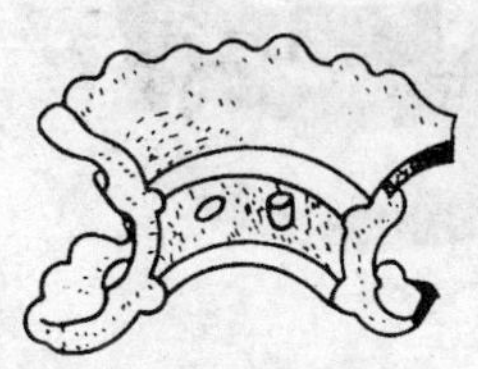

(c) 改进型矩鞍填料

图8－45　鞍形填料

③ 环鞍形填料　环鞍形填料是环形填料与鞍形填料的结合体，它巧妙地将开孔环形填料和鞍形填料的优点结合起来，使散堆填料技术得到了又一次突破性发展。环鞍形填料基本分为两大类：一类是以鞍形为基础的结构，如金属矩鞍环填料、纳特环填料、共轭环填料等；另一类是以环形基础的结构，如半环形填料等。

a. 金属矩鞍环填料　1977年美国Norton公司开发出了金属矩鞍环填料，如图8－46所示，是介于开孔环形填料与矩鞍形填料之间的一种散堆填料。它综合了开孔环形填料和一般矩鞍形填料的结构特点，既有类似开孔环形填料的圆环、环壁开孔和内伸的舌片，又有类似矩鞍填料的圆弧形通道。

金属矩鞍环填料鞍形两侧的翻边结构增加了填料的机械强度与刚度，同时由冲压制成的环形圈也对填料起了加强筋的作用。矩鞍环填料的鞍形整体结构，使之比矩鞍和鲍尔环填料有更高的强度，所以，可以采用较薄的金属轧制。

金属矩鞍环填料是散堆填料发展的一个突破，具有低压降、高通量、液体分布性能好、传质效率高、操作弹性大等优良的综合性能，在现有散堆填料中占有明显优势。

b. 纳特环填料　纳特环填料是美国纳特公司研究开发的一种环鞍形散堆填料，结构形式如图8－47所示。该种填料采用薄板冲压制成侧壁开孔的环鞍形填料，在鞍的背部有一个开有数个圆孔的凸缘加强筋，在筋的两侧有两个与鞍反向的半圆环，半圆环的直径一个大、一个小，在鞍的两个侧面各有一个翻边。鞍背的加强筋及两侧的翻边，不仅增加了填料的刚性，而且可以使用较薄的材料制成，减轻填料的重量。又由于两个反向半环的直径不同，可避免填料堆积过程的套叠，有利于填料层内液体的横向扩散和液膜的表面更新，可以使填料具有较高的表面利用率，有利于填料层的传质和传热。这种填料具有压降低、效率高、通量大的优点。

c. 共轭环填料　共轭环填料是华南理工大学研制开发的一种散堆填料，结构如图8－48所示。该种填料吸收了鞍形填料和环形填料的优点，且结构更加紧凑对称。它相当于将阶梯环沿轴向对剖开，然后将其中的一半倒转180°连接而成，其中每个半圆形构件中间又有一个半环形筋片。筋片的作用是增大传质表面积，改善传质性能，防止填料堆积过程中的套叠。由于该填料的内筋呈共轭环状，对称性较高，不会产生沿轴向的重叠现象，在塔内堆放时很均匀，故液体在填料表面能达到均匀分布，促进了气液接触表面更新，使其具有优良的流体力学和传质性能。该种填料的流体力学和传质性能优于同型号的鲍尔环和阶梯环。

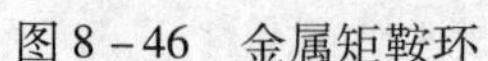

图 8－46　金属矩鞍环

图 8－47　纳特环填料

图 8－48　共轭环填料

（2）规整填料

规整填料是在塔内按均匀几何图形排列、整齐堆砌的填料，它人为规定了气液流路，克服了散堆填料堆放的随机性，改善了沟流和壁流现象，大大改善了填料层内气液两相流体分布状况，从而具有更为优越的流体力学性能和传质性能。规整填料种类很多，分类方法也很多。根据几何形状可以分为波纹填料、格栅填料、脉冲填料等；根据材料的结构可分为板波纹填料、丝网波纹填料、板网波纹填料等；也可以根据结构特点或气、液流动接触方式分类。规整填料以波纹填料应用最为广泛。规整填料的材质有金属、陶瓷、塑料、碳纤维等。这里只介绍板波纹填料和丝网波纹填料。

① 板波纹填料　如图 8－49 所示，这种填料是由若干平行直立放置的波纹片组成的盘状，各层薄片波纹成 30°或 45°角。填料盘的直径略小于塔的内径以便于安装。填装填料时，上下两个盘状填料呈 90°角放置，以利于液体重新分布和气液接触。

板波纹填料结构紧凑，比表面积大，压降较乱堆填料的低，传质效率高，可用于大型填料塔。直径小于 1500mm 的塔可用整体填料盘；直径大于 1500mm 的塔采用分块填料，由人孔运入塔内，然后在塔内组装成盘。填料盘高度一般为 150～250mm，根据塔的操作温度和介质的腐蚀情况，波纹板可采用铅、不锈钢、黄铜、蒙乃尔合金、塑料、碳钢等材料制成。

当操作系统有固体析出，容易结晶，流体黏度大或不易清洗时，不宜选用板波纹填料。

② 丝网波纹填料　如图 8－50 所示。丝网波纹填料与板波纹填料的结构基本相同，不同的是它用丝网代替薄板。比板波纹填料的空隙率和比表面积大，因此其气通量大，传质效率高，压降较低，操作弹性大，丝网波纹可用金属或塑料制成。可根据物料的温度和腐蚀情况选用不锈钢、黄铜、锡青铜、镍、碳钢、蒙乃尔合金等金属材料或聚丙烯、聚四氟乙烯等非金属材料。

丝网波纹填料适用于精密精馏及高真空精馏装置，为难分离物系、热敏性物系及高纯度产品的精馏提供了有效的手段。

图8－49　板波纹填料

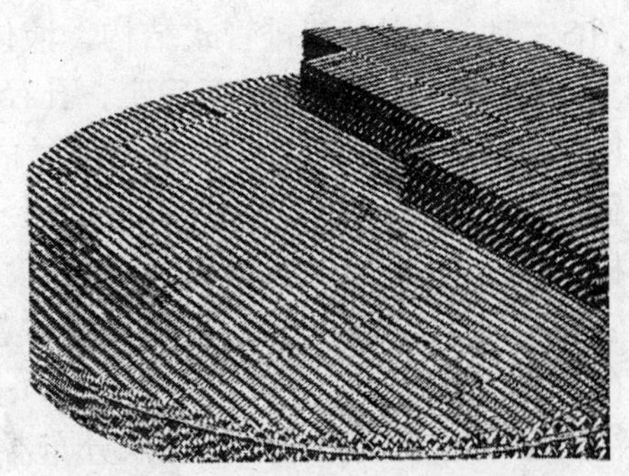
图8－50　丝网波纹填料

8.3.2　液体喷淋装置

液体喷淋装置安装于填料上部，它将液体均匀地分布在填料的表面上，以提高填料的有效利用率，从而提高塔的传质效果。因此，液体分布器应具备以下特点：使液体均匀分布，自由面积大，操作弹性宽，能处理易堵塞、有腐蚀、易起泡的液体。

喷淋装置一般安装于高于填料层表面150～300mm处，以提供足够的自由空间，使上升的气体不受约束地穿过喷淋装置。喷淋装置形式很多，一般按操作原理可分为喷淋型、溢流型、冲击型等。其典型结构如下：

（1）喷淋型

喷淋型液体分布器为多孔结构，根据液体流量的大小在管上开一些小孔，用于塔径在800mm以下的填料塔。常用结构型式有多孔排管式、多孔环管式及莲蓬头式。如图8－51所示。

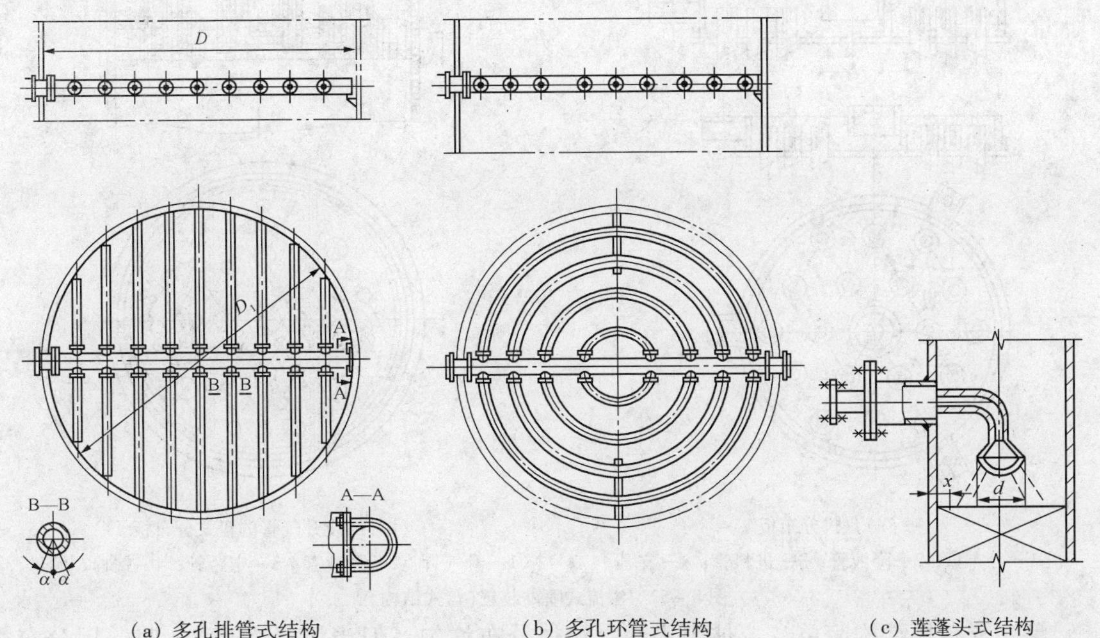

（a）多孔排管式结构　（b）多孔环管式结构　（c）莲蓬头式结构

图8－51　喷洒型喷淋装置

图 8－51(a)为多孔排管式结构，液体由垂直中心管进入，再通过水平主管及多孔支管喷淋。孔数按规定的喷淋密度确定，孔径为 $\phi3 \sim \phi5$mm，据此设计支管排数及小孔间距。图 8－51(b)为多孔环管式结构，根据塔径的不同及均匀性要求，有单环管式和多环管式。小孔直径为 $\phi3 \sim \phi8$mm，外环管中心线直径一般为塔径的 60%～85%。图 8－51(c)为莲蓬头式结构，莲蓬头可做成半球形或碟形。它安装在填料上方中央处，莲蓬头直径为塔径的 20%～30%，小孔直径为 $\phi3 \sim \phi15$mm，莲蓬头式结构简单，喷洒较均匀。

(2) 溢流型

溢流型喷淋装置操作时，注入分布器的液体一旦超过溢流口就会沿溢流口排出，沿溢流管或溢流槽壁面流下并淋洒在填料层上。这种结构的特点是操作弹性大、适应的流量范围广、不易堵塞、操作可靠、便于分块安装，特别适用于大直径的填料塔。

溢流型喷淋装置结构如图 8－52 所示。其中图 8－52(a)为盘式分布板结构，是最为常用的一种溢流型液体分布装置。液体从中央进料管加到分布盘内，然后从分布盘上的降液管溢流淋洒到填料上。降液管一般按等边三角形排列，通过焊接或胀接的方法与分布盘连接。为了保证淋洒均匀，通常在接管上开槽，或将接管切斜。分布盘与塔体间留有足够的间隙供气体通过，并用支耳固定在塔壁的支承圈上。分布盘上还应钻有直径 $\phi3$mm 的泪孔，以便停车时排空液体。降液管直径不小于 $\phi15$mm，以免堵塞，管子中心距一般为管径的 2～3 倍。

若分布盘与塔壁间的空隙不够大时，为使气体顺利通过，可在分布盘上加设升气管，如图 8－52(b)所示。

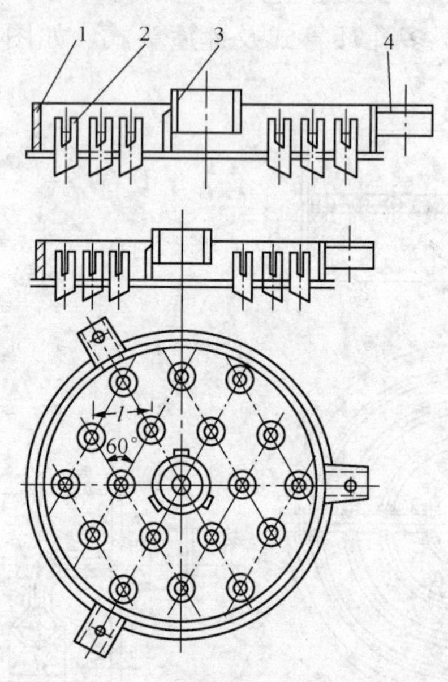

(a)盘式分布板

1—分布盘；2—降液管；3—进料管；4—支耳

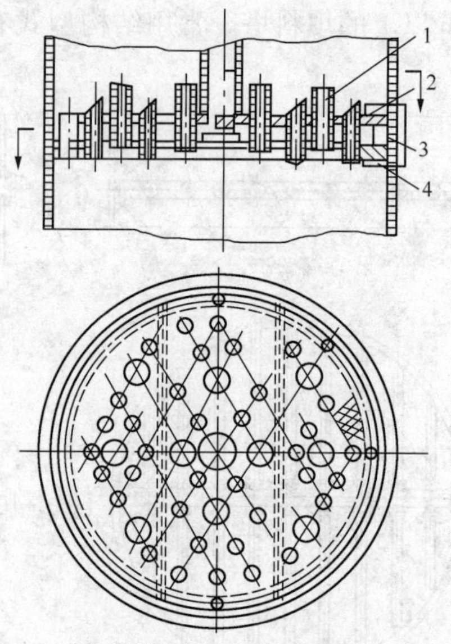

(b) 加设升气管的盘式分布板

1—升气管；2—降液管；3—定距管；4—螺栓、螺母

图 8－52 溢流式喷淋装置(盘式结构)

盘式分布板结构简单，流体阻力小，液体分布均匀。但当塔径大于 3m 时，因分布板上的液面高度差较大，而影响了液体的均匀分布，此时可选用如图 8－53 所示的槽式分布器。

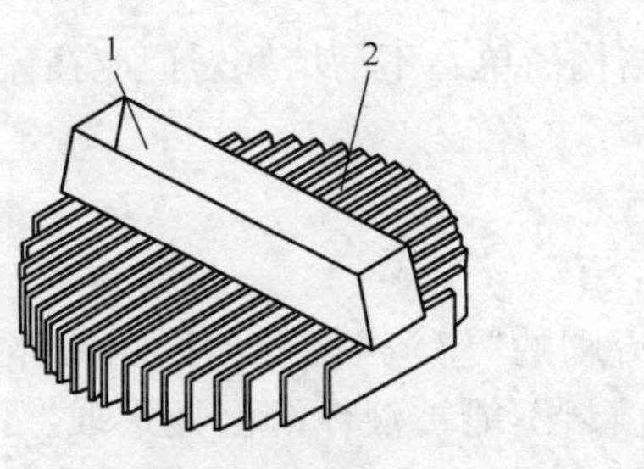

(a) 槽式孔流型分布器

1—主槽；2—分槽

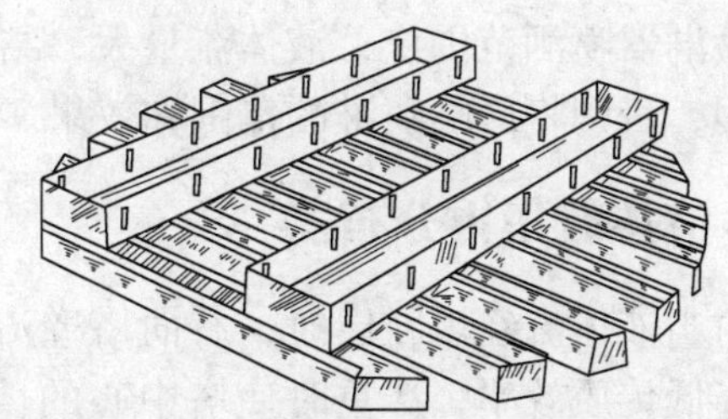

(b) 槽式溢流型液体分布器

图8－53　溢流型喷淋装置(槽式结构)

图8－53(a)为槽式孔流型分布器，它由主槽和分槽组成。主槽为矩形敞开式结构，长度由塔径与分槽的尺寸决定，高度取决于操作弹性，一般取200～300mm。主槽的作用是将液体通过其底部的布液孔均匀稳定地分配到各分槽中。分槽将主槽分配的液体通过分槽底部的布液孔均匀地淋洒到填料的表面。分槽的长度由塔径及排列情况确定，宽度由液体量及要求的停留时间确定，一般为30～60mm，高度通常为250mm。图8－53(b)为槽式溢流型液体分布器，它是将槽式孔流型分布器的底孔改成侧向溢流孔，适用于高液量或物料内有赃物易被堵塞的场合。这种结构的主槽视塔径可设置一个或多个，塔径小于2m，可设一个主槽，塔径大于2m或液量很大时可设2个或更多个主槽。槽式分布器分槽宽度一般为100～120mm，高100～150mm，分槽中心距为300mm左右。此结构常用于散装填料塔中。

(3) 冲击型

图8－54(a)所示为反射型喷淋器，它由中心管和反射板组成。操作时液体沿中心管流下，靠液体冲击反射板的反射飞散作用而分布液体。反射板可做成平板、凸板和锥形等形状。反射板中央钻有小孔，可以使液体喷淋到填料的中央部分。为了使飞溅更均匀，可由几个反射板组成宝塔式喷淋器，如图8－54(b)所示，它是由几个半径不同的圆锥形反射板分层叠落而成。液体由各层流出，比反射板式分布器更能均匀地喷淋，且喷淋半径大，不易阻塞。

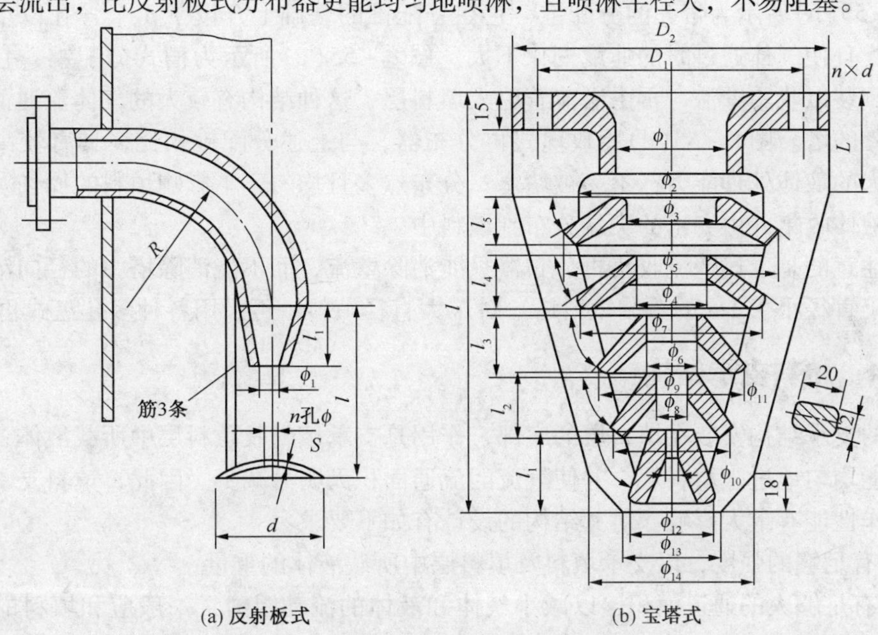

(a) 反射板式　　(b) 宝塔式

图8－54　冲击型液体喷淋装置

冲击型喷淋器喷洒范围广，液体流量大，结构简单，不易堵塞。但应在流量和压头均稳定时方可应用，否则将影响喷淋的范围和效果。

8.3.3 液体收集再分布器

填料塔内当液体流经填料层时，有向塔壁流动的“壁流”倾向，影响流体沿塔截面分布的均匀性，降低传质效率，严重时使塔中心的填料不能被液体润湿而形成“干锥”。为了克服这种现象，填料必须分段，在各段填料之间设置液体收集再分布器，以收集上层填料的液体并重新为下一填料层均匀分布液体。

液体再分布器的间距与塔的公称直径有关，小直径塔体可取塔公称直径的6倍以下，大直径塔体可取塔公称直径的2~3倍。

液体再分布器的结构形式很多，其中以锥形分布器应用最多，如图8-55所示。其中图8-55(a)为分配锥，锥壳上端直径与塔体内径相同，下端直径为塔体内径的0.7~0.8倍，结构简单，可直接焊在塔壁上。但安装后减少了气体流通面积，扰乱了气体流动，且在分配锥和塔壁之间形成了死角，妨碍了填料的装填，因此这种结构的液体再分布器只能用于直径小于1m的塔内。

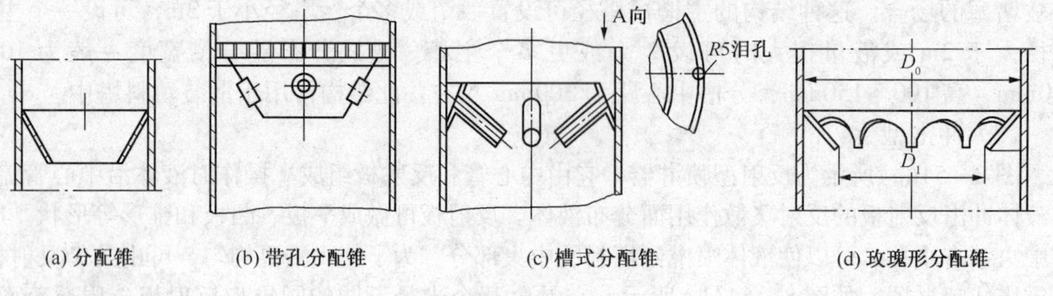

(a) 分配锥　(b) 带孔分配锥　(c) 槽式分配锥　(d) 玫瑰形分配锥

图8-55　液体再分布器

图8-55(b)所示为带孔的分配锥，它在分配锥的基础上开设了4个管孔以增大气体的流通面积，且使气体通过时的速度变化不大。图8-55(c)所示为槽式分配锥，它的特点是将分配锥倒装以收集壁流，再由溢流管引入填料层，这种结构有较大的气体流通面积，可用于较大直径的塔。图8-55(d)为玫瑰式再分布器，与上述分配锥相比，具有较高的自由截面积，较大的液体处理能力，不易被堵塞；分布点多且均匀，不影响填料的操作及填料的装填，它将液体收集并由突出的尖端分布到填料中。

应当注意的是上述壁流收集再分布器只能消除壁流，而不能消除塔中的径向浓度差。因此只适用于直径小于1m的散装填料塔。对于大直径填料塔可采用各种多孔盘式再分布器。

8.3.4 填料支承结构

填料的支承结构安装在填料层的底部，作用是支承填料及填料层中所载液体，同时还要保证气流能均匀地进入填料层，并使气流的流通面积无明显减少。因此，填料支承结构对填料塔的操作性能有重大影响。对其结构的设计有如下要求：

① 具有足够的强度，以支承填料及填料层中所载液体的重量；

② 具有足够大的通道面积，以减小气体和液体的流动阻力，一般应和填料的自由截面大致相同；

③ 有利于液体再分布；

④ 便于制造、安装、拆卸，所用材料应耐介质腐蚀。

常用的填料支承结构有栅板和开孔波形板。

栅板是最常用、结构最简单的填料支承结构，如图 8－56 所示，它有相互垂直的栅条组成，放置于焊在塔壁的支承圈上。塔径较小时可采用整块式栅板，大塔径可采用分块式栅板。

栅板的缺点是散装填料堆放时会使空隙堵塞而减少空隙率，故这种支承结构广泛用于规整填料塔。

另一种结构是开孔波形板，如图 8－57 所示。波形板由开孔金属板冲压而成，在每个波形梁的侧面和底部上开有许多小孔，上升的气体从侧面小孔喷出，下降的液体从底部小孔流下，故气液在波形板上分道逆流，既减少了流体流动阻力，又使气液分布均匀。

开孔波形板的特点是支承板上开孔的自由截面大；气液的分道逆流，避免液体积聚而发生液泛的可能性，也有利于液体的均匀分布，同时气体的压降小；此外，波形结构提高了支承结构的强度。

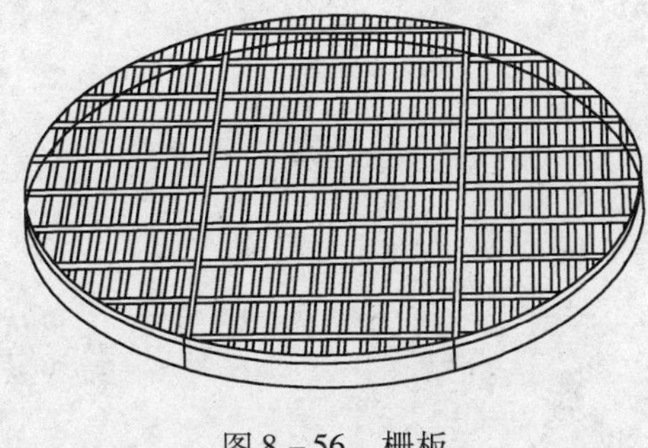

图 8－56　栅板

图 8－57　开孔波形板

8.3.5　填料床层限位圈和填料压板

填料上方安装压紧装置可防止在气流的作用下填料床层发生松动和跳动。填料压紧装置分为填料压板和床层限位圈两大类，每类又有不同的形式。填料压板自由放置于填料层上端，靠自身重量将填料压紧。它适用于陶瓷、石墨等制成的易发生破碎的散装填料。规整填料一般不会发生流化，但在大塔中，分块组装的填料会移动，因此也必需安装由平行扁钢制造而成的填料床层限位圈。床层限位圈用于金属、塑料等制成的不易发生破碎的散装填料及所有规整填料。床层限位圈要固定在塔壁上，为不影响液体分布器的安装和使用，不能采用连续的塔圈固定，对于小塔可用螺钉固定于塔壁，而大塔则用支耳固定。

思　考　题

1. 塔设备通常的应用场合有哪些？
2. 对塔设备有哪些要求？
3. 典型的板式塔类型有哪些？各自有何特点？应用在哪些场合？
4. 浮阀塔中溢流堰的高度对操作过程有何影响？如何选择溢流堰的适宜高度？
5. 板式塔的塔盘由哪几部分组成？各部分有何作用？

6. 塔盘在塔内如何支承？如何密封？
7. 板式塔的进料管和出料管有哪几种结构？
8. 整块式塔盘采用什么样的支承和密封结构？
9. 分块式塔盘由哪几部分组成？各部分的结构如何？
10. 分块式塔盘的紧固结构有哪几种？各有何特点？
11. 填料的种类有哪些？各有何特点？
12. 了解散堆填料的发展过程，说明其发展思路。
13. 液体分布器的作用是什么？对其有哪些基本要求？形式有哪些？
14. 设置液体再分布器的目的是什么？如何设置？有几种结构形式？
15. 填料支承结构的作用是什么？对其有哪些基本要求？
16. 比较板式塔和填料塔有什么不同？有何优缺点？
17. 除沫装置的作用是什么？有哪几种形式？各有何特点？

第9章 反应设备

9.1 概述

9.1.1 反应设备的应用

化工过程可分为传递过程(能量传递、热量传递、质量传递等物理过程)和化学反应过程。完成化学反应的设备统称为反应设备。反应设备广泛应用于物料混合、溶解、传热、制备悬浮液、聚合反应和制备催化剂等生产过程。例如，在化工生产中，常要进行的磺化、硝化、氯化、裂化及合成等化学过程，这些以化学反应为主的过程也都是在反应设备中进行的。反应设备大多是过程工业的核心设备。

9.1.2 反应设备的种类和特点

化学产品种类繁多，物料的相态各异，反应条件差别很大，过程工业的反应设备也千差万别。反应设备常见的分类方法有：按物料的相态分为均相(单相)和非均相反应器；按操作方式分为间歇式、连续式和半连续式反应器；按物料流动状态分为活塞流和全混流型反应器；按传热状况分为绝热、等温和非等温非绝热反应器；按设备结构特征分为搅拌反应器、固定床反应器和流化床反应器等。

以下介绍几种典型的反应设备

(1) 固定床反应器

气体流经固定不动的催化剂床层进行催化反应的装置称为固定床反应器。它主要用于非均相物料反应，多用于气态反应物与催化剂颗粒进行的反应，也可用于液-固相催化反应或气-固、液-固相非催化反应。具有结构简单、操作稳定、便于控制、易实现大型化和连续化生产等优点，是现代化工和反应中应用很广泛的反应器。例如，氨合成塔、甲醇合成塔、硫酸及硝酸生产的一氧化碳变换器及三氧化硫转化器等。

固定床反应器有三种基本形式：轴向绝热式、径向绝热式和列管式，如图9-1所示。

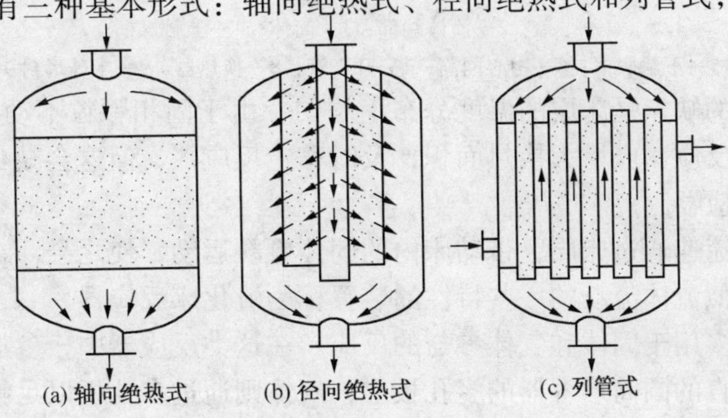

图9-1 固定床反应器

轴向绝热式固定床反应器，如图9-1(a)所示，催化剂均匀地放置在一个多孔筛板上，预热到一定温度的反应物料自上而下沿轴向通过床层进行反应，在反应过程中反应物系与外界无热量交换。径向绝热式固定床反应器如图9-1(b)所示，催化剂装在两个同心圆筒组成的环隙中，流体沿径向通过催化剂床层进行反应。径向反应器的特点是在相同筒体直径下增大流道截面积。列管式固定床反应器见图9-1(c)，这种反应器由很多并联的管子构成，管内(或管外)装催化剂，反应物料通过催化剂进行反应，载热体流经管外(或管内)，在化学反应的同时进行换热。例如，图9-2所示的氨合成塔就是典型的固定床反应器，N_2、H_2合成气由主进气口进入反应塔，塔内压力30MPa，温度550℃，在触媒作用下合成氨。氨的合成反应为放热反应，高温的合成气及未合成的N_2、H_2混合气经塔下部换热器降温后从底部排出。

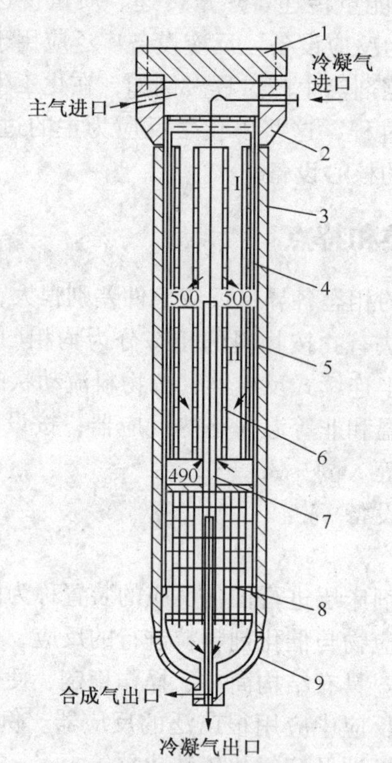

图9-2 氨合成塔

1—平盖；2—筒体端部；3—筒体；4—上触媒框；5—下触媒框；6—中心网筒；7—升气管；8—换热器；9—半球形封头

固定床反应器的缺点是床层的温度分布不均匀，由于固相颗粒不动，床层导热性较差，因此对放热量大的反应，应增大换热面积，及时移走反应热，但这会减少有效空间。

(2) 流化床反应器

流体以较高的流速通过床层，带动床内的固体颗粒运动，使之悬浮在流动的主体流中进行反应，并具有类似流体流动的一些特性的装置称为流化床反应器。

流化床反应器多用于固体和气体参与的反应。在这类反应器中，参加反应的颗粒状固体物料装填在一个垂直的圆筒形容器的多孔板上，气体则通过多孔板以足够大的速度使固体颗粒呈悬浮沸腾状态(但流速也不宜过高，以防止固体颗粒被气体夹带出去)。颗粒快速运动的结果使床层温度非常均匀，因而避免了固定床反应器中可能出现的局部过热现象，这对绝热条件下进行的反应过程非常有益。流化床反应器的温度取决于反应热，为保证反应温度而需要移走热量时，可设置冷却管。

流化床反应器的结构形式很多，一般由壳体、气体分布器、换热装置、气－固分离装置、内构件及催化剂加入和卸出装置等组成，如图9－3所示。

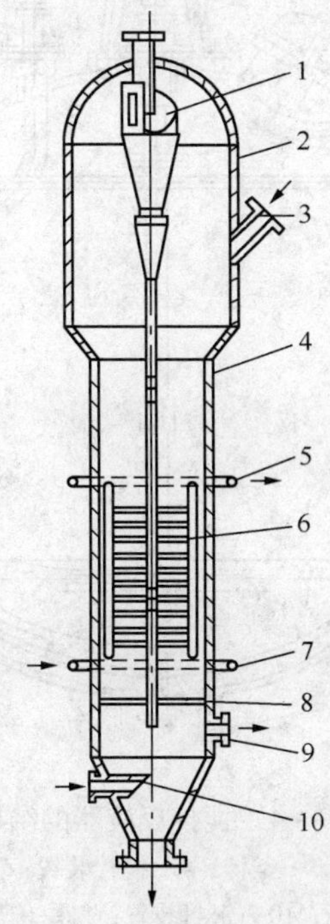

图9－3　流化床反应器结构

1—旋风分离器；2—筒体扩大段；3—催化剂入口；4—筒体；5—冷却介质出口；6—换热器；7—冷却介质进口；8—气体分布板；9—催化剂出口；10—反应气入口

9.2　搅拌反应器

9.2.1　总体结构

搅拌反应器也称搅拌釜或反应釜，是工业生产中最广泛采用的反应器形式，适用于各种相态物料的反应。这类反应器的主要特征是搅拌。搅拌可以使参加反应的物料混合均匀，使气体在液相中很好地分散，使固体颗粒在液相中均匀地悬浮，使液－液相保持悬浮或乳化，强化相间的传热和传质。搅拌反应器既可以间歇操作也可以连续操作或半连续操作；既可以单釜操作，也可以多釜串联操作，操作弹性大，适应性强，内部清洗和维修较方便。在合成橡胶、塑料及化纤三大合成材料的生产中，搅拌反应器约占反应设备的90%。

搅拌反应器的总体结构如图9－4所示。它主要由搅拌釜体、传热装置、搅拌装置、传动装置、密封结构、工艺接管、人孔及支座等几大部分组成。

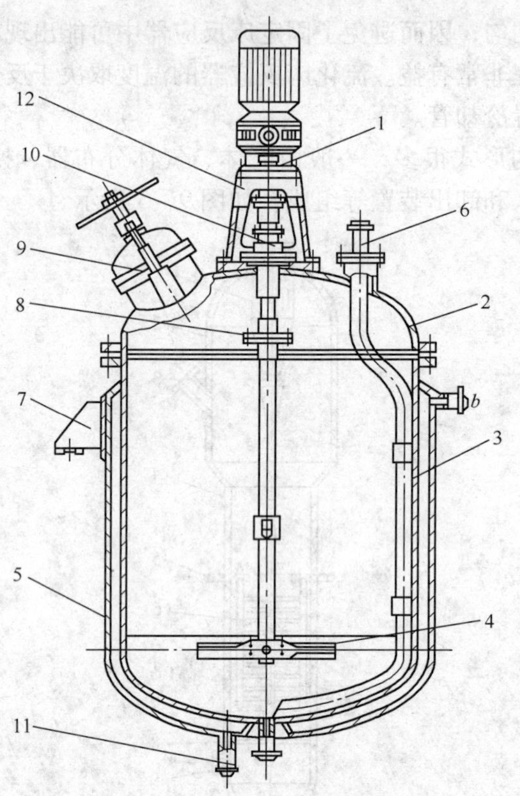

图 9－4　搅拌反应器的结构

1—传动装置；2—釜盖；3—釜体；4—搅拌装置；5—夹套；6—工艺接管；7—支座；8—联轴器；9—人孔；10—密封装置；11—传热介质接管；12—减速器支架

搅拌釜体为物料反应的空间，由筒体和上、下封头组成。传热装置用以提供化学反应所需要的热量或带走化学反应生成的热量，其结构通常有夹套和蛇管两种。搅拌装置由搅拌器和搅拌轴组成，为了使搅拌器转动，还需要有动力和传动装置。图 9－4 中，电动机经减速器减速后再通过联轴器带动搅拌轴。反应釜上的密封装置有静密封和动密封两大类型，静密封主要是设备法兰和管法兰的密封；动密封则是用于轴与釜体间的密封。

9.2.2　搅拌釜体和传热装置

反应釜的主要部分是釜体，由筒体和上、下封头组成。筒体一般是圆筒形，常用封头形式有椭圆形封头、圆锥形封头和平板形封头。其中椭圆形封头的应用最广泛。根据工艺要求，反应釜釜体上需要安装工艺接管口，如进、出料口和仪表接口等。

反应釜釜体设计要确定以下内容：釜体的结构型式和各部分尺寸，传热装置的类型和结构，各种工艺接管口等。

(1) 罐体尺寸的确定

① 容积　罐体的基本尺寸首先取决于化学反应的工艺要求，对于带搅拌器的反应釜来说，设备容积 V 是主要决定参数。

反应釜操作时所装物料的数量以体积来计，即罐体的操作容积 V_0，罐体的全容积 V 与操作容积 V_0 相差多少取决于装料系数 η，三者之间的关系为：

$$V_0 = \eta V \tag{9-1}$$

η 取决于物料的性质。如果物料在反应过程中起泡沫或呈沸腾状态，可取 $\eta = 0.6 \sim 0.7$；如果物料反应平稳，η 可取 $0.8 \sim 0.85$。罐体的操作容积和全容积由工艺确定。

② 高径比　罐体的基本尺寸是指罐体内径和高度，如图 9－5 所示。

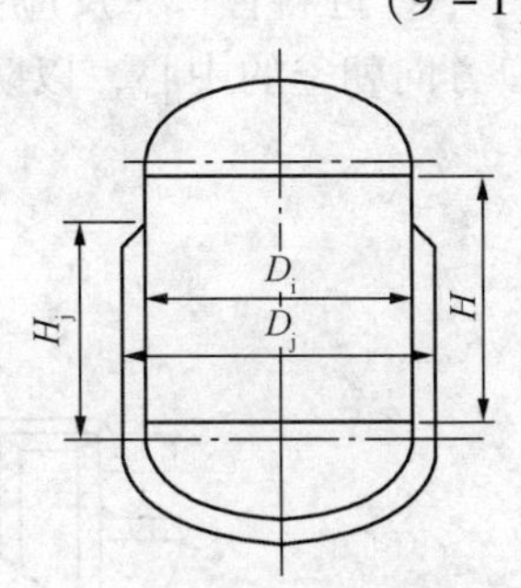

图 9－5　罐体几何尺寸示意

在已知反应釜的操作容积后，首先要选择适宜的高径比。因为搅拌器的功率与搅拌器直径的五次方成正比，而搅拌器直径随罐体直径的增大而增大，所以反应釜罐体的直径不宜过大。根据使用经验，搅拌器罐体的高径比可按表 9－1 选取。

表 9－1　搅拌器筒体的高径比

种类	釜内物料类型	高径比	种类	釜内物料类型	高径比
一般搅拌器筒体	液－固、液－液	1～1.3	聚合釜	悬浮液、乳化液	2.08～3.85
	气－液	1～2	发酵罐	发酵液	1.7～2.5

③ 罐体的直径及高度　确定了罐体的高径比和装料系数之后，先忽略罐底封头的容积，则可认为：

$$V \approx \frac{\pi}{4} D_i^2 H = \frac{\pi}{4} D_i^3 (H/D_i) \tag{9-2}$$

故

$$D_i = \sqrt[3]{\frac{4}{\pi (H/D_i)} \frac{V_0}{\eta}} \tag{9-3}$$

将式(9－3)计算结果圆整成标准直径，并按式(9－4)计算出罐体高度

$$H = \frac{V - v}{\frac{\pi}{4} D_i^2} = \frac{4}{\pi D_i^{\ 2}} \left(\frac{V_0}{\eta} - v \right) \tag{9-4}$$

式中　v——封头容积，m^3；

D_i——罐体内直径，mm；

V——罐体容积，m^3；

V_0——罐体操作容积，m^3；

η——装料系数。

将式(9－4)计算结果圆整后，校核高径比，看是否在表 9－1 规定的范围内，如相差较大，需重新调整尺寸，直至满足为止。

④ 罐体和夹套壁厚　反应器罐体和夹套的壁厚可按内压薄壁容器和外压容器的有关方法计算。其中夹套一般承受内压，按内压计算；罐体既承受内压，又承受外压，应按结构可能出现的最危险状况计算，即罐体按承受内压和外压分别计算，最后取两者中较大值；当反应器为真空外带夹套时，罐体按外压设计，设计压力等于真空容器的设计压力再加上夹套内的设计压力。

(2) 工艺接管口

反应釜上接管口包括进出料口、仪表管口等，其结构和容器接管口基本相同。接管口的管径及布置由工艺要求确定。

① 进料管口　反应釜的进料口一般都是从顶盖引入，进料管下端的开口截成45°角，开口方向朝釜的中心，以防止冲刷釜壁。根据需要可按图9－6选用。

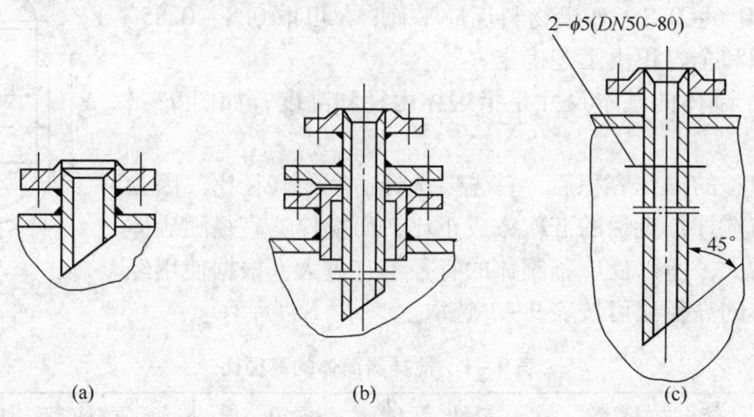

图9－6　进料管结构

在图9－6(a)的进料管伸入釜内，可避免物料沿釜壁流下，减少对釜壁的磨损和腐蚀；图9－6(b)的进料管可抽出，用于易腐蚀、易堵塞的物料，便于清洗和检修；图9－6(c)的结构是出口端浸没在物料中，可减少冲击液面而产生泡沫，有利于稳定液面，并可起液封作用。为防止虹吸现象，管上部开有两个φ5mm的小孔。

② 出料管口　当反应釜内物料需放入另一位置较低的设备或处理粘稠物料、含固体颗粒的物料时，可在反应釜底部装设出料口，如图9－7所示。

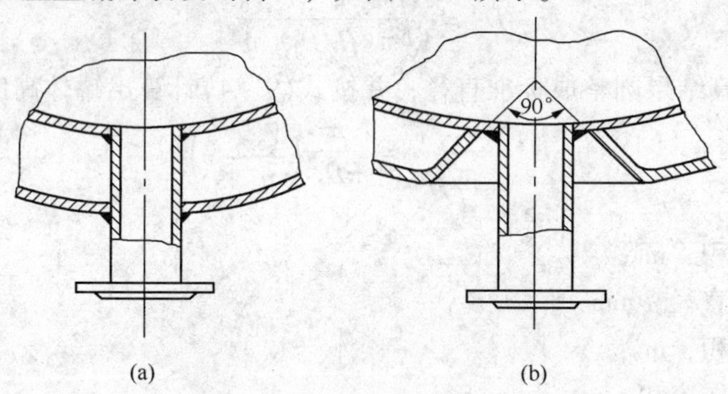

图9－7　下部出料口结构

当物料需要输送到较高位置的设备中去时，可采用压出管(或上出料管)。它是利用压缩气体的压力，将反应釜中的物料压出。压出管采用螺栓与法兰固定在管口上，在反应釜内有管卡固定，如图9－8所示，以减少搅拌物料时引起晃动。压出管下部与下封头内壁贴合，下管口安置在反应釜的最低处，以便压出釜内全部物料。为加大压出管入口处的截面积，下管口截成45°～60°角的切口。

(3) 传热结构

化学反应过程中常伴有放热和吸热，因此反应釜必须配备加热和冷却装置，以利维持最佳的工艺条件，取得最好的反应效果。反应釜的加热和冷却有多种方式，应用最广泛的换热结构有夹套和蛇管。

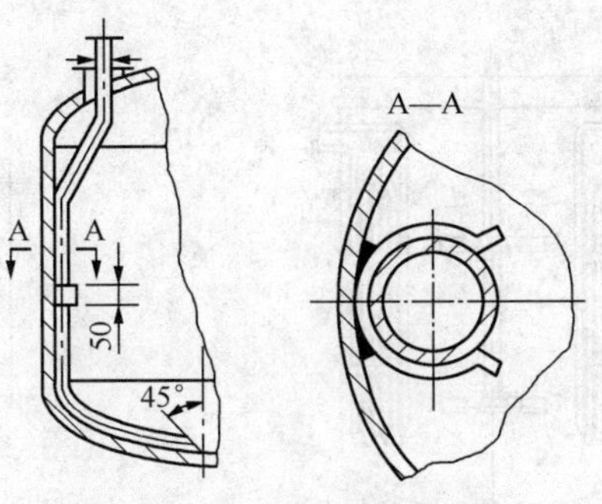

图9－8　压出管及其固定方式

① 夹套结构　夹套是一个套在反应釜筒体外面的能形成密封空间的容器，如图9－4中部件5，夹套的上端应高于反应釜内的液面或物料层的高度。需加热操作时，蒸汽从靠近夹套上端的接管送入，凝液从釜底排出；需冷却操作时，冷却介质由釜底通入，从顶端排出。

反应釜筒体与夹套的固定方法有可拆式和不可拆式两种结构，如图9－9、图9－10。当反应釜操作条件恶劣或要求定期检查反应釜筒体的外表面时，应采用可拆的连接结构。不可拆连接采用焊接，这种连接方法结构简单，密封可靠，全部用碳钢制的反应釜多用此连接结构。

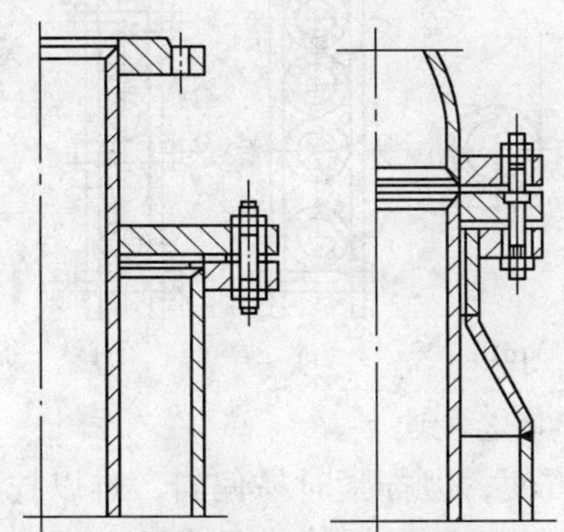

图9－9　可拆式整体夹套结构

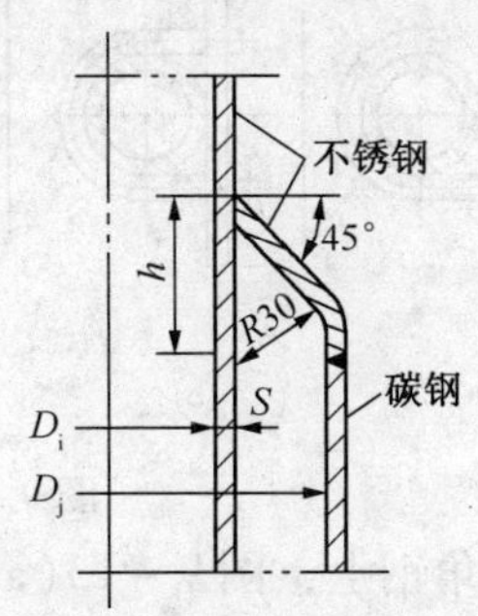

图9－10　不可拆整体夹套结构

夹套直径一般按公称直径系列选取，这样有利于按标准选择夹套封头。夹套直径可根据筒体直径按表9－2选取。

表9－2　夹套直径和筒体直径的关系　mm

筒体直径 D_i	500～600	700～1800	2000～3000
夹套直径 D_j	D_i+50	D_i+100	D_i+200

② 蛇管结构　当反应过程所需传热面积较大，而夹套传热不能满足要求时，可增加蛇管传热结构。蛇管可分为螺旋式盘管和竖式蛇管，如图9－11所示。由于蛇管是沉浸在物料中，因此热量损失小，传热效果好，排列密集的蛇管还能起导流筒和挡板的作用，可以改变液体的流动状况，减少旋涡，强化搅拌强度，提高传热效率，但检修比较麻烦。

如果要求更大的传热面积时，可将蛇管做成几个并联的同心圆蛇管组，其结构如图9－12所示。内圈和外圈的间距 $t=(2\sim3)d$，各圈的垂直排列距离 $h=(1.5\sim2)d$，d 为蛇管的外径。蛇管组外圈直径 $D_0=D_i-(200\sim300)\,\text{mm}$。

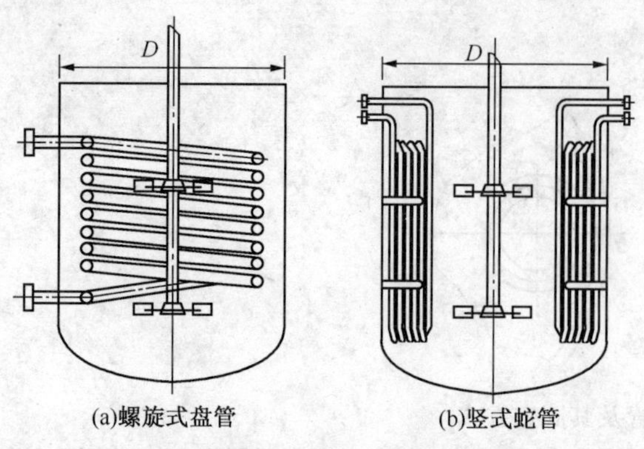

图 9 - 11　蛇管结构

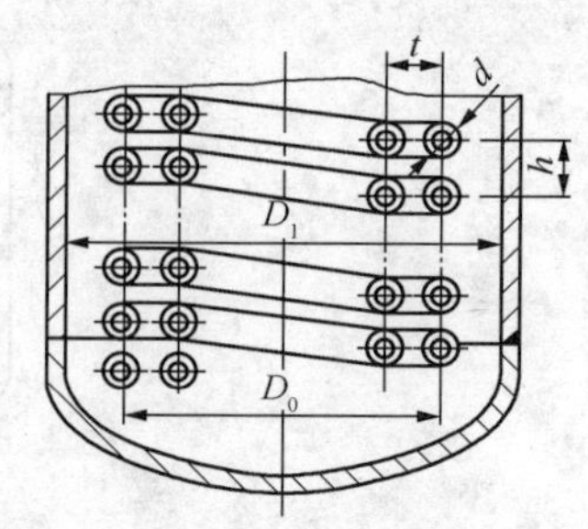

图 9 - 12　同心圆蛇管组结构

蛇管的固定形式较多，如果蛇管中心圆直径较小或圈数不多、质量不大时，可以利用设备进出口接管固定在顶盖上，不再另设支架固定。当蛇管中心圆直径较大、比较笨重或搅拌有振动时，则需要支架以增加蛇管的刚性。常用蛇管的固定方式如图 9 - 13 所示。

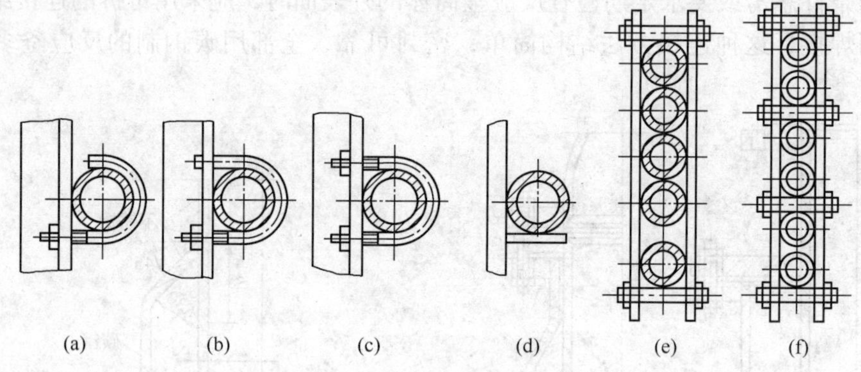

图 9 - 13　常用蛇管的固定方式

蛇管依托在角钢上，图 9 - 13(a)所示，制造方便，但拧紧时易偏斜，难以拧紧，可用于操作时蛇管振动不大及管径小于 ϕ45mm 的场合，半 U 型螺栓直径 ϕ8 ~ ϕ10；图 9 - 13(b)、(c)型都可很好地固定蛇管，但蛇管温度变化时不能伸缩自由，蛇管将产生一定的局部应力。其中所用的 U 型螺栓的直径，当管径为 ϕ57mm 以下时可用 ϕ8 ~ ϕ10；若管径为 ϕ60 ~ ϕ89 时，可用 ϕ10 ~ ϕ12，采用不锈钢制的螺栓时取较小的直径，以利冷弯；图 9 - 13(d)型安装方便，蛇管温度变化时能伸缩自由，在支承处没有因压紧所产生的局部载荷，但经不起振动；图 9 - 13(e)型适用于蛇管密排在带搅拌器的反应釜中，这种结构可以同时起导流筒的作用；图 9 - 13(f)型工作牢固可靠，适用于有剧烈振动的场合。

蛇管的进出口应尽可能安装在同一端，可以与一个封头连接在一起，装拆蛇管方便，常见的结构型式如图 9 - 14 所示。

图 9 - 14(a)型用于蛇管与封头可以一起抽出的场合；图 9 - 14(b)型用于蛇管需要经常拆卸，而设备内部连接允许装卸法兰的情况，但所用的法兰及螺栓材质应能耐介质腐蚀；图 9 - 14(c)型结构简单，使用可靠，需要拆卸此接头时，可在设备外面从短筒节的焊缝处割断，装时再焊上；图 9 - 14(d)型为有衬里的蛇管进口结构；图 9 - 14(e)型管端法兰采用螺纹连接，用于经常要求拆卸的场合，但碳钢螺纹易腐蚀，拆装困难，使用时易漏，应尽量少用。

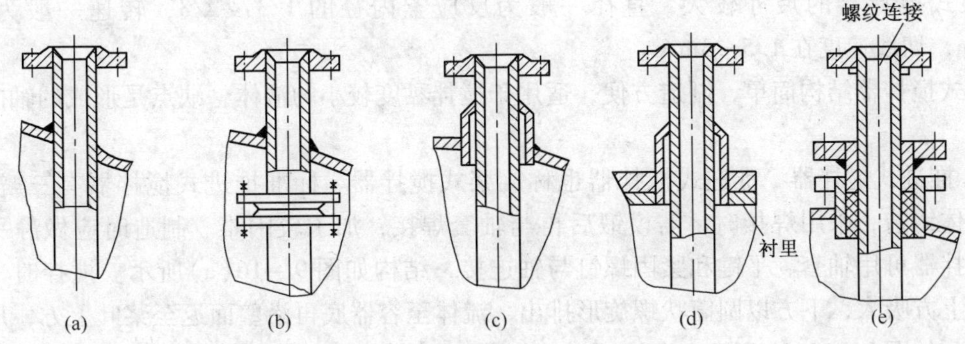

图 9－14　蛇管进出口结构

9.2.3　搅拌装置

为加快反应速度，增强混合及强化传质和传热过程，反应器一般都装有搅拌装置。搅拌装置由搅拌器和搅拌附件组成，搅拌能使罐内物料均匀分布，促进化学反应，同时提高传质和传热效率。

（1）搅拌器

搅拌器形式很多，通常是以形状命名的，常用的有以下几种：

① 桨式搅拌器　桨式搅拌器是结构最简单的一种搅拌器，如图 9－15 所示。它是用螺栓将 2～4 片桨叶固定在搅拌轴上。当釜内液面较高时，为了使搅拌更有效，也可以装置几层桨叶，相邻两层桨叶常交错成 90°角安装。桨叶形状分为平直叶和折叶两种，平直叶的叶面与旋转方向互相垂直，如图 9－15(a)所示。折叶的叶面与旋转方向成一倾斜角(一般 45°或 60°)如图 9－15(b)所示。平直叶主要使物料产生切线方向的流动，加搅拌挡板后可产生一定的轴向搅拌效果，如图 9－15(c)所示。折叶与平直叶相比轴向分流略多，在结构上较简单。桨叶一般以扁钢制造，当反应器内物料对碳钢有显著腐蚀性时，可用合金钢或有色金属制成，也可以采用钢制外包橡胶或环氧树脂、酚醛玻璃布等方法对桨叶进行防腐处理。

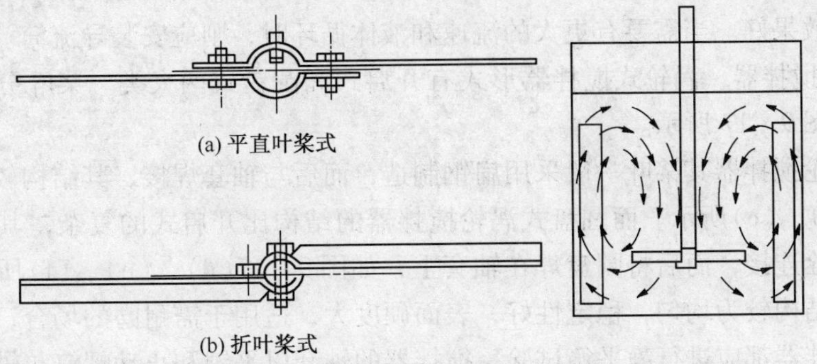

图 9－15　桨式搅拌器形式及流型示意

桨式搅拌器的尺寸较大，直径一般为反应釜内径的1/3～2/3，转速一般为20～80r/min，切线速度在1.5～3m/s。

桨式搅拌器结构简单，制造方便，适用于搅拌黏度较小的液体，缺点是形成的轴向流动较小。

② 推进式搅拌器　推进式搅拌器也称旋桨式搅拌器。标准推进式搅拌器有三瓣叶片，常为整体铸造，采用焊接时，需模锻后再与轴套焊接，加工较困难。制造时应做静平衡试验。搅拌器可用轴套、平键和紧固螺钉与轴连接，结构如图9－16(a)所示。搅拌时，流体由桨叶上方吸入，下方以圆筒状螺旋形排出，流体至容器底再沿壁面返至桨叶上方，形成轴向流动。如图9－16(b)所示。

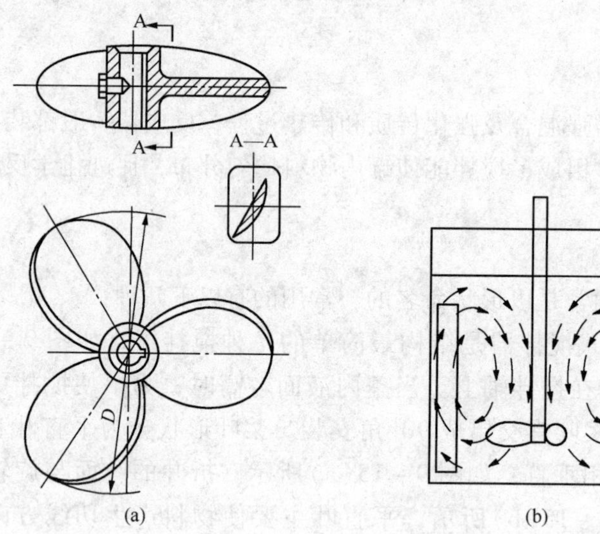

图9－16　推进式搅拌器及流型示意

推进式搅拌器的直径约为反应釜内径的1/4～1/3，切线速度在3～15m/s，转速为100～500r/min，甚至更高，一般对小直径取高转速，大直径取低转速。

推进式搅拌器能使物料在反应釜内作循环流动，所起的作用以容积循环为主，剪切作用小，上下翻腾效果好。当需要有更大的流速和液体循环时，则应安装导流筒。

③ 涡轮式搅拌器　涡轮式搅拌器形式有开启式和圆盘式两大类。桨叶分为平直叶、弯叶和折叶，如图9－17所示。

开启式涡轮搅拌器其桨叶一般采用扁钢制造，而后与轴套焊接，其结构较为简单，如图9－17(a)、(b)、(c)所示。而圆盘式涡轮搅拌器的结构比开启式的复杂，其桨叶一般和圆盘焊接或以螺栓连接，而后将圆盘焊在轴套上，如图9－17(d)、(e)、(f)所示。还有一类是铸造桨叶，结构较为均匀，稳定性好，表面硬度大，适用于需耐磨的场合，但铸造比焊接困难。制造搅拌器都应进行静平衡试验。搅拌器的轴套以平键和止动螺钉与轴联接，并在它的下端用一螺母来紧固。

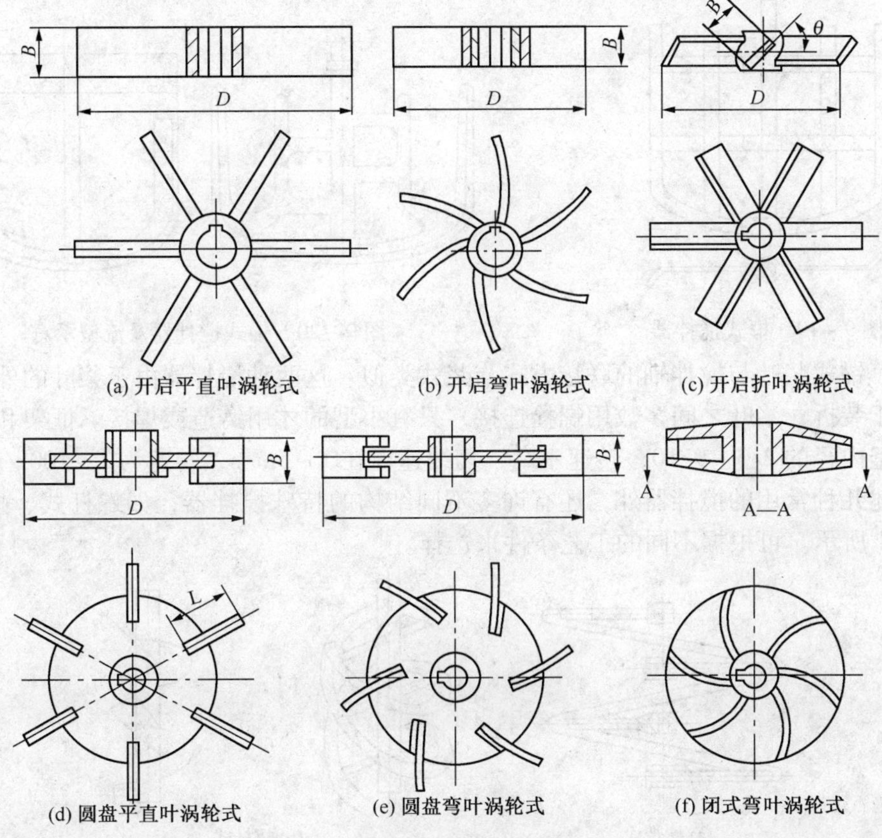

图 9 - 17　各类型涡轮式搅拌器

涡轮式搅拌器使流体均匀地由垂直方向的运动变成水平方向的运动，当涡轮旋转时，液体由轮心吸入，同时借离心力由桨叶通道沿切线方向抛出，从而造成流体剧烈的搅拌，如图 9 - 18 所示。

涡轮式搅拌器叶轮直径一般为反应釜内径的 1/3 ~ 1/2，转速较高，切线速度在 3 ~ 80m/s，转速为 300 ~ 600r/min，可使流体微团分散得很细，适用于低黏度到中等黏度流体的混合、液 - 液分散、液 - 固悬浮，以及促进传热、传质和化学反应等过程。

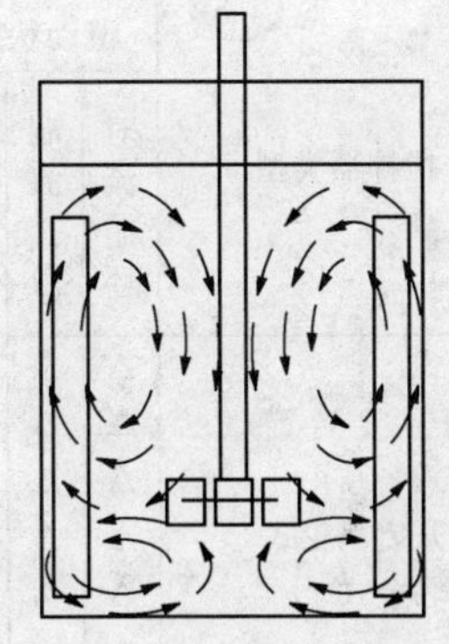

图 9 - 18　涡轮式流型示意

④ 框式和锚式搅拌器　框式搅拌器是桨式搅拌器的一种变形，只是将水平的桨叶用垂直的桨叶连成一个刚性的框架，如图 9 - 19 所示。这类搅拌器结构比较坚固，能搅拌大量物料，适用于黏度比较大的流体。

碳钢制的框式搅拌器采用角钢或扁钢制造，不锈钢制框式搅拌器采用扁钢焊接，加筋后桨叶断面呈 T 字形，既有利于提高桨叶强度，又节约了不锈钢材料，还便于加工制造。

当框式搅拌器底部形状和反应釜下封头的形状相似时，常称为锚式搅拌器，如图 9 - 20 所示。搅拌器与反应釜内壁的距离在 5mm 以下时，除起到搅拌作用外，还可以刮去内壁上的沉淀物。

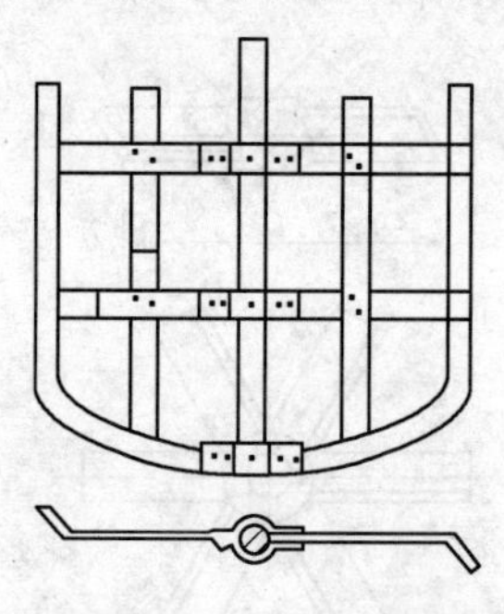

图 9－19 框式搅拌器

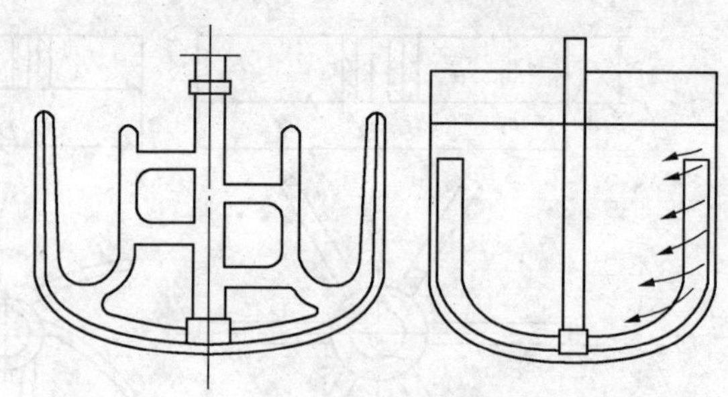

图 9－20 锚式搅拌器及流型示意

框式、锚式桨叶与搅拌轴的联接方式与桨式类似。这两种搅拌器由于桨叶的外轮廓尺寸大，为便于装拆，桨叶之间多数用螺栓连接，只有小型的才用铸造或焊接。框架和锚架的直径为反应釜内径的2/3～9/10，转速不高，切线速度在1～5m/s，转速为1～100r/min。

除上述几种常用的搅拌器外，还有许多不同结构的特殊搅拌器，如螺杆式、螺带式等，如图 9－21 所示。可根据不同的工艺条件来选择。

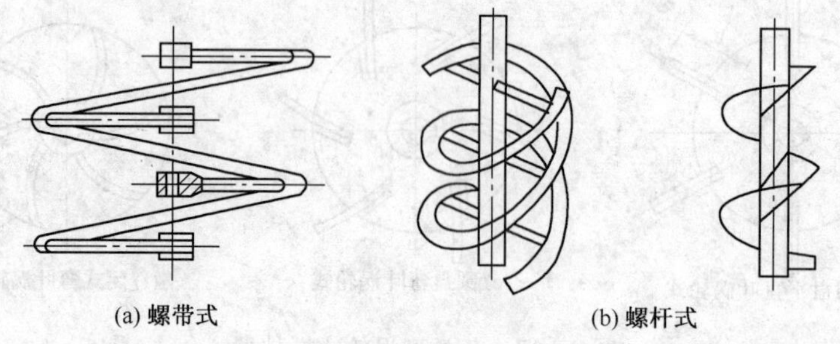

(a) 螺带式　(b) 螺杆式

图 9－21 其他形式的搅拌器

搅拌器的型式繁多，可参照表 9－3 进行选型。它们的尺寸可按照有关标准选用。

表 9－3 搅拌器类型和适用条件

搅拌器类型	流动状态			搅拌目的									搅拌容器容积/m^3	转速范围/$r \cdot min^{-1}$	最高黏度/$Pa \cdot s$
	对流循环	湍流扩散	剪切流	低黏度混合	高黏度液混合传热反应	分散	溶解	固体悬浮	气体吸收	结晶	传热	液相反应			
涡轮式	△	△	△	△	△	△	△	△	△	△	△	△	1～100	10～300	50
桨式	△	△	△	△	△		△	△		△	△	△	1～200	10～300	50
推进式	△	△		△		△	△	△		△	△	△	1～1000	10～500	2
折叶开启涡轮式	△	△		△		△	△	△			△	△	1～1000	10～300	50
布鲁马金式	△	△	△	△	△		△				△	△	1～100	10～300	50
锚式	△				△		△						1～100	1～100	100
螺杆式	△				△		△						1～50	0.5～50	100
螺带式	△				△		△						1～50	0.5～50	100

（2）搅拌附件

当液体黏度较低，搅拌器转速较高时，容易产生旋窝流或称“柱状回转区”。旋窝流的产生，将会带入大量空气，使搅拌器的功率显著下降。为了改变液体在搅拌过程中的旋窝现象，通常在釜内增设挡板或导流筒以改善釜内液体流动状况。

①挡板　反应釜内设的挡板有竖、横两种，常用是竖挡板，当物料黏度较高时使用横挡板。挡板可将切向流动转变成轴向和径向流动，消除釜中央的“柱状回转区”，同时也增大被搅拌流体的湍流程度，从而改善搅拌效果。

竖挡板是固定在釜壁上的，挡板宽度为釜体内径的1/12～1/10，物料黏度高时可以减小到釜体内径的1/20。挡板数量应视釜体内径大小而定，小直径用2～4块，大直径4～8块，以4块或6块居多。挡板沿釜壁均匀分布。

高黏度物料的搅拌若使用金属搅拌器，可以安装横挡板以增加掺和作用，挡板宽度可以与搅拌叶片同宽。

② 导流筒　导流筒是一个包围着桨叶的圆筒，对于推进式、涡轮式及螺带式搅拌器均可采用加装导流筒的方式来达到特定的搅拌要求。这种结构可以使搅动的流体在导流筒与釜壁之间的环隙内形成上下循环流动。从而使流型得以严格控制，还可以得到高速涡流和高倍循环。导流筒可为流体限定一个流动路线，防止短路；也可迫使流体高速流过加热面以利传热；对于混合分散过程导流筒也能起到强化作用。

9.2.4　传动装置

(1) 总体结构

带动搅拌器工作的传动装置由图9－22所示的零部件组成。主要包括电动机、减速机、联轴器、轴封、机架、底座、搅拌轴等。

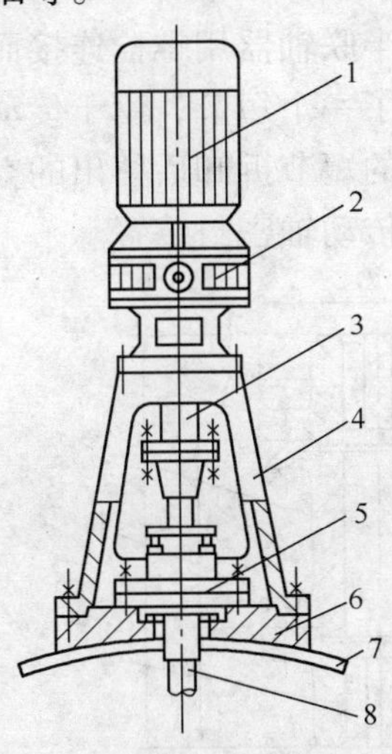

图9－22　搅拌反应器的典型传动装置

1—电动机；2—减速机；3—联轴器；4—机座；5—轴封装置；6—凸缘；7—上封头；8—搅拌轴

(2) 电动机的选型

由搅拌功率计算电动机的功率 P_e

$$P_e = \frac{P + P_s}{\eta} \qquad (9-5)$$

式中　P——工艺要求的搅拌功率，kW；

P_s——轴封消耗的功率，kW；

η——传动系统的机械效率。

电动机的型号应根据功率、工作环境等因素选择。工作环境包括防爆、防护等级、腐蚀环境等。

⑶减速机的选型

搅拌反应器往往在载荷变化、有振动的环境下连续工作，选择减速机的形式时应考虑这些特点。常用的减速机有摆线针轮行星减速机、齿轮减速机、三角皮带减速机及圆柱蜗杆减速机，几种减速机的特性参数见表9－4。

表9－4　四种减速机的特性参数

特性参数	减速机类型			
	摆线针轮行星减速机	齿轮减速机	三角皮带减速机	圆柱蜗杆减速机
传动比 i	87～9	12～6	4.53～2.96	80～15
输出轴转速/($r \cdot min^{-1}$)	17～160	65～250	200～500	12～100
输入功率/kw	0.04～55	0.55～315	0.55～200	0.55～55
传动效率	0.9～0.95	0.95～0.96	0.95～0.96	0.8～0.9

减速机选型一般根据功率和转速。选用时应优先考虑传动效率高的齿轮减速机和摆线针轮行星减速机。

（4）联轴器的选用

联轴器是连接轴与轴并传递运动和扭矩的零件，其种类很多，在搅拌传动装置中常用的有凸缘联轴器、夹壳联轴器和块式联轴器。

凸缘联轴器是由两个带凸缘的半联轴器用螺栓连接而成，如图9－23所示。用于反应釜外的联轴器在两个半联轴器之间加了一个短节，用于传动轴与减速机输出轴的连接或传动轴与机架的中间短轴的连接，联轴器的短节拆卸后留出的空间可供在机架侧向空间内拆卸或安装下半联轴器、机架中间轴承箱及传动轴密封装置。

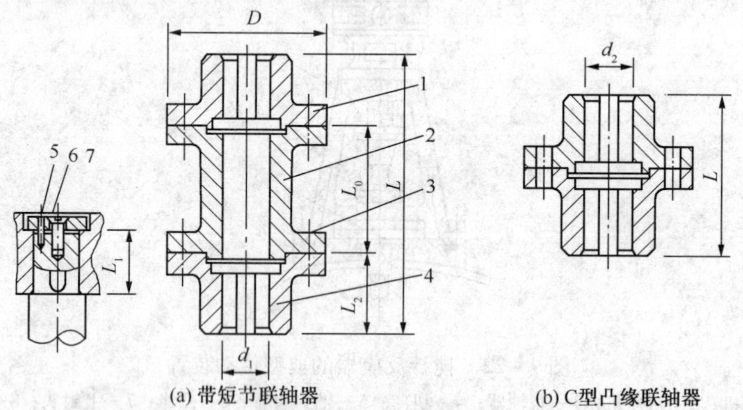

(a) 带短节联轴器　　(b) C型凸缘联轴器

图9－23　凸缘联轴器

1—上半联轴器；2—连接短节；3—连接螺栓、螺母、垫片；
4—下半联轴器；5—圆柱销；6—螺钉；7—轴端挡圈

用于反应器内的凸缘联轴器为C型联轴器，C代表传动轴的轴头形式。联轴器与轴之间是由轴肩和螺钉实现轴向固定，用键实现周向固定的。

夹壳联轴器是由两个半圆筒状夹壳组成的，如图9－24所示。在夹壳中部安放一个可拆的、由两个半环组成的悬吊环，悬吊环内部的两个突起环可以放入D型传动轴轴端的环状沟槽内，这样就将两根需要连接的轴对接到一起，再借助夹壳上的螺栓将左、右两个半联轴器夹紧，于是两根轴的端部就被紧紧地扣压在悬吊环内，从而实现轴的连接。轴的周向固定也是用键来完成的。

上述联轴器均属于刚性联轴器，这类联轴器一般用于连接严格的同轴线的两轴，允许在任何方向转动，结构简单，制造方便，但无减振性，不能消除两轴不同心所引起的不良后果。一般用于振动小和刚度大的轴。

图 9－25 所示为块式弹性联轴器。上半联轴器有八个凸起的弧状凸缘，它们插入下半联轴器中的凹槽内，并与凹槽内的八块弹性块相互挤压。从而使两个半联轴器之间产生弹性接触。这种联轴器靠弹性块变形储存能量，使联轴器具有吸振和缓和冲击的能力，并允许有不大的径向和轴向的位移。

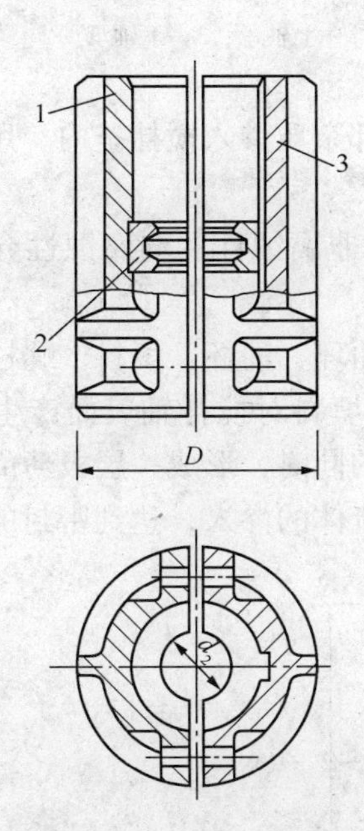

图 9－24　夹壳联轴器

1、2—左、右半联轴器；3—悬吊环

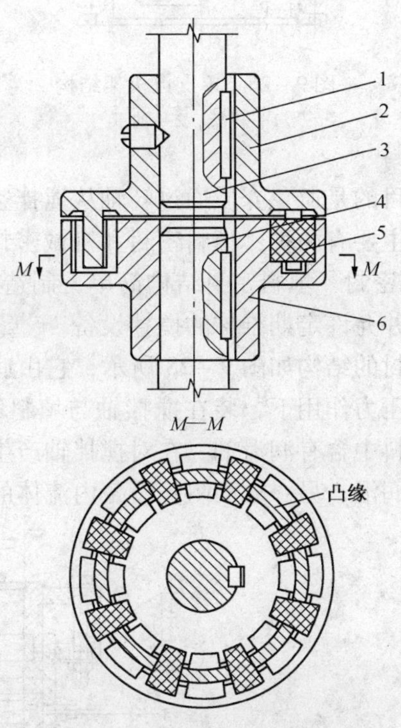

图 9－25　块式弹性联轴器图

1—平键；2—凸半联轴器；3—减速机输出轴；4—传动轴；5—弹性块；6—凹半联轴器

（5）机架

机架是用来支承减速机和传动轴的，机架包括轴承箱。其形式一般有：无支点机架、单支点机架（图 9－26）和双支点机架（图 9－27）。无支点机架仅用于传递小功率和小的轴向载荷的条件。单支点机架适用于电动机或减速机可以作为一个支点，或容器内可设置中间轴承和底轴承的情况。双支点机架适用于悬臂轴，当搅拌轴载荷较大，对搅拌密封装置要求较高时也采用双支点机架。

机架已有标准系列产品。标准对机架的用途和适应范围、结构形式、基本参数和尺寸、主要技术要求都做了相应的规定，选用时可直接查取。

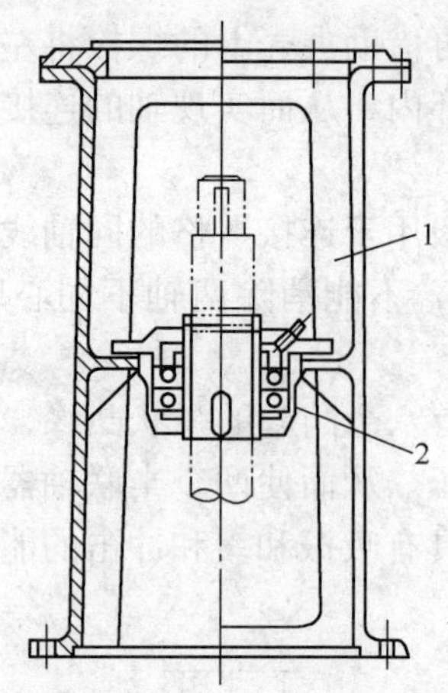

图 9-26　单支点机架结构

1—机架；2—轴承

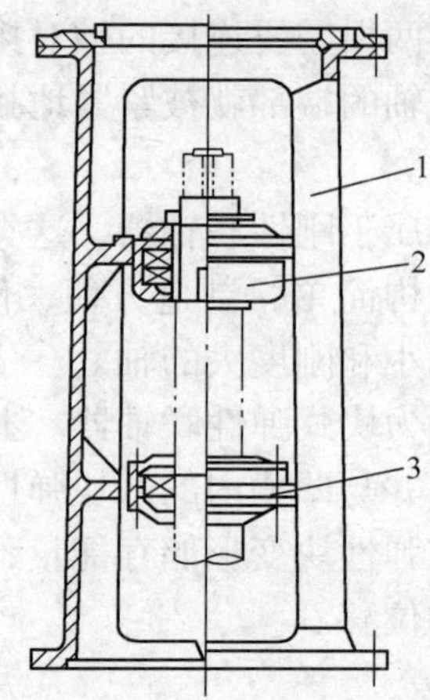

图 9-27　双支点机架结

1—机架；2—上轴承；3—下轴承

（6）轴封

轴封的目的是避免介质通过转轴从搅拌釜内泄漏或外部杂质渗入搅拌釜内。用于搅拌反应釜的轴封主要有两种：填料密封和机械密封。

① 填料密封　填料密封结构简单，制造容易，适用于非腐蚀性和弱腐蚀性介质、密封要求不高，并允许定期维护的搅拌设备。

填料密封的结构如图 9-28 所示，它由底环、本体、油环、油杯、填料、螺柱及压盖组成。在压盖压力作用下，装在搅拌轴与填料箱本体之间的填料对搅拌轴表面产生径向压紧力。由于填料中含有润滑剂，在对搅拌轴产生径向压紧力的同时，形成一层极薄的液膜，使搅拌轴得到润滑，另一方面阻止设备内流体的逸出或外部流体的渗入，达到密封的目的。

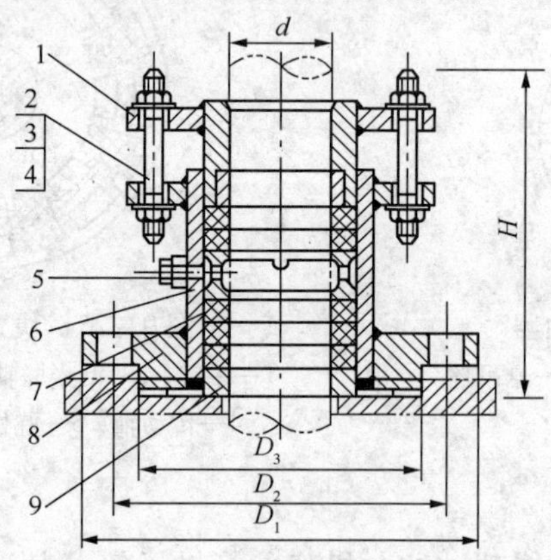

图 9-28　填料密封结构

1—压盖；2—双头螺柱；3—螺母；4—垫圈；5—油杯；6—油环；7—填料；8—本体；9—底环

由于搅拌轴与填料之间沿圆周方向有相对运动，将产生摩擦和磨损。摩擦和磨损与压紧力有关：压紧力大，密封效果好，但摩擦大，由此造成的功率损失大，同时产生较大的磨损；压紧力小，则容易产生泄漏。所以，拧紧螺栓的轴向压力要适当，而且操作中要定期拧紧螺栓以补偿磨损。

填料是保证密封的主要零件。选择填料时要求填料要富有弹性，这样在拧紧螺栓后填料的弹性变形大，能紧贴搅拌轴，并对轴产生压紧力；填料还应具有良好的耐磨性，使用周期长，且与轴之间的摩擦系数小，导热性好等特点。

填料的选择可依据填料材料的性能，当密封要求不高时，选择一般石棉或油浸石棉填料，当密封要求较高时，选择膨体聚四氟乙烯、柔性石墨等填料。各种填料材料的性能可参照表9－5。

表9－5　填料材料的性能

填料名称	介质极限温度/℃	介质极限压力/MPa	线速度/($m \cdot s^{-1}$)	适用条件(接触介质)
油浸石棉填料	450	6		蒸汽、空气、工业用水、重质石油产品、弱酸液等
聚四氟乙烯纤维编结填料	250	30	2	强酸、强碱液等
聚四氟乙烯石棉盘根	260	25	1	酸碱、强腐蚀性溶液、化学试剂等
石棉线或石棉线与尼龙浸渍聚四氟乙烯填料	300	30	2	弱酸、强碱、各种有机溶剂、液氨、海水、纸浆废液等
柔性石墨填料	250～300	20	2	醋酸、硼酸、柠檬酸、盐酸、硫化氢、乳酸、硝酸、硫酸、硬脂酸、水钠、溴、矿物油料、汽油、二甲苯、四氯化碳等
膨体聚四氟乙烯石墨盘根	250	4	2	强酸、强碱、有机溶液

②机械密封　机械密封又称端面密封，是把轴的密封面从轴向改为径向，通过动环和静环的相互贴合，并做相对运动达到密封的装置。

机械密封的结构如图9－29所示。它由固定在轴上的动环及弹簧压紧装置、固定在设备上的静环及辅助密封圈组成。

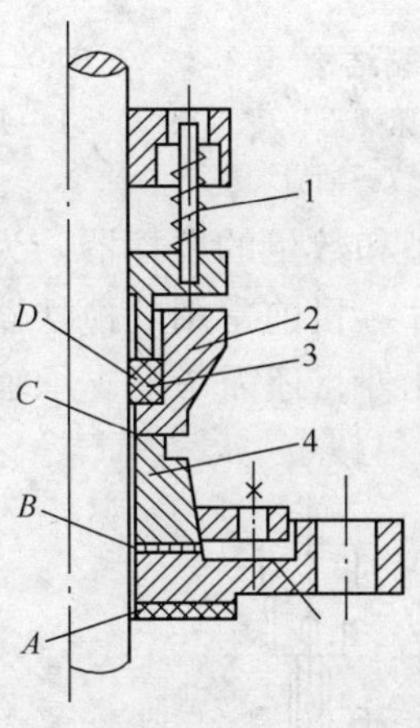

图9－29　机械密封的基本结构

1—弹簧；2—动环；3—密封圈；4—静环；5—静环座

由图9－29可知，机械密封主要由四个密封点来保证。A点一般是指静环座与反应器之间的密封，属于静密封，通常加上垫片即可保证密封；B点是静环与静环座之间的密封，也是静密封；C点是动环与静环相对旋转接触的环形密封面，它将极易泄漏的轴向密封变为不易泄漏的端面密封，两端面保证高度光洁平直，以创造完全贴合和使压力均匀分布的条件，达到密封要求；D 点是动环与轴之间的密封，这也是一个相对静止的密封，但在端面磨损时，允许其做补偿磨损的轴向移动，常用的密封元件有 O 形密封圈、V 形密封圈和矩形密封圈。

（7）搅拌轴的设计

搅拌轴属于非标准件。其机械设计内容同于一般传动轴，主要是结构设计和强度校核。结构设计要考虑到轴上零件的固定，轴上的倒角、圆角、砂轮越程槽、螺纹退刀槽等因素。强度校核一般按所传递扭矩计算轴径。对于转数超过 200r/min 的搅拌轴还要进行临界转速校核。

① 搅拌轴的结构　搅拌轴主要用来支承搅拌器，并从减速器输出轴取得动力使搅拌器旋转，达到搅拌的目的。因此，搅拌轴的结构就是以这些要求为依据进行设计的。

搅拌轴上端通过联轴器与减速器输出轴相连，因此搅拌轴上端必须符合联轴器的连接结构要求。图 9－30 是配有凸缘联轴器的轴端结构，联轴器同轴之间由轴肩和锁紧螺母达到轴向固定，用键实现周向固定，所以轴端必须车出轴肩、相应的螺纹、退刀槽和键槽等。图 9－31为装有夹壳式联轴器的轴端结构，轴端车出一个环形槽，装上可拆式(即两个半环组成)的悬吊环，使安装在轴上的联轴器达到轴向定位，其周向定位仍然靠键来实现。

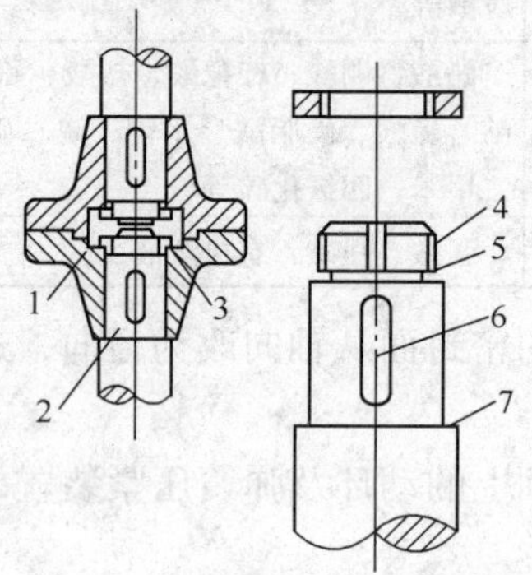

图 9－30　凸缘联轴器的轴端结构

1—凸缘联轴器；2—轴；3—锁紧螺母；4—螺纹；5—退刀槽；6—键槽；7—轴肩

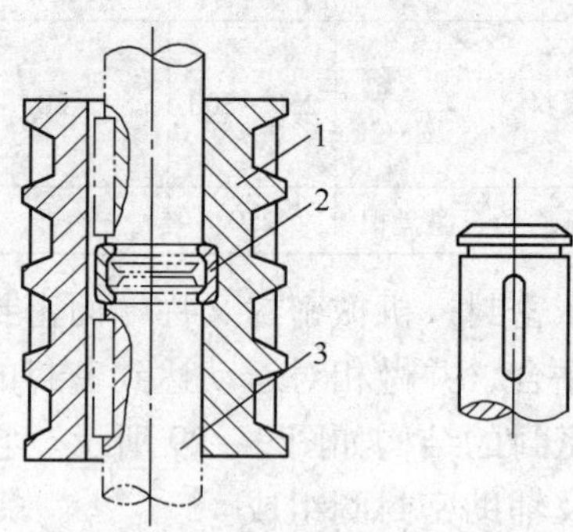

图 9－31　夹壳式联轴器的轴端结构

1—夹壳式联轴器；2—悬吊环；3—轴

搅拌轴的另一端固定着不同类型和数量的搅拌器。为了安装这些搅拌器，轴上相应位置应加工出与搅拌器相配合的结构尺寸。目前常用的搅拌器大多采用平键、穿轴销钉或穿轴螺钉固定。其结构如图 9－32 所示。此外，还需考虑支承轴承的安装，依据支承条件在相应的位置加工出相应的结构尺寸。

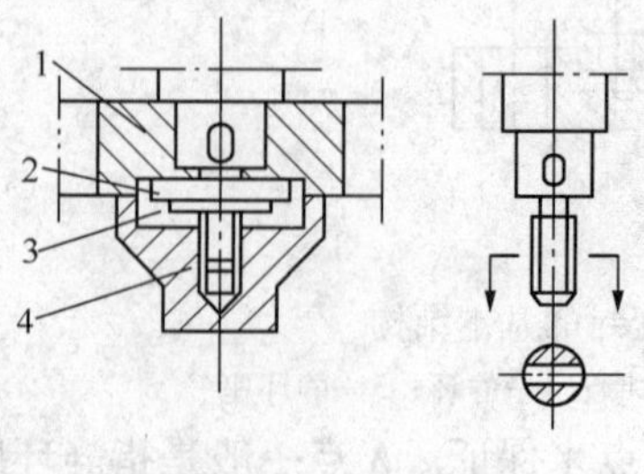

(a)

1—搅拌器；2—圆螺母；3—销钉；4—防锈帽

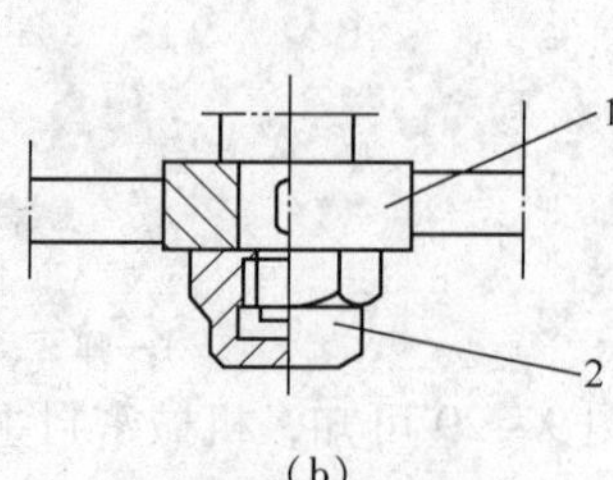

(b)

1—搅拌器；2—防锈螺母

图 9－32　搅拌轴端部结构

在搅拌轴结构设计时，还应按照机械加工的一般规范进行，如轴肩、键槽、螺纹、退刀槽、倒角、圆角、紧固螺钉孔等都有标准规定。所以，轴的结构设计取决于轴上零件的布置情况、固定与拆装方法、加工制造要求等。

② 轴的材料　搅拌轴材料的选用应从受力情况及工作条件出发，达到安全适用，容易加工制造，经济合理的目的。搅拌轴工作时主要受到扭转载荷，有时还有弯曲和冲击力作用，故轴的材质应有足够的强度、刚度和韧性。为了便于加工制造，还需要有优良的切削加工性能。所以搅拌轴常采用45号优质碳素钢制造。对于要求较低的搅拌轴也可采用普通碳素钢制造。

当搅拌轴有耐腐蚀要求时，应根据腐蚀介质的性质和温度条件来选取合适的材料，或在碳素钢外采取各种防腐蚀措施，如包覆耐腐蚀材料等。有时用不锈钢作轴的材料，以防止某些介质的腐蚀和防止铁离子对产品的污染。也可以采用搪瓷，既耐腐蚀，又防止对产品的污染。为节约材料或增加轴的刚性，还可以采用空心轴结构。

③ 搅拌轴的校核　搅拌轴的校核包括强度和刚度的校核。搅拌轴的特点是细而长，搅拌器设在轴的一端，轴受到扭转、弯曲和轴向等组合载荷，其中以扭转载荷为主。工程应用中常用近似的方法进行强度计算，即假定轴只受扭矩作用，然后用增加安全系数的方法来补偿其他载荷的影响。

a. 轴的强度计算：

轴的扭转强度条件是：

$$\tau_{max} = \frac{M_T}{W_\rho} \leqslant [\tau] \tag{9-6}$$

式中　τ_{max}——横截面上最大剪应力，MPa；

M_T——轴所传递的扭矩，N·mm；

W_ρ——圆轴的抗扭截面模量，mm^3；

$[\tau]$——轴材料的许用剪应力，MPa，对常用的45号钢，一般取30～40MPa。

由式(9-6)可见，只要知道了搅拌轴上所传递的扭矩和轴材料的许用剪应力，就可以求出轴的抗扭截面模量，即

$$W_\rho \geqslant \frac{M_T}{[\tau]} \tag{9-7}$$

然后根据抗扭截面模量同轴径的关系求出搅拌轴的最小直径。

对实心轴

$$W_\rho = \frac{\pi d^3}{16} \tag{9-8}$$

M_T可由轴传递的功率P和转速n求出，即

$$M_T = 9.55 \times 10^6 \frac{P}{n} \tag{9-9}$$

式中　P——搅拌轴传递的功率，kW；

n——搅拌轴转速，r/min。

将式(9-8)和式(9-9)代入式(9-7)得

$$d \geqslant \sqrt[3]{\frac{16 \times 9.55 \times 10^6}{\pi}} \cdot \sqrt[3]{\frac{P}{n[\tau]}} \approx 365.09\sqrt[3]{\frac{P}{n[\tau]}}mm \tag{9-10}$$

b. 轴的刚度计算：

搅拌轴一旦产生过大的扭转变形，运转过程中就会引起振动，造成动密封失效，因此，应把扭转变形限制在一个允许的范围内，这就是设计中的扭转刚度条件。为此搅拌轴要进行刚度校核。

工程上是以单位长度的扭转角 θ 不得超过许用扭转角 $[\theta]$ 作为刚度条件的，即

$$\theta_{max} = \frac{M_{Tmax}}{GI_{\rho}} \times 10^3 \times \frac{180°}{\pi} \leqslant [\theta] \tag{9-11}$$

式中 θ——轴扭转变形的扭转角，(°/m)；

G——剪切弹性模量，MPa；

I_{ρ}——截面的极惯性矩，mm^4，对于实心轴 $I_{\rho} = \frac{\pi d^4}{32}$。

从上式可以看出，扭转角 θ 的大小与扭矩 M_{Tmax} 成正比，与扭转刚度 GI_{ρ} 成反比。

许用扭转角 $[\theta]$ 值是根据实际情况确定的，一般按如下规定选用：

① 精密稳定的传动，$[\theta] = (0.25 \sim 0.5)$°/m；

② 一般传动，如搅拌轴 $[\theta] = (0.5 \sim 1.0)$°/m；

③ 精度要求低的传动，$[\theta] = (2 \sim 4)$°/m。

对于实心轴，可导出按刚度条件计算轴径的公式：

$$d \geqslant 1537 \sqrt[4]{\frac{P}{Gn[\theta]}} mm \tag{9-12}$$

轴径应同时满足刚度和强度两个条件。一般按刚度计算的轴径较按强度计算的轴径大，所以通常对搅拌轴来说，主要以刚度条件确定轴径。如果刚度条件较强度条件计算结果相差较大时，可考虑改变轴的材质，即选用强度差一些的材料，但仍然要满足强度条件的要求。当转速较低，功率较大时，对强度条件是不可忽视的。另外，还要考虑轴上的键槽或孔等对轴横截面的局部削弱，按计算直径给予适当增大。同时，搅拌轴与有关零件连接或配合的轴径尺寸，如与搅拌器、联轴器、填料箱或机械密封等配合时，应圆整到有关标准规范中规定的统一的公称轴径系列。

当搅拌轴的转速达到轴的自振频率时，轴会发生强烈振动，即共振，并出现很大的弯曲现象。引起这一现象的轴的转速叫做轴的临界转速。假如轴的转速保持在临界转速或相近的范围内，轴的挠度将迅速增大，以致达到使轴发生破坏的程度。因此，在工程中必须避免出现这种现象。

思考题

1. 典型反应设备有哪几种？各自有何特点？
2. 搅拌反应器主要由哪几部分组成？各自作用是什么？
3. 什么是装料系数？如何选取装料系数？
4. 设计搅拌反应器罐体时为何要先确定高径比？如何确定？
5. 搅拌反应器的壳体和夹套的壁厚设计应遵循什么准则？
6. 反应釜的进料口管下端的开口截成45°角的目的是什么？如何设置开口的朝向？

7. 反应釜的传热装置有哪些种类？
8. 夹套的结构尺寸的确定依据是什么？夹套与筒体是如何连接的？
9. 采用蛇管加热结构时，蛇管是如何固定的？
10. 搅拌装置的作用是什么？由哪几部分组成？
11. 搅拌器的种类有哪些？各有何特点？适用于什么场合？
12. 反应釜内设置挡板和导流筒的作用是什么？
13. 反应器的传动装置由哪些零部件组成？
14. 设置轴封的目的是什么？轴封有哪几种形式？各适用于什么场合？
15. 试述填料密封的工作原理。如何调节螺栓压紧力？
16. 试述机械密封的结构组成、工作原理及密封特点。
17. 搅拌轴结构设计时应考虑哪些因素？
18. 搅拌轴应该进行哪些方面的校核？为什么？

附录一　压力容器常用钢板许用应力

钢号	钢板标准	使用状态	厚度/mm	常温强度指标/MPa		在下列温度下的许用应力/MPa																注
				σ_b	σ_s	≤20	100	150	200	250	300	350	400	425	450	475	500	525	550	575	600	
碳素钢钢板																						
Q235－AF	GB912	热轧	3～4	375	235	113	113	113	105	94	—	—	—	—	—	—	—	—	—	—	—	①
	GB3274		4.5～16	375	235	113	113	113	105	94	—	—	—	—	—	—	—	—	—	—	—	①
Q235－A	GB912	热轧	3～4	375	235	113	113	113	105	94	86	77	—	—	—	—	—	—	—	—	—	①
	GB3274		4.5～16	375	235	113	113	113	105	94	86	77	—	—	—	—	—	—	—	—	—	①
			＞16～40	375	235	113	113	107	99	91	83	75	—	—	—	—	—	—	—	—	—	①
Q235－B	GB912	热轧	3～4	375	235	113	113	113	105	94	86	77	—	—	—	—	—	—	—	—	—	①
	GB3274		4.5～16	375	235	113	113	113	105	94	86	77	—	—	—	—	—	—	—	—	—	①
			＞16～40	375	225	113	113	107	99	91	83	75	—	—	—	—	—	—	—	—	—	①
Q235－C	GB912	热轧	3～4	375	235	125	125	125	116	104	95	86	79	—	—	—	—	—	—	—	—	
	GB3274		4.5～16	375	235	125	125	125	116	104	95	86	79	—	—	—	—	—	—	—	—	
			＞16～40	375	225	125	125	119	110	101	92	83	77	—	—	—	—	—	—	—	—	
20R	GB6654	热轧	6～16	400	245	133	133	132	123	110	101	92	86	83	61	41	—	—	—	—	—	
			＞16～36	400	235	133	132	126	116	104	95	86	79	78	61	41	—	—	—	—	—	
			＞36～60	400	225	133	126	119	110	101	92	83	77	75	61	41	—	—	—	—	—	
			＞60～100	390	205	128	115	110	103	92	84	77	71	68	61	41	—	—	—	—	—	
低合金钢钢板																						
16MnR	GB6654	热轧，正火	6～16	510	345	170	170	170	170	156	144	134	125	93	66	43	—	—	—	—	—	
			＞16～36	490	325	163	163	163	159	147	134	125	119	93	66	43	—	—	—	—	—	
			＞36～60	470	305	157	157	157	150	138	125	116	109	93	66	43	—	—	—	—	—	
			＞60～100	460	285	153	153	150	141	128	116	109	103	93	66	43	—	—	—	—	—	
			＞100～120	450	275	150	150	147	138	125	113	106	100	93	66	43	—	—	—	—	—	

续表

钢号	钢板标准	使用状态	厚度/mm	常温强度指标/MPa		在下列温度下的许用应力/MPa																注
				σ_b	σ_s	≤20	100	150	200	250	300	350	400	425	450	475	500	525	550	575	600	
15MnVR	GB6654	热轧，正火	6~8	550	390	183	183	183	183	183	172	159	147	—	—	—	—	—	—	—	—	②
			6~16	530	390	177	177	177	177	177	172	159	147	—	—	—	—	—	—	—	—	
			>16~36	510	370	170	170	170	170	170	163	150	138	—	—	—	—	—	—	—	—	
			>36~60	490	350	163	163	163	163	163	153	141	131	—	—	—	—	—	—	—	—	
15MnVNR	GB6654	正火	6~16	570	440	190	190	190	190	190	190	175	163	—	—	—	—	—	—	—	—	
			>16~36	550	420	183	183	183	183	183	181	169	156	—	—	—	—	—	—	—	—	
			>36~60	530	400	177	177	177	177	177	172	159	147	—	—	—	—	—	—	—	—	
18MnMoNbR	GB6654	正火加回火	30~60	590	440	197	197	197	197	197	197	197	197	197	177	117	—	—	—	—	—	
			>16~100	570	410	190	190	190	190	190	190	190	190	190	177	117	—	—	—	—	—	
16MnDR	GB3531	正火	6~16	490	315	163	163	163	156	144	131	122	—	—	—	—	—	—	—	—	—	
			>16~36	470	295	157	157	156	147	134	122	113	—	—	—	—	—	—	—	—	—	
			>36~60	450	275	150	150	147	138	125	113	106	—	—	—	—	—	—	—	—	—	
			>60~100	450	255	150	147	138	128	116	106	100	—	—	—	—	—	—	—	—	—	
07MnNiCrMoVDR	—	调质	16~50	610	490	203	203	203	203	203	203	203	—	—	—	—	—	—	—	—	—	③
09Mn2VDR	GB3531	正火、正火加回火	6~16	440	290	147	147	—	—	—	—	—	—	—	—	—	—	—	—	—	—	
			>16~36	430	270	143	143	—	—	—	—	—	—	—	—	—	—	—	—	—	—	
09MnNiDR	GB3531	正火、正火加回火	6~16	440	300	147	147	147	147	147	147	138	—	—	—	—	—	—	—	—	—	
			>16~36	430	280	143	143	143	143	143	138	128	—	—	—	—	—	—	—	—	—	
			>36~60	430	260	143	143	143	141	134	128	119	—	—	—	—	—	—	—	—	—	
15CrMoR	GB6654	正火加回火	6~60	450	295	150	150	150	150	141	131	125	118	115	112	110	88	58	37	—	—	
			>60~100	450	275	150	150	147	138	131	123	116	110	107	104	103	88	58	37	—	—	
14CrMoR	—	正火加回火	16~120	515	310	172	172	169	159	153	144	138	131	127	122	116	88	58	37	—	—	③

续表

钢号	钢板标准	使用状态	厚度/mm	在下列温度下的许用应力/MPa																				注
				≤20	100	150	200	250	300	350	400	425	450	475	500	525	550	575	600	625	650	675	700	
0Cr13Al	GB4237	退火	2~15	118	105	101	100	99	97	95	90	87	—	—	—	—	—	—	—	—	—	—	—	
0Cr13	GB4237	退火	2~60	137	126	123	120	119	117	112	109	105	100	89	72	53	38	26	16	—	—	—	—	
0Cr18Ni9	GB4237	固溶	2~60	137	137	137	130	122	114	111	107	105	103	101	100	98	91	79	64	52	42	32	27	④
				137	114	103	96	90	85	82	79	78	76	75	74	3	71	67	62	52	42	32	27	
0Cr18Ni10Ti	GB4237	固溶，稳定化	2~60	137	137	137	130	122	114	111	108	106	105	104	103	101	83	58	44	33	25	18	13	④
				137	114	103	96	90	85	82	80	79	78	77	76	75	74	58	44	33	25	18	13	
0Cr17Ni12Mo2	GB4237	固溶	2~60	137	137	137	134	125	118	113	111	110	109	108	107	106	105	96	81	65	50	38	30	④
				137	117	107	99	93	87	84	82	81	81	80	79	78	78	76	73	65	50	38	30	
0Cr18Ni12Mo2Ti	GB4237	固溶	2~60	137	137	137	134	125	118	113	111	110	109	108	107	—	—	—	—	—	—	—	—	④
				137	117	107	99	93	87	84	82	81	81	80	79	—	—	—	—	—	—	—	—	
0Cr19Ni13Mo3	GB4237	固溶	2~60	137	137	137	134	125	118	113	111	110	109	108	107	106	105	96	81	65	50	38	30	④
				137	117	107	99	93	87	84	82	81	81	80	79	78	78	76	73	65	50	38	30	
00Cr19Ni10	GB4237	固溶	2~60	118	118	118	110	103	98	94	91	89	—	—	—	—	—	—	—	—	—	—	—	④
				118	97	87	81	76	73	69	67	66	—	—	—	—	—	—	—	—	—	—	—	
00Cr17Ni14Mo2	GB4237	固溶	2~60	118	118	117	108	100	95	90	86	85	84	—	—	—	—	—	—	—	—	—	—	④
				118	97	87	80	74	70	67	64	63	62	—	—	—	—	—	—	—	—	—	—	
00Cr19Ni13Mo3	GB4237	固溶	2~60	118	118	118	118	118	118	113	111	110	109	—	—	—	—	—	—	—	—	—	—	④
				118	117	107	99	93	87	84	82	81	81	—	—	—	—	—	—	—	—	—	—	
00Cr18Ni5Mo3Si2	GB4237	固溶	2~25	197	197	190	173	167	163	—	—	—	—	—	—	—	—	—	—	—	—	—	—	

注：中间温度的许用应力，可按本表的数值用内插法求得。

① 所列许用应力，已乘质量系数0.9。

② 该行许用应力仅适用于多层包扎压力容器的层板。

③ 该钢板技术要求见附录 GB150－1998 附录 A(标准的附录)。

④ 该行许用应力仅适用于允许产生微量永久变形之元件，对于法兰或其他有微量永久变形就引起泄露或故障的场合不能采用。

附录二　压力容器常用钢管许用应力

钢号	钢板标准	壁厚/mm	常温强度指标/MPa		在下列温度下的许用应力/MPa																注
			σ_b	σ_s	≤20	100	150	200	250	300	350	400	425	450	475	500	525	550	575	600	
碳素钢钢管																					
10	GB6479	≤16	335	205	112	112	108	101	92	83	77	71	69	61	41	—	—	—	—	—	
10	GB6479	17~40	335	195	112	110	104	98	89	79	74	68	66	61	41	—	—	—	—	—	
20	GB9948	≤16	410	245	137	137	132	123	110	101	92	86	83	61	41	—	—	—	—	—	
20R	GB6479	≤16	410	245	137	137	132	123	110	101	92	86	83	61	41	—	—	—	—	—	
20R	GB6479	17~40	410	235	137	132	126	116	104	95	86	79	78	61	41	—	—	—	—	—	
低合金钢钢管																					
16Mn	GB6479	≤16	490	320	163	163	163	159	147	135	126	119	93	66	43	—	—	—	—	—	
16Mn	GB6479	17~40	490	310	163	163	163	153	111	129	119	116	93	66	43	—	—	—	—	—	
15MnV	GB6479	≤16	510	350	170	170	170	170	166	153	141	129	—	—	—	—	—	—	—	—	
15MnV	GB6479	17~40	510	340	170	170	170	170	159	147	135	126	—	—	—	—	—	—	—	—	
09MnD		≤16	400	240	133	133	128	119	106	97	88	—	—	—	—	—	—	—	—	—	①
12CrMo	GB6479	≤16	410	205	128	113	108	101	95	89	83	77	75	74	72	71	50	—	—	—	
12CrMo	GB6479	17~40	410	195	122	110	104	98	92	86	79	74	72	71	69	68	50	—	—	—	
15CrMo	GB9948	≤16	440	235	147	132	123	116	110	101	95	89	87	86	81	83	58	37	—	—	
12Cr2Mo	GB6479	≤16	450	280	150	150	150	147	144	141	138	134	131	128	119	89	61	46	37	—	
12Cr2Mo	GB6479	17~40	450	270	150	150	147	141	138	134	131	128	126	123	119	89	61	46	37	—	
1Cr5Mo	GB6479	≤16	390	195	122	110	104	101	98	95	92	89	87	86	83	62	46	35	26	18	
1Cr5Mo	GB6479	17~40	390	185	116	104	98	95	92	89	86	83	81	79	78	62	46	35	26	18	

续表

钢号	钢板标准	壁厚/mm	在下列温度下的许用应力/MPa																				注
			≤20	100	150	200	250	300	350	400	425	450	475	500	525	550	575	600	625	650	675	700	
高合金钢钢管																							
Cr13	GB/T14976	≤18	137	126	123	120	119	117	112	109	105	100	89	72	53	38	26	16	—	—	—	—	
0Cr18Ni9	GB13296	≤13	137	137	137	130	122	114	111	107	105	103	101	100	98	91	79	64	52	42	32	27	②
	GB/T14976	≤18	137	114	103	96	90	85	82	79	78	76	75	74	73	71	67	62	52	42	32	27	
0Cr18Ni10Ti	GB13296	≤13	137	137	137	130	122	114	111	108	106	105	104	103	101	83	58	44	33	25	18	13	②
	GB/T14976	≤18	137	114	103	96	90	85	82	80	79	78	77	76	75	74	58	44	33	25	18	13	
0Cr17Ni12Mo2	GB13296	≤13	137	137	137	134	125	118	113	111	110	109	108	107	106	105	96	81	65	50	38	30	②
	GB/T14976	≤18	137	117	107	99	93	87	84	82	81	81	80	79	78	78	76	73	65	50	38	30	
0Cr18Ni12Mo2Ti	GB13296	≤13	137	137	137	134	125	118	113	111	110	109	108	107	—	—	—	—	—	—	—	—	②
	GB/T14976	≤18	137	117	107	99	93	87	84	82	81	81	80	79	—	—	—	—	—	—	—	—	
0Cr19Ni13Mo3	GB13296	≤13	137	137	137	134	125	118	113	111	110	109	108	107	106	105	96	81	65	50	38	30	②
	GB/T14976	≤18	137	117	107	99	93	87	84	82	81	81	80	79	78	78	76	73	65	50	38	30	
00Cr19Ni10	GB13296	≤13	118	118	118	110	103	98	94	91	89	—	—	—	—	—	—	—	—	—	—	—	②
	GB/T14976	≤18	118	97	87	81	76	73	69	67	66	—	—	—	—	—	—	—	—	—	—	—	
00Cr17Ni14Mo2	GB13296	≤13	118	118	117	108	100	95	90	86	85	84	—	—	—	—	—	—	—	—	—	—	②
	GB/T14976	≤18	118	97	87	80	74	70	67	64	63	62	—	—	—	—	—	—	—	—	—	—	
00Cr19Ni13Mo3	GB13296	≤13	118	118	118	118	118	118	113	111	110	109	—	—	—	—	—	—	—	—	—	—	②
	GB/T14976	≤18	118	117	107	99	93	87	84	82	81	81	—	—	—	—	—	—	—	—	—	—	

注：中间温度的许用应力，可按本表的数值用内插法求得。

① 该钢管技术要求见 GB150－1998 附录 A。

② 该行许用应力仅适用于允许产生微量永久变形之元件。

附录三　常用锻件许用应力

钢号	锻件标准	公称壁厚/mm	常温强度指标/MPa		在下列温度下的许用应力/MPa																注
			σ_b	σ_s	≤20	100	150	200	250	300	350	400	425	450	475	500	525	550	575	600	
碳素钢锻件																					
20	JB4726	≤100	370	215	123	119	113	104	95	86	79	74	72	61	41						
20R	JB4726	≤100	510	265	166	147	141	129	116	108	98	92	85	61	41						①
		>100～300	490	255	159	144	138	126	113	104	95	89	85	61	41						
低合金钢锻件																					
16Mn	JB4726	≤300	450	275	150	150	147	135	129	116	110	104	93	66	43						
15MnV	JB4726	≤300	470	315	157	157	157	156	147	135	126	113									
20MnMo	JB4726	≤300	530	370	177	177	177	177	177	177	171	163	156	131	84	49					
		>300～500	510	355	170	170	170	170	170	169	163	153	147	131	84	49					
		>500～700	490	340	163	163	163	163	163	163	159	150	144	131	84	49					
16MnD	JB4727	≤300	450	275	150	150	147	135	129	116	110										
09Mn2VD	JB4727	≤200	420	260	140	140															
15CrMo	JB4726	≤300	440	275	147	147	147	138	132	123	116	110	107	104	103	88	58	37			
		>300～500	430	255	143	143	135	126	119	110	104	98	96	95	93	88	58	37			
35CrMo	JB4726	≤300	620	440	207	207	207	207	207	207	207	200	194	150	111	79	50				①
		>300～500	610	430	203	203	203	203	203	203	203	200	194	150	111	79	50				
12Cr2Mo1	JB4726	≤300	510	310	170	170	169	163	159	156	153	150	147	144	119	89	61	46	37		
		>300～500	500	300	167	167	166	159	156	153	150	147	144	141	119	89	61	46	37		
1Cr5Mo	JB4726	≤500	590	390	197	197	197	197	197	197	197	190	136	107	83	62	46	35	26	18	

续表

钢号	锻件标准	公称厚度/mm	在下列温度下的许用应力/MPa																				注
			≤20	100	150	200	250	300	350	400	425	450	475	500	525	550	575	600	625	650	675	700	
高合金钢锻件																							
0Cr13	JB4728	≤100	137	126	123	120	119	117	112	109	105	100	89	72	53	38	26	16	—	—	—	—	
0Cr18Ni9	JB4728	≤200	137	137	137	130	122	114	111	107	105	103	101	100	98	91	79	64	52	42	32	27	②
			137	114	103	96	90	85	82	79	78	76	75	74	73	71	67	62	52	42	32	27	
0Cr18Ni10Ti	JB4728	≤200	137	137	137	130	122	114	111	108	106	105	104	103	101	83	58	44	33	25	18	13	②
			137	114	103	96	90	85	82	80	79	78	77	76	75	74	58	44	33	25	18	13	
0Cr17Ni12Mo2	JB4728	≤200	137	137	137	134	125	118	113	111	110	109	108	107	106	105	96	81	65	50	38	30	②
			137	117	107	99	93	87	84	82	81	81	80	79	78	78	76	73	65	50	38	30	
00Cr19Ni10	JB4728	≤200	117	117	117	110	103	98	94	91	89	—	—	—	—	—	—	—	—	—	—	—	②
			117	97	87	81	76	73	69	67	66	—	—	—	—	—	—	—	—	—	—	—	
00Cr17Ni14Mo2	JB4728	≤200	117	117	117	108	100	95	90	86	85	84	—	—	—	—	—	—	—	—	—	—	②
			117	97	87	80	74	70	67	64	63	62	—	—	—	—	—	—	—	—	—	—	
00Cr18Ni5Mo3Si2	JB4728	≤100	197	197	178	163	156	153	—	—	—	—	—	—	—	—	—	—	—	—	—	—	

注：中间温度的许用应力，可按本表的数值用内插法求得。

① 该锻件不得用于焊接结构。

② 该行许用应力仅适用于允许产生微量永久变形之元件，对于法兰或其它有微量永久变形就引起泄漏或故障的场合不能采用

附录四　椭圆形封头尺寸和质量（JB/T 4746—2002）

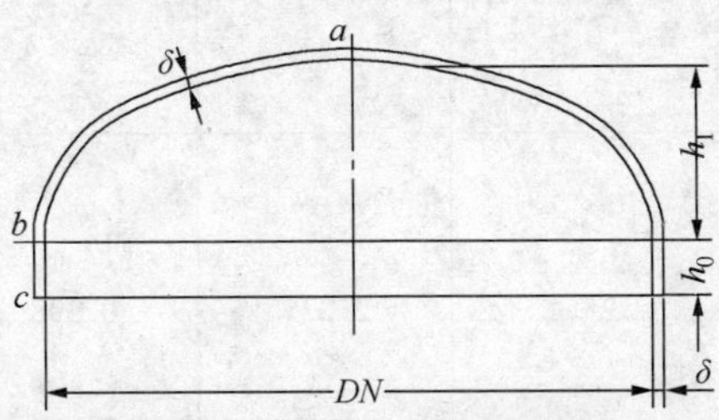

公称直径 DN/mm	曲面高度 h_i/mm	直边高度 h_0/mm	内表面积 F/m^2	容积 V/m^3	厚度 δ_p/mm	质量 G/kg
500	125	25	0. 310	0. 021	4	10
					6	15
					8	20
600	150	25	0. 438	0. 035	4	14
					6	21
					8	28
					10	35
					12	42
800	200	25	0. 757	0. 080	4	24
					6	36
					8	48
					10	60
					12	72
1000	250	25	1. 163	0. 151	6	54
					8	73
					10	91
					12	110
					14	128
1100	275	25	1. 398	0. 198	6	65
					8	87
					10	109
					12	131
					14	154
1200	300	25	1. 655	0. 255	6	77
					8	103
					10	129
					12	155
					14	182

续表

公称直径 DN/mm	曲面高度 h_i/mm	直边高度 h_0/mm	内表面积 F/m^2	容积 V/m^3	厚度 δ_p/mm	质量 G/kg
1300	325	25	1. 934	0. 321	6	90
					8	120
					10	150
					12	181
					14	212
1400	350	25	2. 235	0. 398	8	138
					10	173
					12	208
					14	244
					16	280
1500	375	25	2. 557	0. 486	8	158
					10	198
					12	238
					14	279
					16	319
1600	400	25	2. 901	0. 586	8	179
					10	224
					12	270
					14	315
					16	362
					18	408
1800	450	25	3. 654	0. 827	8	225
					10	262
					12	339
					14	396
					16	454
					18	512
					20	571
2000	500	25	4. 493	1. 126	8	276
					10	346
					12	416
					14	486
					16	557
					18	628
					20	700
					22	771

附录五　热轧型钢

表 5.1　工字钢截面尺寸、截面面积、理论重量及截面特性

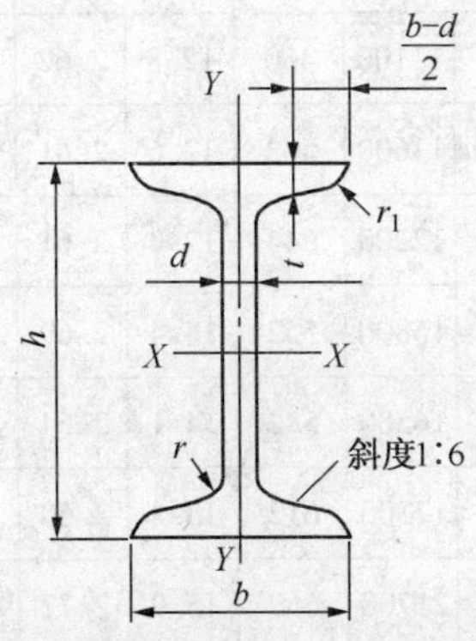

h——高度；
b——腿宽；
d——腰厚；
r——内圆弧半径；
r_1——腿端圆弧半径；
t——平均腿厚。

型号	截面尺寸/mm						截面面积/mm	理论重量/(kg·m^{-1})	惯性/cm^4		惯性半径/cm		截面模数/cm^3	
	h	b	d	t	r	r_1			I_x	I_y	i_x	i_y	W_x	W_y
10	100	68	4.5	7.6	6.5	3.3	14.345	11.261	245	33.0	4.14	1.52	49.0	9.72
12	120	74	5.0	8.4	7.0	3.5	17.818	13.987	436	46.9	4.95	1.62	72.7	12.7
12.6	126	74	5.0	8.4	7.0	3.5	18.118	14.223	488	46.9	5.20	1.61	77.5	12.7
14	140	80	5.5	9.1	7.5	3.8	21.516	16.890	712	64.4	5.76	1.73	102	16.1
16	160	88	6.0	9.9	8.0	4.0	26.131	20.513	1130	93.1	6.58	1.89	141	21.2
18	180	94	6.5	10.7	8.5	4.3	30.756	24.143	1660	122	7.36	2.00	185	26.0
20a	200	100	7.0	11.4	9.0	4.5	35.578	27.929	2370	158	8.15	2.12	237	31.5
20b		102	9.0				39.578	31.069	2500	169	7.96	2.06	250	33.1
22a	220	110	7.5	12.3	9.5	4.8	42.128	33.070	3400	225	8.99	2.31	309	40.9
22b		112	9.5				46.528	36.524	3570	239	8.78	2.27	325	42.7
24a	240	116	8.0	13.0	10.0	5.0	47.741	37.477	4570	280	9.77	2.42	381	48.4
24b		118	10.0				52.541	41.245	4800	297	9.57	2.38	400	50.4
25a	250	116	8.0				48.541	38.105	5020	280	10.2	2.40	402	48.3
25b		118	10.0				53.541	42.030	5280	309	9.94	2.40	423	52.4
27a	270	122	8.5	13.7	10.5	5.3	54.554	42.825	6550	345	10.9	2.51	485	56.6
27b		124	10.5				59.954	47.064	6870	366	10.7	2.47	509	58.9
28a	280	122	8.5				55.404	43.492	7110	345	11.3	2.50	508	56.6
28b		124	10.5				61.004	47.888	7480	379	11.1	2.49	534	61.2

续表

型号	截面尺寸/mm						截面面积/mm	理论重量/(kg·m^{-1})	惯性/cm^4		惯性半径/cm		截面模数/cm^3	
	h	b	d	t	r	r_1			I_x	I_y	i_x	i_y	W_x	W_y
30a		126	9.0				61.254	48.084	8950	400	12.1	2.55	597	63.5
30b	300	128	11.0	14.4	11.0	5.5	67.254	52.794	9400	422	11.8	2.50	627	65.9
30c		130	13.0				73.254	57.504	9850	445	11.6	2.46	657	68.5
32a		130	9.5				67.156	52.717	11100	460	12.8	2.62	692	70.8
32b	320	132	11.5	15.0	11.5	5.8	73.556	57.741	11600	502	12.6	2.61	726	76.0
32c		134	13.5				79.956	62.765	12200	544	12.3	2.61	760	81.2
36a		136	10.0				76.480	60.037	15800	552	14.4	2.69	875	81.2
36b	360	138	12.0	15.8	12.0	6.0	83.680	65.689	16500	582	14.1	2.64	919	84.3
36c		140	14.0				90.880	71.341	17300	612	13.8	2.60	962	87.4
40a		142	10.5				86.112	67.598	21700	660	15.9	2.77	1090	93.2
40b	400	144	12.5	16.5	12.5	6.3	94.112	73.878	22800	692	15.6	2.71	1140	96.2
40c		146	14.5				102.112	80.158	23900	727	15.2	2.65	1190	99.6
45a		150	11.5				102.446	80.420	32200	855	17.7	2.89	1430	114
45b	450	152	13.5	18.0	13.5	6.8	111.446	87.485	33800	894	17.4	2.84	1500	118
45c		154	15.5				120.446	94.550	35300	938	17.1	2.79	1570	122
50a		158	12.0				119.304	93.654	46500	1120	19.7	3.07	1860	142
50b		160	14.0	20.0	14.0	7.0	129.304	101.504	48600	1170	19.4	3.01	1940	146
50c	500	162	16.0				139.304	109.354	50600	1220	19.0	2.96	2080	151
55a		166	12.5				134.185	105.335	62900	1370	21.6	3.19	2290	164
55b		168	14.5	21.0	14.5	7.3	145.185	113.970	65600	1420	21.2	3.14	2390	170
55c		170	16.5				156.185	122.605	68400	1480	20.9	3.08	2490	175
56a		166	12.5				135.435	106.316	65600	1370	22.0	3.18	2340	165
56b	560	168	14.5	21.0	14.5	7.3	146.635	115.108	68500	1490	21.6	3.16	2450	174
56c		170	16.5				157.835	123.900	71400	1560	21.3	3.16	2550	183
63a		176	13.0				154.658	121.407	93900	1700	24.5	3.31	2980	193
63b	630	178	15.0	22.0	15.0	7.5	167.258	131.298	98100	1810	24.2	3.29	3160	204
63c		180	17.0				179.858	141.189	102000	1920	23.8	3.27	3300	214

表 5.2　槽钢截面尺寸、截面面积、理论重量及截面特性

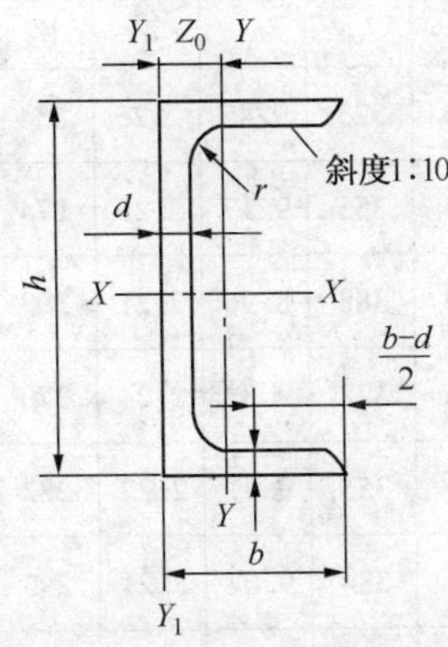

h——槽钢高度；
b——腿宽；
d——腰厚；
r——内圆弧半径；
r_1——腿端圆弧半径；
t——平均腿厚。

型号	截面尺寸/mm						截面面积/mm	理论重量/(kg·m⁻¹)	惯性矩/cm⁴			惯性半径/cm		截面模数/cm³		重心距离/cm
	h	b	d	t	r	r_1			I_x	I_y	I_{y1}	i_x	i_y	W_x	W_y	z_0
5	50	37	4.5	7.0	7.0	3.5	6.928	5.438	26.0	8.30	20.9	1.94	1.10	10.4	3.55	1.35
6.3	63	40	4.8	7.5	7.5	3.8	8.451	6.634	50.8	11.9	28.4	2.45	1.19	16.1	4.50	1.36
6.5	65	40	4.3	7.5	7.5	3.8	8.547	6.709	55.2	12.0	28.3	2.54	1.19	17.0	4.59	1.38
8	80	43	5.0	8.0	8.0	4.0	10.248	8.045	101	16.6	37.4	3.15	1.27	25.3	5.79	1.43
10	100	48	5.3	8.5	8.5	4.2	12.748	10.007	198	25.6	54.9	3.95	1.41	39.7	7.80	1.52
12	120	53	5.5	9.0	9.0	4.5	15.362	12.059	346	37.4	77.7	4.75	1.56	57.7	10.2	1.62
12.6	126	53	5.5	9.0	9.0	4.5	15.692	12.318	391	38.0	77.1	4.95	1.57	62.1	10.2	1.59
14a	140	58	6.0	9.5	9.5	4.8	18.516	14.535	564	53.2	107	5.52	1.70	80.5	13.0	1.71
14b		60	8.0				21.316	16.733	609	61.1	121	5.35	1.69	87.1	14.1	1.67
16a	160	63	6.5	10.0	10.0	5.0	21.962	17.240	866	73.3	144	6.28	1.83	108	16.3	1.80
16b		65	8.5				25.162	19.752	935	83.4	161	6.10	1.82	117	17.5	1.75
18a	180	68	7.0	10.5	10.5	5.2	25.699	20.174	1270	98.6	190	7.04	1.96	141	20.0	1.88
18b		70	9.0				29.299	23.000	1370	111	210	6.84	1.95	152	21.5	1.84
20a	200	73	7.0	11.0	11.0	5.5	28.837	22.637	1780	128	244	7.86	2.11	178	24.2	2.01
20b		75	9.0				32.837	25.777	1910	144	268	7.64	2.09	191	25.9	1.95
22a	220	77	7.0	11.5	11.5	5.8	31.846	24.999	2390	158	298	8.67	2.23	218	28.2	2.10
22b		79	9.0				36.246	28.453	2570	176	326	8.42	2.21	234	30.1	2.03

续表

型号	截面尺寸/mm						截面面积/mm	理论重量/(kg·m^{-1})	惯性矩/cm^4			惯性半径/cm		截面模数/cm^3		重心距离/cm
	h	b	d	t	r	r_1			I_x	I_y	I_{y1}	i_x	i_y	W_x	W_y	z_0
24a		78	7.0				34.217	26.860	3050	174	325	9.45	2.25	254	30.5	2.10
24b	240	80	9.0	12.0	12.0	6.0	39.017	30.628	3280	194	355	9.17	2.23	274	32.5	2.03
24c		82	11.0				43.817	34.396	3510	213	388	8.96	2.21	293	34.4	2.00
25a		78	7.0				34.917	27.410	3370	176	322	9.82	2.24	270	30.6	2.07
25b	250	80	9.0	120	120	6.0	39.917	31.335	3530	196	353	9.41	2.22	282	32.7	1.98
25c		82	11.0				44.917	35.260	3690	218	384	9.07	2.21	295	35.9	1.92
27a		82	7.5				39.284	30.838	4360	216	393	10.5	2.34	323	35.5	2.13
27b	270	84	9.5	12.5	12.5	6.2	44.684	35.077	4690	239	428	10.3	2.31	347	37.7	2.06
27c		86	11.5				50.084	39.316	5020	261	467	10.1	2.28	372	39.8	2.03
28a		82	7.5				40.034	31.427	4760	218	388	10.9	2.33	340	35.7	2.10
28b	280	84	9.5	12.5	12.5	6.2	45.634	35.823	5130	242	428	10.6	2.30	366	37.9	2.02
28c		86	11.5				51.234	40.219	6500	268	463	10.4	2.29	393	40.3	1.95
30a		85	7.5				43.902	34.463	6050	260	467	11.7	2.43	403	41.1	2.17
30b	300	87	9.5	13.5	13.5	6.8	49.902	39.173	6500	289	515	11.4	2.41	433	44.0	2.13
30c		89	11.5				55.902	43.883	6950	316	560	11.2	2.38	463	46.4	2.09
32a		88	8.0				48.513	38.083	7600	305	552	12.5	2.50	475	46.5	2.24
32b	320	90	10.0	14.0	14.0	7.0	54.913	43.107	8140	336	593	12.2	2.47	509	49.2	2.16
32c		92	12.0				61.313	48.131	8690	374	643	11.9	2.47	543	52.6	2.09
36a		96	9.0				60.910	47.814	11900	455	818	14.0	2.73	660	63.5	2.44
36b	360	98	11.0	16.0	16.0	8.0	68.110	53.466	12700	497	880	13.6	2.70	703	66.9	2.37
36c		100	13.0				75.310	59.118	13400	536	948	13.4	2.67	746	70.0	2.34
40a		100	10.5				75.068	58.928	17600	592	1070	15.3	2.81	879	78.8	2.49
40b	400	102	12.5	18.0	18.0	9.0	83.068	65.208	18600	640	1140	15.0	2.78	932	82.5	2.44
40c		104	14.5				91.068	71.488	19700	688	1220	14.7	2.75	986	86.2	2.42

表 5.3 等边角钢截面尺寸、截面面积、理论重量及截面特性

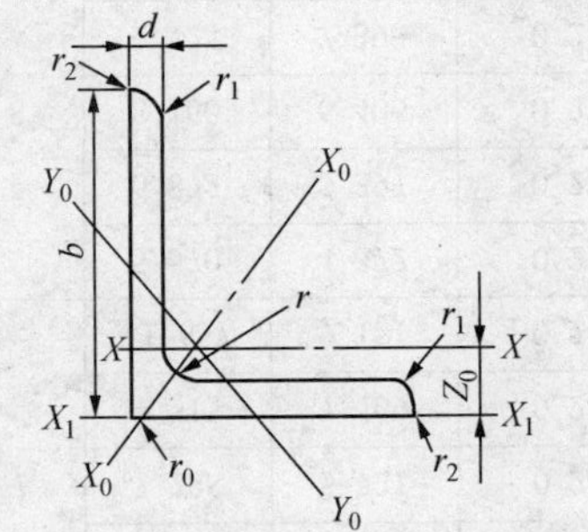

b——腿宽；
d——腰厚；
r——内圆弧半径。

型号	截面尺寸/mm			截面面积/	理论重量/	外表面积/	惯性矩/cm^4				惯性半径/cm			截面模数/cm^3			重心距离/cm
	b	d	r	cm^2	(kg/m)	(m^2/m)	I_x	I_{x1}	I_{x0}	I_{y0}	i_x	I_{x0}	I_{y0}	W_x	W_{x0}	W_{y0}	z_0
2	20	3	3.5	1.132	0.889	0.078	0.40	0.81	0.63	0.17	0.59	0.75	0.39	0.29	0.45	0.20	0.60
		4		1.459	1.145	0.077	0.50	1.09	0.78	0.22	0.58	0.73	0.38	0.36	0.55	0.24	0.64
2.5	25	3		1.432	1.124	0.098	0.82	1.57	1.29	0.34	0.76	0.95	0.49	0.46	0.73	0.33	0.73
		4		1.859	1.459	0.097	1.03	2.11	1.62	0.43	0.74	0.93	0.48	0.59	0.92	0.40	0.76
3.0	30	3	4.5	1.749	1.373	0.117	1.46	2.71	2.31	0.61	0.91	1.15	0.59	0.68	1.09	0.51	0.85
		4		2.276	1.786	0.117	1.84	3.63	2.92	0.77	0.90	1.13	0.58	0.87	1.37	0.62	0.89
3.6	36	3		2.109	1.656	0.141	2.58	4.68	4.09	1.07	1.11	1.39	0.71	0.99	1.61	0.76	1.00
		4		2.756	2.163	0.141	3.29	6.25	5.22	1.37	1.09	1.38	0.70	1.28	2.05	0.93	1.04
		5		3.382	2.654	0.141	3.95	7.84	6.24	1.65	1.08	1.36	0.70	1.56	2.45	1.00	1.07
4	40	3	5	2.359	1.852	0.157	3.59	6.41	5.69	1.49	1.23	1.55	0.79	1.23	2.01	0.96	1.09
		4		3.086	2.422	0.157	4.60	8.56	7.29	1.91	1.22	1.54	0.79	1.60	2.58	1.19	1.13
		5		3.791	2.976	0.156	5.53	10.74	8.76	2.30	1.21	1.52	0.78	1.96	3.10	1.39	1.17
4.5	45	3		2.659	2.088	0.177	5.17	9.12	8.20	2.14	1.40	1.76	0.89	1.58	2.58	1.24	1.22
		4		3.486	2.736	0.177	6.65	12.18	10.56	2.75	1.38	1.74	0.89	2.05	3.32	1.54	1.26
		5		4.292	3.369	0.176	8.04	15.20	12.74	3.33	1.37	1.72	0.88	2.51	4.00	1.81	1.30
		6		5.076	3.985	0.176	9.33	18.36	14.76	3.89	1.36	1.70	0.80	2.95	4.64	2.06	1.33

续表

型号	截面尺寸/mm			截面面积/	理论重量/	外表面积/	惯性矩/cm⁴				惯性半径/cm			截面模数/cm³			重心距离/cm
	b	d	r	cm^2	(kg/m)	(m^2/m)	I_x	I_{x1}	I_{x0}	I_{y0}	i_x	I_{x0}	I_{y0}	W_x	W_{x0}	W_{y0}	z_0
5	50	3	5.5	2.971	2.332	0.197	7.18	12.50	11.37	2.98	1.55	1.96	1.00	1.95	3.22	1.57	1.34
		4		3.897	3.059	0.197	9.26	16.69	14.70	3.82	1.54	1.94	0.99	2.56	4.16	1.96	1.38
		5		4.803	3.770	0.196	11.21	20.90	17.79	4.64	1.53	1.92	0.98	3.13	5.03	2.31	1.42
		6		5.688	4.465	0.196	13.05	25.14	20.68	5.42	1.52	1.91	0.98	3.68	5.85	2.63	1.46
5.6	56	3	6	3.343	2.624	0.221	10.19	17.56	16.14	4.24	1.75	2.20	1.13	2.48	4.08	2.02	1.48
		4		4.390	3.446	0.220	13.18	23.43	20.92	5.46	1.73	2.18	1.11	3.24	5.28	2.52	1.53
		5		5.415	4.251	0.220	16.02	29.33	25.42	6.61	1.72	2.17	1.10	3.97	6.42	2.98	1.57
		6		6.420	5.040	0.220	18.69	35.26	29.66	7.73	1.71	2.15	1.10	4.68	7.49	3.40	1.61
		7		7.404	5.812	0.219	21.23	41.23	33.63	8.82	1.69	2.13	1.09	5.36	8.49	3.80	1.64
		8		8.367	6.568	0.219	23.63	47.24	37.37	9.89	1.68	2.11	1.09	6.03	9.44	4.16	1.68
6	60	5	6.5	5.829	4.576	0.236	19.89	36.05	31.57	8.21	1.85	2.33	1.19	4.59	7.44	3.48	1.67
		6		6.914	5.427	0.235	23.25	43.33	6.89	9.60	1.83	2.31	1.18	5.41	8.70	3.98	1.70
		7		7.977	6.262	0.235	26.44	50.65	41.92	10.96	1.82	2.29	1.17	6.21	9.88	4.45	1.74
		8		9.020	7.081	0.235	29.47	58.02	46.66	12.28	1.81	2.27	1.17	6.98	11.00	4.88	1.78
6.3	63	4	7	4.978	3.907	0.248	19.03	33.35	30.17	7.89	1.96	2.46	1.26	4.13	6.78	3.29	1.70
		5		6.143	4.822	0.248	23.17	41.73	36.77	9.57	1.94	2.45	1.25	5.08	8.25	3.90	1.74
		6		7.288	5.721	0.247	27.12	50.14	43.03	11.20	1.93	2.43	1.24	6.00	9.66	4.46	1.78
		8		9.515	7.469	0.247	34.46	67.11	54.56	14.33	1.90	2.40	1.23	7.75	12.25	5.47	1.85
		10		11.657	9.151	0.246	41.09	84.31	64.85	17.33	1.88	2.36	1.22	9.39	14.56	6.36	1.93
7	70	4	8	5.570	4.372	0.275	26.39	45.74	41.80	10.99	2.18	2.74	1.40	5.14	8.44	4.17	1.86
		5		6.875	5.397	0.275	32.21	57.21	51.08	13.31	2.16	2.73	1.39	6.32	10.32	4.95	1.91
		6		8.160	6.406	0.275	37.77	68.73	59.93	15.61	2.15	2.71	1.38	7.48	12.11	5.67	1.95
		7		9.424	7.398	0.275	43.09	80.29	68.35	17.82	2.14	2.69	1.38	8.59	13.81	6.34	1.99
		8		10.667	8.373	0.274	48.17	91.92	76.37	19.98	2.12	2.68	1.37	9.68	15.43	6.98	2.03

续表

型号	截面尺寸/mm			截面面积/cm²	理论重量/(kg/m)	外表面积/(m²/m)	惯性矩/cm⁴				惯性半径/cm			截面模数/cm³			重心距离/cm
	b	d	r				I_x	I_{x1}	I_{x0}	I_{y0}	i_x	I_{x0}	I_{y0}	W_x	W_{x0}	W_{y0}	z_0
7.5	75	5	9	7.412	5.818	0.295	39.97	70.56	63.30	16.63	2.33	2.92	1.50	7.32	11.94	5.77	2.04
		6		8.797	6.905	0.294	46.95	84.55	74.38	19.61	2.31	2.90	1.49	8.64	14.02	6.67	2.07
		7		10.160	7.976	0.294	53.57	98.71	84.96	22.18	2.30	2.89	1.48	9.93	16.02	7.44	2.11
		8		11.503	9.030	0.294	59.96	112.97	95.07	24.86	2.28	2.88	1.47	11.20	17.93	8.19	2.15
		10		14.126	11.089	0.293	71.98	141.71	113.92	30.05	2.26	2.84	1.46	13.64	21.48	9.56	2.22
8	80	5	9	7.912	6.211	0.315	48.79	85.36	77.33	20.25	2.48	3.13	1.60	8.34	13.67	6.66	2.15
		6		9.397	7.376	0.314	57.35	102.50	90.98	23.72	2.47	3.11	1.59	9.87	16.08	7.65	2.19
		7		10.860	8.525	0.314	65.58	119.70	104.07	27.09	2.46	3.10	1.58	11.37	18.40	8.58	2.23
		8		12.303	9.658	0.314	73.49	136.97	116.60	30.39	2.44	3.08	1.57	12.83	20.61	9.45	2.27
		10		15.126	11.874	0.313	88.43	171.74	140.09	36.77	2.42	3.04	1.56	15.64	24.73	11.08	2.35
9	90	6	9	10.637	8.350	0.354	82.77	145.87	131.26	34.28	2.79	3.51	1.80	12.61	20.63	9.95	2.44
		8		13.944	10.946	0.353	106.47	194.80	168.97	43.97	2.76	3.48	1.78	16.42	26.55	12.35	2.52
		10		17.167	13.476	0.353	128.58	244.07	203.90	53.26	2.74	3.45	1.76	20.07	32.04	14.52	2.59
		12		20.306	15.940	0.352	149.22	293.76	236.21	62.22	2.71	3.41	1.75	23.57	37.12	16.49	2.67
10	100	6	12	11.932	9.366	0.393	114.95	200.07	181.98	47.92	3.10	3.90	2.00	15.68	25.74	12.69	2.67
		8		15.638	12.276	0.393	148.24	267.09	235.07	61.41	3.08	3.88	1.98	20.47	33.24	15.75	2.76
		10		19.261	15.120	0.392	179.51	334.48	284.68	74.35	3.05	3.84	1.96	25.06	40.26	18.54	2.84
		12		22.800	17.898	0.391	208.90	402.34	330.95	86.84	3.03	3.81	1.95	29.48	45.80	21.08	2.91
		14		26.256	20.611	0.391	236.53	470.75	374.06	99.00	3.00	3.77	1.94	33.73	52.90	23.44	2.99
		16		29.627	23.257	0.390	262.53	539.80	414.16	110.98	2.98	3.74	1.94	37.82	58.57	25.63	3.06

续表

型号	截面尺寸/mm			截面面积/cm²	理论重量/(kg/m)	外表面积/(m²/m)	惯性矩/cm⁴				惯性半径/cm			截面模数/cm³			重心距离/cm
	b	d	r				I_x	I_{x1}	I_{x0}	I_{y0}	i_x	I_{x0}	I_{y0}	W_x	W_{x0}	W_{y0}	z_0
12.5	125	8	14	19.750	15.504	0.492	297.03	521.01	470.89	123.16	3.88	4.88	2.50	32.52	53.28	25.86	3.37
		10		24.373	19.133	0.491	361.67	651.93	573.89	149.46	3.85	4.85	2.48	39.97	64.93	30.62	3.45
		12		28.912	22.696	0.491	423.16	783.42	671.44	174.88	3.83	4.82	2.46	41.17	75.96	35.03	3.53
		14		33.367	26.193	0.490	481.65	915.61	763.73	199.57	3.80	4.78	2.45	54.16	86.41	39.13	3.61
		16		37.739	29.625	0.489	537.31	1048.62	850.98	223.65	3.77	4.75	2.43	60.93	96.28	42.96	3.68
14	140	10		27.373	21.488	0.551	514.65	915.11	817.27	212.04	4.34	5.46	2.78	50.58	82.56	39.20	3.82
		12		32.512	25.522	0.551	603.68	1099.29	958.79	248.57	4.31	5.43	2.76	59.80	96.85	45.02	3.90
		14		37.567	29.490	0.550	688.81	1284.22	1093.56	284.05	4.28	5.40	2.75	68.75	110.47	50.45	3.98
		16		42.539	33.393	0.549	770.24	1470.07	1221.81	318.67	4.26	5.36	2.74	77.46	123.42	55.55	4.06
16	160	10	16	31.502	24.729	0.630	779.53	1365.33	1237.3	321.76	4.98	6.27	3.20	66.70	109.36	52.76	4.31
		12		37.441	29.391	0.630	916.58	1639.57	1455.68	377.49	4.95	6.24	3.18	78.98	128.67	60.74	4.39
		14		43.296	33.987	0.629	1048.36	1914.68	1665.02	431.70	4.92	6.20	3.16	90.95	147.17	68.24	4.47
		16		49.067	38.518	0.629	1175.08	2190.82	1865.57	484.59	4.89	6.17	3.14	102.63	164.89	75.31	4.55
18	180	12		42.241	33.159	0.710	1321.35	2332.80	2100.10	542.61	5.59	7.05	3.58	100.82	165.00	78.41	4.89
		14		48.896	38.383	0.709	1514.48	2723.48	2407.42	621.53	5.56	7.02	3.56	116.25	189.14	88.38	4.97
		16		55.467	43.542	0.709	1700.99	3115.29	2703.37	698.60	5.54	6.98	3.55	131.13	212.40	97.83	5.05
		18		61.055	48.634	0.708	1875.12	3502.43	2988.24	762.01	5.50	6.94	3.51	145.64	234.78	105.14	5.13
20	200	14	18	54.642	42.894	0.788	2103.55	3743.10	3343.26	863.83	6.20	7.82	3.98	144.70	236.40	111.82	5.46
		16		62.013	48.680	0.788	2366.15	4270.39	3760.89	971.41	6.18	7.79	3.96	163.65	265.93	123.96	5.54
		18		69.301	54.401	0.787	2620.64	4808.13	4164.54	1076.74	6.15	7.75	3.94	182.22	294.48	135.52	5.62
		20		76.505	60.056	0.787	2867.30	5347.51	4554.55	1180.04	6.12	7.72	3.93	200.42	322.06	146.55	5.69
		24		90.661	71.168	0.785	3338.25	6457.16	5294.97	1381.53	6.07	7.64	3.90	236.17	374.41	166.65	5.87

参 考 文 献

1 丁伯民，黄正林等编．化工容器．北京：化学工业出版社，2003

2 余国琮，胡修慈，吴文林主编．化工容器及设备．天津：天津大学出版社，1986

3 董大勤编．化工设备机械基础．北京：化学工业出版社，2003

4 匡照忠主编．化工机器与设备．北京：化学工业出版社，2008

5 王志文主编．化工容器设计．北京：化学工业出版社，1998

6 郑津洋，董其伍，桑芝富主编．过程设备设计．北京：化学工业出版社，2005

7 丁伯民，曹文辉等编．承压容器．北京：化学工业出版社，2008

8 周志安，尹华杰，魏新利编．化工设备设计基础．北京：化学工业出版社，1996

9 卓震主编．化工容器及设备．北京：中国石化出版社，1998

10 邢晓林主编．化工设备．北京：化学工业出版社，2009

11 张宏丽，周长丽，闫志谦等编．化工原理．北京：化学工业出版社，2007

12 师树才，乔学福，杨盛启等译．化工过程设备手册．北京：中国石化出版社，2004

13 潘永亮编．化工设备机械基础．北京：科学出版社，2007

14 罗世烈编．化工机械基础．北京：化学工业出版社，2008

15 谭蔚主编．化工设备设计基础．天津：天津大学出版社，2007

16 陈培里主编．工程材料及热加工．北京：高等教育出版社，2007

17 潘传九主编．化工设备机械基础．北京：化学工业出版社，2007

18 TSGR 0004－2009 固定式压力容器安全技术监察规程

19 GB 12337－1998 钢制球罐

20 JB 4736－2002 补强圈

21 GB 150－1998 钢制压力容器

22 GB 151－1999 管壳式换热器

23 HG/T 20592～20635－2009 钢制管法兰、垫片和紧固件

24 JB 4700～4707－2000 压力容器法兰

25 JB/T 4710－2005 钢制塔式容器

26 JB/T 4712－2007 容器支座

27 HG 21516－2005 回转盖板式平焊法兰人孔

28 HG 21568－95 搅拌传动制造－传动轴

29 JB/T 4746－2002 钢制压力容器用封头

30 HG 21568 搅拌传动装置

31 HG/T 20593－2009～HG/T20595－2009 板式平焊法兰